大学入試数学 落とせない必[illegible]
101題ハイレベル別冊問題集

1 αを2次方程式$x^2-5x-1=0$の正の解とする。このとき$\alpha-\dfrac{1}{\alpha}=\square$、$\alpha^2+\dfrac{1}{\alpha^2}=\square$である。よって、$\left(\alpha+\dfrac{1}{\alpha}\right)^2=\square$となる。これから、$\alpha^3-\dfrac{1}{\alpha^3}=\square$、$\alpha^3+\dfrac{1}{\alpha^3}=\square\sqrt{\square}$となる。

2017 青山学院大

2 xを実数とする。$(|x|+1)(|x-2|+1)=4$を満たすxを求めよ。

2019 甲南大

3 関数$f(x)=(x+2)|x-5|$について考える。xの方程式$f(x)=k$が3個の異なる実数解をもつとき、定数kの値の範囲は$\square<k<\square$である。

2018 早稲田大

4 $\dfrac{1}{\sqrt{2}+\sqrt{3}-\sqrt{5}}-\dfrac{1}{\sqrt{2}+\sqrt{3}+\sqrt{5}}=\dfrac{\sqrt{\square}}{\square}$である。

2020 日本大

5 $x=\sqrt{8+4\sqrt{3}}$, $y=\sqrt{8-4\sqrt{3}}$とする。$x-y$を簡単にすると、$x-y=\square$である。また、$\dfrac{\sqrt{x}+\sqrt{y}}{\sqrt{x}-\sqrt{y}}$を簡単にすると、$\dfrac{\sqrt{x}+\sqrt{y}}{\sqrt{x}-\sqrt{y}}=\square$である。

2020 南山大

6 aを実数とする2つの集合
$A=\{1, a^2-5a+6, a^3-3a^2+3a-1\}$
$B=\{1, a^2-6a+8, a^3-6a^2+9a\}$
が$0\in A\cap B$かつ$-1\in A\cup B$を満たすとき、$a=\square$である。また、このとき、集合$X=\{x|x\in A\cup B$かつ$x\notin A\cap B\}$の要素をすべて求めると$\square$である。

2019 立教大

7 次のとき、「必要十分条件である／必要条件であるが十分条件ではない／十分条件であるが必要条件ではない／必要条件でも十分条件でもない」のいずれか。x, y, a, bは実数とする。

(1) $xy=0$は$x=0$であるための$\square$。　2020 金沢工業大

(2) a, bがともに有理数であることは、$a+b$が有理数であるための$\square$。

2018 東京理科大

8 $|x| \leqq 3$を満たす、すべての実数xに対して$-ax^2-2ax+6-a>0$となる定数aの範囲は□である。

2017 立教大

9 定数aは実数とする。2つの2次方程式$\begin{cases} x^2+2x+a=0 \\ -x^2+ax+2=0 \end{cases}$を同時に満たす$x$があるとき、$a$の値を求めよ。

2019 広島工業大

10 aとbは1以上5以下の自然数とし、放物線C：$y=-x^2+ax-b$を定める。このとき、放物線Cがx軸と相異なる2点で交わるような(a, b)の組は何通りあるか求めよ。

2015 立教大

11 kを定数とするとき、xの方程式$kx^2-(k+1)x+k=0$が異なる2つの実数解をもつためめのkの値の範囲は$-\dfrac{□}{□}<k<□$または$□<k<□$である。

2016 日本大

12 aを実数として、関数$f(x)=x^3+ax^2+\left(a-\dfrac{3}{4}\right)x$を考える。方程式$f(x)=0$が異なる実数解をちょうど2個もつような$a$の値は、小さい方から順に、$\dfrac{□}{□}$, □, □である。

2016 東京理科大

13 aを実数とする。2次方程式$-3x^2+4ax-a^2-2=0$が$1<x<2$の範囲に2つの実数解をもつとき、aの取りうる値の範囲は$□\leqq a<□$である。

2019 関西学院大

14 $0^\circ \leqq \theta \leqq 180^\circ$において$6\cos^2\theta+\sin\theta-5=0$を満たす$\theta$の値は$\theta=□$である。また、$0^\circ \leqq \theta \leqq 180^\circ$における$6\cos^2\theta+\sin\theta-5$の最大値は□である。

2019 愛知工業大

15 $\sin x+\cos x=-\dfrac{\sqrt{3}}{2}$のとき、$\dfrac{1}{\sin^3 x}+\dfrac{1}{\cos^3 x}$の値を求めよ。数値は、必要なら約分・有理化等によりできるだけ簡略化して答えよ。

2015 東京女子医大

16 3辺の長さがAB＝15, BC＝13, CA＝14である三角形ABCを考える。

(1) $\cos A=\frac{\square}{\square}$, $\sin A=\frac{\square}{\square}$ である。

(2) 三角形ABCの外接円の半径は $\frac{\square}{\square}$、内接円の半径は□である。

2015 明治大

17 円に内接する四角形ABCD、AB＝24、BC＝14、CD＝8、$\cos\angle ABC=\frac{7}{32}$ とすると、AC＝[アイ]であり、AD＝[ウエ]である。

2018 明治大

18 四角形ABCDは円に内接し、AB＝1、BC＝CD＝$\sqrt{7}$、DA＝2とする。このとき、∠A＝□°、BD＝□、AC＝□であり、四角形ABCDの面積は□である。

2018 京都薬科大

19 次の表は生徒37人に10点満点の小テストを行った結果である。5点の生徒数が3点の生徒数のちょうど3倍であるとき、x＝□であり、この得点データの四分位範囲は□点である。

得点（点）	0	1	2	3	4	5	6	7	8	9	10
生徒数（人）	0	1	3	x	4	y	8	4	2	4	3

2018 獨協大・改

20 5人の生徒に英語の試験を実施したところ、5人の得点は、58, 65, 72, x, 76（点）であった。この5人の得点の平均が71（点）のときx＝□であり、5人の得点の分散は□である。

2018 明治薬科大

21 100人のテストの得点のデータを見ると、25人が0点、75人が100点であった。このデータの平均値と標準偏差を求めよ。

2018 早稲田大

22 nを自然数とし、次の$1+2+\cdots+n$個の値からなるデータを考える。

$$1, 2, 2, 3, 3, 3, 4, 4, 4, 4, \cdots, \underbrace{n, n, n, \cdots, n}_{n\text{個}}$$

このデータの平均値はnを用いて表すと、$\frac{\square}{\square}n+\frac{\square}{\square}$であり、このデータの分散は$n$を用いて表すと$\frac{\square}{\square}n^2+\frac{\square}{\square}n-\frac{\square}{\square}$である。

2019 金沢医科大

23 A, B, C, D, Eの5人について2つの変量x, yを測定した結果を次の表に示す。

	A	B	C	D	E
x	3	4	5	6	7
y	8	6	10	14	12

このとき、xとyの共分散は□であり、相関係数は□である。

2020 南山大

24 $x+y+z=10$を満たす自然数の組(x, y, z)は全部で□通りである。

2019 摂南大

25 図のように東西に4本、南北に6本の道路がある。このうち、C地点とD地点を結ぶ区間は工事中のため通行することができない。このとき、最短距離でA地点からB地点へ行く道順は全部で□通りである。

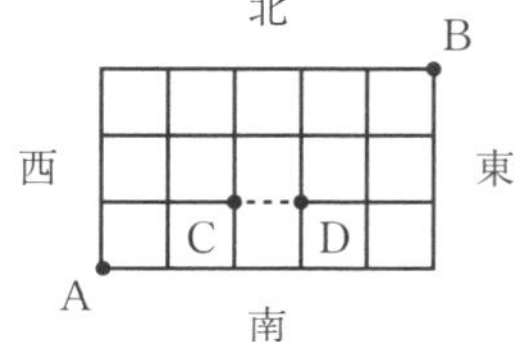

2018 立教大

26 M, E, D, I, C, I, N, Eの8文字をすべて使って文字列を作る。このとき、Cの両端がともにIとなる並べ方は全部で［アイウ］通りある。また、CとIが隣どうしにならない並べ方は全部で［エオカキ］通りある。

2019 東邦大

27 当たりくじが3本入っている10本のくじがあり、10人が1本ずつ順に引く。ただし、引いたくじはもとに戻さない。はじめの5人までに3本の当たりくじが出る確率は□である。

2020 愛知工業大

28 A, B, C, Dの4文字を横1列に並べる。このとき、AがBより左にあるかまたはAがCより左にある確率を求めよ。

2020 中央大

29 4個の赤球と12個の白球がある。これらを左から順に横一列に並べた8個の袋にそれぞれ2個ずつ入れる。このとき、

・1番左の袋に入れる球が2個とも赤球である確率は□である。

・すべての赤球が別々の袋に入っている確率は□である。

2015 芝浦工大

30 1個のさいころを3回投げたとき、出たすべての目の積が4の倍数である確率は□である。

2020 京都産業大

31 ゆがんださいころがあり、1, 2, 3, 4, 5, 6の出る確率がそれぞれ$\frac{1}{6}$, $\frac{1}{6}$, $\frac{1}{4}$, $\frac{1}{4}$, $\frac{1}{12}$, $\frac{1}{12}$であるとする。このさいころを続けて3回投げるとき、出る目の和が6となる確率を求めよ。

2020 東京電機大

32 A、Bの2チームに持ち点が与えられ、ゲームを行う。勝ったチームが持ち点1を得て負けたチームが持ち点1を失うものとする。ゲームを繰り返して一方のチームの持ち点が0になったときに終了し、もう一方のチームの優勝とする。ただし、各チームで引き分けはないものとする。

各ゲームでAが勝つ勝率を$\frac{1}{3}$とし、はじめの持ち点をA、Bともに2とすると、2ゲーム終了時にAが優勝する確率は$\frac{\square}{\square}$、4ゲーム終了時にAが優勝する確率は$\frac{\square}{\square}$である。

2018 順天堂大

33 3つの引き出しA、B、Cがある。引き出しAには商品「メガネ」が3個と商品「サングラス」が2個、引き出しBには商品「メガネ」が2個と商品「サングラス」が5個入っている。引き出しCには何も入っていない。いま引き出しA、Bから、それぞれ1個ずつ無作為に商品を取り出し、引き出しCに入れた。その後、引き出しCから無作為に取り出した商品が「メガネ」であったとき、この商品が引き出しAから取り出されたものである確率は$\frac{\square}{\square}$である。

2016 早稲田大

34 赤玉2個と白玉2個が入っている袋から、玉を次々に取り出していく。赤玉が2個出てくるまでに取り出す玉の個数の期待値を求めよ。ただし、取り出した玉は袋に戻さないものとする。

2013 津田塾大

35 $26x+11y=1$を満たす整数の組(x, y)を1つ求めよ。
$26x+11y=323$を満たす自然数の組(x, y)をすべて求めよ。

2018 学習院大

36 xの2次方程式$nx^2+3x-9=0$が整数解をもつとき正の整数nをすべて求めよ。

2018 東京女子医科大

37 792を素因数分解すると、$792=\square^{\square}\times\square^{\square}\times\square$ である。792の約数の個数は$\square$である。

2016 法政大

38 2020の約数は全部で$\square$個あり、それらの和は$\square$である。

2020 聖マリアンナ医科大

39 二等辺三角形ABCにおいて、$\mathrm{AB}=\mathrm{AC}=\dfrac{1+\sqrt{5}}{2}$, $\mathrm{BC}=1$とする。$\angle\mathrm{BAC}=\theta$とし、辺AC上に点Dを$\angle\mathrm{CBD}=\theta$となるようにとる。このとき、$\mathrm{CD}=\dfrac{\sqrt{\square}-\square}{\square}$である。

2018 京都産業大

40 各辺の長さが$\mathrm{AB}=\sqrt{2}$, $\mathrm{BC}=1$, $\mathrm{AC}=1$である$\triangle\mathrm{ABC}$において、$\angle\mathrm{A}$の外角の二等分線と直線BCとの交点をDとする。このとき、線分CDの長さは$\square$である。

2019 立教大

41 原点Oを中心とする半径4の円をCとする。円Cの外部の点Pを通る直線が円Cと異なる2点A, Bで交わるとする。$\mathrm{PA}=8$, $\mathrm{AB}=6$であるとき、$\mathrm{OP}=\square$または$\mathrm{OP}=\square$である。

2017 東海大

42 2乗すると$16i$となる複素数は、$\square$と$\square$である。

2018 関西大

43 mを定数とする2次方程式$x^2+mx+m+2=0$が2つの実数解α,β（重解を含む）をもつ。このとき、$\alpha^2+\beta^2$を最小とするmの値を求めよ。

2017 早稲田大

44 iを虚数単位とする。方程式$x^3-4x^2+9x-10=0$の解をα,β,γとする。ただし、αは実数とし、βとγは虚数で、βの虚部はγの虚部より小さいとする。このとき、$\alpha=\square$、$\beta=\square-\square i$、$\gamma=\square+\square i$であり、$\alpha^2+\beta^2+\gamma^2=\square$、$\dfrac{1}{\alpha}+\dfrac{1}{\beta}+\dfrac{1}{\gamma}=\dfrac{\square}{\square}$である。

2018 法政大

45 1の3乗根のうち、虚数であるものの1つをωとする。このとき、$\omega^2+\omega=\square$、$\omega^{10}+\omega^5=\square$、$\dfrac{1}{\omega^{10}}+\dfrac{1}{\omega^5}+1=\square$、$(\omega^2+5\omega)^2+(5\omega^2+\omega)^2=\square$である。ただし$\square$は$\omega$を用いず数値でうめよ。

2018 関西大

46 $x>1$のとき、$4x^2+\dfrac{1}{(x+1)(x-1)}$の最小値は$\square$で、そのときの$x$の値は$\dfrac{\sqrt{\square}}{\square}$である。

2019 慶応大

47 放物線$y=x^2+6x+5$と直線$y=2x+k$が異なる2点A, Bで交わり、線分ABの長さが$2\sqrt{2}$であるとき、定数kの値は$\dfrac{\square}{\square}$である。

2015 東邦大

48 円$x^2+y^2=1$と直線$y=kx+2$ $(k>0)$が接するとき、その接点の座標は$\square$である。

2015 立教大

49 円$x^2+y^2-4ax-2ay+4a^2=0$ $(a>0)$の中心は直線$y=\dfrac{\square}{\square}x$の上にある。この円と直線$y=mx$が接するのは$m=\square$、または$m=\dfrac{\square}{\square}$のときである。

2018 順天堂大・改

50 xy平面上の放物線$y=x^2$上を動く2点A、Bと原点Oを線分で結んだ△AOBにおいて、$\angle\mathrm{AOB}=90^\circ$である。このとき、△AOBの重心Gの軌跡の方程式は$y=\square$である。

2020 慶応大

51 実数x, yに関する2つの条件p：$3x-y+k\geqq 0$, q：$x^2+y^2\leqq 5$について、pがqの必要条件となるような実数kの範囲を求めなさい。

2020 龍谷大

52 xy平面において、連立不等式$x\geqq 0$, $y\geqq 0$, $3x+2y\geqq 6$, $x^2+y^2+2x+2y-34\leqq 0$が表す領域をDとする。点(x, y)が領域Dを動くとき、$2x+y$の最大値は$\square$であり、最小値は$\square$である。

2020 関西学院大

53 実数a, bに対して、2次方程式$x^2-ax-b=0$の解をα, βとする。α, βが実数で、$|\alpha|<1$かつ$|\beta|<1$のとき、a, bが満たす不等式の表す領域をa-b平面上に図示せよ。

2018 早稲田大

54 $0 \leqq x < 2\pi$のとき、方程式$\sqrt{2}\sin\left(2x+\dfrac{\pi}{4}\right)-\sin 2x=\cos x$を解きなさい。

2020 龍谷大

55 △ABCにおいて、$\cos A=\dfrac{3}{5}, \cos B=\dfrac{\sqrt{2}}{2}$であるとき、$\sin C=\square$である。

2020 立教大

56 $\tan x \tan y=\dfrac{1}{3}$のとき$\tan(x+y)+\tan(x-y)$の最小値は$\square$である。ただし、$0<\pi<\dfrac{\pi}{2}, 0<y<\dfrac{\pi}{2}$とする。

2020 東海大

57 $\cos x \cos(\pi-x)=\sin 2x, -\dfrac{\pi}{2} \leqq x \leqq \dfrac{\pi}{2}$が成り立つとき、$\sin x=\square$である。

2018 関西大

58 $-\dfrac{\pi}{4}<\theta<0$とする。$\cos\theta+\sin\theta=\dfrac{1}{5}$であるとき、$\cos 2\theta=\square$である。

2017 立教大

59 $0 \leqq x < 2\pi$のとき、$\cos x+\cos 2x+\cos 3x=0$を満たすxを求めよ。

2018 甲南大

60 関数$y=2\sin\theta\cos\theta-2\sin\theta-2\cos\theta-3\ (0 \leqq \theta < 2\pi)$を考える。$x=\sin\theta+\cos\theta$とおいて$y$を$x$の式で表すと$y=\square$である。$y$は$\theta=\square$のとき最大値$\square$をとる。また、$y$は最小値$\square$をとる。

2019 関西学院大

61 関数$y=2\cos^2\theta-\sqrt{3}\cos\theta\sin\theta-\sin^2\theta\ (0 \leqq \theta \leqq \pi)$は$\theta=\square$のとき最大値$\square$をとる。

2019 慶応大

62 aは正の定数とする。関数$f(x)=\cos x\sin x+a(\sin x+\cos x)+1\ (0 \leqq x < 2\pi)$のグラフと$x$軸との交点の個数がちょうど4となるような、定数$a$の値の範囲は$\square<a<\dfrac{\square\sqrt{\square}}{\square}$である。

2019 早稲田大

63 $\sqrt{1+\dfrac{4}{1+5^{\frac{1}{3}}+5^{\frac{2}{3}}}}=t^{\frac{1}{u}}$ を満たす整数 t, u を求めよ。

2016 東京女子医科大

64 $3^x+8\cdot3^{-x}=6$ のとき、9^x+3^{x+2} の値は□または□である。

2019 名城大

65 不等式 $\left(\dfrac{1}{8}\right)^x \leqq 7\left(\dfrac{1}{2}\right)^x-6$ を満たす実数 x の範囲を不等式で表すと、□である。

2017 慶応大

66 $\log_2(x+2)+\log_2(2x-3)=2$ の解は $x=$□である。また、
$2(\log_2 x)^2+5\log_2 x-12=0$ は有理数の解 $x=$□と無理数の解 $x=$□をもつ。

2020 関西学院大

67 θ は $0<\theta\leqq\dfrac{\pi}{4}$ を満たす定数で、さらに

$\log_2(\sin\theta)-\log_4(2\sin2\theta)+3\log_8(\cos\theta)+2=0$ を満たす。このとき $\theta=$□である。

① $\dfrac{\pi}{36}$　② $\dfrac{\pi}{24}$　③ $\dfrac{\pi}{20}$　④ $\dfrac{\pi}{18}$　⑤ $\dfrac{\pi}{12}$

⑥ $\dfrac{\pi}{10}$　⑦ $\dfrac{\pi}{8}$　⑧ $\dfrac{\pi}{6}$　⑨ $\dfrac{\pi}{5}$　⑩ $\dfrac{\pi}{4}$

2017 明治大

68 不等式 $\dfrac{1}{4}\log_{\frac{1}{3}}(3-x)<\log_9(x-1)$ を満たす x の範囲は□ $<x<$ □である。

2017 早稲田大

69 x に関する次の不等式を解くと、□ $<x<$ □である。

$$\log_2\frac{x-6}{x-4}+\frac{\log_{x-4}x}{\log_{x-4}2}<2$$

2019 明治大

70 実数 x, y が $xy=81,\ x\geqq3,\ y\geqq3$ を満たすとき、$(\log_{\frac{1}{3}}x)(\log_3 y)\left(\log_3\dfrac{1}{y}\right)$ の最小値は□であり、最大値は $\dfrac{□}{□}$ である。

2018 星薬科大

71 45^{50} は□桁の整数であり、最高位の数字は□である。ただし、
$\log_{10}2=0.3010,\ \log_{10}3=0.4771$ とする。

2018 帝京大

72 $\left(\frac{1}{7}\right)^{50}$を小数で表すとき、初めて現れる0でない数字は□位の□である。必要なら、$\log_{10}2=0.3010$, $\log_{10}3=0.4771$, $\log_{10}7=0.8451$としてよい。

2020 摂南大

73 曲線$y=6x^3-3x$と$y=\frac{3}{2}x^2+a$が共有点をもち、さらにその点において、それぞれの曲線の接線が等しくなるような定数aの値を小さい方から順に並べると、$\frac{□}{□}$, $\frac{□}{□}$となる。

2017 早稲田大

74 座標平面上の2つの放物線　C_1：$y=x^2$, C_2：$y=-(x-9)^2+28$を考える。C_1, C_2の両方に接する直線は2つあり、それらの方程式の傾きの小さい方から順に並べれば、$y=$□$x-$□, $y=$□$x-$□である。

2016 東京医科大

75 関数$f(x)=x^4-4x^3-2x^2+14x+13$について考える。$a, b, c$が$a<b<c$を満たす定数で、関数$y=f(x)$は$x=a$と$x=c$のとき極小値をとり、$x=b$のとき極大値をとる。このとき、$a^2+b^2+c^2=$□

2016 明治大

76 $f(x)=4x^4+8x^3+3x^2-2x+\frac{1}{4}$のとき、$f(x)$は$x=-\frac{□}{□}+\frac{□}{□}\sqrt{3}$において最小値$\frac{□}{□}-\frac{□}{□}\sqrt{3}$をとる。

2015 東京理科大

77 $x=\sin\theta+\cos\theta$, $y=\sin^3\theta+\cos^3\theta+3\sin\theta\cos\theta(\sin\theta+\cos\theta)$
$+6\sin\theta\cos\theta-9(\sin\theta+\cos\theta)$とおく。$\frac{\pi}{4}\leqq\theta\leqq\pi$のとき、$x$のとり得る値の範囲は□であり、$y$を$x$を用いて表すと、$y=$□となる。さらにこのとき、$y$のとり得る値の範囲は□である。

2017 北里大

78 xの関数$f(x)=\int_0^2|t^2-x^2|dt$の$0\leqq x\leqq 2$における最大値は□、最小値は□である。

2018 明治薬科大

79 曲線C_1：$y=x^3-6x^2+9x-1$をx軸方向に2だけ平行移動した曲線をC_2とする。C_2の方程式は$y=x^3+\square x^2+\square x+\square$であり、$C_1$と$C_2$で囲まれる部分の面積は$\square$である。

2018 京都薬科大

80 曲線C：$y=|2x^2-2x|$と直線$y=2ax$（aは実数の定数）が異なる3つの共有点をもつとする。共有点をx座標の小さい順にP, Q, Rとするとき、P, Q, Rのx座標はそれぞれ$\square$、$\square$、$\square$である。曲線Cおよび線分PQで囲まれた部分と、曲線Cおよび線分QRで囲まれた部分の面積が等しくなるのは$a=\square$のときである。

2020 聖マリアンナ医科大

81 xy平面上の2直線$x-y+1=0$、$3x+y-5=0$と曲線$x^2+2x+4y+5=0$で囲まれる領域の面積を求めよ。

2018 早稲田大

82 $y=x^3-x$　…①上の点P(2, 6)における接線をlとする。lとx軸の交点は$(\square, 0)$であり、lと曲線①とのP以外の共有点のx座標は$\square$である。また、lと曲線①で囲まれる部分の面積は$\square$である。

2020 帝京大

83 0より大きく1より小さい既約分数で、分母が200であるものすべての和を求めよ。

2020 東京都市大

84 等比数列$\{a_n\}$の和について$\sum_{n=1}^{10} a_n=\sqrt{2}-1, \sum_{n=11}^{20} a_n=\sqrt{2}+1$が成り立つとき、

$\dfrac{a_{11}}{a_1}=\square$であり、$\sum_{n=1}^{30} a_n=\square$である。

2018 名城大

85 $\alpha+\beta+\gamma=3$を満たす3つの異なる実数α, β, γがあり、α, β, γがこの順で等差数列となり、β, γ, αがこの順で等比数列となる。このようなα, β, γを求めると、$(\alpha, \beta, \gamma)=\square$である。

2020 南山大

86 nを5以上の自然数とし、n進法でMと表された数を$M_{(n)}$と表す。このとき、

$\sum_{n=5}^{10} 104_{(n)}$は10進法で$\square$と表すことができる。

また、$\sum_{n=5}^{10} \dfrac{1_{(n)}}{401_{(n)}-104_{(n)}}$は10進法で$\dfrac{\square}{\square}$と表すことができる。

2018 東邦大

87 数列$\{a_n\}$を$\frac{1}{2}, \frac{1}{3}, \frac{2}{3}, \frac{1}{4}, \frac{2}{4}, \frac{3}{4}, \frac{1}{5}, \frac{2}{5}, \frac{3}{5}, \frac{4}{5}, \frac{1}{6}, \frac{2}{6}, \cdots$と定めるとき、$a_{220}$を求めよ。

2019 早稲田大

88 数列$\{a_n\}$ $(n=1, 2, 3, \cdots)$は次の関係を満たしている。

$\sum_{k=1}^{n} \frac{(k+1)(k+2)}{3^{k-1}} a_k = -\frac{1}{4}(2n+1)(2n+3)$　a_nをnを用いて表せ。

2015 早稲田大

89 初項が$a_1=0.11$で、$n \geqq 2$のとき、$a_n=0.1\underbrace{22\cdots2}_{n-1\text{個}}1$である数列$\{a_n\}$を考える。

すなわち、$\{a_n\}$を初項から順に並べると

$0.11, 0.121, 0.1221, 0.12221, 0.122221, \cdots$

のようになる。この数列は$a_1=0.11$, $a_{n+1}=a_n+\frac{\square}{\square^{n+\square}}$で定義されるので、

一般項は$a_n=\frac{\square}{\square}\left(1-\frac{1}{\square}\right)$で表される。

2019 金沢医科大

90 数列$\{a_n\}$を$a_1=2$, $a_{n+1}=\frac{2a_n}{a_n+1}$ $(n=1, 2, 3, \cdots)$で定める。$b_n=\frac{1}{a_n}$とおくとき、b_{n+1}をb_nで表すと$b_{n+1}=\square$であり、$\{a_n\}$の一般項を求めると$a_n=\square$である。

2019 南山大

91 数列$\{a_n\}$について次の条件が与えられている。

$$a_{n+1}=6a_n-2^n \quad (n=1, 2, 3, \cdots)$$

ただし、$a_1=\frac{13}{2}$とする。このとき、数列$\{a_n\}$の一般項は

$a_n=\square^n+\square^{n-\square}$である。

2019 明治大

92 数列$\{a_n\}$が、$\begin{cases} a_1=1 \\ a_n=\left(1-\frac{1}{n^2}\right)a_{n-1} \end{cases}$ $(n \geqq 2)$で定められているとする。このとき、$a_{100}=\square$である。

2018 帝京大

93 整数からなる数列$\{a_n\}$を次に示す漸化式によって定める。

$$a_1=1,\ a_2=2,\ a_{n+2}=5a_{n+1}-4a_n\ (n=1, 2, 3, \cdots)$$

このとき、$a_3=\square$であり、$a_n=\square$である。

2019 明治学院大

94 ベクトル$\vec{a}, \vec{b}$について、$|\vec{a}|=3, |\vec{b}|=1, |\vec{a}+3\vec{b}|=4$とする。このとき、$\vec{a}\cdot\vec{b}=-\frac{\square}{\square}$である。また、$|\vec{a}+t\vec{b}|$は実数$t=\frac{\square}{\square}$のとき、最小値$\frac{\square\sqrt{\square}}{\square}$をとる。

2020 駒澤大

95 ベクトル$\vec{a}, \vec{b}, \vec{c}$はどれも大きさが1で、$2\vec{a}+3\vec{b}+4\vec{c}=\vec{0}$を満たしている。このとき、$\vec{a}$と$\vec{b}$の内積$\vec{a}\cdot\vec{b}$は$\vec{a}\cdot\vec{b}=\square$であり、$|\vec{a}+\vec{b}+t\vec{c}|$は$t=\square$のとき、最小値$\square$をとる。

2018 慶応大

96 △ABCの内部に3点D, E, Fがあり、$\overrightarrow{AE}=\frac{1}{2}\overrightarrow{AD}, \overrightarrow{BF}=\frac{1}{3}\overrightarrow{BE}, \overrightarrow{CD}=\frac{3}{5}\overrightarrow{CF}$を満たしている。このとき、$\overrightarrow{BE}=\frac{\square}{\square}\overrightarrow{BA}+\frac{\square}{\square}\overrightarrow{BC}$である。

2015 東邦大

97 △ABCはAB=4, AC=5, $\overrightarrow{AB}\cdot\overrightarrow{AC}=5$を満たしている。△ABCの外心をO、外接円をKとする。このとき、$\overrightarrow{AO}\cdot\overrightarrow{AB}=\square$である。また、$\overrightarrow{AO}$を$\overrightarrow{AB}, \overrightarrow{AC}$を用いて表すと$\overrightarrow{AO}=\frac{\square}{\square}\overrightarrow{AB}+\frac{\square}{\square}\overrightarrow{AC}$である。

2020 獨協医科大

98 △OABにおいて、OA=2, OB=5, $\overrightarrow{OA}\cdot\overrightarrow{OB}=2$とする。△OABの垂心をHとするとき、△HABの面積は$\frac{\square\sqrt{\square}}{\square}$である。

2018 早稲田大

99 空間内の2点A(0, 0, 1)とB$\left(\frac{1}{2}, \frac{1}{2}, \frac{1}{\sqrt{2}}\right)$を通る直線と$xy$平面との交点の座標は$\left(\frac{1}{\square}, \frac{1}{\square}, 0\right)$である。

2018 関西大

100 四面体OABCで、$|\overrightarrow{OA}|=\sqrt{3}$, $|\overrightarrow{OB}|=2$, $|\overrightarrow{OC}|=\sqrt{5}$, $\overrightarrow{OA}\cdot\overrightarrow{OB}=2$, $\overrightarrow{OB}\cdot\overrightarrow{OC}=2$, $\overrightarrow{OA}\cdot\overrightarrow{OC}=1$を満たすものがある。頂点Oから平面ABCに下ろした垂線と平面ABCとの交点をHとすると、

$\overrightarrow{OH}=\frac{\square}{\square}\overrightarrow{OA}+\frac{\square}{\square}\overrightarrow{OB}+\frac{\square}{\square}\overrightarrow{OC}$である。

2020 明治大

101 空間において、方程式$x^2+y^2+z^2-2x-8y-4z-28=0$で表される曲面をCとする。このとき、Cは中心($\square$, $\square$, $\square$)、半径$\square$の球面である。また、C上の点$(-5, 6, 5)$で接する平面と、z軸の交点の座標は$(0, 0, \square)$である。

2016 東邦大

Ⅰ・A・Ⅱ・B＋ベクトル

大学入試 数学
落とせない
必須101題
ハイレベル

宮崎格久

かんき出版

はじめに

はじめまして、数学講師の宮崎格久です。私は普段、予備校で大学受験生向けに数学を教えています。生徒には偏差値30台から国立、私立の難関校、医学部受験生まで、さまざまな学力の子がいます。

数多くの受験生とかかわるなかで強くなっていったのが、**「志望校合格のために頑張るこの子たちを、なんとか受からせてあげたい」**という気持ち。どうしたらそれが実現できるだろう……と考えていきついたのが、**「合格最低点を超えるためには、小問が重要だ！」**ということです。

みなさんは、自分の志望校の合格最低点が何点か、わかりますか？　学校や学部によって多少の差はありますが、**合格最低点を超えるための目安の1つが70%**です。

言い換えると、**30%までなら落としてもいい、**と言うこともできます。

そう考えたときに、カギになってくるのが、「小問」です。小問というのは、大問1に出題されることの多い小問集合のこと。ちなみに、小問集合を解ける学力のある人は、大問2、大問3……の（1）も解ける可能性が高いです。

小問を完答できれば、合格最低点に大きく近づくことができるのです（乱暴な言い方をすると、大問の（2）（3）（4）は解けなかったとしても、合格できる可能性はあります）。

小問は基礎・基本レベルの問題です。でも、**近年の小問は文系の大学**

のものでもかなり計算が煩雑になってきています。その中で、**制限時間内に正確に解く力**が求められます。

そこで本書には、みなさんに**小問を完答する力**をつけてもらうために、**合否を分ける可能性が大きい小問**（大問の（1）も少し含みます）を101題集めました。そして、**基礎・基本の確認から、受験のときに使えるテクニック**まで詰め込みました。

小問自体にも易しい・難しいがありますから、問題のレベル感は、**医学部・早稲田・慶応・GMARCH 理系レベル**を意識して選んでいます。

まずは、別冊だけ見て問題を解いてみましょう（別冊は取り外せます）。次に、本冊のイマイチ解答（間違っている解答）を見て、どこが間違っているのかを指摘してみてください。

自信が持てない問題は、ピカイチ解答を読んで、**効率的に正確に解く解法**を学んでください（ちなみに、みなさんに楽しく読み進めてもらうために、本書は先生と生徒の掛け合いで話が進んでいく形にしました）。

そして、復習として、また別冊だけ見て解いてみてください。**その繰り返しをすれば、合格最低点を取れるようになるはずです。**

私がいつも生徒に言っているのが**「小問を制する者が私立を制する」**。ぜひこの本を使って、合格へ大きく近づいてください。

さあ、『大学入試数学 落とせない必須101題 ハイレベル』、はじめていきましょう！

2023年夏　宮崎格久

イマイチ解答で、君の実力がアップする！

本書の大きな特徴が、すべての解説に、イマイチ解答（間違っていたり、答えは合っているけど遠回りをしていたりする解答）を載せているところです。

まず、下の問題と解答を見てください。2017年の早稲田大学の入試問題とイマイチ解答です。

m を定数とする2次方程式 $x^2+mx+m+2=0$ が2つの実数解 α, β（重解を含む）をもつ。このとき、$\alpha^2+\beta^2$ を最小とする m の値を求めよ。

2017 早稲田大

イマイチ解答

$\underset{a}{1}\cdot x^2+\underset{b}{m}x+\underset{c}{m+2}=0$

この方程式の解を α, β とする。
解と係数の関係より、

$$\begin{cases}\alpha+\beta=-m & \alpha+\beta=-\dfrac{b}{a}\\ \alpha\beta=m+2 & \alpha\beta=\dfrac{c}{a}\end{cases}$$

$$\begin{aligned}\alpha^2+\beta^2&=(\alpha+\beta)^2-2\alpha\beta\\&=(-m)^2-2(m+2)\\&=m^2\boxed{-2}m-4\\&=(m\boxed{-1})^2-5\end{aligned}$$

分配法則

半分

平方完成

よって $\alpha^2+\beta^2$ を最小とするのは
$m=1$

この解法の、どこが間違っていて、それがなぜ間違っているのか、説明できるでしょうか？（この問題の解説は102ページをご覧ください）

みなさんに伝えたいのは**「人は失敗しないと成長できない」**ということです。元プロ野球選手のイチローさんは、2013年8月21日トロント・ブルージェイズ戦で日米通算4000本安打を達成したときに、このようにコメントしています。

「こういうときに思うのは、別にいい結果を生んできたことを誇れる自分ではない。誇れることがあるとすると、4000のヒットを打つには、僕の数字で言うと、8000回以上は悔しい思いをしてきているんですよね。それと常に、自分なりに向き合ってきたことの事実はあるので、誇れるとしたらそこじゃないかと思いますね」

勉強も一緒です。**ミスは誰でもするものです。**
でもそんなミスをしたあとに、**同じミスをしないための心構え**はきちんと学習できているでしょうか。

みなさんは失敗をしないように避けることに固執していませんか？　避けるのではなく、**失敗から対処の仕方を学んでほしいのです。**
本番も同じような失敗をする可能性があるし、極端な話、本番でも何らかのミスはするものです。**でもそれを最小限に抑えるための工夫や心構えを学ばないといけない。**そうして失敗は成長に繋がっていきます。

本書では、みなさんが本番でするかもしれない間違いの解法（イマイチ解答）をすべての問題に対して載せました。**その間違いの答案、失敗した解法は、みなさんが成長していくうえで貴重な財産になります。**なぜ間違いなのか、じっくり読んで学習していってください。

注記　本書の記述範囲を超えるご質問(解法の個別指導依頼など)につきましては、お答えいたしかねます。あらかじめご了承ください。

ブックデザイン●二ノ宮匡(ニクスインク)
イラスト●福田玲子
DTP●株式会社フォレスト

登場人物

先生（宮崎格久）

「わかりやすい」は当然のこと、「できるようになる」「モチベーションが上がる授業」を大切に指導する受験数学のプロ講師。生徒との二人三脚で成績向上、第一志望校の合格を目指す。髪はないけれど、熱意と体力はある予備校講師。野球が好き。

生徒

受験勉強中の高校三年生。私立大学の受験を考えているが、数学が苦手で、克服したい。

1

αを2次方程式$x^2-5x-1=0$の正の解とする。このとき$\alpha-\frac{1}{\alpha}=\square$、$\alpha^2+\frac{1}{\alpha^2}=\square$である。よって、$\left(\alpha+\frac{1}{\alpha}\right)^2=\square$となる。これから、$\alpha^3-\frac{1}{\alpha^3}=\square$、$\alpha^3+\frac{1}{\alpha^3}=\square\sqrt{\square}$となる。

2017 青山学院大

イマイチ解答

$x^2-5x-1=0$

解の公式より、

$$x=\frac{-(-5)\pm\sqrt{(-5)^2-4\cdot1\cdot(-1)}}{2\cdot1}$$
$$=\frac{5\pm\sqrt{25+4}}{2}$$
$$=\frac{5\pm\sqrt{29}}{2}$$

αは正の解なので、 ← $\sqrt{29}=5.\cdots$より $\frac{5-\sqrt{29}}{2}$は負になってしまう

$$\alpha=\frac{5+\sqrt{29}}{2}$$

$$\frac{1}{\alpha}=\frac{2}{5+\sqrt{29}}\cdot\frac{5-\sqrt{29}}{5-\sqrt{29}}$$

$(a+b)(a-b)=a^2-b^2$
を用いて有理化
$(5+\sqrt{29})(5-\sqrt{29})=5^2-(\sqrt{29})^2$

$$=\frac{2(5-\sqrt{29})}{25-29}$$

2で約分

$$=\frac{5-\sqrt{29}}{-2}$$

分母分子に×(−1)

$$=\frac{\sqrt{29}-5}{2}$$

$$\alpha-\frac{1}{\alpha}=\frac{5+\sqrt{29}}{2}-\frac{\sqrt{29}-5}{2}$$
$$=\frac{10}{2}$$
$$=5$$

$$\alpha^2+\frac{1}{\alpha^2}=\left(\alpha+\frac{1}{\alpha}\right)^2-2\alpha\cdot\frac{1}{\alpha}$$

対称式$a^2+b^2=(a+b)^2-2ab$
2乗の和＝和の2乗−2積

$$=\left(\frac{5+\sqrt{29}}{2}+\frac{\sqrt{29}-5}{2}\right)^2-2$$
$$=(\sqrt{29})^2-2$$
$$=27$$

とりあえずそこでストップしようか。2つとも答えは合ってるよ。ただ、問題作成者の意図は少し違うんだ。対称式$\alpha^2+\frac{1}{\alpha^2}$を、和$\alpha+\frac{1}{\alpha}$と積$\alpha\cdot\frac{1}{\alpha}$を使わずに、**差$\alpha-\frac{1}{\alpha}$を使って表すんだよ。**

え、でも「対称式は和と積で表す」って教わりましたよ。

対称式とは 覚えて！

x^2+y^2, x^3+y^3のように、
xとyを入れ替えても変化しない式のこと。

対称式 覚えて！

和$(x+y)$と積(xy)のみに
式変形できる！

①$x^2+y^2=(x+y)^2-2xy$

2乗の和＝和の2乗−2積

②$x^3+y^3=(x+y)^3-3xy(x+y)$
3乗の和＝和の3乗−3積和

たしかにそうだよね。どんな対称式でも、必ず和と積だけで表すことができるんだったよね。でも今回は前の設問で差$\alpha-\dfrac{1}{\alpha}=5$を求めているから、**それを使って先の問題を進めてね、という問題作成者の意図**があるんだ。

なるほど。たしかにそのほうが計算ミスせずにいけそうです……！ 小問の中にも、こうやって誘導にのるタイプの問題があるんですね。

そうなんだ。あと、もう1つ！ $x^2-5x-1=0$に対して、解の公式は使わずに$\alpha-\dfrac{1}{\alpha}$を求めてみよう。

えっ!?

ピカイチ解答

$x^2-5x-1=0$の解がαより、

$$\alpha^2-5\alpha-1=0$$
$$\alpha^2-1=5\alpha$$

（−5αを移項）

$\alpha\neq0$より両辺をαで割って、

$$\alpha-\frac{1}{\alpha}=\underline{5}$$

うわ、速い！　解の公式を使わずに解けるんですね。

この$\alpha-\dfrac{1}{\alpha}=5$を使って、ここから解いていくよ。$\alpha^2+\dfrac{1}{\alpha^2}$を、$\alpha-\dfrac{1}{\alpha}$を使って表せられるかな？

$$\alpha^2+\frac{1}{\alpha^2}=\underline{\left(\alpha-\frac{1}{\alpha}\right)^2}+2\cdot\alpha\cdot\frac{1}{\alpha}$$

$\alpha^2-2\cdot\alpha\cdot\frac{1}{\alpha}+\frac{1}{\alpha^2}$

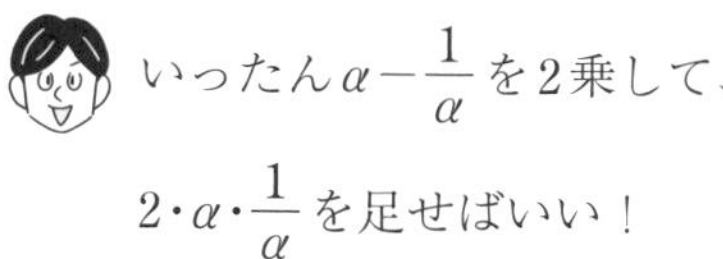

いったん$\alpha-\dfrac{1}{\alpha}$を2乗して、$2\cdot\alpha\cdot\dfrac{1}{\alpha}$を足せばいい！

$$\alpha^2+\frac{1}{\alpha^2}=\left(\boxed{\alpha-\frac{1}{\alpha}}\right)^2+2\cdot\alpha\cdot\frac{1}{\alpha}$$

（$\alpha-\frac{1}{\alpha}$の上に5）

$$=25+2$$
$$=\underline{27}$$

問題文に「よって」と書いてあるから、$\alpha^2+\dfrac{1}{\alpha^2}=27$を使ってこのあと解いていくよ。

$$\left(\alpha+\frac{1}{\alpha}\right)^2=\boxed{\alpha^2}+2\alpha\cdot\frac{1}{\alpha}\boxed{+\frac{1}{\alpha^2}}$$

$\alpha^2+\frac{1}{\alpha^2}=27$

展開公式 $(a+b)^2=a^2+2ab+b^2$

$$=27+2$$
$$=29$$

あ、先生、問題文に「これから」って書いてありますよ。ってことは引き続き誘導に乗って……。

$$\alpha^3-\frac{1}{\alpha^3}=\left(\boxed{\alpha-\frac{1}{\alpha}}\right)\left(\boxed{\alpha^2+\frac{1}{\alpha^2}}+\alpha\cdot\frac{1}{\alpha}\right)$$

（5）（27）

3次の因数分解 $a^3-b^3=(a-b)(a^2+b^2+ab)$

$$=5(27+1)$$
$$=5\cdot 28$$
$$=140$$

$$\alpha^3+\frac{1}{\alpha^3}=\left(\alpha+\frac{1}{\alpha}\right)\left(\boxed{\alpha^2+\frac{1}{\alpha^2}}-\alpha\cdot\frac{1}{\alpha}\right)$$

（27）

3次の因数分解 $a^3+b^3=(a+b)(a^2+b^2-ab)$

ここで$\alpha+\frac{1}{\alpha}$は、

$\left(\alpha+\frac{1}{\alpha}\right)^2=29$, $\alpha>0$より、

$$\alpha+\frac{1}{\alpha}=\sqrt{29}$$

よって、

$$\alpha^3+\frac{1}{\alpha^3}=\sqrt{29}(27-1)$$
$$=26\sqrt{29}$$

これで正解！　こうやって解いていくと、計算も少ないし楽でしょ？

さて、最後の$\alpha^3+\frac{1}{\alpha^3}$を求める問題は、別解も紹介しておくね。$\alpha^3+\frac{1}{\alpha^3}$は対称式だから、和と積を使って表すことができるね。

別解

$$\alpha^3+\frac{1}{\alpha^3}=\left(\alpha+\frac{1}{\alpha}\right)^3-3\alpha\cdot\frac{1}{\alpha}\left(\alpha+\frac{1}{\alpha}\right)$$

対称式 $a^3+b^3=(a+b)^3-3ab(a+b)$

3乗の和＝和の3乗－3積和

$$=(\sqrt{29})^3-3\cdot 1\cdot\sqrt{29}$$
$$=29\sqrt{29}-3\sqrt{29}$$
$$=26\sqrt{29}$$

解の公式でαの値を求めることなく、**誘導に乗っていけばキレイに求められる**んですね。

そうだね。覚えた公式を、入試問題では、どう使っていけばよいのか……。そこをどんどん教えていくよ。合否を分ける大事な問題を101個集めたから、丁寧にやってほしい。

じゃあ最後に、解答中に出てきた**3次の因数分解**をまとめておくね。

3次の因数分解　覚えて！

① $a^3+b^3=(a+b)(a^2+b^2-ab)$

② $a^3-b^3=(a-b)(a^2+b^2+ab)$

③ $a^3+b^3+c^3-3abc$
$=(a+b+c)$
$(a^2+b^2+c^2-ab-bc-ca)$

例 次の式を因数分解せよ。

(1) $8x^3-27y^3$

(2) $x^3+y^3+3xy-1$

(1) $8x^3-27y^3$

$=\underline{(2x)^3-(3y)^3}$ 　a^3-b^3

$=\underline{(2x-3y)\{(2x)^2+(3y)^2+2x\cdot 3y\}}$ 　$(a-b)(a^2+b^2+ab)$

$=\underline{(2x-3y)(4x^2+9y^2+6xy)}$

(2) $x^3+y^3+3xy(-1)$ 　$-1=(-1)^3$ と考える

$=\underline{x^3+y^3+(-1)^3-3xy(-1)}$ 　$a^3+b^3+c^3-3abc$

$=\underline{(x+y-1)\{x^2+y^2+(-1)^2}$
$\underline{-x\cdot y-y\cdot(-1)-(-1)\cdot x\}}$ 　$(a+b+c)(a^2+b^2+c^2-ab-bc-ca)$

$=(x+y-1)$
$(x^2+y^2+1-xy+y+x)$

$=\underline{(x+y-1)}$
$\underline{(x^2+y^2-xy+x+y+1)}$

ちょっと一息

受験学年の春（3～6月）のおすすめ勉強法

受験学年の始まりの時期には、バランス悪く勉強することをおすすめします。
「え、英語、数学、国語、理科、社会、バランスよく勉強したほうがいいんじゃないですか？」と思った人もいるでしょう。

もちろん、そうできたら理想的です。でも1学期というのは学校での授業、行事、部活動、予備校での授業……と忙しいので、なかなか理想通りいかないと思います。
それならば、「この1週間は英単語1500語を一気に覚えよう！」とか「この1週間でこの本の101題を一気にやろう！」とか、何かを犠牲にしながらでも覚悟を決めてやってみるのもいいですよ。短期間でこなすことによって、類似問題や複数の事象の関連性を見つけたり、自分の得意・不得意単元を見つけたりすることができます。
完璧に仕上げようとせず、まず一通りすべてに触れて、全体像をつかんでほしいのです。回転率を上げることが大事です。

実際に4月の1週間で教科書の例題を一通り解いた生徒に「どうだった？」と聞くと、「2次関数は覚えてたんですけど、場合の数と確率が全然ダメでした～」みたいな感想が返ってきます。その1週間で自分の特徴がわかったのは、非常にいいことですよね。じゃあ次はどうしようか、と作戦が立てやすくなります。
学校、予備校の授業は1年間でバランスよく組み立てられています。だからこそ、自分の勉強はToDoリストの個数を減らして、バランス悪く勉強してみてください。

POINT
- 前の設問を上手に使おう（問題の誘導に乗ろう）！
- 3次の因数分解の公式を覚えよう！

xを実数とする。$(|x|+1)(|x-2|+1)=4$ を満たすxを求めよ。

2019 甲南大

イマイチ解答

絶対値の問題、久しぶりでちょっと不安……。

少しだけ復習しておくかい？

絶対値のはずし方 覚えて！

（ⅰ）$x \geqq 0$ のとき $|x|=x$

絶対値の中身が正の数（0以上）のときは、絶対値記号をそのままはずすだけ。

（ⅱ）$x<0$ のとき $|x|=-x$

絶対値の中身が負の数のときは、マイナスをつけてはずす。

今回は絶対値が2つありますね。

準備

$|x|$について

（ⅰ）$x \geqq 0$ のとき x

（ⅱ）$x<0$ のとき $-x$

$|x-2|$について

（ⅰ）$x-2 \geqq 0$、すなわち $x \geqq 2$ のとき $x-2$

（ⅱ）$x-2<0$、すなわち $x<2$ のとき $-(x-2)$

（ⅰ）$x \geqq 2$ のとき

$(x+1)(x-2+1)=4$

$(x+1)(x-1)=4$

$x^2-1=4$

$x^2=5$

$x=\pm\sqrt{5}$

（ⅱ）$0 \leqq x<2$ のとき

$(x+1)(-x+2+1)=4$

$(x+1)(-x+3)=4$

$-x^2+2x+3=4$

$x^2-2x+1=0$

$(x-1)^2=0$

$\therefore x=1$

（ⅲ）$x<0$ のとき

$(-x+1)(-x+2+1)=4$

$(-x+1)(-x+3)=4$

$x^2-4x+3=4$

$x^2-4x-1=0$

$x=2\pm\sqrt{4+1}$

$=2\pm\sqrt{5}$

（ⅰ）〜（ⅲ）より、

$x=\pm\sqrt{5}, 1, 2\pm\sqrt{5}$

あちゃ〜。**絶対値の問題って絶対値記号をはずして、方程式、不等式を解いたあとにチェックしなくちゃいけないことがあったよね。**超重要なこと……！

ピカイチ解答

（ⅰ）$x \geqq 2$ のとき

$(x+1)(x-2+1)=4$

$(x+1)(x-1)=4$

$x^2-1=4$

$x^2=5$

$x=\pm\sqrt{5}$　　2.236（富士山麓）

$x \geqq 2$ より、$x=\sqrt{5}$

2　$\sqrt{5}$

前提となる範囲を満たしているか必ずチェック！

あ〜、範囲チェックを忘れていました……。

（ⅱ）$0 \leqq x < 2$ のとき

$(x+1)(-x+2+1)=4$

$(x+1)(-x+3)=4$

$-x^2+2x+3=4$

$x^2-2x+1=0$

$(x-1)^2=0$

$\therefore x=1$

これは $0 \leqq x < 2$ を満たす。

これも前提となる範囲のチェックが必要！

（ⅲ）$x<0$ のとき

$(-x+1)(-x+2+1)=4$

$(-x+1)(-x+3)=4$

$x^2-4x+3=4$

$x^2-4x-1=0$

$x=2\pm\sqrt{4+1}=2\pm\sqrt{5}$

$x<0$ より $x=2-\sqrt{5}$

これも範囲を満たしているほうが答え！

$\sqrt{5}=2.236\cdots$ だから $x=2-\sqrt{5}=2-2.236\cdots<0$ なので、前提となる範囲 $x<0$ を満たしていると言えるんだね。

（ⅰ）〜（ⅲ）より、$x=\sqrt{5}, 1, 2-\sqrt{5}$

そうだった、こうやって**常に範囲を満たしているか確認するんだった！**　近似値も覚えていなきゃだめですよね。

そうそう。代表的な近似値は、語呂合わせで覚えちゃってね！

覚えて！

無理数の値（近似値）

$\sqrt{2}=1.414\cdots$（人よ人よ…）
$\sqrt{3}=1.732\cdots$（人並みに…）
$\sqrt{5}=2.236\cdots$（富士山麓…）
$\sqrt{6}=2.449\cdots$（似よ、よく…）
$\sqrt{7}=2.64575\cdots$（菜に虫いない…）
$\sqrt{10}=3.162\cdots$（父さんイチローに…）

POINT

- **絶対値を含む方程式、不等式は、範囲チェックを忘れずに！**
- **無理数の値（近似値）は暗記しておこう！**

関数 $f(x)=(x+2)|x-5|$ について考える。x の方程式 $f(x)=k$ が3個の異なる実数解をもつとき、定数 k の値の範囲は □ $<k<$ □ である。

2018 早稲田大

イマイチ解答

$f(x)=k$ が3個の異なる実数解をもつ。
$(x+2)|x-5|=k$

（i）$x-5\geqq 0$, すなわち $x\geqq 5$ のとき $|x-5|=x-5$
（ii）$x-5<0$, すなわち $x<5$ のとき $|x-5|=-(x-5)$

（i）$x\geqq 5$ のとき
$(x+2)(x-5)=k$ …①
（ii）$x<5$ のとき
$-(x+2)(x-5)=k$ …②

①、②の方程式の解が全部で3個ってことは、
（A）①の解が1個、②の解が2個
（B）①の解が2個、②の解が1個
のどっちかですよね。
ん〜どう解こうかなあ。

場合分けしたらできそうだけど、ちょっと面倒だよね。今回は
「視覚的に解く」 といいよ！

例 $x^2-3x=0$ を解け。

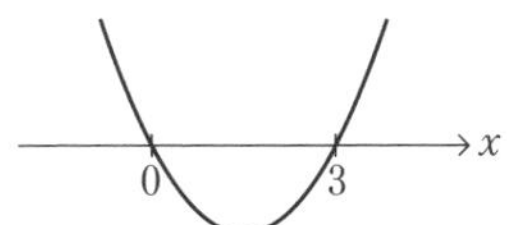

$x(x-3)=0$　$\therefore \underline{x=0, 3}$

この解は、$y=x(x-3)$〈左辺〉と $y=0$〈右辺〉の交点の x 座標となっている！

ここから、**「解＝交点」** と覚えよう！　だから、**方程式の解の個数は、$y=$(左辺) と $y=$(右辺) の交点の個数と一緒**なんだ。
この考え方を使って、**計算問題をグラフを使って解いていくよ。**

わかりました。なんか、大人な解き方してるって感じですね……！

例 $x^2=k$ の解の個数を調べよ。

この方程式の解の個数は、$y=x^2$ (左辺) と $y=k$ (右辺) の交点の個数と一緒！

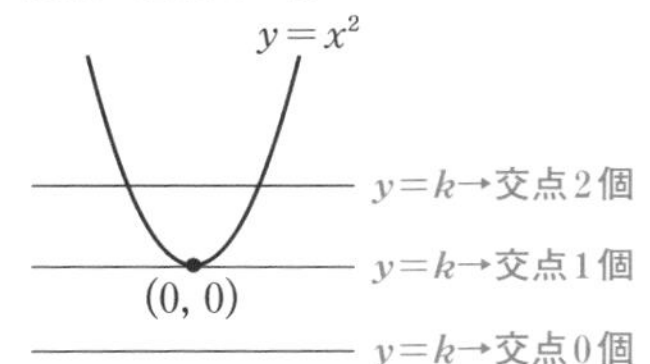

$$\begin{cases} k<0 \text{ のとき } 0 \text{ 個} \\ k=0 \text{ のとき } 1 \text{ 個} \\ \underline{k>0 \text{ のとき } 2 \text{ 個}} \end{cases}$$

ピカイチ解答

$f(x)=k$が3個の異なる実数解をもつ。
$y=(x+2)|x-5|$と$y=k$の交点が3個となればよい。

（i）$x \geqq 5$のとき
$(x+2)(x-5)=k$　　…①

（ii）$x<5$のとき
$-(x+2)(x-5)=k$　…②

①、②をグラフにすると

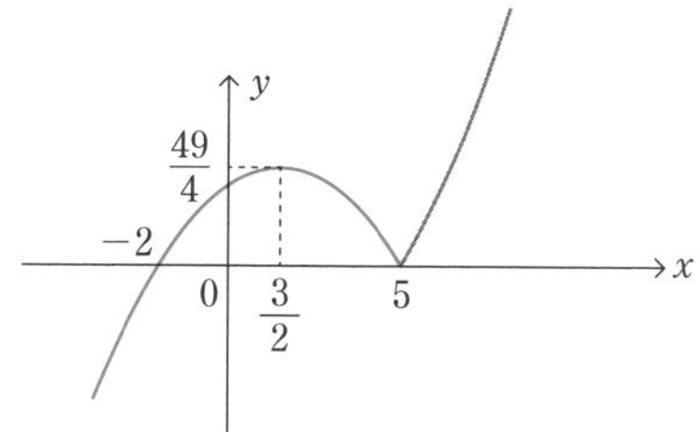

$y=-(x+2)(x-5)$の頂点$\left(\frac{3}{2}, \frac{49}{4}\right)$は、どうやって求めるんですか？

$y=-(x+2)(x-5)$とx軸との交点は-2と5だよね。放物線は線対称な形をしているから、頂点のx座標は-2と5の中点で、$\frac{-2+5}{2}=\frac{3}{2}$だ。

あとは$y=-(x+2)(x-5)$に$x=\frac{3}{2}$を代入して、

$$y=-\left(\frac{3}{2}+2\right)\left(\frac{3}{2}-5\right)$$
$$=-\frac{7}{2}\left(-\frac{7}{2}\right)$$
$$=\frac{49}{4}$$

なるほど。$y=-(x+2)(x-5)$を展開して平方完成する必要はないんですね。

そうだね。あとは$y=(x+2)(x-5)$と$y=k$の交点の個数が3個になるのがどこかを考えよう。

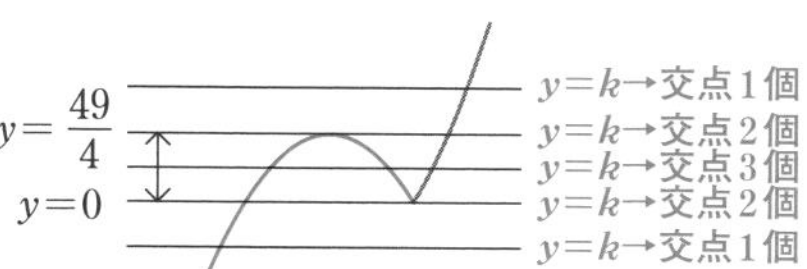

$y=k$との交点が3個となるのは
$0<k<\frac{49}{4}$

この解き方は、これから関数の問題を解いていくうえで非常に大切な考え方だよ。

「計算でおす」のではなく「グラフでおせ！」だ！

POINT
- **方程式の解＝交点である！**
- **計算ではなく、グラフで視覚的に解くことを考える！**

$\dfrac{1}{\sqrt{2}+\sqrt{3}-\sqrt{5}}-\dfrac{1}{\sqrt{2}+\sqrt{3}+\sqrt{5}}=\dfrac{\sqrt{\square}}{\square}$ である。

2020 日本大

イマイチ解答

$$\frac{1}{\sqrt{2}+\sqrt{3}-\sqrt{5}}-\frac{1}{\sqrt{2}+\sqrt{3}+\sqrt{5}}$$

$$=\frac{1}{\sqrt{2}+(\sqrt{3}-\sqrt{5})}\cdot\frac{\sqrt{2}-(\sqrt{3}-\sqrt{5})}{\sqrt{2}-(\sqrt{3}-\sqrt{5})}$$

$$-\frac{1}{\sqrt{2}+(\sqrt{3}+\sqrt{5})}\cdot\frac{\sqrt{2}-(\sqrt{3}+\sqrt{5})}{\sqrt{2}-(\sqrt{3}+\sqrt{5})}$$

$$=\frac{\sqrt{2}-\sqrt{3}+\sqrt{5}}{2-(\sqrt{3}-\sqrt{5})^2}-\frac{\sqrt{2}-\sqrt{3}-\sqrt{5}}{2-(\sqrt{3}+\sqrt{5})^2}$$

$$=\frac{\sqrt{2}-\sqrt{3}+\sqrt{5}}{2-3+2\sqrt{15}-5}-\frac{\sqrt{2}-\sqrt{3}-\sqrt{5}}{2-3-2\sqrt{15}-5}$$

$$=\frac{\sqrt{2}-\sqrt{3}+\sqrt{5}}{-6+2\sqrt{15}}-\frac{\sqrt{2}-\sqrt{3}-\sqrt{5}}{-6-2\sqrt{15}}$$

$$=\frac{(\sqrt{2}-\sqrt{3}+\sqrt{5})(-6-2\sqrt{15})-(\sqrt{2}-\sqrt{3}-\sqrt{5})(-6+2\sqrt{15})}{(-6+2\sqrt{15})(-6-2\sqrt{15})}$$

おっと、ここで通分するんだね。

はい……。でもちょっと大変です……。

そうだね。分子を展開したらすごいことになるね。

じゃあ、どうすればいいですか？

ちょっと待ってね。まずは分母の有理化の確認をしよう。

例

(1) $\dfrac{3}{\sqrt{2}}$ を有理化せよ。

$$\frac{3}{\sqrt{2}}=\frac{3}{\sqrt{2}}\cdot\boxed{\frac{\sqrt{2}}{\sqrt{2}}}$$

分母と分子に $\sqrt{2}$ をかけて有理化

$$=\underline{\frac{3\sqrt{2}}{2}}$$

(2) $\dfrac{3}{\sqrt{5}-\sqrt{2}}$ を有理化せよ。

$$\frac{3}{\sqrt{5}-\sqrt{2}}\cdot\boxed{\frac{\sqrt{5}+\sqrt{2}}{\sqrt{5}+\sqrt{2}}}$$

分母と分子に $\sqrt{5}+\sqrt{2}$ をかけて有理化

$$=\frac{3(\sqrt{5}+\sqrt{2})}{(\sqrt{5})^2-(\sqrt{2})^2}$$

$(a+b)(a-b)=a^2-b^2$

$$=\frac{\cancel{3}(\sqrt{5}+\sqrt{2})}{\cancel{3}}$$

$$=\underline{\sqrt{5}+\sqrt{2}}$$

(3) $\dfrac{4}{1+\sqrt{2}+\sqrt{3}}$ を有理化せよ。

$$\frac{4}{1+\sqrt{2}+\sqrt{3}}\cdot\boxed{\frac{(1+\sqrt{2})-\sqrt{3}}{(1+\sqrt{2})-\sqrt{3}}}$$

分母と分子に $(1+\sqrt{2})-\sqrt{3}$ をかけて有理化

$$=\frac{4\{(1+\sqrt{2})-\sqrt{3}\}}{(1+\sqrt{2})^2-\sqrt{3}^2}$$

$$=\frac{4\{(1+\sqrt{2})-\sqrt{3}\}}{\cancel{1}+2\sqrt{2}+\cancel{2}-\cancel{3}}\cdot\boxed{\frac{\sqrt{2}}{\sqrt{2}}}$$

分母と分子に $\sqrt{2}$ をかけて有理化

$$=\frac{\cancel{4}(\sqrt{2}+2-\sqrt{6})}{\cancel{4}}$$

$$=\underline{2+\sqrt{2}-\sqrt{6}}$$

ピカイチ解答

今回の問題では、最初の式で、**有理化するのではなく通分してみます。**

$$\frac{1}{\sqrt{2}+\sqrt{3}-\sqrt{5}}-\frac{1}{\sqrt{2}+\sqrt{3}+\sqrt{5}}$$

$\sqrt{2}+\sqrt{3}-\sqrt{5}$ と $\sqrt{2}+\sqrt{3}+\sqrt{5}$ で通分する

$$=\frac{\sqrt{2}+\sqrt{3}+\sqrt{5}-(\sqrt{2}+\sqrt{3}-\sqrt{5})}{\{(\sqrt{2}+\sqrt{3})-\sqrt{5}\}\{(\sqrt{2}+\sqrt{3})+\sqrt{5}\}}$$

$$=\frac{\sqrt{2}+\sqrt{3}+\sqrt{5}-\sqrt{2}-\sqrt{3}+\sqrt{5}}{(\sqrt{2}+\sqrt{3})^2-(\sqrt{5})^2}$$

$(a+b)(a-b)=a^2-b^2$

$$=\frac{2\sqrt{5}}{2+2\sqrt{6}+3-5}$$

$$=\frac{2\sqrt{5}}{2\sqrt{6}}$$

$$=\frac{\sqrt{5}}{\sqrt{6}}\cdot\frac{\sqrt{6}}{\sqrt{6}}$$

← 分母と分子に $\sqrt{6}$ をかけて有理化

$$=\frac{\sqrt{30}}{6}$$

通分することで、結果的に有理化することになってるんですね！

そうなんだ。だからこのタイプの問題は、**最初に有理化するのか、通分したほうが楽になるのか**、考えながら進めていこう！
じゃあ、こういう問題に慣れてほしいから、最後にこれも解いてみて。

例 $\frac{2}{\sqrt{5}-2}+\frac{4}{\sqrt{5}+2}$ を簡単にせよ。

$$\frac{2}{\sqrt{5}-2}+\frac{4}{\sqrt{5}+2}$$

通分　分配法則

$$=\frac{2(\sqrt{5}+2)+4(\sqrt{5}-2)}{(\sqrt{5}-2)(\sqrt{5}+2)}$$

$$=\frac{2\sqrt{5}+4+4\sqrt{5}-8}{(\sqrt{5})^2-2^2}$$

$(a+b)(a-b)$
$=a^2-b^2$

$$=\frac{-4+6\sqrt{5}}{5-4}$$

$$=-4+6\sqrt{5}$$

この問題も $\frac{2}{\sqrt{5}-2}$ と $\frac{4}{\sqrt{5}+2}$ を先に有理化してからでも、当然答えは求められるよ。

でも、通分することで分母から根号が消えますね！

そうなんだ。根号の勉強は中学からやっていると思うけど、大学入試の根号の計算は、結構ややこしくなるからね。粘り強くコツコツやっていこう！

POINT

- **分母が $\sqrt{a}+\sqrt{b}$ ⇒ 分母分子に $\sqrt{a}-\sqrt{b}$ をかける、分母が $\sqrt{a}-\sqrt{b}$ ⇒ 分母分子に $\sqrt{a}+\sqrt{b}$ をかける！**
- $(\sqrt{a}+\sqrt{b})(\sqrt{a}-\sqrt{b})=(\sqrt{a})^2-(\sqrt{b})^2$ **を利用して有理化する！　でも、先に通分したほうがいいこともある！**

5

$x=\sqrt{8+4\sqrt{3}}$, $y=\sqrt{8-4\sqrt{3}}$ とする。$x-y$ を簡単にすると、$x-y=$□ である。また、$\dfrac{\sqrt{x}+\sqrt{y}}{\sqrt{x}-\sqrt{y}}$ を簡単にすると、$\dfrac{\sqrt{x}+\sqrt{y}}{\sqrt{x}-\sqrt{y}}=$□である。

2020 南山大

イマイチ解答

$$x=\sqrt{8+4\sqrt{3}}$$
$$=\sqrt{8+2\sqrt{12}}$$
$$=\sqrt{2}+\sqrt{6}$$

$$y=\sqrt{8-4\sqrt{3}}$$
$$=\sqrt{8-2\sqrt{12}}$$
$$=\sqrt{2}-\sqrt{6}$$

分配法則

$$x-y=\sqrt{2}+\sqrt{6}-(\sqrt{2}-\sqrt{6})$$
$$=\sqrt{2}+\sqrt{6}-\sqrt{2}+\sqrt{6}$$
$$=2\sqrt{6}$$

$$\frac{\sqrt{x}+\sqrt{y}}{\sqrt{x}-\sqrt{y}}\cdot\frac{\sqrt{x}+\sqrt{y}}{\sqrt{x}+\sqrt{y}}$$
$$=\frac{x+2\sqrt{xy}+y}{x-y}$$

$(a+b)(a-b)=a^2-b^2$ を用いて有理化

$$=\frac{\overbrace{\sqrt{2}+\sqrt{6}+\sqrt{2}-\sqrt{6}}^{x+y}+2\sqrt{\overbrace{(\sqrt{2}+\sqrt{6})(\sqrt{2}-\sqrt{6})}^{xy}}}{2\sqrt{6}}$$
$$=\frac{2\sqrt{2}+2\sqrt{-4}}{2\sqrt{6}}$$

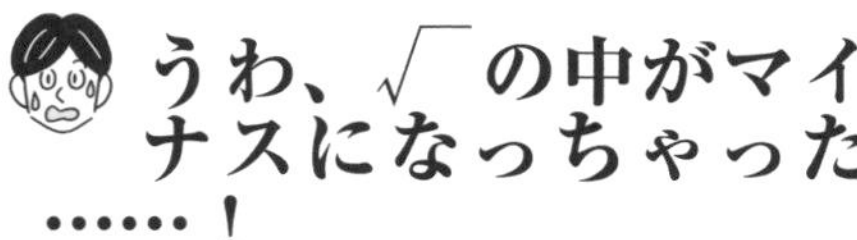

うわ、$\sqrt{\ }$ の中がマイナスになっちゃった……！

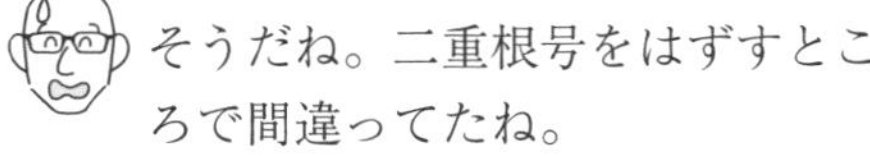

そうだね。二重根号をはずすところで間違ってたね。

> **覚えて！**
> **二重根号のはずし方**
> $$\sqrt{a+b\pm2\sqrt{ab}}=\sqrt{a}\pm\sqrt{b}$$
> ただし $a>b$
> こんなふうに言葉で覚えよう！
> $\sqrt{和\pm2\sqrt{積}}$　大きい順に書く！

例

(1) $\sqrt{⑩+2\sqrt{\boxed{21}}}$
$=\sqrt{7}+\sqrt{3}$

足して⑩、かけて$\boxed{21}$になるのは7と3（大きい順に書く）

「大きい順に書く」と言っても、「$\sqrt{3}+\sqrt{7}$」と書いても〇ですよね？

たしかに〇だね。じゃあ次の問題を見て。

(2) $\sqrt{⑱-2\sqrt{\boxed{77}}}$
$=\sqrt{11}-\sqrt{7}$

足して⑱、かけて$\boxed{77}$になるのは11と7（大きい順に書く）

あ、こっちは小さい順に「$\sqrt{7}-\sqrt{11}$」と書いたら、マイナスの数になっちゃうからダメですね。

そう。だからプラスのときもマイナスのときも、**「大きい順に書く」**ってことに統一しましょう！
二重根号のはずし方は、**「$\sqrt{和\pm2\sqrt{積}}$ 大きい順に書く！」**と覚えよう！

(3)　$\sqrt{6+\sqrt{35}}$

$=\sqrt{\dfrac{6+\sqrt{35}}{1}}$　分母に1があると考えて分母分子に2をかけ、$\sqrt{和\pm2\sqrt{積}}$の形にする

$=\sqrt{\dfrac{12+2\sqrt{35}}{2}}$　$\sqrt{\ }$を上と下に分ける

$=\dfrac{\sqrt{⑫+2\sqrt{\boxed{35}}}}{\sqrt{2}}$　足して⑫、かけて$\boxed{35}$になるのは7と5（大きい順に書く）

$=\dfrac{\sqrt{7}+\sqrt{5}}{\sqrt{2}}\cdot\dfrac{\sqrt{2}}{\sqrt{2}}$　分母の有理化

$=\underline{\dfrac{\sqrt{14}+\sqrt{10}}{2}}$

ピカイチ解答

$x=\sqrt{8+4\sqrt{3}}$　$\sqrt{和\pm2\sqrt{積}}$の形にする　$8+2\cdot2\sqrt{3}$ $=8+2\cdot\sqrt{4}\cdot\sqrt{3}$

$=\sqrt{⑧+2\sqrt{\boxed{12}}}$　足して⑧、かけて$\boxed{12}$になるのは6と2（大きい順に書く）

$=\sqrt{6}+\sqrt{2}$

$y=\sqrt{8-4\sqrt{3}}$

$=\sqrt{8-2\sqrt{12}}$

$=\sqrt{6}-\sqrt{2}$　← $\sqrt{6}$と$\sqrt{2}$は大きい順に書く

$x-y=\sqrt{6}+\sqrt{2}-(\sqrt{6}-\sqrt{2})$

$=\underline{2\sqrt{2}}$

$\dfrac{\sqrt{x}+\sqrt{y}}{\sqrt{x}-\sqrt{y}}\cdot\dfrac{\sqrt{x}+\sqrt{y}}{\sqrt{x}+\sqrt{y}}$　$(a+b)(a-b)=a^2-b^2$を用いて有理化

$=\dfrac{x+2\sqrt{xy}+y}{x-y}$

$=\dfrac{\overbrace{\sqrt{6}+\sqrt{2}+\sqrt{6}-\sqrt{2}}^{x+y}+2\sqrt{\overbrace{(\sqrt{6}+\sqrt{2})(\sqrt{6}-\sqrt{2})}^{xy}}}{2\sqrt{2}}$

$=\dfrac{2\sqrt{6}+2\sqrt{4}}{2\sqrt{2}}$

$=\dfrac{\sqrt{6}+2}{\sqrt{2}}$　$\sqrt{2}$で約分

$=\underline{\sqrt{3}+\sqrt{2}}$

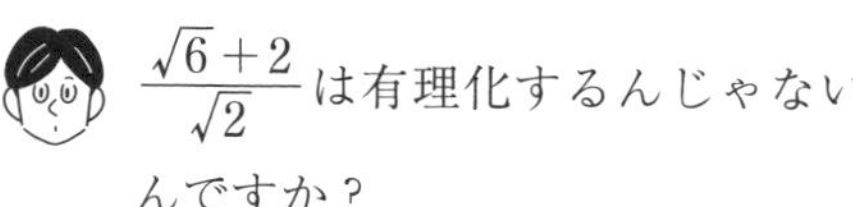

$\dfrac{\sqrt{6}+2}{\sqrt{2}}$は有理化するんじゃないんですか？

有理化でも同じ答えになるけど、$\sqrt{2}$で約分してほしい。**$2=\sqrt{2}\times\sqrt{2}$（2の中に$\sqrt{2}$が含まれている）**というのは、とても大切な見方だよ。たとえば、これはどう計算する？

例　$\dfrac{3+\sqrt{3}}{\sqrt{3}+1}$を簡単にせよ。

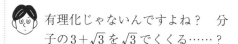

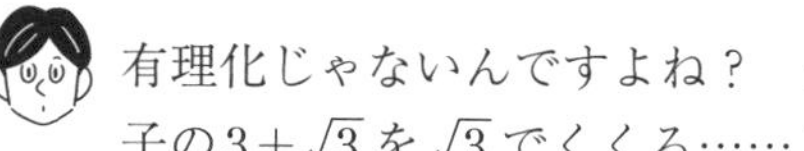

有理化じゃないんですよね？　分子の$3+\sqrt{3}$を$\sqrt{3}$でくくる……？

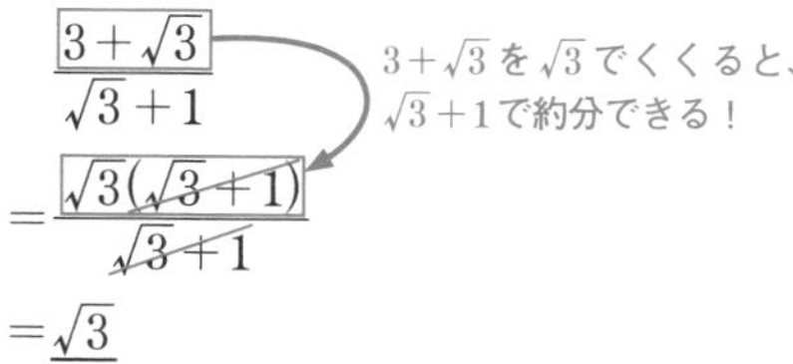

$\dfrac{\boxed{3+\sqrt{3}}}{\sqrt{3}+1}$　$3+\sqrt{3}$を$\sqrt{3}$でくくると、$\sqrt{3}+1$で約分できる！

$=\dfrac{\boxed{\sqrt{3}(\cancel{\sqrt{3}+1})}}{\cancel{\sqrt{3}+1}}$

$=\underline{\sqrt{3}}$

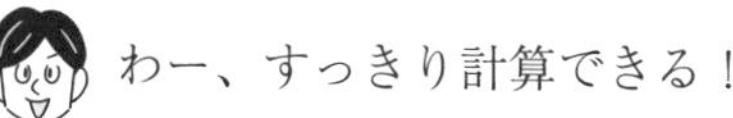

わー、すっきり計算できる！

POINT　● 二重根号のはずし方は、「$\sqrt{和\pm2\sqrt{積}}$　大きい順に書く！」と言葉で覚える！

aを実数とする2つの集合
$A=\{1, a^2-5a+6, a^3-3a^2+3a-1\}$
$B=\{1, a^2-6a+8, a^3-6a^2+9a\}$
が$0\in A\cap B$かつ$-1\in A\cup B$を満たすとき、$a=$□である。また、このとき、集合$X=\{x|x\in A\cup B$かつ$x\notin A\cap B\}$の要素をすべて求めると□である。

2019 立教大

イマイチ解答

$0\in A\cap B$より
$a^2-5a+6=0$ or
$a^3-3a^2+3a-1=0$ or
$a^2-6a+8=0$ or
$a^3-6a^2+9a=0$

$-1\in A\cup B$より
$a^2-5a+6=-1$ or
$a^3-3a^2+3a-1=-1$ or
$a^2-6a+8=-1$ or
$a^3-6a^2+9a=-1$

とりあえず式を立てたんですけど……。なんか間違ってる気がするし、これを解く気になれない（笑）

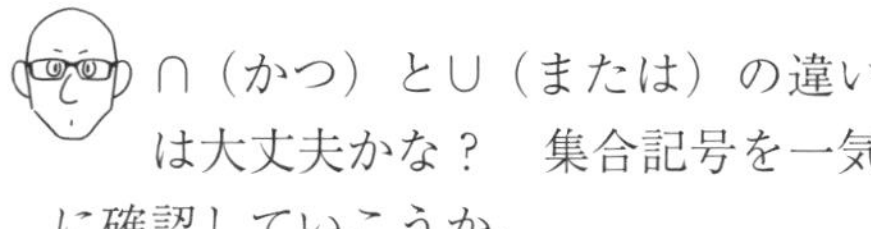

∩（かつ）と∪（または）の違いは大丈夫かな？　集合記号を一気に確認していこうか。

覚えて！

集合の書き表し方

① $A=\{2, 4, 6, 8, 10\}$
集合を構成してる1つひとつのものを「要素」という。

② $A=\{x|1\leqq x\leqq 10$ の偶数$\}$
要素の代表　xの条件を書く

①と②は書き表し方は違うけれど、同じ集合を表していることになるよね。

覚えて！

集合記号

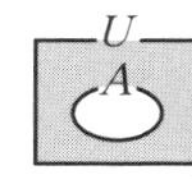

$\overline{A}$ 補集合
Aではないところをさす

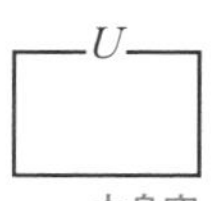

ϕ（ファイ） 空集合
中身空っぽ～

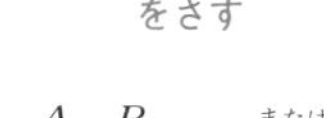

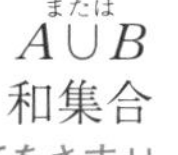

$A\cup B$（または） 和集合
AとBすべてをさす!!

$A\cap B$（かつ） 積集合
AとBの共通部分!!

$B\subset A$
BはAの部分集合
嵐はジャニーズの部分集合!!

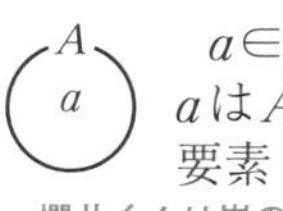

$a\in A$
aはAの要素
櫻井くんは嵐の要素!!

ピカイチ解答

まず、それぞれの要素を因数分解してみよう。

$A=\{1, \underline{(a-2)}(a-3), (a-1)^3\}$
$B=\{1, \underline{(a-2)}(a-4), a(a-3)^2\}$

AとBの両方に共通している因数は$a-2$と$a-3$だよね。そして、問題文に$0\in A\cap B$とあるから、$a-2=0$または$a-3=0$となるはずだ。

$0\in A\cap B$より $a=2$ or 3

あと、もう1つの条件、$-1\in A\cup B$となるのは、$a=2$のときか、$a=3$のとき、どちらのときなのかを考えればいいわけですね。

$a=2$のとき
$A=\{1, 0, 1\}$ ◀ Aの要素に$a=2$を代入
$B=\{1, 0, 2\}$ ◀ Bの要素に$a=2$を代入
-1が要素として出てこないから不適。

$a=3$のとき
$A=\{1, 0, 8\}$ ◀ Aの要素に$a=3$を代入
$B=\{1, -1, 0\}$ ◀ Bの要素に$a=3$を代入
Bに-1が含まれているので、
$-1\in A\cup B$を満たす。よって$a=3$

$X=\{x\,|\,x\in A\cup B$かつ$x\notin A\cap B\}$の要素をすべて求めると、8と-1

この問題には出てこなかったけれど、**和積集合の重要公式**と**ド・モルガンの法則**もしっかり覚えておこう。

集合の重要公式① 覚えて！

$n(A\cup B)=n(A)+n(B)-n(A\cap B)$

A B = A + B − $A\cap B$

集合の重要公式② 覚えて！

$n(A\cup B\cup C)$
$=n(A)+n(B)+n(C)$
$-n(A\cap B)-n(B\cap C)$
$-n(C\cap A)+(A\cap B\cap C)$

A B C = A + B + C
− $A\cap B$ − $B\cap C$ − $C\cap A$ + $A\cap B\cap C$

ド・モルガンの法則 覚えて！

① $\overline{A}\cap\overline{B}=\overline{A\cup B}$
② $\overline{A}\cup\overline{B}=\overline{A\cap B}$

POINT

- **要素を因数分解して、集合A, Bに共通する因数を見つけよう！**
- **集合記号の意味を理解し、そこからaの値を探し出そう！**

次のとき、「必要十分条件である／必要条件であるが十分条件ではない／十分条件であるが必要条件ではない／必要条件でも十分条件でもない」のいずれか。x, y, a, b は実数とする。

(1) $xy=0$ は $x=0$ であるための□。 2020 金沢工業大

(2) a, b がともに有理数であることは、$a+b$ が有理数であるための□。 2018 東京理科大

イマイチ解答

(1) $xy=0 \underset{\bigcirc}{\overset{\times}{\rightleftarrows}} x=0$

反例… $x=1, y=0$

よって、十分条件

ん〜残念！　○と×の判定は合っているけど、答えは「必要条件」だよ。逆に覚えているみたいだね。**必要十分条件**についてまとめておくよ。

必要十分条件とは 覚えて！

p は q であるための□。

(i) $p \underset{\times}{\overset{\bigcirc}{\rightleftarrows}} q$（$p$：左、$q$：右）：$p$ は q であるための十分条件であるが必要条件でない

(ii) $p \underset{\bigcirc}{\overset{\times}{\rightleftarrows}} q$（$p$：左、$q$：右）：$p$ は q であるための必要条件であるが十分条件でない

(iii) $p \underset{\bigcirc}{\overset{\bigcirc}{\rightleftarrows}} q$（$p$：左、$q$：右）：$p$ は q であるための必要十分条件である

(iv) $p \underset{\times}{\overset{\times}{\rightleftarrows}} q$（$p$：左、$q$：右）：$p$ は q であるための必要条件でも十分条件でもない

「**ひ**だり（左）に向かう矢印（←）が真のとき、**ひ**つよう（必要）条件」と覚えよう。

例 男は人間であるための□条件。

男 $\underset{\times}{\overset{\bigcirc}{\rightleftarrows}}$ 人間

反例…女

よって、十分条件

仮定は満たすが結論を満たさないものを「反例」というんだ。

たしかに女は人間だけど、男じゃない！

反例が1つでも見つかったらその命題は偽になるよ。

わかりました。反例を見つけていくやり方で、どんどん解いていけますね。

ピカイチ解答

(1) $xy=0 \underset{\bigcirc}{\overset{\times}{\rightleftarrows}} x=0$

反例…$x=1,\ y=0$

よって、必要条件

(2)を解く上で確認だけど、有理数って何だっけ?

分数の形、$\frac{q}{p}$で表すことができる数ですよね。

実数
- 有理数…$\frac{q}{p}$の形で表すことができる数(pとqは互いに素)
- 無理数…$\frac{q}{p}$の形で表すことができない数
  例:$\sqrt{3}, -\sqrt{5}, \pi, \cdots$

(2) **a, bともに有理数 $\underset{\times}{\overset{\bigcirc}{\rightleftarrows}}$ $a+b$が有理数**

よって、十分条件

反例…$a=\sqrt{2},\ b=-\sqrt{2}$

じゃあ、これも最後に覚えておいて。

覚えて!

真偽の調べ方

一般的に集合A, Bが

$A \subset B$のとき、$A \to B$が真(○)になり、

$A \leftarrow B$は偽(×)になる。

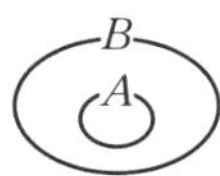

さっきの「男と人間」で考えてみよう。

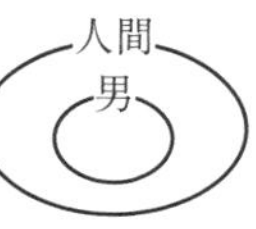

……という関係になっているから、男→人間は○、人間→男は×だよね。

すぐに○、×がわかりますね。反例を見つけるのが難しいときに、これが使えそうですね。

POINT

- **"ひ"だり(左)に向かう矢印(←)が真なら、"ひ"つよう(必要)条件。**
- **$A \subset B$のとき、$A \to B$は○、$A \leftarrow B$は×**

8 $|x| \leqq 3$を満たす、すべての実数xに対して$-ax^2-2ax+6-a>0$となる定数aの範囲は□である。

2017 立教大

イマイチ解答

$|x| \leqq 3$より$-3 \leqq x \leqq 3$

$-3 \leqq x \leqq 3$のすべてのxに対して
$-ax^2-2ax+6-a>0$ …①
が成り立つaの範囲を求める。

$y=-ax^2-2ax+6-a$とおく

$y=-a(x^2+\boxed{2}x)+6-a$ （$-a$でくくる）

$=-a\{(x+\boxed{1})^2-1\}+6-a$ （半分）

$=-a(x+1)^2+6$ （平方完成）

頂点$(-1, 6)$

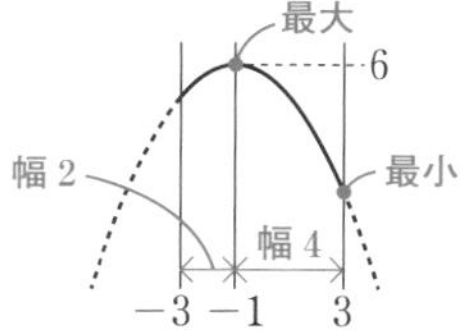

軸が$x=-1$で定義域が$-3 \leqq x \leqq 3$より、$x=-1$のとき最大、$x=3$のとき最小である。
よって①の不等式が成り立つためには、$x=3$のときのy座標が正となればよい。

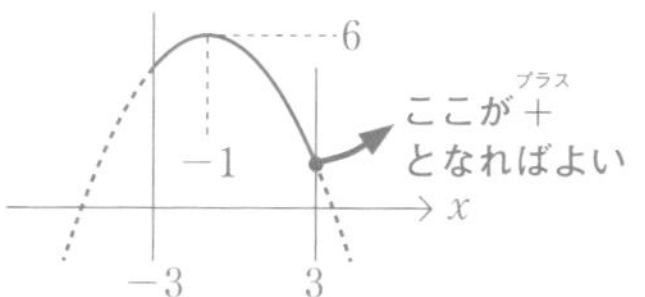

$x=3$のとき
$y=-9a-6a+6-a>0$
$-16a>-6$

$\therefore a<\dfrac{3}{8}$

あらら、**この2次関数は上に凸と決めつけていいのかな？**

え、だって$y=-ax^2-2ax+6-a$のx^2の係数が$-a$だから……
あ！ **aがプラスかマイナスか、わからない！**

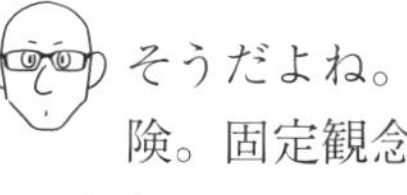

そうだよね。固定観念は非常に危険。固定観念は時に人を傷つけるからね……。

あ……はい、気をつけます。

でも、絶対値は上手にはずせていたね！

覚えて！

絶対値の重要公式

① $|x|=3 \Leftrightarrow x=\pm 3$
② $|x|<3 \Leftrightarrow -3<x<3$
③ $|x|>3 \Leftrightarrow x<-3, 3<x$

（3の部分）ここが数字のみになっている（文字が入っていない）方程式・不等式は、場合分けをする必要がない！

ピカイチ解答

$|x| \leqq 3$ より $-3 \leqq x \leqq 3$

$-3 \leqq x \leqq 3$ のすべての x に対して
$-ax^2-2ax+6-a>0$ …①
が成り立つ a の範囲を求める。

$y=-ax^2-2ax+6-a$ とおく
$y=-a(x^2+\boxed{2}x)+6-a$ ← $-a$ でくくる
↓半分
$=-a\{(x+\boxed{1})^2-1\}+6-a$ 平方完成
$=-a(x+1)^2+6$
頂点 $(-1,\ 6)$

（ⅰ）$a>0$ のとき

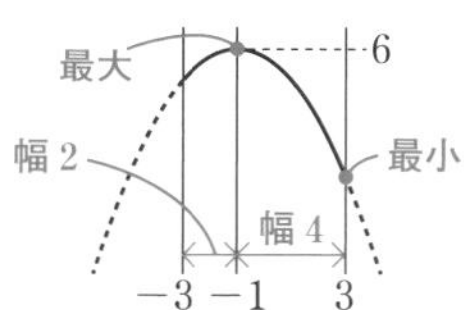

軸が $x=-1$ で定義域が
$-3 \leqq x \leqq 3$ より $x=-1$ のとき
最大、$x=3$ のとき最小である。
よって①の不等式が成り立つためには $x=3$ のときの y 座標が正となればよい。

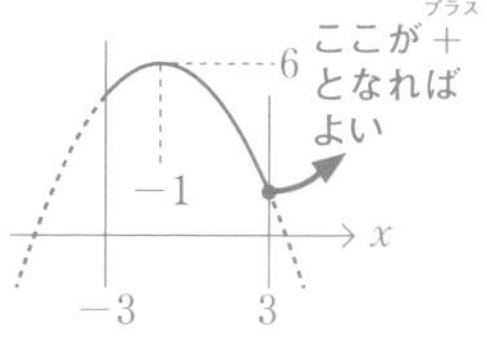

$x=3$ のとき
$y=-9a-6a+6-a>0$
$-16a>-6$
$a<\frac{3}{8}$ $a>0$ より $0<a<\frac{3}{8}$

（ⅱ）$a<0$ のとき

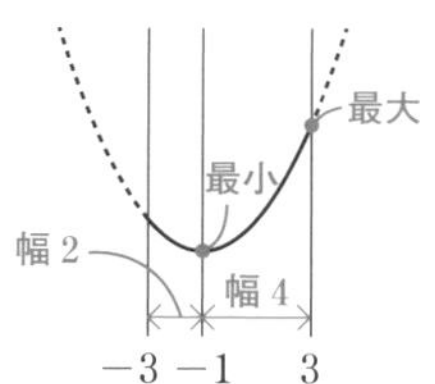

定義域が $-3 \leqq x \leqq 3$ より $x=3$ のとき最大、$x=-1$ のとき最小である。
よって①の不等式が成り立つためには $x=-1$ のときの y 座標が正となればよい。
頂点の y 座標は6より $a<0$ のとき成り立つ。

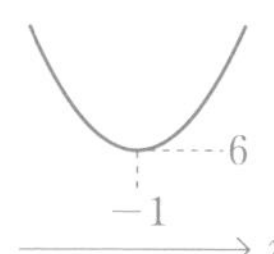

（ⅲ）$a=0$ のとき
①の不等式は $6>0$ となり成り立つ。

（ⅰ）〜（ⅲ）より $a<\frac{3}{8}$

（ⅱ）（ⅰ）（ⅲ） 0 $\frac{3}{8}$ a

場合分けが結構面倒で難しい〜。

そうだね。でも、入試ではこうやって文字が入っている関数がいっぱいだよ。だから場合分けは必須！ 頑張って慣れていこう！

POINT
- 絶対値の重要公式を使って、絶対値記号を上手に外そう！
- 放物線が上に凸か下に凸かは、必ずチェックする！

定数aは実数とする。2つの2次方程式$\begin{cases} x^2+2x+a=0 \\ -x^2+ax+2=0 \end{cases}$を同時に満たす$x$があるとき、$a$の値を求めよ。

2019 広島工業大

イマイチ解答

共通解の問題ですね。うまくできるかなぁ。やってみます！

$$\begin{cases} x^2+2x+a=0 \\ -x^2+ax+2=0 \end{cases}$$

$x=\alpha$を代入

共通解をαとおく

$$\begin{cases} \alpha^2+2\alpha+a=0 & \cdots ① \\ -\alpha^2+a\alpha+2=0 & \cdots ② \end{cases}$$

①＋②より ←最高次α^2を消去するため

$$2\alpha+a+a\alpha+2=0$$

αでくくる

$$\alpha(2+a)+(a+2)=0$$

$a+2$でくくる

$$(a+2)(\alpha+1)=0$$

$$a=-2$$

できました〜！

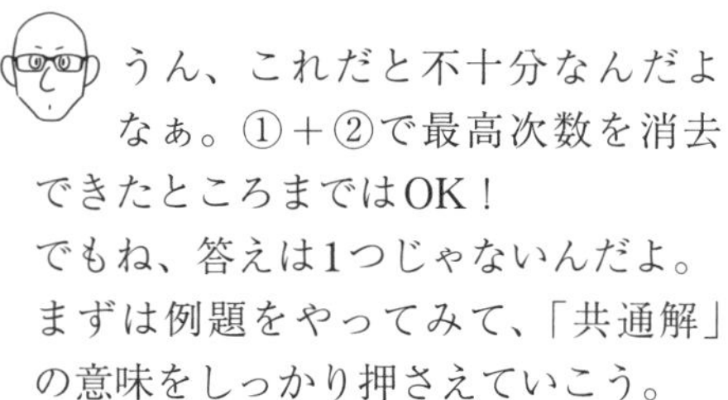

うん、これだと不十分なんだよなぁ。①＋②で最高次数を消去できたところまではOK！
でもね、答えは1つじゃないんだよ。
まずは例題をやってみて、「共通解」の意味をしっかり押さえていこう。

例 2つの2次方程$x^2-6x+5=0$、$x^2+ax+10=0$が共通解をもつように定数aの値を定め、その共通解を求めよ。

この問題の場合だと$x^2-6x+5=0$は、式の中に文字が入っていないので、実数解を求めることができちゃいますね。

$$x^2-6x+5=0$$
$$(x-1)(x-5)=0$$
$$\therefore x=1,\ 5$$

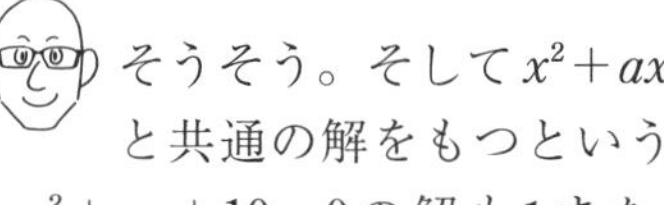

そうそう。そして$x^2+ax+10=0$と共通の解をもつということは、$x^2+ax+10=0$の解も1または5になるわけだ。だから$x=1,5$を代入してごらん。

$x^2+ax+10=0$に$x=1$を代入

$$1+a+10=0$$
$$\therefore a=-11$$

$x^2+ax+10=0$に$x=5$を代入

$$25+5a+10=0$$
$$5a=-35$$
$$\therefore a=-7$$

よって$\underline{a=-11,\ -7}$

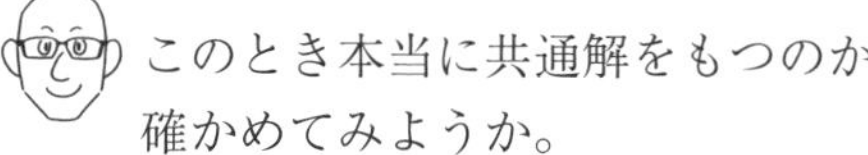

このとき本当に共通解をもつのか確かめてみようか。

$a=-11$のとき

$$\begin{cases} x^2-6x+5=0 \\ x^2-11x+10=0 \end{cases}$$

$$\begin{cases} (x-1)(x-5)=0 \\ (x-10)(x-1)=0 \end{cases}$$

$$\begin{cases} x=\underline{1},\ 5 \\ x=\underline{1},\ 10 \end{cases}$$

おー、$x=1$が共通してる。いい感じ！

$a=-7$のとき

$$\begin{cases} x^2-6x+5=0 \\ x^2-7x+10=0 \end{cases}$$

$$\begin{cases} (x-1)(x-5)=0 \\ (x-2)(x-5)=0 \end{cases}$$

$$\begin{cases} x=1, \underline{5} \\ x=2, \underline{5} \end{cases}$$

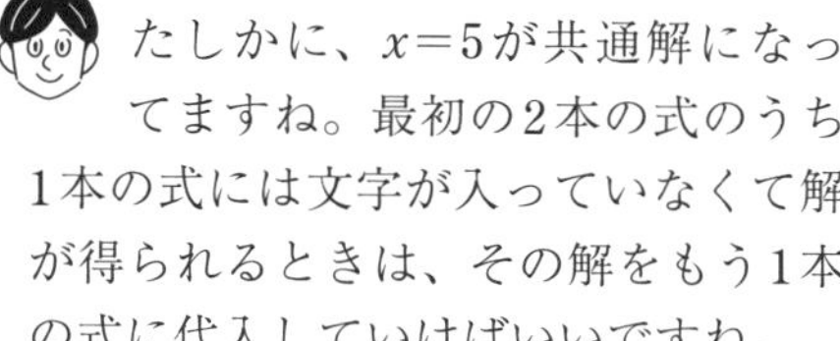

たしかに、$x=5$が共通解になってますね。最初の2本の式のうち1本の式には文字が入っていなくて解が得られるときは、その解をもう1本の式に代入していけばいいですね。

そういうこと！　じゃあ、さっきの問題に戻ろうか。与えられた2本の式両方に文字が入っているときは、**まず自分で共通解をαとおいてみよう**。それを2本の式それぞれに代入して連立方程式を解くっていうイメージだ。

覚えて！

共通解の問題の解き方

①共通解をαとおく。

②αを代入した2式の連立方程式を解く。→最高次を消去する。

ピカイチ解答

$$\begin{cases} x^2+2x+a=0 \\ -x^2+ax+2=0 \end{cases}$$

共通解をαとおく　（$x=\alpha$を代入）

$$\begin{cases} \alpha^2+2\alpha+a=0 & \cdots① \\ -\alpha^2+a\alpha+2=0 & \cdots② \end{cases}$$

①＋②より　←最高次α^2を消去するため

$2\alpha+a+a\alpha+2=0$　（αでくくる）

$\alpha(2+a)+(a+2)=0$　（$a+2$でくくる）

$(a+2)(\alpha+1)=0$

$a=-2$または$\alpha=-1$

(i) $a=-2$のとき

与式の2つとも

$x^2+2x-2=0$となり条件を満たす。

（問題文の「同時に満たすxがある」ということ）

(ii) $\alpha=-1$のとき

①、②どちらに代入しても

$a=1$となる。

（共通解αが-1のときの答えがこれになる）

(i)、(ii)より $a=\underline{-2, 1}$

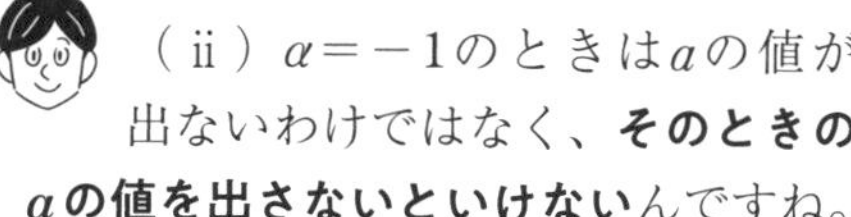

(ii) $\alpha=-1$のときはaの値が出ないわけではなく、**そのときのaの値を出さないといけない**んですね。

そうだね。今回はaの値が2つ出てきたけど、**問題によって答えがいくつ出るかは変わってくるよ**。でも共通解の問題の解法の手順はすべて同じだから、覚えちゃってね！

POINT ● 共通解の問題の解き方を覚えよう！

10

aとbは1以上5以下の自然数とし、放物線C：$y=-x^2+ax-b$を定める。このとき、放物線Cがx軸と相異なる2点で交わるような(a, b)の組は何通りあるか求めよ。

2015 立教大

イマイチ解答

放物線とx軸との交点が2個……だから、判別式を使えばいいですよね。

$-x^2+ax-b=0$とおく

$x^2-ax+b=0$　…①

Cがx軸と異なる2点で交わるので、①の判別式$D>0$

$D=(-a)^2-4\cdot1\cdot b$

$D=a^2-4b>0$

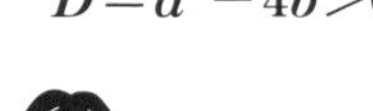

わからない文字が2つ入っている不等式って、どう解けばいいんですかね……？

うん、判別式については理解できているみたいだね。解説をする前に**解の公式**と**判別式**についてまとめておくよ。

覚えて！

解の公式①

$ax^2+bx+c=0\ (a\neq0)$

$$x=\frac{-b\pm\sqrt{b^2-4ac}}{2a}$$

判別式　$D=b^2-4ac$

解の公式②

$ax^2+2b'x+c=0\ (a\neq0)$

$$x=\frac{-b'\pm\sqrt{b'^2-ac}}{a}$$

$D/4=b'^2-ac$

$\sqrt{\ }$ の中身b^2-4acのことは判別式（一般的にはDと表す）という。xの係数が偶数のときは解の公式②を使う。

$\sqrt{\ }$ の中身b^2-4acのことは「判別式（一般的にはDと表す）」というよ。xの係数が偶数のときは、解の公式②を使いましょう。少し練習してみよっか。

例　$x^2-4x+1=0$を解け。

解の公式②より $x=\dfrac{-(-2)\pm\sqrt{(-2)^2-1\cdot1}}{1}$

$x=-(-2)\pm\sqrt{4-1}$

$=\underline{2\pm\sqrt{3}}$

ちなみに判別式をDとすると、

$D/4=(-2)^2-1\cdot1$

$=4-1$

$=3$

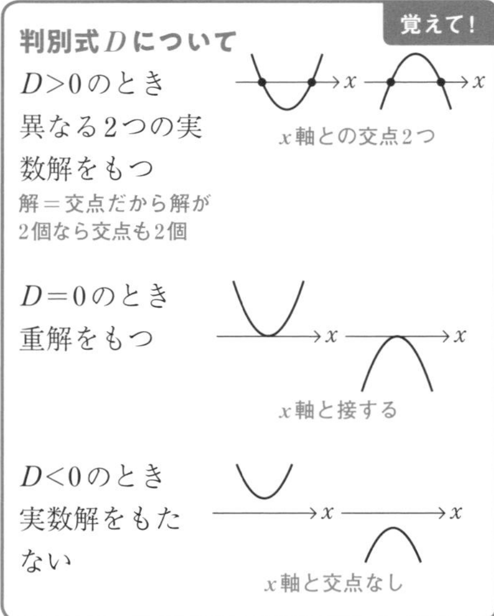

判別式Dについて

$D>0$のとき
異なる2つの実数解をもつ

解＝交点だから解が2個なら交点も2個

$D=0$のとき
重解をもつ

$D<0$のとき
実数解をもたない

例　$x^2+4kx+4k=0$が2つの実数解をもつときのkの値の範囲を求めよ。

$x^2+4kx+4k=0$の判別式をDとする。
2つの実数解をもつとき、
$D/4=(2k)^2-1\cdot 4k\boxed{\geqq 0}$
$4k^2-4k\geqq 0$
$k^2-k\geqq 0$
$k(k-1)\geqq 0$
$\therefore \underline{k\leqq 0,\ 1\leqq k}$

どうして「≧0」としているかというと、**重解は「2つの実数解をもつ」といえる**んだ。
たとえば$(x-3)^2=0$は、「3」と「3」の2つの解があるんだよ。**「重なっている」から「重解」というだけで、本質的には解は2個ある。**これ、大事だよ！

「異なる2つの実数解」だったら「判別式$D>0$」で、「2つの実数解」だったら「判別式$D\geqq 0$」ですね！

そうだ！　またそのうち出てくるから、正確に覚えておこう！

ピカイチ解答

$-x^2+ax-b=0$とおく
$x^2-ax+b=0$　…①
Cがx軸と異なる2点で交わるので、
①の判別式$D>0$
$D=(-a)^2-4\cdot 1\cdot b$
$D=a^2-4b>0$

a, bは<u>1以上5以下の自然数</u>より、

問題文にこう書いてあるから、これを満たすa, bを見つけていくんだよ。たとえばこんな感じ。

$a=1$のとき　$D=1-4b>0$
bに自然数を入れたら
$D<0$になるため、不適

$a=2$のとき　$D=4-4b>0$
bに自然数を入れたら
$D\leqq 0$になるため、不適

$a=3$のとき　$D=9-4b>0$
これが成り立つ自然数bは$b=1, 2$

たかが、1から5のまでの自然数ですもんね。あとは$a=4$, $a=5$も同じように調べて……。

$(a, b)=(3, 1), (3, 2),$
$(4, 1), (4, 2), (4, 3),$
$(5, 1), (5, 2), (5, 3), (5, 4),$
$(5, 5)$
の<u>10通り</u>

POINT
- **解の公式と判別式Dを使いこなせるようにしよう！**
- **「自然数nを求めよ」と言われたら、具体的に数を代入して見つける！**

kを定数とするとき、xの方程式$kx^2-(k+1)x+k=0$が異なる2つの実数解をもつためのkの値の範囲は$-\frac{\square}{\square}<k<\square$または$\square<k<\square$である。

2016 日本大

イマイチ解答

「異なる2つの実数解」って書いてあるから、やっぱり判別式だよなあ……。

$kx^2-(k+1)x+k=0$
異なる2つの実数解をもつので、
判別式>0

$$D=\{-(k+1)\}^2-4k\cdot k>0$$
$$k^2+2k+1-4k^2>0$$
$$-3k^2+2k+1>0$$
$$3k^2-2k-1<0$$

両辺に×(−1)
>が<に変わる！

$$\begin{array}{ccc} 1 & -1 & \to -3 \\ 3 & 1 & \to \ \ 1 \\ & & \overline{-2} \end{array}$$

$$(k-1)(3k+1)<0$$

$$\therefore -\frac{1}{3}<k<1$$

簡単にできちゃった！

ん〜、でもこれだと違うんだよね。 問題文のマークの形にも合ってないよね。
問題文に「xの方程式」と書いてあるよね。**「xの2次方程式」ではない**んだよ。

あ、そうか。だから、**x^2の係数kが0になって「xの1次方程式」になることもあり得る**んですね。

そういうこと！ **1次方程式のときは判別式は使えないからね。**場合分けってことになるよ！
「問題文をよく読むこと」って、当たり前すぎて意識していないかもしれないけど、本当に大事なことだから、十分に気をつけてほしい！

わかりました。「読んでるつもりになっている」から間違えた問題が、今までもたくさんあったのかも……。

例 xの方程式$ax=3$ …①を解け。

(i) $a=0$のとき
①は$0=3$となり、解は存在しない。
$0\cdot x=3$

(ii) $a\neq0$のとき
①は$x=\frac{3}{a}$ ← ①の両辺をaで割ればいいだけ

(i)、(ii)より、

$$\begin{cases} a=0\text{のとき、解はない} \\ a\neq0\text{のとき、}x=\frac{3}{a} \end{cases}$$

ピカイチ解答

$kx^2-(k+1)x+k=0$

（ｉ）$k=0$のとき

（与式）は$-x=0$となり実数解は1つしか存在しない。

$0\cdot x^2-(0+1)x+0=0$

よって$k=0$のときは条件を満たさない。

（ii）$k\neq 0$のとき

異なる2つの実数解をもつので

判別式$D>0$

$D=\{-(k+1)\}^2-4k\cdot k>0$

$D=(k+1)^2-4k^2>0$

この式は$a^2-b^2=(a+b)(a-b)$を使って、展開せずに因数分解するよ。

$(k+1)^2-(2k)^2>0$

$\{(k+1)+2k\}\{(k+1)-2k\}>0$

$(k+1+2k)(k+1-2k)>0$

$(3k+1)(-k+1)>0$

$(3k+1)(k-1)<0$ ← 両辺に×(−1) ＞が＜に変わる！

$\therefore -\frac{1}{3}<k<1$

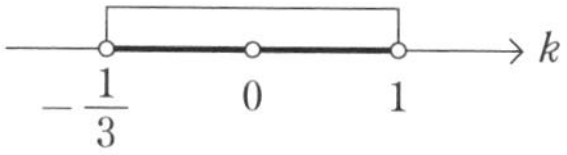

$k\neq 0$より$-\frac{1}{3}<k<0,\ 0<k<1$

（ｉ）（ii）より$-\frac{1}{3}<k<0,\ 0<k<1$

はい、できあがり。**とにかく先頭に文字が入っているときは要注意！　勝手に2次方程式だと判断しないようにね！**

了解でーす！

文字が入っている不等式も練習してみようか。

例　xの不等式$ax<3$　…①を解け。

（ｉ）$a>0$のとき

①は$x<\frac{3}{a}$ ← $a>0$だから不等号は＜のまま

（ii）$a=0$のとき

①は$0\cdot x<3$

$0<3$ ← xがどんな値でも不等式は成り立つ

よって解はすべての実数

（iii）$a<0$のとき

①は$x>\frac{3}{a}$ ← $a<0$だから不等号は＞に変わる

（ｉ）～（iii）より、

$$\begin{cases} a>0\ のとき\ x<\frac{3}{a} \\ a=0\ のときすべての実数 \\ a<0\ のとき\ x>\frac{3}{a} \end{cases}$$

POINT ● **最高次の係数に文字が入っていたら、場合分け！**

12

aを実数として、関数$f(x)=x^3+ax^2+\left(a-\frac{3}{4}\right)x$を考える。方程式$f(x)=0$が異なる実数解をちょうど2個もつような$a$の値は、小さい方から順に、$\frac{\square}{\square}$, $\square$, $\square$である。

2016 東京理科大

イマイチ解答

$f(x)=x^3+ax^2+\left(a-\frac{3}{4}\right)x$

$f(x)=0$が異なる実数解をちょうど2個もつので、$y=f(x)$と$y=0$の交点が2個となればよい。

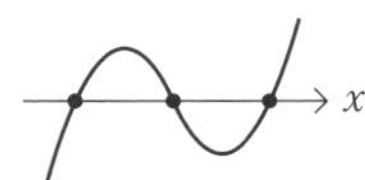

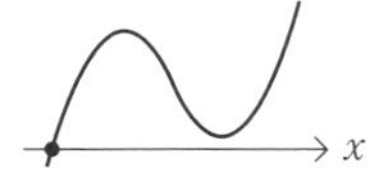

これだとx軸との交点が2個じゃないから×。

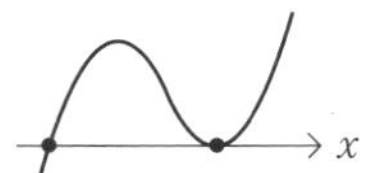

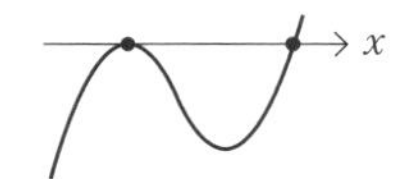

これはx軸との交点が2個だからOK。極大値$x=0$または極小値$x=0$となればいいんですね。だから……。

$f'(x)=3x^2+2ax+a-\frac{3}{4}$

$f'(x)=0$を考えて、

$$x=\frac{-a\pm\sqrt{a^2-3\left(a-\frac{3}{4}\right)}}{3}$$

極大値を与えるxの値をα、極小値を与えるxの値をβとする。

$$\alpha=\frac{-a-\sqrt{a^2-3\left(a-\frac{3}{4}\right)}}{3},$$

$$\beta=\frac{-a+\sqrt{a^2-3\left(a-\frac{3}{4}\right)}}{3}$$

$f(\alpha)=0$または$f(\beta)=0$となればよい。

$f(\alpha)$か$f(\beta)$のどっちかが0になればいいんだけど……。

$f(\alpha)$, $f(\beta)$の値って出せない（出したくない）よね……。たしかに視覚化したいから微分したくなる。その気持ちもわかる。

ただ、今回は、$x^3+ax^2+\left(a-\frac{3}{4}\right)x=0$の（左辺）って因数分解できるよね。

あ、xでくくって因数分解すると、できそうですね。

$x\left\{x^2+ax+\left(a-\frac{3}{4}\right)\right\}=0$

$x=0$が解になっているので、

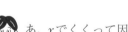

$x^2+ax+a-\frac{3}{4}=0$の判別式$D=0$となればよい。

$D=a^2-4\left(a-\frac{3}{4}\right)=0$

$a^2-4a+3=0$

$(a-1)(a-3)=0$

$\therefore a=1, 3$

はい、ブー。 ここが違うよ。

ピカイチ解答

$f(x)=x^3+ax^2+\left(a-\frac{3}{4}\right)x$

$f(x)=0$が異なる実数解をちょうど2個もつ。

$f(x)=x\left\{x^2+ax+\left(a-\frac{3}{4}\right)\right\}=0$

$f(x)=0$の解の1つは0である。

ここで$g(x)=x^2+ax+a-\frac{3}{4}$とおく。

$f(x)=0$が異なる実数解を2個もつので

（i）$g(x)=0$が0以外の重解をもつ

「$g(x)=0$が重解をもつ」は、×。 なぜなら$x=0$を重解にもってしまうと、$f(x)=0$の解は「0だけ」になってしまうからね。

$g(x)=0$の判別式をDとする。

$D=a^2-4\cdot1\cdot\left(a-\frac{3}{4}\right)=0$

$a^2-4a+3=0$

$(a-1)(a-3)=0$

$\therefore a=1,3$

$a=1$のとき

$g(x)=x^2+x+\frac{1}{4}=\left(x+\frac{1}{2}\right)^2$

$a=3$のとき

$g(x)=x^2+3x+\frac{9}{4}=\left(x+\frac{3}{2}\right)^2$

これらのとき、$g(x)=0$は0以外の重解をもつ。

$a=1,3$のとき、もし$g(x)=x^2$となってしまったら、$x=0$という重解をもち、そうすると$f(x)=0$の解は0だけになってしまいますね。

そう。だから、**0以外の重解になってるね、という確認**をしたんだ。

また、（i）みたいに$g(x)$が重解をもたなくてもいいんだ。たとえば、$g(x)=x(x-3)$となれば、$f(x)=0$の解は0と3の異なる2個となるので条件を満たすよ。

（ii）$g(x)=0$が0と0以外の実数解をもつ

$x=0$が解より、$g(x)=0$

$a-\frac{3}{4}=0$

$\therefore a=\frac{3}{4}$

このとき、$g(x)=x^2+\frac{3}{4}x$となり、0と0以外の実数解をもつ。

（i）（ii）より、$a=\frac{3}{4},1,3$

ちょっと難しかったけど、よくわかりました！

POINT
- **「式を整理する」は、まずは因数分解！（→1つの解がわかる）**
- **単に「重解をもてばよい」わけではないことに注意！**

aを実数とする。2次方程式$-3x^2+4ax-a^2-2=0$が$1<x<2$の範囲に2つの実数解をもつとき、aの取りうる値の範囲は□$\leqq a<$□である。

2019 関西学院大

イマイチ解答

$$-3x^2+4ax-a^2-2=0$$

$$3x^2\boxed{-4a}x+a^2+2=0$$

$2\cdot(-2a)$

解の公式より $x=\dfrac{-(-2a)\pm\sqrt{(-2a)^2-3(a^2+2)}}{3}$

$$x=\frac{2a\pm\sqrt{4a^2-3(a^2+2)}}{3}$$

$$=\frac{2a\pm\sqrt{a^2-6}}{3}$$

これが$1<x<2$の範囲にあるので、

$$\begin{cases}1<\dfrac{2a+\sqrt{a^2-6}}{3}<2\\[2mm]1<\dfrac{2a-\sqrt{a^2-6}}{3}<2\end{cases}$$

先生、この不等式って解けますか？

今の段階では解けないんだよね。**これは「解の配置」という問題で、とっっっっっても重要な問題だよ。**しっかりやっていこう！

$3x^2-4ax+a^2+2=0$の解では直接的には処理できないから、やっぱりグラフを利用して解いていくんだ。

$3x^2-4ax+a^2+2=0$の解を

$y=3x^2-4ax+a^2+2$ と $y=0$（x軸）との共有点のx座標としてとらえるよ。

「$y=3x^2-4ax+a^2+2$のグラフがx軸の$1<x<2$の部分で交わるaの条件を求めよ」という問題に置き換えて解いていこう。

「x軸の$1<x<2$の部分と交わる」ってことは、グラフは↓こんな感じですね。

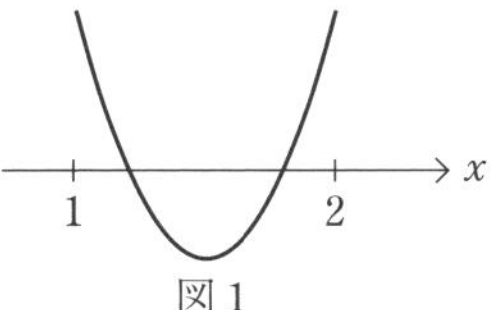

図1

そうだね。まず、いったん「$1<x<2$の部分で」は置いておこう。

「x軸と交わる」ための条件は「判別式$D\geqq0$」だ。31ページで説明したように、重解というのは解が2個あるんだったよね。**だから「2つの実数解をもつ」と書いてあったら「判別式$D\geqq0$」にしよう！**

わかりました。でもこれだけだと、$1<x<2$ではないところでx軸と交点ができる可能性が出てしまいます。↓こんな感じで。

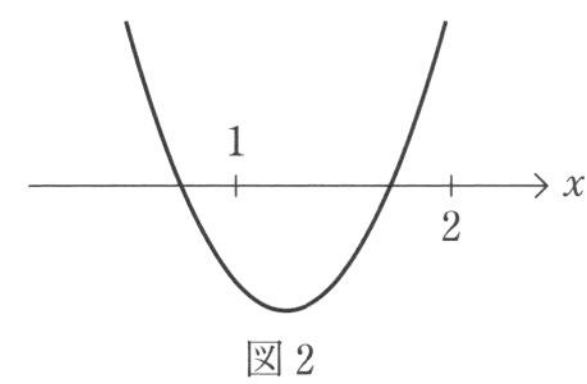

図2

そうだよね。この可能性を消すために、**$x=1$と$x=2$のときのy座標の正負を調べよう。**

図1だと$x=1$と$x=2$のとき、y座標は正になってるよね。図2だと、$x=1$のときy座標は負になってしまう。

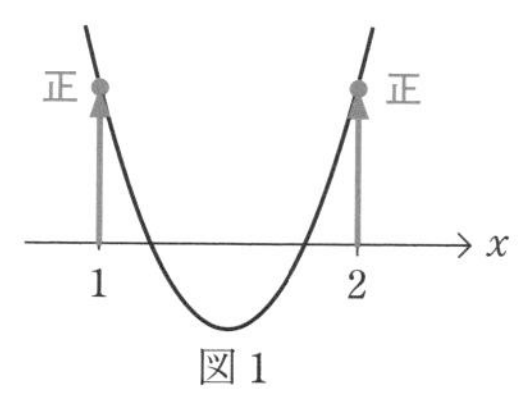

図1

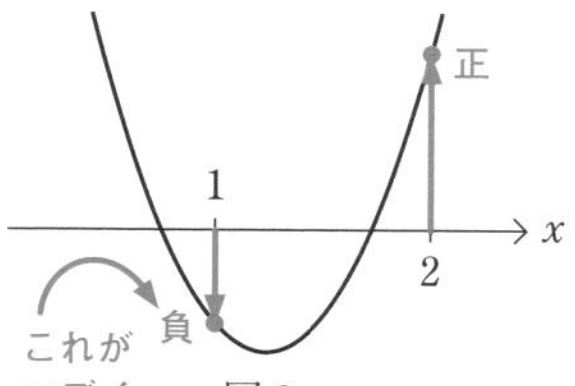

図2

$f(x)=3x^2-4ax+a^2+2$とおけば、$f(1)>0$かつ$f(2)>0$が必要ってことですね。

でも……判別式$D \geqq 0$, $f(1)>0$, $f(2)>0$であっても、$1<x<2$ではないところでx軸と交点ができる可能性はまだありますよね。たとえば……。

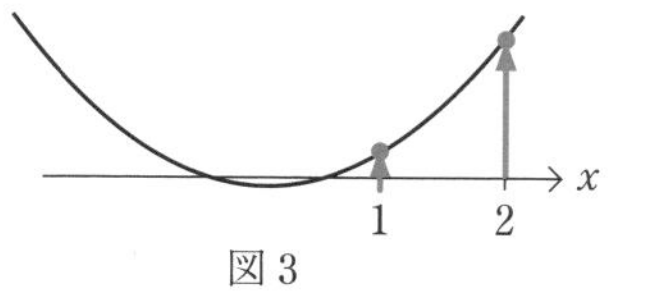

図3

そうだよね。図3はx軸との交点がちゃんと2つあるし、$f(1)$, $f(2)$の両方とも正になってるね。

そしたら、最後の条件だ。放物線の横の動きを操っているのは「軸」。軸を1と2の間に持っていけば図1のグラフが完成するよね。

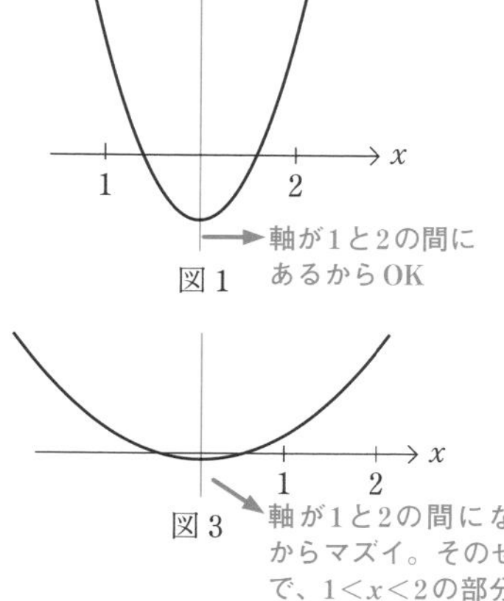

ということで、まとめると、

$f(x)=3x^2-4ax+a^2+2=0$に対して
（ｉ）判別式$D \geqq 0$
（ii）$f(1)>0$かつ$f(2)>0$
（iii）$1<$軸<2

となるよね。では、計算して答えを出すところまで頑張ってみよう！

ピカイチ解答

$-3x^2+4ax-a^2-2=0$

$3x^2-4ax+a^2+2=0$

$f(x)=3x^2-4ax+a^2+2$ とおく。

$f(x)=0$ が $1<x<2$ の範囲に2つの実数解をもつ a の条件を求める。

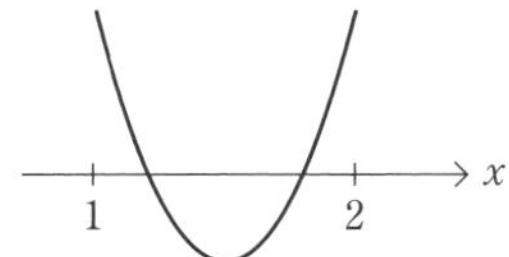

（i）判別式 $D \geqq 0$

$D/4=(-2a)^2-3(a^2+2) \geqq 0$

$4a^2-3a^2-6 \geqq 0$

$a^2-6 \geqq 0$　　$a^2-b^2=(a+b)(a-b)$

$(a+\sqrt{6})(a-\sqrt{6}) \geqq 0$

$\therefore a \leqq -\sqrt{6},\ \sqrt{6} \leqq a$

（ii）$f(1)>0$ かつ $f(2)>0$

$f(1)=3-4a+a^2+2>0$

$a^2 \boxed{-4}a+5>0$

$2\cdot(-2)$

$a=2\pm\sqrt{4-5}$

$\therefore$ すべての実数 a

$f(2)=12-8a+a^2+2>0$

$a^2 \boxed{-8}a+14>0$

$2\cdot(-4)$

$a=4\pm\sqrt{16-14}=4\pm\sqrt{2}$

$\therefore a<4-\sqrt{2},\ 4+\sqrt{2}<a$

（iii）$1<$ 軸 <2

$f(x)=3x^2-4ax+a^2+2$

$=3\left(x^2-\frac{4}{3}ax\right)+a^2+2$

$=3\left\{\left(x-\frac{2}{3}a\right)^2-\frac{4}{9}a^2\right\}+a^2+2$

軸 $x=\frac{2}{3}a$

$1<\frac{2}{3}a<2$

$3<2a<6$

$\therefore \frac{3}{2}<a<3$

答えは次の4つの共通部分だよ。

$$\begin{cases} a \leqq -\sqrt{6},\ \sqrt{6} \leqq a \\ \text{すべての実数} \\ a<4-\sqrt{2},\ 4+\sqrt{2}<a \\ \frac{3}{2}<a<3 \end{cases}$$

（i）〜（iii）より $\sqrt{6} \leqq a<4-\sqrt{2}$

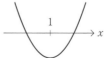

$-\sqrt{6}$　$\frac{3}{2}$　$\sqrt{6}$　$4-\sqrt{2}$　3　$4+\sqrt{2}$　a

1.5　2.449　$4-1.414=2.58\cdots$

じゃあ最後に、この問題も解いてみて！

例 2次方程式 $3x^2-4ax+a+2=0$ の1つの解が1より大きく、もう1つの解が1より小さくなるような a の値の範囲を求めよ。

$f(x)=3x^2-4ax+a+2=0$ とおく

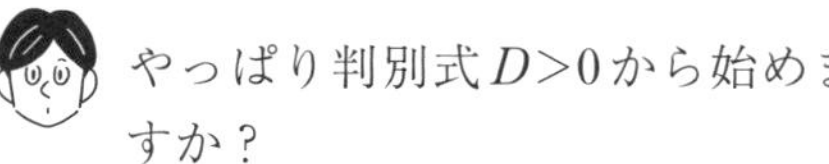

やっぱり判別式 $D>0$ から始めますか？

いや、実はね、今回は判別式Dのチェックは必要ないんだ。図を見てごらん。$x=1$のときのy座標、つまり$f(1)$はどうなってる？

$f(1)$は負になってますよ。

そう。**$f(1)$が負になってれば、絶対に条件を満たすんだよね。**

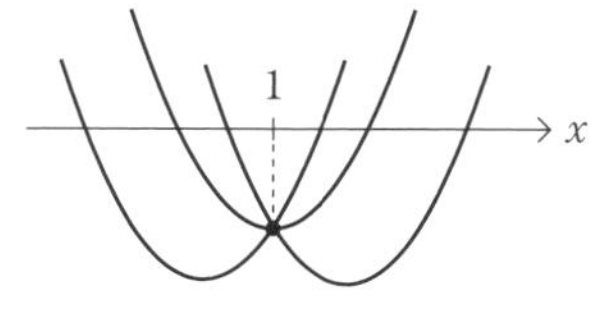

たしかに$f(1)$が負だと、「1つの解は1より大きく、もう1つの解は1より小さい」という条件に必ずなりますね。

そうだよね。だから今回は判別式の話は出てこない。解法はこんな感じになるよ。

$f(1)<0$となればよい。

$f(1)=3-4a+a+2<0$

$-3a<-5$

$\therefore a>\dfrac{5}{3}$

ということで、解の配置の有名問題を2つやってみたよ。まとめると、こうなる！

①2解が1カ所に指定

（ⅰ）判別式Dのチェック

Dが$D \geqq 0$か$D>0$かは、問題によって変わるから注意！

（ⅱ）限界点のプラス・マイナスのチェック

今回は$f(1)>0$, $f(2)>0$だったけど、「限界点」がどこなのかは問題によって変わるし、それがプラスになるかマイナスになるかも問題によるから、グラフを書いてチェック！

（ⅲ）軸チェック

今回は$1<$軸<2だったけど、これも問題によって変わるから、グラフを書いてチェック！

②2解が別々に指定

限界点のプラス・マイナスのチェック

今回は$f(1)<0$だったけど、「限界点」がどこなのかは問題によって変わるし、それがプラスになるかマイナスになるかも問題によるから、グラフを書いてチェック！

「解の配置」って、とにかくグラフを書くことが重要ですね。

限界点がどこか？　とかy座標のプラス、マイナスはどうなってるか？　とか、**グラフを書かなきゃわからないですもんね。**

そうそう！　いいこと言ってくれた。「解の配置」は大学のレベルを問わず出題されるから、たくさん練習していきましょう！

POINT

● **必ず目標となるグラフを書く！　①2解が1カ所に指定→（ⅰ）判別式D、（ⅱ）限界点のプラス・マイナス、（ⅲ）軸チェック／②2解が別々に指定→限界点のプラス・マイナスチェック**

14

$0^\circ \leqq \theta \leqq 180^\circ$ において $6\cos^2\theta+\sin\theta-5=0$ を満たす θ の値は $\theta=$□である。また、$0^\circ \leqq \theta \leqq 180^\circ$ における $6\cos^2\theta+\sin\theta-5$ の最大値は□である。

2019 愛知工業大

イマイチ解答

$6\cos^2\theta+\sin\theta-5=0$

相互関係 $\sin^2\theta+\cos^2\theta=1$ より $\cos^2\theta=1-\sin^2\theta$

$6(1-\sin^2\theta)+\sin\theta-5=0$

$-6\sin^2\theta+\sin\theta+1=0$

両辺に -1 をかける

$6\sin^2\theta-\sin\theta-1=0$

$\begin{matrix} 2 & & -1 & \to & -3 \\ 3 & \times & 1 & \to & 2 \\ & & & & -1 \end{matrix}$

$(2\sin\theta-1)(3\sin\theta+1)=0$

$0^\circ \leqq \theta \leqq 180^\circ$ より $0 \leqq \sin\theta \leqq 1$

$\sin\theta=\dfrac{1}{2}$

$\therefore \theta=60^\circ$

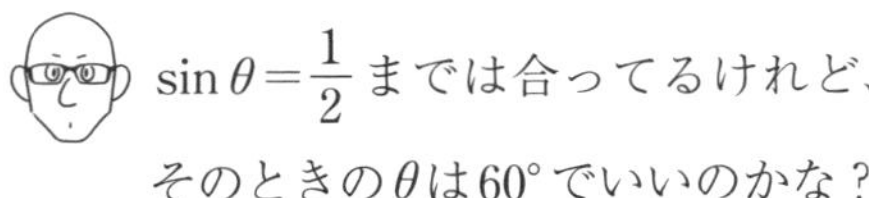

$\sin\theta=\dfrac{1}{2}$ までは合ってるけれど、そのときの θ は 60° でいいのかな？

ん？　あれ？　sin と cos を逆に覚えてたかも……。

そうだね。大切なことだからまとめておくね。

単位円…中心が原点、半径1の円

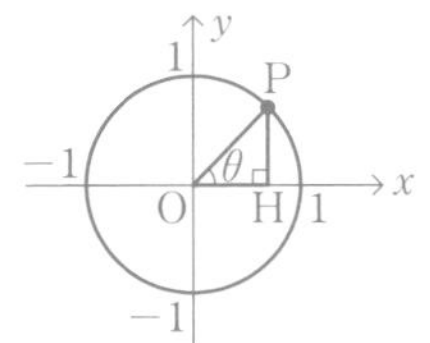

単位円周上の第1象限上に点Pをとる。x 軸に垂線PHを下ろして $\angle\mathrm{POH}=\theta$ とする。

そうすると $\cos\theta=\dfrac{\mathrm{OH}}{\mathrm{OP}}=\mathrm{OH}$、OHは点Pの x 座標になるよね。

「$\cos\theta=x$ 座標」 と覚えるんだ。

$\sin\theta=\dfrac{\mathrm{PH}}{\mathrm{OP}}=\mathrm{PH}$ だから、$\sin\theta$ は点Pの y 座標。

よって、**「$\sin\theta=y$ 座標」** と覚える。

最後に、$\tan\theta=\dfrac{\mathrm{PH}}{\mathrm{OH}}$ で、これは直線OPの傾きを表す。よって、

「$\tan\theta=$ 傾き」 と覚える。

> **三角比のイメージ**　覚えて！
>
> $\cos\theta=x$ 座標
>
> $\sin\theta=y$ 座標
>
> $\tan\theta=$ 傾き

例　$0^\circ \leqq \theta \leqq 180^\circ$ のとき、次の方程式と不等式を解け。

(1)　$\sin\theta=\dfrac{1}{2}$

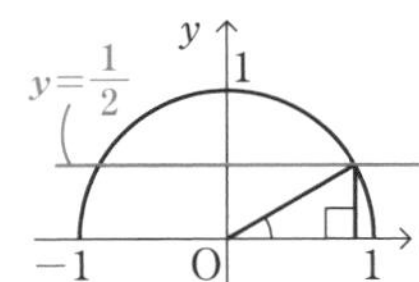

「$\sin\theta=y$ 座標」のイメージだから $y=\dfrac{1}{2}$ で考える。

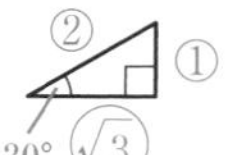

直角三角形で$\frac{1}{2}$：1＝1：2ということは①:②:$\sqrt{3}$の三角定規！
30°のy軸対称の点は、150°。

$\therefore \underline{\theta=30°,\ 150°}$

(2) $\cos\theta=-\frac{\sqrt{2}}{2}$

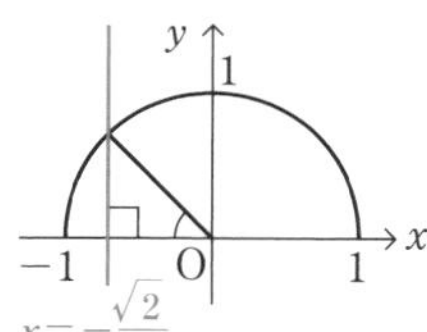

「$\cos\theta=x$座標」のイメージだから $x=-\frac{\sqrt{2}}{2}$ で考える。

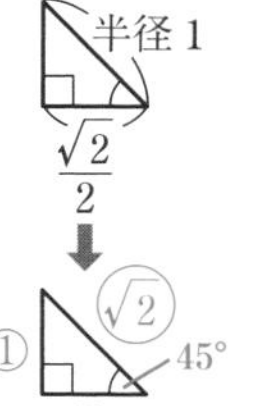

直角三角形で$\frac{\sqrt{2}}{2}$：1＝1：$\sqrt{2}$ということは①:①:$\sqrt{2}$の三角定規！

$\therefore \underline{\theta=135°}$

(3) $\tan\theta=1$

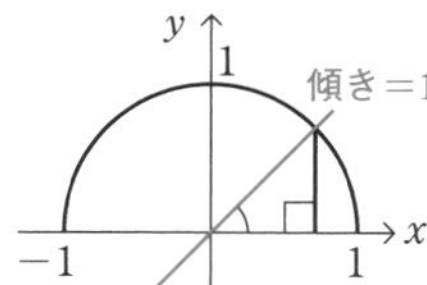

「$\tan\theta=$傾き」のイメージだから傾き＝1で考える。

半径1

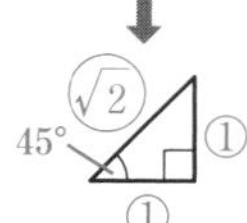

傾きが1だからこれは直角二等辺三角形！

$\therefore \underline{\theta=45°}$

(4) $\sin\theta<\frac{1}{2}$

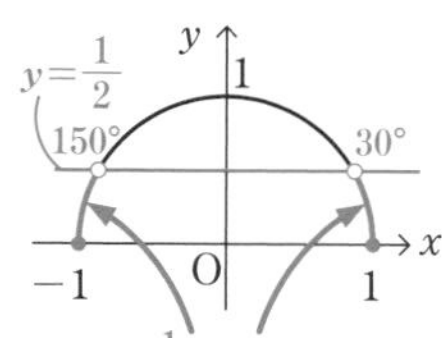

「$\sin\theta=y$座標」のイメージだから$y<\frac{1}{2}$となるθを求める。

y座標が$\frac{1}{2}$より小さくなるのはこの2カ所

$\therefore \underline{0°\leqq\theta<30°,\ 150°<\theta\leqq180°}$

(5) $\cos\theta\geqq-\frac{\sqrt{2}}{2}$

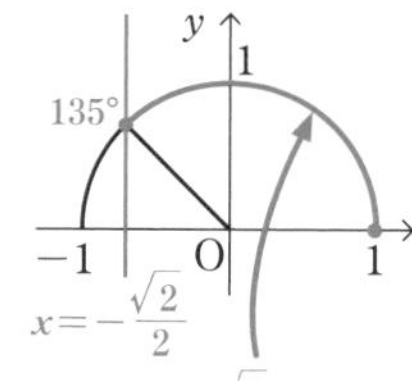

「$\cos\theta=x$座標」のイメージだから $x\geqq-\frac{\sqrt{2}}{2}$ となるθを求める。

x座標が$-\frac{\sqrt{2}}{2}$以上となるのはここ

$\therefore \underline{0°\leqq\theta\leqq135°}$

(6) $\tan\theta<1$

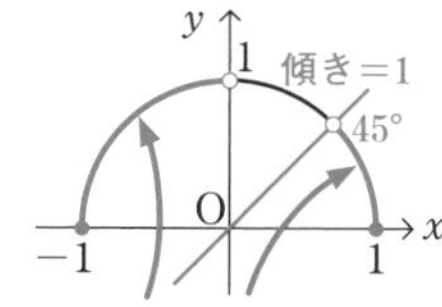

「$\tan\theta=$傾き」のイメージだから傾き<1となるθを求める。

傾きが1より小さくなるのはこの2カ所

$\therefore \underline{0°\leqq\theta<45°,\ 90°<\theta\leqq180°}$

不等式の問題になると一気に難しく感じます……。

ちゃんと図を書いて**「$\cos\theta=x$座標」「$\sin\theta=y$座標」「$\tan\theta=$傾き」**で考えていけば絶対大丈夫！

あと、**相互関係**は覚えているかな？

覚えて!

相互関係

① $\tan\theta = \dfrac{\sin\theta}{\cos\theta}$

② $\sin^2\theta + \cos^2\theta = 1$

③ $\tan^2\theta + 1 = \dfrac{1}{\cos^2\theta}$

sin, cos, tanのプラス、マイナスについても確認するよ。

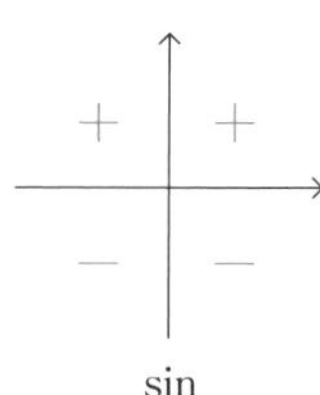

sin

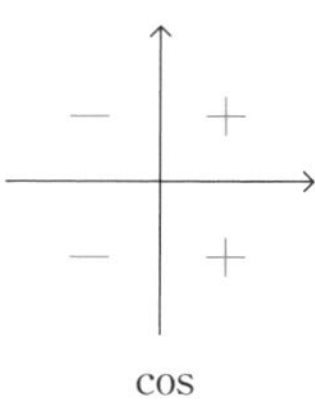

cos

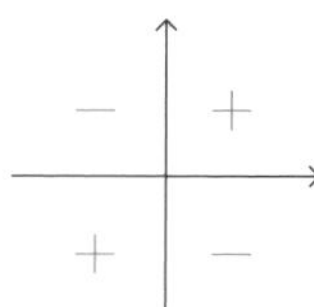

tan

sinはy座標のイメージだから、第1、2象限が＋（プラス）。
cosはx座標のイメージだから、第1、4象限が＋（プラス）。
tanは傾きのイメージだから、第1、3象限が＋（プラス）。

例　$0° \leqq \theta \leqq 180°$で、$\tan\theta = -2$のとき、$\sin\theta = \square$, $\cos\theta = \square$。

$0° \leqq \theta \leqq 180°$, $\tan\theta < 0$ よりθは第2象限。$\sin\theta > 0$, $\cos\theta < 0$である。

$\tan^2\theta + 1 = \dfrac{1}{\cos^2\theta}$ より
相互関係の③

$$\cos^2\theta = \frac{1}{\tan^2\theta + 1} = \frac{1}{4+1} = \frac{1}{5}$$

$\tan\theta = -2$を代入

$\cos\theta = \underline{-\dfrac{1}{\sqrt{5}}}$

$\tan\theta = \dfrac{\sin\theta}{\cos\theta}$ より
相互関係の①

$$\sin\theta = \tan\theta \cdot \cos\theta = -2 \cdot \left(-\frac{1}{\sqrt{5}}\right) = \underline{\frac{2}{\sqrt{5}}}$$

ピカイチ解答

$6\cos^2\theta+\sin\theta-5=0$

相互関係 $\sin^2\theta+\cos^2\theta=1$ より
$\cos^2\theta=1-\sin^2\theta$

$6(1-\sin^2\theta)+\sin\theta-5=0$

$-6\sin^2\theta+\sin\theta+1=0$

両辺に -1 をかける

$6\sin^2\theta-\sin\theta-1=0$

$\begin{matrix}2 & \times & -1 & \rightarrow & -3\\ 3 & & 1 & \rightarrow & 2\\ & & & & \overline{-1}\end{matrix}$

$(2\sin\theta-1)(3\sin\theta+1)=0$

$0^\circ\leqq\theta\leqq180^\circ$ より $0\leqq\sin\theta\leqq1$

$\sin\theta=\dfrac{1}{2}$

$\therefore\theta=30^\circ,\ 150^\circ$

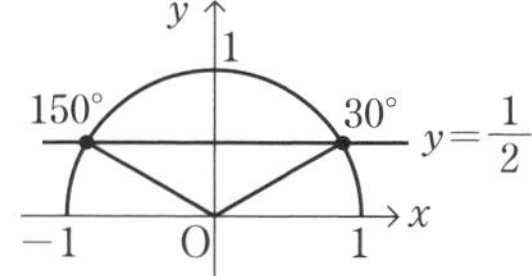

$y=6\cos^2\theta+\sin\theta-5$ とおく

$y=-6\sin^2\theta+\sin\theta+1$

前述の式変形と同様

$\sin\theta=t$ とおく

$(0\leqq\sin\theta\leqq1$ より $0\leqq t\leqq1)$

文字を置き換えたら必ず範囲チェック！

$y=-6t^2+t+1$

-6 でくくる

$=-6\left(t^2-\dfrac{1}{6}t\right)+1$

半分にする

$=-6\left\{\left(t-\dfrac{1}{12}\right)^2-\dfrac{1}{144}\right\}+1$

$=-6\left(t-\dfrac{1}{12}\right)^2+\dfrac{1}{24}+\dfrac{24}{24}$

$=-6\left(t-\dfrac{1}{12}\right)^2+\dfrac{25}{24}$

平方完成

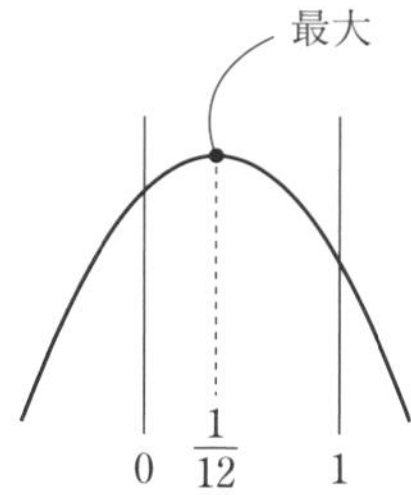

$\sin\theta=\dfrac{1}{12}$ のとき最大値 $\dfrac{25}{24}$

後半は三角比と2次関数の融合問題になってますね。

そうだね。$\sin\theta$ の2次関数になるから $\sin\theta=t$ とおいて2次関数の最大・最小問題にもちこめばいいね。

POINT

- $\cos\theta=x$ 座標、$\sin\theta=y$ 座標、$\tan\theta=$ 傾き！
- 第1, 2, 3, 4象限の sin, cos, tan のプラス・マイナスを覚える！
- 相互関係の①～③を覚える！

$\sin x+\cos x=-\dfrac{\sqrt{3}}{2}$ のとき、$\dfrac{1}{\sin^3 x}+\dfrac{1}{\cos^3 x}$ の値を求めよ。数値は、必要なら約分・有理化等によりできるだけ簡略化して答えよ。

2015 東京女子医大

イマイチ解答

$$\sin x+\cos x=-\frac{\sqrt{3}}{2}$$

両辺を3乗して、

$$\sin^3 x+3\sin^2 x\cdot\cos x+3\sin x\cdot\cos^2 x+\cos^3 x=-\frac{3\sqrt{3}}{8}$$

$$\sin^3 x+\cos^3 x+3\sin x\cdot\cos x(\boxed{\sin x+\cos x})=-\frac{3\sqrt{3}}{8}$$

（$\sin x+\cos x$ の上に $-\frac{\sqrt{3}}{2}$）

$$\sin^3 x+\cos^3 x-\frac{3\sqrt{3}}{2}\sin x\cdot\cos x=-\frac{3\sqrt{3}}{8}$$

$\sin^3 x$, $\cos^3 x$ を求めたかったから3乗したんですけど……。

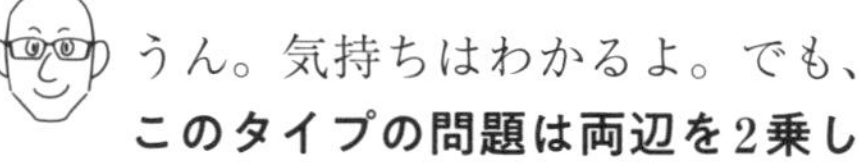

うん。気持ちはわかるよ。でも、**このタイプの問題は両辺を2乗しよう**。なぜなら、$\sin x$ と $\cos x$ の積 $\sin x\cdot\cos x$ を求めたいから。与式 $\dfrac{1}{\sin^3 x}+\dfrac{1}{\cos^3 x}$ を通分すると、積 $\sin x\cdot\cos x$ が出てくるのはわかるかな？

う～ん、出ます……かね？

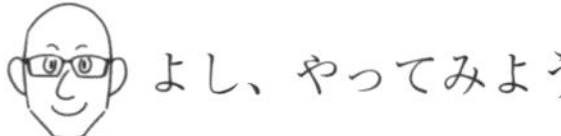

よし、やってみようか！

ピカイチ解答

$$\sin x+\cos x=-\frac{\sqrt{3}}{2}$$

両辺を2乗して、

$$\underline{\sin^2 x}+2\sin x\cdot\cos x+\underline{\cos^2 x}=\frac{3}{4}$$

$$\underline{1}+2\sin x\cdot\cos x=\frac{3}{4}$$

相互関係 $\sin^2\theta+\cos^2\theta=1$

$$2\sin x\cdot\cos x=-\frac{1}{4}$$

$$\therefore \sin x\cdot\cos x=-\frac{1}{8}$$

$$\frac{1}{\sin^3 x}+\frac{1}{\cos^3 x}$$

$$=\frac{\boxed{\cos^3 x+\sin^3 x}}{\sin^3 x\cdot\cos^3 x}$$

因数分解 $a^3+b^3=(a+b)(a^2+b^2-ab)$

相互関係 $\sin^2\theta+\cos^2\theta=1$

$$=\frac{(\cos x+\sin x)(\cos^2 x+\sin^2 x-\cos x\cdot\sin x)}{\sin^3 x\cdot\cos^3 x}$$

$$=\frac{(\boxed{\sin x+\cos x})(1-\boxed{\sin x\cdot\cos x})}{(\sin x\cdot\cos x)^3}$$

（$\sin x+\cos x$ の上に $-\frac{\sqrt{3}}{2}$、$\sin x\cdot\cos x$ の上に $-\frac{1}{8}$）

$$=\frac{-\dfrac{\sqrt{3}}{2}\left(1+\dfrac{1}{8}\right)}{\left(-\dfrac{1}{8}\right)^3}$$

$$=-\frac{\sqrt{3}}{2}\cdot\frac{9}{8}\cdot(-8)^3$$

$$=\frac{\sqrt{3}}{2}\cdot 9\cdot 8^2$$

$$=\underline{288\sqrt{3}}$$

$\cos^3 x+\sin^3 x$を因数分解すると積$\sin x\cdot\cos x$が出てくる。だから最初に和$\sin x+\cos x$は2乗しておくんですね。

その通り。この問題は意外なところで応用がきくから、基本なんだけれど丁寧に復習してほしい。

最後に、途中で出てきた**3次の因数分解**をまとめておくよ。

覚えて！

3次の因数分解

① $a^3+b^3=(a+b)(a^2+b^2-ab)$

② $a^3-b^3=(a-b)(a^2+b^2+ab)$

③ $a^3+b^3+c^3-3abc$
$=(a+b+c)$
$(a^2+b^2+c^2-ab-bc-ca)$

ちょっと一息

受験学年の夏（7～8月）のおすすめ勉強法

夏は受験の天王山！　1日15時間勉強しましょう。今までやったことないぐらいの勉強をするものだと、覚悟を決めましょう。交感神経が常に出ている状態です。少し休憩するのももちろんいいですが、君が休んでいるときに他の生徒は勉強していて、その分遅れをとってしまっていることを忘れてはいけません。
……少しキツいことを言いましたが、それぐらい夏は重要です。

まず、家ではなく外で勉強することをおすすめします。家だと他の人の目がなく、誘惑も多い。大人でも家で長時間、仕事するのは厳しいです。自習室、図書館、喫茶店などの環境に身を置いて、涼みながら勉強していきましょう。

次は質です。「8時から24時まで、休憩を取りながら15時間勉強しました」と言っても、「1題に3時間かけて、1日に5題しか進められませんでした～」というのは、効率がよくないです。
標準レベルの問題であれば、
①自分なりの解法を作ってみる。
②わからなくなったら正解法を見て、自分に足りなかった考え方や発想を覚える。
③解答を見ずに自分で答案を作ってみる。
これの繰り返しです。そして、1時間から3時間おきに、成果物は何かを確認しながら進めましょう。とりあえず3時間、机に向かいました～ではなく、その時間で何ができるようになったのか、自分で把握できるようにしてくださいね。

POINT

- $\sin x+\cos x$　$(\sin x-\cos x)$**の形はまず2乗！**
- $\sin^3 x+\cos^3 x$　$(\sin^3 x-\cos^3 x)$**の形はまず因数分解！**

3辺の長さが AB＝15, BC＝13, CA＝14 である三角形 ABC を考える。

(1) $\cos A = \frac{\square}{\square}$, $\sin A = \frac{\square}{\square}$ である。

(2) 三角形 ABC の外接円の半径は $\frac{\square}{\square}$、内接円の半径は $\square$ である。

2015 明治大

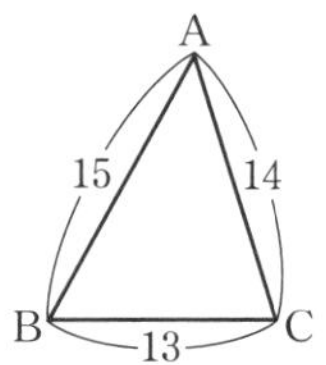

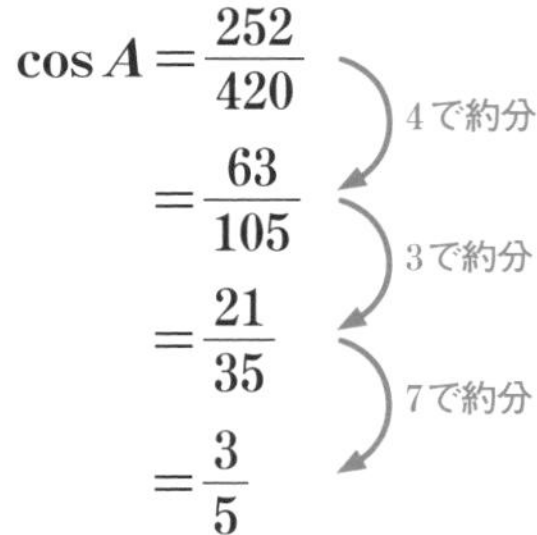

余弦定理より

$13^2 = 15^2 + 14^2 - 2 \cdot 15 \cdot 14 \cdot \cos A$

$169 = 225 + 196 - 420 \cdot \cos A$

$-252 = -420 \cdot \cos A$

$$\cos A = \frac{252}{420} = \frac{63}{105} = \frac{21}{35} = \frac{3}{5}$$

4で約分
3で約分
7で約分

うん、1回ここでストップしようか。答えは合っているけどね。

え〜また先生ケチつけるんですか〜。

そうだよ。生徒のためだからね。

正解に行き着くまでの過程は大事にしよう。受験というものは限られた時間内に解くものだから、答えが合ってたらそれでOK！　ってわけじゃないんだよね。

じゃあ、**正弦定理**、**余弦定理**、**三角形の面積 S**、**内接円の半径 r** を求める公式の4つを一気にいくよ！

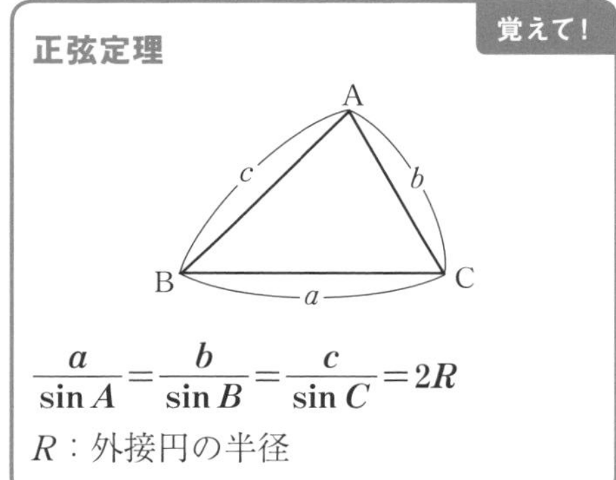

正弦定理　覚えて！

$$\frac{a}{\sin A} = \frac{b}{\sin B} = \frac{c}{\sin C} = 2R$$

R：外接円の半径

$\sin A$、$\sin B$、$\sin C$ に関する定理だ。でも実際にはこの式全体を書くのではなく必要なところ（一部）だけを使うよ。

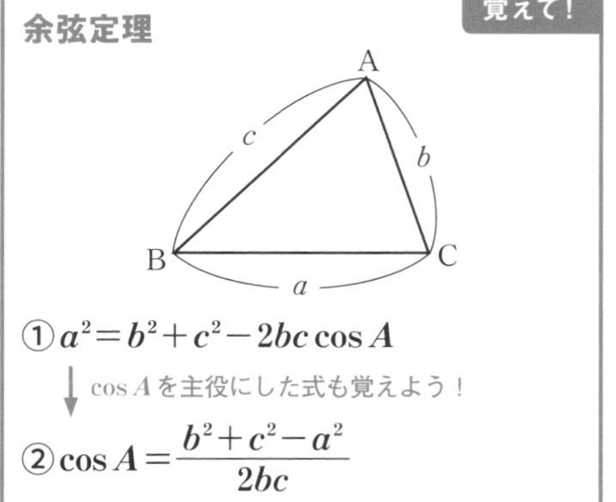

余弦定理　覚えて！

① $a^2 = b^2 + c^2 - 2bc\cos A$

↓ $\cos A$ を主役にした式も覚えよう！

② $\cos A = \dfrac{b^2 + c^2 - a^2}{2bc}$

①も②も絶対暗記ね。②は今回の

ように3辺の長さが与えられたときに使っていくよ。

三角形の面積 S の公式　覚えて！

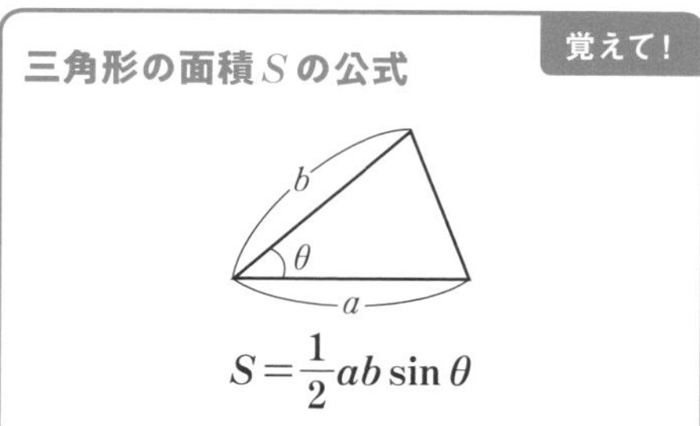

$$S=\frac{1}{2}ab\sin\theta$$

$\sin\theta$ の θ は2辺（この場合は a と b）ではさまれた角度ね。

内接円の半径 r の公式　覚えて！

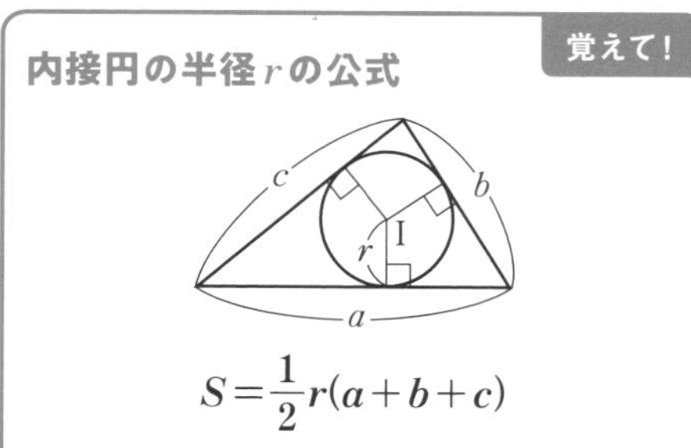

$$S=\frac{1}{2}r(a+b+c)$$

3辺の長さ（a, b, c）と三角形の面積（S）がわかれば、この公式から内接円の半径（r）を求めることができるよ。

ピカイチ解答

3辺の長さが与えられているから、余弦定理の②を使おう。

(1) **余弦定理より、**

$$\cos A=\frac{15^2+14^2-13^2}{2\cdot15\cdot14}$$

$$=\frac{225+196-169}{2\cdot15\cdot14}$$

$$=\frac{252}{2\cdot15\cdot14}=\underline{\frac{3}{5}}$$

$$\sin A=\sqrt{1-\cos^2 A}$$

相互関係 $\sin^2\theta+\cos^2\theta=1$ より
$\sin^2\theta=1-\cos^2\theta$
$\sin\theta=\pm\sqrt{1-\cos^2\theta}$
今回は θ は $0^\circ<\theta<180^\circ$ より $\sin\theta>0$ なので
$\sin\theta=\sqrt{1-\cos^2\theta}$

$$=\sqrt{1-\frac{9}{25}}$$

$$=\sqrt{\frac{16}{25}}=\underline{\frac{4}{5}}$$

(2) **正弦定理より、**

$$2R=\frac{\boxed{BC}^{13}}{\boxed{\sin A}_{\frac{4}{5}}}$$

$$R=\frac{1}{2}\cdot13\cdot\frac{5}{4}=\underline{\frac{65}{8}}$$

△ABCの面積 S は、

$$S=\frac{1}{2}\cdot AB\cdot AC\cdot\sin A$$

$$=\frac{1}{\cancel{2}}\cdot\overset{3}{\cancel{15}}\cdot\overset{7}{\cancel{14}}\cdot\frac{4}{\cancel{5}}=84$$

内接円の半径 r は

$$84=\frac{1}{2}r(15+13+14)$$

$$84=21r\quad\therefore r=\underline{4}$$

POINT ● **正弦定理、余弦定理、三角形の面積 S の公式、内接円の半径 r を使いこなそう！**

17 円に内接する四角形ABCD、AB＝24、BC＝14、CD＝8、$\cos\angle ABC=\frac{7}{32}$とすると、AC＝ アイ であり、AD＝ ウエ である。

2018 明治大

イマイチ解答

入試では学部問わず、円に内接する四角形は超頻出！ **熱が40℃あっても解けるようにしてね！**

え、あ、はい……。
じゃあ、解いてみます。

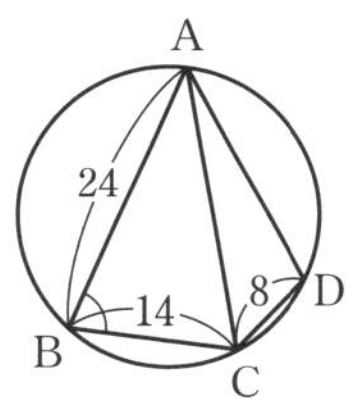

$\cos B=\frac{7}{32}$

△ABCにおいて余弦定理より、

$$AC^2=24^2+14^2-2\cdot 24\cdot 14\cdot\cos B$$
$$=576+196-147$$
$$=625$$

AC>0より AC＝25

△ADCにおいて同様に、

$$25^2=AD^2+8^2-2\cdot 8\cdot AD\cdot\cos(180^\circ-B)$$

$\cos(180^\circ-\theta)=-\cos\theta$

$$625=AD^2+64-16\cdot AD\cdot(-\cos B)\quad \frac{7}{32}$$

$$AD^2+\frac{7}{2}AD-561=0$$

両辺に×2

$$2AD^2+7AD-1122=0$$

解の公式より、

$$AD=\frac{-7\pm\sqrt{49+8976}}{4}$$
$$=\frac{-7\pm\sqrt{9025}}{4}$$
$$=\frac{-7\pm\sqrt{5^2\cdot 19^2}}{4}$$
$$=\frac{-7\pm 5\cdot 19}{4}$$
$$=\frac{-7-95}{4},\ \frac{-7+95}{4}$$
$$=-\frac{102}{4},\ \frac{88}{4}$$
$$=-\frac{51}{2},\ 22$$

AD>0より AD＝22

いや～解の公式、頑張ったね～。

でも、そこだけで15分ぐらいかかっちゃった（笑）

答えのマークの形を見てごらん。AD＝ ウエ だから、2桁の答えだよ。**だから、解の公式を使うのではなく因数分解だ！**

はっ……！

ピカイチ解答

△ABCにおいて余弦定理より、

$AC^2 = 24^2 + 14^2 - 2 \cdot 24 \cdot 14 \cdot \cos B$

$= 576 + 196 - 147$

$= 625$

$AC > 0$ より $AC = \underline{25}$

△ADCにおいて同様に、

$25^2 = AD^2 + 8^2 - 2 \cdot 8 \cdot AD \cdot \cos(180^\circ - B)$

$\cos(180^\circ - \theta) = -\cos\theta$

$625 = AD^2 + 64 - 16 \cdot AD \cdot \boxed{(-\cos B)}$ $\frac{7}{32}$

$AD^2 + \frac{7}{2}AD - 561 = 0$

両辺に×2

$2AD^2 + 7AD - 1122 = 0$

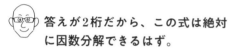

答えが2桁だから、この式は絶対に因数分解できるはず。

1122＝2×3×11×17だから2桁が出てくるようにたすき掛けしてみよう！ 1122の前のマイナスは、いったん無視してOK。

$$\begin{matrix} 1 & \times & 1 \\ 2 & & 1122 \end{matrix}$$

→$(AD+1)(2AD+1122)=0$

これだと2桁にならない。

$$\begin{matrix} 1 & \times & 2\times 3 \\ 2 & & 11\times 17 \end{matrix}$$

→$(AD+6)(2AD+187)=0$

これだと2桁にならない。

$$\begin{matrix} 1 & \times & 2\times 11 \\ 2 & & 3\times 17 \end{matrix}$$

→$(AD+22)(2AD+51)=0$

2桁にできる！　あとは1122の前にマイナスがあるから……

$$\begin{matrix} 1 & \times & -22 & -44 \\ 2 & & 51 & 51 \\ & & & 7 \end{matrix}$$

→$(AD-22)(2AD+51)=0$

おお、いい感じに因数分解できました！

$(AD-22)(2AD+51)=0$

$AD > 0$ より $AD = \underline{22}$

こんな感じで、問題文に書いてあるマークの形から、今回だったら「答えは2桁になる」、すなわち「解の公式ではないぞ」ってことがわかるんだね。

やみくもに解くのはよくないですね。

POINT

- **円に内接する四角形は、余弦定理から解いていく！**
- **解答のマークの形（桁数）がヒントになって、因数分解で解けることに気づこう！**

四角形ABCDは円に内接し、AB＝1、BC＝CD＝$\sqrt{7}$、DA＝2とする。このとき、∠A＝□°、BD＝□、AC＝□であり、四角形ABCDの面積は□である。

2018 京都薬科大

イマイチ解答

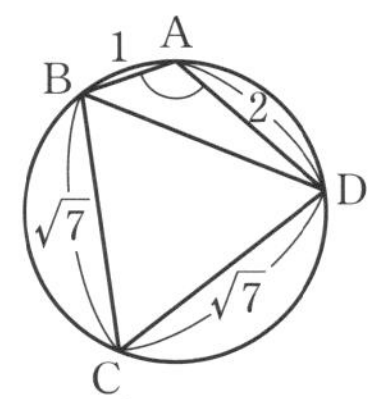

△ABDにおいて余弦定理より、

$$BD^2=1^2+2^2-2\cdot1\cdot2\cdot\cos A$$
$$=5-4\cos A \quad \cdots①$$

△CBDにおいて同様に、

$$BD^2=(\sqrt{7})^2+(\sqrt{7})^2 \qquad \cos(180°-\theta)=-\cos\theta$$
$$-2\cdot7\cdot\boxed{\cos(180°-A)}$$
$$=14+14\cos A \quad \cdots②$$

①、②より

$$5-4\cos A=14+14\cos A$$
$$-18\cos A=9$$
$$\cos A=-\frac{1}{2}$$
$$\therefore A=120°$$

①に代入して、 $-\frac{1}{2}$

$$BD^2=5-4\cdot\boxed{\cos120°}=7$$

BD>0より BD＝$\sqrt{7}$

△ABCにおいて余弦定理より、

$$AC^2=1^2+(\sqrt{7})^2-2\cdot1\cdot\sqrt{7}\cdot\cos B$$
$$=8-2\sqrt{7}\cos B \quad \cdots③$$

△ADCにおいて同様に、

$$AC^2=2^2+(\sqrt{7})^2 \qquad \cos(180°-\theta)=-\cos\theta$$
$$-2\cdot2\cdot\sqrt{7}\cdot\boxed{\cos(180°-B)}$$
$$=11+4\sqrt{7}\cos B \quad \cdots④$$

③、④より、

$$8-2\sqrt{7}\cos B=11+4\sqrt{7}\cos B$$
$$-6\sqrt{7}\cos B=3$$
$$\cos B=-\frac{\cancel{3}}{{}_2\cancel{6}\sqrt{7}}$$
$$=-\frac{1}{2\sqrt{7}}$$

③に代入して、 $-\frac{1}{2\sqrt{7}}$

$$AC^2=8-2\sqrt{7}\cdot\boxed{\cos B}$$
$$=9$$

AC>0より AC＝3

おつかれさま。合ってるよ！
でも、余弦定理を4回かあ……。

絶対に他にいい解き方がありますよね？　教えてください！

OK。**トレミーの法則**だ！

覚えて！

トレミーの法則

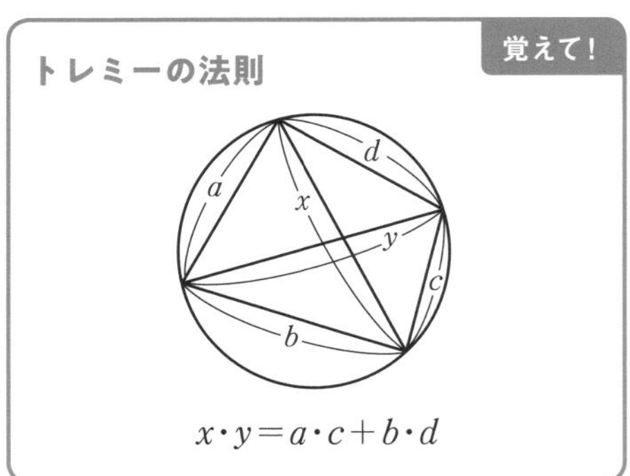

$$x\cdot y=a\cdot c+b\cdot d$$

円に内接する四角形では、**対角線の積＝向かい合う2辺の積の和**になるんだ。相似から証明できるよ。

ということは、2本の対角線のうち1本がわかれば、もう1本はトレミーの法則で求められますね！

そういうことだね！

ピカイチ解答

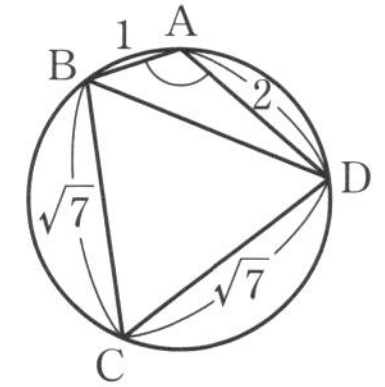

△ABDにおいて余弦定理より、

$BD^2=1^2+2^2-2\cdot1\cdot2\cdot\cos A$

$\quad=5-4\cos A\quad\cdots①$

△CBDにおいて同様に、

$BD^2=(\sqrt{7})^2+(\sqrt{7})^2-2\cdot7\cdot\boxed{\cos(180°-A)}$ （$\cos(180°-\theta)=-\cos\theta$）

$\quad=14+14\cos A\quad\cdots②$

①、②より

$5-4\cos A=14+14\cos A$

$-18\cos A=9$

$\cos A=-\dfrac{1}{2}$

$\therefore A=120°$

①に代入して、

$BD^2=5-4\cdot\boxed{\cos120°}$ （$-\frac{1}{2}$）

$\quad=7$

BD>0よりBD＝$\sqrt{7}$

トレミーの法則より、

$\underset{BD}{\sqrt{7}}\cdot AC=\underset{AB}{1}\cdot\underset{CD}{\sqrt{7}}+\underset{AD}{2}\cdot\underset{BC}{\sqrt{7}}$ （両辺を$\sqrt{7}$で割る）

$AC=1+2$

$\quad=3$

うわ、早い！
トレミーの法則、すごいですね。

でしょ⁉　円に内接する四角形で対角線が話題になったときは、トレミーの法則を使う可能性があると覚えておいて！

四角形ABCDの面積は、

$\triangle ABD+\triangle BCD$

$=\dfrac{1}{2}\cdot1\cdot2\cdot\boxed{\sin120°}$ （$\frac{\sqrt{3}}{2}$）

$\quad+\dfrac{1}{2}\cdot\sqrt{7}\cdot\sqrt{7}\cdot\boxed{\sin60°}$ （$\frac{\sqrt{3}}{2}$）

$=\dfrac{1}{2}\cdot\dfrac{\sqrt{3}}{2}(2+7)$ （$\frac{1}{2}$と$\frac{\sqrt{3}}{2}$でくくる（因数分解））

$=\dfrac{9}{4}\sqrt{3}$

POINT
- **円に内接する四角形で対角線が話題になったら、余弦定理とトレミーの法則を上手に使おう！**

次の表は生徒37人に10点満点の小テストを行った結果である。5点の生徒数が3点の生徒数のちょうど3倍であるとき、$x=$□であり、この得点データの四分位範囲は□点である。

得点（点）	0	1	2	3	4	5	6	7	8	9	10
生徒数（人）	0	1	3	x	4	y	8	4	2	4	3

2018 獨協大・改

イマイチ解答

yはxの3倍より5点の生徒数を$3x$とおく。生徒数が37人より、

$$1+3+x+4+3x+8+4+2+4+3=37$$

$29+4x=37$

$4x=8$

$\therefore x=2$

生徒数が37人より

①…⑱ 18人　⑲　⑳…㊲ 18人

中央値（第2四分位数$=Q_2$）

第1四分位数Q_1は$18\div2=9$より下から9番目で$Q_1=4$

第3四分位数Q_3は上から9番目で$Q_3=8$

よって四分位範囲$=Q_3-Q_1$より、$Q_3-Q_1=8-4=4$

四分位数、間違えているなあ。そしたら、基本からまとめていくね。

代表値　覚えて！

データ全体の特徴を表すことができる数値のこと

①**平均値**…データ1つ1つの値の総和を値の個数で割ったもの

②**最頻値（モード）**…度数が最も多いデータの値

③**中央値（メジアン）**…データを値の小さい順に並べたとき、中央の位置にくる値

この中でも中央値は超頻出だから、じっくりやっていくよ。

中央値について　覚えて！

①データの個数が$2n$個のとき

→n番目と$n+1$番目の平均値

②データの個数が$2n+1$個のとき

→$n+1$番目

四分位数　覚えて！

データを値の小さい順に並べて、4等分する位置にくる値のこと。

小さい順に第1四分位数(Q_1)、第2四分位数(Q_2)、第3四分位数(Q_3)という。

第2四分位数は中央値のことだよ。そして、小さい順に並べたときのデータを真ん中で分けた下半分の中央値を第1四分位数、上半分の中央

値を第3四分位数という。

第1四分位数も第2四分位数も第3四分位数も、**中央値について**のやり方で求めていけばいいわけですね。

そういうことだね。最後にもう1つ。四分位範囲と四分位偏差について。

覚えて！

四分位範囲

第3四分位数から第1四分位数を引いた値(つまりQ_3-Q_1)

四分位偏差

四分位範囲を2で割った値

$\left(\text{つまり}\dfrac{Q_3-Q_1}{2}\right)$

例 1, 2, 3, 4, 5, 6の四分位数と四分位偏差を求めよ。

小さい順に並べる

1 2 3 | 4 5 6

Q_1（下半分のデータの中央値）　Q_2（3と4の平均値）　Q_3（上半分のデータの中央値）

$Q_1=\underline{2}$, $Q_2=\dfrac{3+4}{2}=\underline{3.5}$, $Q_3=\underline{5}$

四分位範囲$=Q_3-Q_1=5-2=3$

四分位偏差$=\dfrac{3}{2}=\underline{1.5}$

例 1, 3, 5, 7, 9の四分位数と四分位偏差を求めよ。

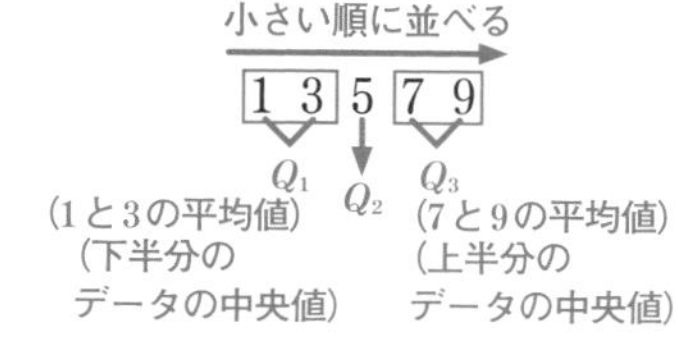

$Q_1=\dfrac{1+3}{2}=\underline{2}$, $Q_2=\underline{5}$, $Q_3=\dfrac{7+9}{2}=\underline{8}$

四分位範囲$=Q_3-Q_1=8-2=6$

四分位偏差$=\dfrac{6}{2}=\underline{3}$

ピカイチ解答

後半から解説するね。

生徒数が37人より

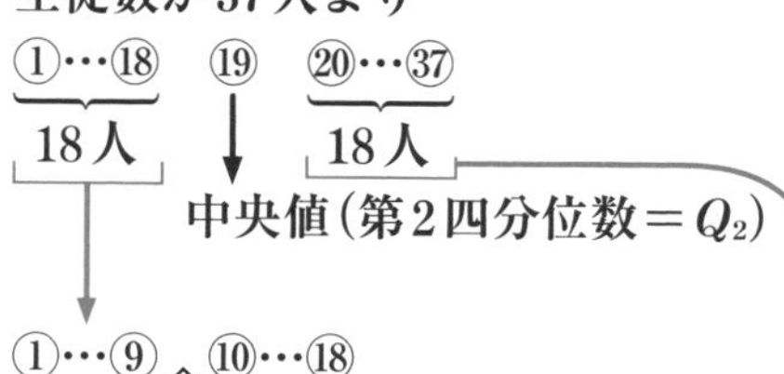

①…⑨　⑩…⑱
Q_1

第1四分位数＝Q_1は下から⑨番目と⑩番目の平均値で$Q_1=4$

⑳…㉘　㉙…㊲
Q_3

第3位四分位数Q_3は上から⑨番目と⑩番目の平均値で$Q_3=\dfrac{7+8}{2}=7.5$

よって四分位範囲＝Q_3-Q_1より、
$Q_3-Q_1=7.5-4=\underline{3.5}$

POINT ● 四分位数、四分位範囲、四分位偏差の求め方を覚えよう！

5人の生徒に英語の試験を実施したところ、5人の得点は、58, 65, 72, x, 76（点）であった。この5人の得点の平均が71（点）のとき $x=$□であり、5人の得点の分散は□である。

2018 明治薬科大

イマイチ解答

平均値が71より、

$\frac{1}{5}(58+65+72+x+76)=71$

$271+x=355$　両辺に×5

$\therefore x=84$

分散

$=\frac{1}{5}(58^2+65^2+72^2+84^2+76^2)-71^2$

$=\frac{1}{5}(3364+4225+5184+7056$

$+5776)-5041$

$=\frac{25605}{5}-5041=5121-5041=80$

は～、途中、面倒で電卓使っちゃった☆

使っちゃった☆じゃないだろ～！（笑）　さあ、思い出して！

分散 $S_x{}^2$ の求め方　覚えて！

①$S_x{}^2=\frac{1}{n}\{(x_1-\overline{x})^2+\cdots+(x_n-\overline{x})^2\}$

②(2乗の平均値)－(平均値の2乗)

標準偏差 S_x の求め方　覚えて！

標準偏差 $S_x=\sqrt{分散S_x{}^2}$

ピカイチ解答

平均値が71より、

$\frac{1}{5}(58+65+72+x+76)=71$

$271+x=355$　両辺に×5

$\therefore x=84$

分散

$=\frac{1}{5}\{(58-71)^2+(65-71)^2$

$+(72-71)^2+(84-71)^2$

$+(76-71)^2\}$

$=\frac{1}{5}(169+36+1+169+25)$

$=\frac{400}{5}=80$

こっちのほうが圧倒的に早く計算できますね！

今回は「58とか65とかを2乗するよりも、平均値71との差をとってから2乗したほうがおとなしい数字で済みそうだな」と感じられたらよかったね。2通りの求め方を覚えて、問題によって使い分けできるようにしていこう！

POINT ● 分散の求め方は2通り。どちらで求めると効率的か、判断しよう！

100人のテストの得点のデータを見ると、25人が0点、75人が100点であった。このデータの平均値と標準偏差を求めよ。

2018 早稲田大

イマイチ解答

平均値$=\frac{1}{100}(0\times25+100\times75)$

$=\frac{1}{100}\cdot7500$

$=75$

分散$=\frac{1}{100}\{(0-75)^2\times25$

$+(100-75)^2\times75\}$

$=\frac{1}{100}(5625\times25+625\times75)$

$=\frac{1}{100}(140625+46875)$

$=\frac{1}{100}\cdot187500$

$=1875$

標準偏差$=\sqrt{1875}$

$=\sqrt{5^4\cdot3}$

$=25\sqrt{3}$

答えは合ってるよ。分散の式の出し方2通りのうち、正しい選択ができてるよ。でもね、計算の仕方が下手（笑）

あちゃ～。たしかに75^2とか5625×25は面倒でした……。計算ミスも怖かったし。先生、楽な解き方、教えてください！

ピカイチ解答

平均値$=\frac{1}{100}(0\times25+100\times75)$

$=\frac{1}{100}(100\times75)$

$=75$

分散$=\frac{1}{100}\{(0-75)^2\times25$

$+(100-75)^2\times75\}$

$=\frac{1}{100}(75^2\times25+25^2\times75)$

$=\frac{1}{100}\cdot75\cdot25(75+25)$ ← 75・25でくくる

$=\frac{1}{100}\cdot75\cdot25\cdot100$

$=75\cdot25$ ← 計算する必要なし！

数学で式整理は因数分解！

共通因数でくくると、楽な解法が見えてくるんだよ。

標準偏差$=\sqrt{75\cdot25}$

$=\sqrt{3\cdot25\cdot25}$

$=25\sqrt{3}$

因数分解して積の形をつくることで、こんなに楽に解けるなんて……！　やっぱり因数分解って超重要ですね。

POINT ● 分散の計算で因数分解をすると、標準偏差が楽に計算できる！

nを自然数とし、次の$1+2+\cdots+n$個の値からなるデータを考える。

$$1, 2, 2, 3, 3, 3, 4, 4, 4, 4, \cdots, \underbrace{n, n, n, \cdots, n}_{n\text{個}}$$

このデータの平均値はnを用いて表すと、$\frac{\square}{\square}n+\frac{\square}{\square}$であり、このデータの分散は$n$を用いて表すと$\frac{\square}{\square}n^2+\frac{\square}{\square}n-\frac{\square}{\square}$である。

2019 金沢医科大

イマイチ解答

医学部の問題だ〜！　自信ないけど、やってみます……。

データの個数は、

$$1+2+\cdots+n=\sum_{k=1}^{n} k$$
$$=\frac{1}{2}n(n+1)$$

データの和は、

$$1+2+2+3+3+3+\cdots+n+\cdots+n$$
$$=1\times1+2\times2+3\times3+\cdots+n\times n$$
$$=1^2+2^2+3^2+\cdots+n^2$$
$$=\sum_{k=1}^{n} k^2$$
$$=\frac{1}{6}n(n+1)(2n+1)$$

平均値は、

$$\frac{\frac{1}{6}n(n+1)(2n+1)}{\frac{1}{2}n(n+1)}=\frac{1}{3}(2n+1)$$

データの分散は、

$$\frac{1}{\frac{1}{2}n(n+1)}\left\{\left(1-\frac{1}{3}(2n+1)\right)^2+\left(2-\frac{1}{3}(2n+1)\right)^2\times2+\cdots+\left(n-\frac{1}{3}(2n+1)\right)^2\times n\right\}$$

……先生、泣きたいです。

いやあ、そうだね、これは解きたくないよね……。でも平均値はΣを上手に使っていい感じに正解できてるぞ。
Σは数Bの数列で出てくる内容だから、入試でⅠAしか使わない子はこの問題は飛ばしてもらっても構わないよ。

そう、Σが出てきてびっくりしました（笑）

分散はもう1つの求め方があったよね。そっちで解いてみよう！

ピカイチ解答

データの個数は、

$$1+2+\cdots+n=\sum_{k=1}^{n}k$$
$$=\frac{1}{2}n(n+1)$$

データの和は、

$$1+2+2+3+3+3+\cdots+n+\cdots+n$$
$$=1\times1+2\times2+3\times3+\cdots+n\times n$$
$$=1^2+2^2+3^2+\cdots+n^2$$
$$=\sum_{k=1}^{n}k^2$$
$$=\frac{1}{6}n(n+1)(2n+1)$$

平均値は、

$$\frac{\frac{1}{6}n(n+1)(2n+1)}{\frac{1}{2}n(n+1)}=\frac{1}{3}(2n+1)$$

データの2乗の和は、

$$1^2+2^2+2^2+3^2+3^2+3^2+\cdots+n^2+\cdots+n^2$$
$$=1^2\times1+2^2\times2+3^2\times3+\cdots+n^2\times n$$
$$=1^3+2^3+3^3+\cdots+n^3$$
$$=\sum_{k=1}^{n}k^3$$
$$=\left\{\frac{1}{2}n(n+1)\right\}^2$$

データの2乗の平均値は、

$$\frac{\left\{\frac{1}{2}n(n+1)\right\}^2}{\frac{1}{2}n(n+1)}=\frac{1}{2}n(n+1)$$

分散は、

分配法則

$$\frac{1}{2}n(n+1)-\left\{\frac{1}{3}(2n+1)\right\}^2$$

（2乗の平均値）－（平均値の2乗）

分配法則

$$=\frac{1}{2}n^2+\frac{1}{2}n-\frac{1}{9}(4n^2+4n+1)$$
$$=\frac{1}{2}n^2+\frac{1}{2}n-\frac{4}{9}n^2-\frac{4}{9}n-\frac{1}{9}$$
$$=\frac{1}{18}n^2+\frac{1}{18}n-\frac{1}{9}$$

やっぱり分散を求めるところが今回もポイントになったね。失敗してもいいから、諦めないで続けていきましょう。

今回は、

$$\frac{1}{\frac{1}{2}n(n+1)}\left\{\left(1-\frac{1}{3}(2n+1)\right)^2+\left(2-\frac{1}{3}(2n+1)\right)^2\times2+\cdots+\left(n-\frac{1}{3}(2n+1)\right)^2\times n\right\}$$

のところで「展開したら大変だぞ」と気づき、もう1つの求め方でいく、と切り替えができればよかったね。

たしかに。切り替えるって考え方も頭に入れときます！

POINT ● **分散の求め方は2通りある。どちらがいいか考えよう！**

A, B, C, D, Eの5人について2つの変量x, yを測定した結果を次の表に示す。

	A	B	C	D	E
x	3	4	5	6	7
y	8	6	10	14	12

このとき、xとyの共分散は□であり、相関係数は□である。

2020 南山大

イマイチ解答

最後は相関係数かあ……。たしか共分散を求めてから……。とりあえず、トライしてみます。

xの平均値$\overline{x}$は、

$$\overline{x}=\frac{1}{5}(3+4+5+6+7)$$
$$=\frac{25}{5}=5$$

xの分散Sx^2は、

$$Sx^2=\frac{1}{5}\{(3-5)^2+(4-5)^2+(5-5)^2+(6-5)^2+(7-5)^2\}$$
$$=\frac{1}{5}(4+1+0+1+4)$$
$$=\frac{10}{5}=2$$

xの標準偏差Sxは、$Sx=\sqrt{2}$

yの平均値$\overline{y}$は、

$$\overline{y}=\frac{1}{5}(8+6+10+14+12)$$
$$=\frac{50}{5}=10$$

yの分散Sy^2は、

$$Sy^2=\frac{1}{5}\{(8-10)^2+(6-10)^2+(10-10)^2+(14-10)^2+(12-10)^2\}$$
$$=\frac{1}{5}(4+16+0+16+4)$$
$$=\frac{40}{5}=8$$

yの標準偏差Syは、
$Sy=\sqrt{8}=2\sqrt{2}$

xとyの共分散Sxyは、

$$Sxy=\frac{1}{5}\{(3-5)(10-8)+(4-5)(10-6)+(5-5)(10-10)+(6-5)(10-14)+(7-5)(10-12)\}$$
$$=\frac{1}{5}(-4-4-4-4)$$
$$=-\frac{16}{5}$$

よって相関係数rは、

$$r=\frac{Sxy}{Sx\cdot Sy}$$
$$=\frac{-\frac{16}{5}}{\sqrt{2}\cdot 2\sqrt{2}}$$
4

$=-\dfrac{4}{5}=\underline{-0.8}$

x, yの平均値、分散、標準偏差までは合っているよ。求められるようになってきたね。あとは共分散の求め方を正確に覚えよう。

覚えて！

共分散 Sxy

数学(x)	x_1	x_2	x_3	…	x_n	平均値$\overline{x}$
英語(y)	y_1	y_2	y_3	…	y_n	平均値$\overline{y}$

共分散 Sxy

$$=\frac{1}{n}\{(x_1-\overline{x})(y_1-\overline{y})+(x_2-\overline{x})(y_2-\overline{y})+\cdots+(x_n-\overline{x})(y_n-\overline{y})\}$$

(数学の点数－数学の平均点)×(英語の点数－英語の平均点)、この引き算の順番に気をつけよう。

なるほど、さっきの私の答案は、この順番がめちゃくちゃでしたね……。

そうだね、**分散も共分散も、求めるときは(点数)－(平均値)**だね。この順番を守りましょう！
最後に、相関係数の求め方も確認しておこう。

覚えて！

相関係数 r

相関係数 r

$$=\frac{\text{共分散}Sxy}{(\text{標準偏差}Sx)\times(\text{標準偏差}Sy)}$$

ピカイチ解答

xの平均値$\overline{x}$は、

$$\overline{x}=\frac{1}{5}(3+4+5+6+7)=\frac{25}{5}=5$$

xの分散Sx^2は、

$$Sx^2=\frac{1}{5}\{(3-5)^2+(4-5)^2+(5-5)^2+(6-5)^2+(7-5)^2\}=\frac{1}{5}(4+1+0+1+4)=\frac{10}{5}=2$$

xの標準偏差Sxは、$Sx=\sqrt{2}$

yの平均値$\overline{y}$は、

$$\overline{y}=\frac{1}{5}(8+6+10+14+12)=\frac{50}{5}=10$$

yの分散Sy^2は、

$$Sy^2=\frac{1}{5}\{(8-10)^2+(6-10)^2+(10-10)^2+(14-10)^2+(12-10)^2\}=\frac{1}{5}(4+16+0+16+4)=\frac{40}{5}=8$$

yの標準偏差Syは、

$Sy=\sqrt{8}=2\sqrt{2}$

xとyの共分散Sxyは、

$$Sxy$$
$$=\frac{1}{5}\{(3-5)(8-10)+(4-5)(6-10)$$
$$+(5-5)(10-10)$$
$$+(6-5)(14-10)$$
$$+(7-5)(12-10)\}$$
$$=\frac{1}{5}(4+4+4+4)$$
$$=\frac{16}{5}$$

よって相関係数rは、

$$r=\frac{Sxy}{Sx\cdot Sy}$$
$$=\frac{\frac{16}{5}}{\sqrt{2}\cdot2\sqrt{2}}\ {}_{4}$$
$$=\frac{4}{5}$$
$$=0.8$$

相関係数rと散布図の関係についてまとめるよ。

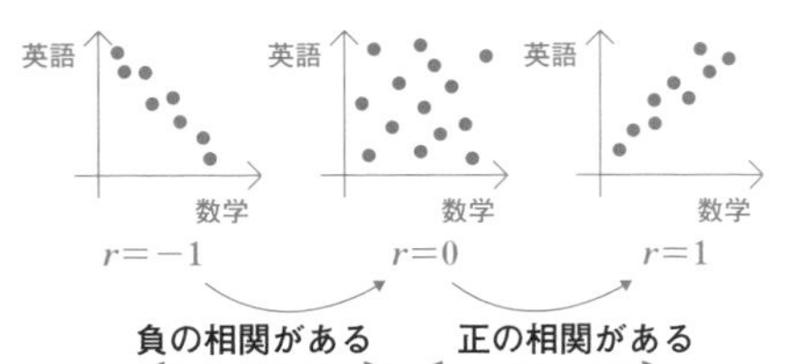

相関係数は必ず−1以上1以下の値になるんでしたね。

その通り。
さて、おつかれさま！「データの分析」はこれで終わりだよ。今回は小問集合だから、「標準偏差を求めよ」とか「相関係数を求めよ」といった、知識や計算力を問われる問題がほとんどだったよね。
あとは共通テストを受ける人に気をつけてほしいのは**「知識、計算で終わってはいけない」**ということ。
たとえば、箱ひげ図が与えられていて、そこから読み取れることは何かを考えさせたりする「思考力」が必要なんだ。

だから、この「データの分析」という単元に関しては共通テストの過去問のみならず、センター試験の過去問にもチャレンジしておいてほしい。頑張ってね〜。

ちょっと一息

受験学年の秋（9 ～ 11月）のおすすめ勉強法

秋にはズバリ！　過去問を解きましょう！　ただ、第1志望校の過去問を1年分解いたところで、20% しか解けずに驚愕……、ってこともあると思います。

でも大丈夫！「力がつく」と「力が出せる」は違います！　つまり、夏まで培ったことが身についていたとしても、それが入試問題でいきなり発揮できるか？　と言われたら、なかなか厳しいのです。

では、どう解けばいいのかというと……。

①本番通りの試験時間で解く。

②本番通りの時間では時間が足りないときは無制限に延長して解いてみる。

③時間を無制限にしてもわからないものはわからない。でも、あのときの授業のあのノートを見ればわかる気がする……というなら、ちょっとカンニングして OK。考え方やヒントが理解できたら、また自力で答案を作る。

①～③をやることで、自分に足りないものがどこなのかがわかってきます。

そして、おさえなきゃいけないポイントは次の3つ。

【ポイント①】 出題形式、傾向を把握する

試験時間、出題形式（記述形式か、マーク形式か、答えのみを記述する形式か）、頻出単元を調べましょう。できれば過去3年分は調べます。すると、大問や小問1題に対してだいたい何分時間をかけることができるのかがわかります。

【ポイント②】 計算の煩雑さ、知識の深さを分析する

入試問題にはさまざまな種類があります。教科書の例題で解ける問題。基本の組み合わせの複合型問題。見た瞬間に「積分して面積を求めるんだな」とわかっても、その計算が非常に面倒で計算力が試される問題。パッと見だと解法が3つあり、どれがベストなのかを考えさせる問題。などなどです。

偏差値が高いから難しい、と位置付けて終わりにするのではなく、これらを分析することで、受験校を決めていくということもできますよ。

【ポイント③】 過去問ノートを作る

A 大学の過去問を解いたあとは A 大学のことを覚えていても、次に B 大学の過去問を解くと A 大学の情報を忘れてしまう……。そんなもんです。だから、過去問ノート！　これを試験前日や当日、試験が始まる直前に見るんです。入試日程もどんどん進んでいくので、明日受ける A 大学の特徴はこうだったなぁと、すぐに思い出せるようにまとめておきましょう。

気をつけてほしいのは、過去問はその後に何をどう勉強すればいいのか整理するために解くものです。過去問を解いて上記のチェックができたら、残りの期間で何をしなくちゃいけないかが明確にわかってきます。決して過去問を解くことが最終ゴールにならないように、気をつけましょう！

POINT ● 共分散と相関係数の求め方を正確に覚えよう！

$x+y+z=10$ を満たす自然数の組(x, y, z)は全部で□通りである。

2019 摂南大

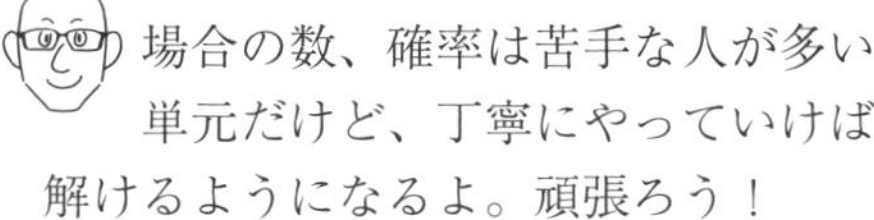

場合の数、確率は苦手な人が多い単元だけど、丁寧にやっていけば解けるようになるよ。頑張ろう！

たしかに苦手……でも頑張って解いてみます！

$x+y+z=10$
3つの自然数を足して10なので、10個のものを3つに分ける、と考える。

○○○○ | ○○○○ | ○○
$x=4$　$y=4$　$z=2$

区別のない10個の○と
区別のない2個の | の並ばせ方

$$\frac{12!}{10!2!}=\frac{\overset{6}{\cancel{12}}\cdot 11}{\cancel{2}}$$
$$=66\text{通り}$$

同じものを含む順列を使ったのはGood！　でも残念ながらちょっと違うよ。まず、公式の確認をしよう。

> **覚えて！**
> **同じものを含む順列**
> n個のものを並ばせる。これらのうちaがp個、bがq個、cがr個…あるとき、1列に並べてできる順列の総数は、
> $\dfrac{n!}{p!q!r!\cdots}$通り

それじゃあ、例題を解いてみよう！

例
(1) TOKYOの並ばせ方は□通り。

これはなんで5!としちゃいけないか説明できるかな？

Oが2つあるから？　……ですか？

そうだよね。これを、ちゃんと説明できるようにしておこう！

たとえばO2つがO_1, O_2って区別があるなら「TO_1KYO_2」と「TO_2KYO_1」は違う並ばせ方だよね。でもO_1, O_2の区別をなくせば2つとも「TOKYO」となるね。
このように5!(＝120)通りの中にO_1, O_2の区別をなくせば同じになるものが2!通りあるってことになるよね。

区別あり	O_1, O_2の区別なし
TO_1KYO_2 TO_2KYO_1	TOKYO
2!通り (O_1, O_2の並ばせ方)	1通り

だから、区別がないときの並ばせ方は、

$$\frac{5!}{2!}=\frac{120}{2}=\underline{60\text{通り}}$$

Oという同じものが2つあるから、「2つの文字の並ばせ方＝2!」で割ったっていうことですね。

（2）りんご6個をA, B, Cの3人に分ける分け方は□通り。ただし、1個ももらわない人がいてよい。

いろいろな分け方がありますよね。

A, B, C に分ける

A　B　C

Aが1個　Bが2個　Cが3個

他にもこんな分け方もあるし……。

A, B, C に分ける

A　B　C

Aが6個　Bが0個　Cが0個

極端だけど、別にこれでもいいんですよね。

そうだね。じゃあたとえばAが1個、Bが2個、Cが3個もらうことを

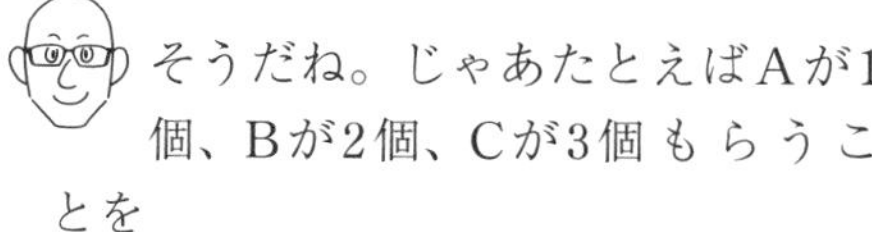

と表すことにするよ。

つまり、りんごの分け方と、○6個と|2個の並ばせ方が一緒なわけです（これを「1対1対応」と言うよ）。

たとえば……

○○○|○○|○
Aが3個、Bが2個、Cが1個

○|○○○○○|
Aが1個、Bが5個、Cが0個

求める場合の数は6個の○と2個の|の並べ方の数と同数だから、

8・7・~~6・5・4・3・2・1~~

$$\frac{8!}{6!\,2!}=\frac{\overset{4}{\cancel{8}}\cdot 7}{\cancel{2}\cdot 1}=\underline{28\text{通り}}$$

~~6・5・4・3・2・1~~

理解できましたよ、先生！　でも、「1人1個はもらう」的な問題もありましたよね。

そう。よく勉強しているね。それが次の問題。

（3）りんご6個をA, B, Cの3人に分ける分け方は□通り。ただし、1人1個はもらうとする。

「1人1個はもらうとする」って書いてあるから……。

A, B, C に分ける

A　B　C

Aが3個　Bが3個　Cが0個

こんな分け方はダメだ。Cが1個ももらってない！

C、かわいそう（笑）

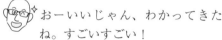

A, B, C に分ける

A B C
A が 6 個　B が 0 個　C が 0 個

当然、これもダメ！　Aがジャイアン状態（笑）

うん、そうだよね。(2)は「りんご0個はOK」ってことだったけれど、**今回は最低1個はもらえるわけだから、最初にA, B, Cに1個ずつ配っておけばいい**んだよ。

で、残りのりんごは6−3＝3個だからこれらを分けると考える。だから**3個の○と2個の|の並ばせ方に対応させればいいんですね。**

おーいいじゃん、わかってきたね。すごいすごい！

A, B, Cに1個ずつ配ったあと
たとえば……
○|○○|
Aが1個、Bが2個、Cが0個

求める場合の数は3個の○と2個の|の並べ方の数と同数だから、

$$\frac{5!}{3!\,2!}=\frac{5\cdot 4}{2\cdot 1}=10\text{通り}$$

（$5!=5\cdot4\cdot3\cdot2\cdot1$、$3!=3\cdot2\cdot1$）

じゃあ、これはどう？

(4)　$x+y+z=6$, $x\geqq 0$, $y\geqq 0$, $z\geqq 0$ を満たす整数解(x, y, z)の組は□組

これも**本質的にはりんごを分ける問題と一緒**ですよね。

そうなんだ。

(4)の問題	(2)の問題
$x+y+z=6$ x, y, zの合計が6	りんご6個をA, B, Cの3人に分ける
$x\geqq 0, y\geqq 0, z\geqq 0$ 0でもOK	1個ももらえない人がいてもOK

求める場合の数は6個の○と2個の|の並べ方の数と同数だから、

$$\frac{8!}{6!\,2!}=\frac{8\cdot 7}{2\cdot 1}=28\text{通り}$$

（$8!=8\cdot7\cdot6\cdot5\cdot4\cdot3\cdot2\cdot1$、$6!=6\cdot5\cdot4\cdot3\cdot2\cdot1$）

もちろん、「書き出していく」って手もあるよね。

$(x, y, z)=(0, 0, 6)$
$(0, 1, 5)$
$(0, 2, 4)$
⋮

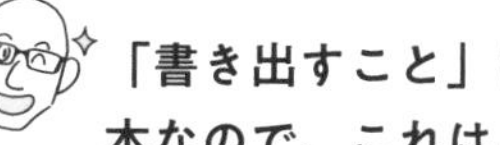

「書き出すこと」は場合の数の基本なので、これはこれで大事！
でも、数が多くなったときに制限時間内に全部書き出すのは無理だけどね……。じゃあ、最後の例題。

(5) $x+y+z=6,\ x>0,\ y>0,\ z>0$ を満たす整数解 (x, y, z) の組は□組

これもりんご6個を3人に分ける問題に置き換えられますよね。$x>0,\ y>0,\ z>0$ はどう処理すればいいですか？

$x>0,\ y>0,\ z>0$ を満たす整数だから、つまり、1以上の整数ってことになるよね。
$x\geqq1,\ y\geqq1,\ z\geqq1$ を満たす整数だ。だから最初から x, y, z に1個ずつ与えておいて……。

残り3個の○と2個の|の並ばせ方になるんですね。

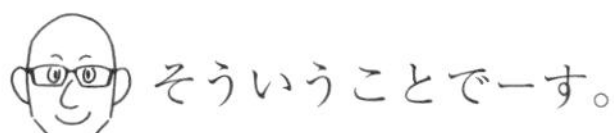

そういうことでーす。

求める場合の数は3個の○と2個の|の並べ方の数と同数だから、

$$\frac{5!}{3!\,2!}=\frac{5\cdot\cancel{4}^{2}}{\cancel{2}\cdot1}=\underline{10\text{通り}}$$

（$5!=5\cdot4\cdot\cancel{3\cdot2\cdot1}$、$3!=\cancel{3\cdot2\cdot1}$）

りんごを分ける問題と整数解の組の問題は、このようにセットでインプットしておきましょう！

じゃあ、さっきの問題も「自然数」と書いてあるから「$x\geqq1,\ y\geqq1,\ z\geqq1$」と同じで、**最初から x, y, z に1個ずつ与えておいて、残り7個の○を分ける**と考えればいいんですね！

そうだね！　そこがさっきの君の解答だとできていなかったところだよ。じゃあ、正解を見ていこう。

ピカイチ解答

x, y, z は自然数より、$x\geqq1,\ y\geqq1,\ z\geqq1$ である。
よって、10個の○の中から x, y, z に1個ずつ分け与えて、残り7個の○を分けると考える。

○○|○○|○○○
$x=2$　$y=2$　$z=3$

区別のない7個の○と
区別のない2個の|の並ばせ方なので、

$$\frac{9!}{7!\,2!}=\frac{9\cdot\cancel{8}^{4}}{\cancel{2}\cdot1}$$

（$9!=9\cdot8\cdot\cancel{7\cdot6\cdot5\cdot4\cdot3\cdot2\cdot1}$、$7!=\cancel{7\cdot6\cdot5\cdot4\cdot3\cdot2\cdot1}$）

$$=\underline{36\text{通り}}$$

POINT ● 同じものを含む順列を上手に使えるようにしよう！

図のように東西に4本、南北に6本の道路がある。このうち、C地点とD地点を結ぶ区間は工事中のため通行することができない。このとき、最短距離でA地点からB地点へ行く道順は全部で□通りである。

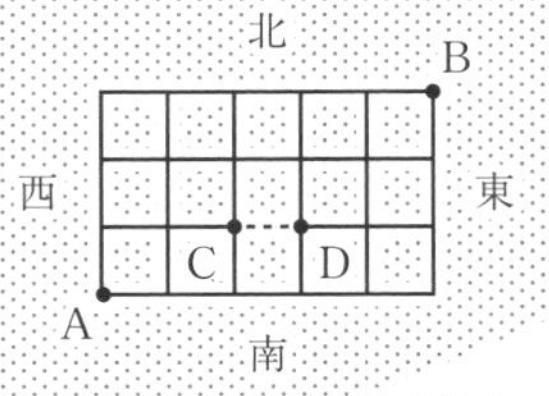

2018 立教大

イマイチ解答

お〜、最短経路の問題ですね。解いてみます。

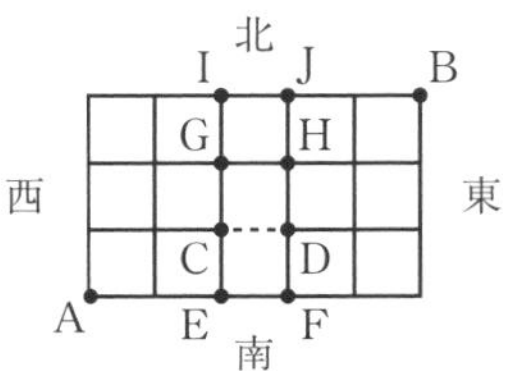

図のようにE、F、G、H、I、J地点を作る。C地点からD地点を通ることはできないので、
（i）E地点からF地点を通る　か
（ii）G地点からH地点を通る　か
（iii）I地点からJ地点を通る　か
の3通りである。

（i）A地点→E地点→F地点→B地点

$$1\times1\times\frac{5!}{3!\,2!}=\frac{5\cdot4}{2\cdot1}=10\text{通り}$$

（ii）A地点→G地点→H地点→B地点

$$\frac{4!}{2!\,2!}\times1\times\frac{3!}{2!}=\frac{4\cdot3}{2\cdot1}\times3=18\text{通り}$$

（iii）A地点→I地点→J地点→B地点

$$\frac{5!}{3!\,2!}\times1\times1=\frac{5\cdot4}{2\cdot1}=10\text{通り}$$

（i）〜（iii）より、
10＋18＋10＝38通り

そうだね、答えは合っているよ。

でも、**場合分けが少し面倒だったので、余事象でやったほうが楽かなあ**……。

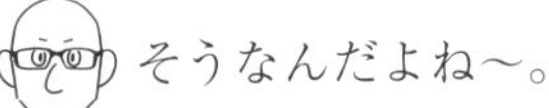

そうなんだよね〜。

最初から余事象で解くんだって気づくことができればよかったんですけど……。

入試問題レベルで「余事象で解ければいい」って最初から気づける人はかなりセンスがあるよね。**今みたいに場合分けをしていって、「大変だぞ」「面倒だな」って感じたときに、切り替えられるかが重要なんだ。**その練習をたくさんしていこう！

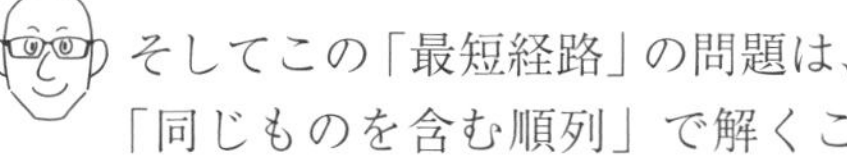

そしてこの「最短経路」の問題は、「同じものを含む順列」で解くこ

とができるんだったよね。

今回の経路だと、**A地点からB地点へ進むには右へ5区間、上へ3区間進めばよい。→→→→→↑↑↑の並ばせ方と対応させることができる**んだ。

だからA地点からB地点までの最短経路は、

$$\frac{8!}{5!3!}=\frac{8\cdot7\cdot6}{3\cdot2\cdot1}=56\text{通り}$$

「同じものを含む順列」って超便利ですね！

62ページの例題でやったみたいに、

- **TOKYO（同じ文字を含む）の並ばせ方**
- **りんご6個をA,B,Cに分ける**
- **$x+y+z=6$ を満たす整数解（x, y, z）の組**

そして今回の

- **最短経路**

いっぱいある〜！

そうだよ、大活躍だね。じゃあ、正解をまとめていくよ。

ピカイチ解答

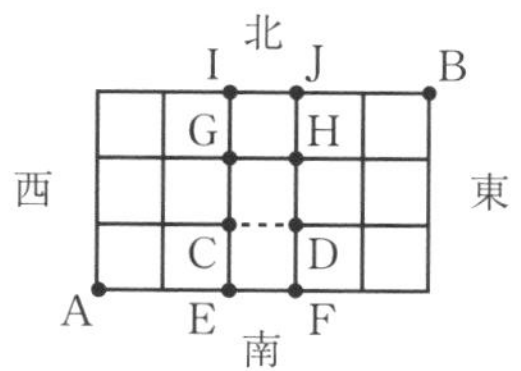

余事象で考える。

C地点→D地点を通らない

＝(全体)−(C地点→D地点を通る)

全体：A地点→B地点

A地点→B地点

$$\frac{8!}{5!3!}=\frac{8\cdot7\cdot6}{3\cdot2\cdot1}=56\text{通り}$$

$\frac{8!}{5!3!}$：「→5本、↑3本」の並ばせ方

A地点→C地点→D地点→B地点

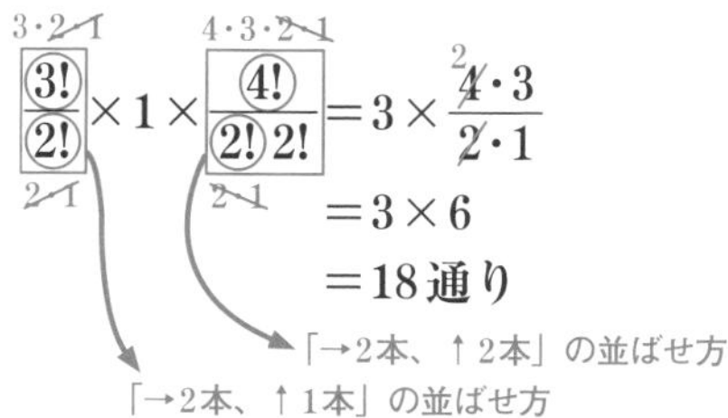

$$\frac{3!}{2!}\times1\times\frac{4!}{2!2!}=3\times\frac{4\cdot3}{2\cdot1}$$

$$=3\times6$$

$$=18\text{通り}$$

よって、C地点→D地点を通らないのは、

56−18＝38通り

POINT
- **最短距離の問題も同じものを含む順列で解ける！**
- **場合分けするのか、余事象のほうが解きやすいか、考えよう！**

M, E, D, I, C, I, N, Eの8文字をすべて使って文字列を作る。このとき、Cの両端がともにIとなる並べ方は全部で アイウ 通りある。また、CとIが隣どうしにならない並べ方は全部で エオカキ 通りある。

2019 東邦大

イマイチ解答

(ICI)を1つのかたまりとして見る。
(ICI), M, E, D, N, Eの並ばせ方は、

$\frac{6!}{2!}=\frac{720}{2}$ 6!＝720は暗記しておく！

＝360通り

CとIが隣どうしにならない並べ方は、先にM, E, D, N, Eを並ばせる。

$\frac{5!}{2!}=\frac{120}{2}$

＝60通り

間と両端にC, I, I,を並ばせる。

＾M＾E＾D＾N＾E＾

6×5×4＝120通り

よって、60×120＝7200通り

「60通り」までは正解！　そのあとは不正解だよ。
まず、**「Cの両端がIになる」ってことはICIという並びになるっていうこと**だよね。自分で並ばせるつもりになって考えたとき、どうだい？

ICIを1つとして並べていきたいです。

> **「隣り合う」の考え方** 覚えて！
> 「Aが隣り合う」→**すべてのAを1つのかたまりとして見る！**

そうだね。「(ICI), M, E, D, N, Eという並ばせ方ってことになります。同じものが2つある（EとEの2つ）から、**「同じものを含む順列」**を使うわけだね。

先生、そこまでは理解できているし正解しているので、後半を早く教えてください～！

まぁ、まぁ。大事なことだから説明したかったんだよ。じゃあ、後半の説明にいくね。
「CとIが隣どうしにならない」ということは、次の考え方を使います。

> **「隣り合わない」の考え方** 覚えて！
> 「Aが隣り合わない」ときは……
> **①A以外を先に並ばせる。**
> **②間、両端にAを並ばせる。**

今回だったら、
①M, E, D, N, Eを先に並ばせる。
②間、両端にC, I, Iを並ばせる。

①は「同じものを含む順列」を使って、$\frac{5!}{2!}$**＝60通り**ですよね。
②は間、両端が全部で6カ所だから、そこにC, I, Iを並ばせていけばいいですよね。

いやいや、他にもあるよ。「CとIが隣どうしにならない」と問題文には書いてあるけど、**「IとIは隣どうしにならない」とは書いてないからね。**

あ、そっかあ！　IとIはくっついてもOKなんですね。

M E D N E
C　I　I
CとIが隣どうしになっていない→OK

M E D N E
C　　(II)
CとIが隣どうしになっていない→OK

あ～、これを見落としてたんだなぁ……。

M E D N E
(CI)　I
CとIが隣どうしになっている→NG

ピカイチ解答

(ICI)を1つのかたまりとして見る。
(ICI), M, E, D, N, Eの並ばせ方は、

$\frac{6!}{2!}=\frac{720}{2}$　6!＝720は暗記しておく！

$=360$通り

CとIが隣どうしにならない並べ方は、先にM, E, D, N, Eを並ばせる。

$\frac{5!}{2!}=\frac{120}{2}$

$=60$通り

間と両端にC, I, Iを並ばせる。
（ⅰ）I 2つが隣り合わないとき

M E D N E
　C　　I　I

$\boxed{6}\times{}_5C_2=6\cdot\frac{5\cdot 4^{2}}{2\cdot 1}=60$通り

Cがどこに入るか？　IとIの入るところは？

（ⅱ）I 2つが隣り合うとき

M E D N E
　C　(II)

$6\times 5=30$通り
Cと(II)がどこに入るか？

（ⅰ）（ⅱ）より、間、両端にC, I, Iを並ばせるのは、
$60+30=90$通り

よって、CとIが隣どうしにならない並べ方は$60\times 90=5400$通り

POINT ●「隣り合わない」の考え方をマスターしよう！

当たりくじが3本入っている10本のくじがあり、10人が1本ずつ順に引く。ただし、引いたくじはもとに戻さない。はじめの5人までに3本の当たりくじが出る確率は□である。

2020 愛知工業大

イマイチ解答

確率の問題、解けるかなあ……やってみます。

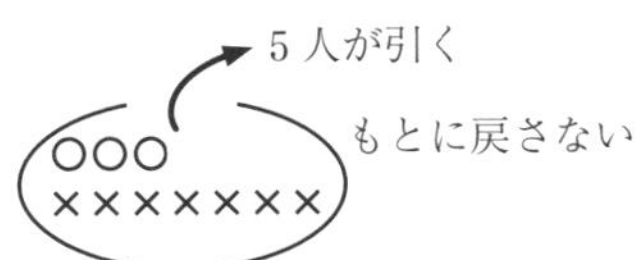

5人のくじの引き方は、
10・9・8・7・6通り

5人までに3本の○が出る
3本の○、2本の×の選び方は、

$${}_3C_3 \times {}_7C_2 = 1 \times \frac{7 \cdot \cancel{6}^{3}}{\cancel{2} \cdot 1} = 21\text{通り}$$

よって求める確率は、

$$\frac{\cancel{21}^{3}}{10 \cdot 9 \cdot 8 \cdot \cancel{7} \cdot \cancel{6}_{2}} = \frac{1}{1440}$$

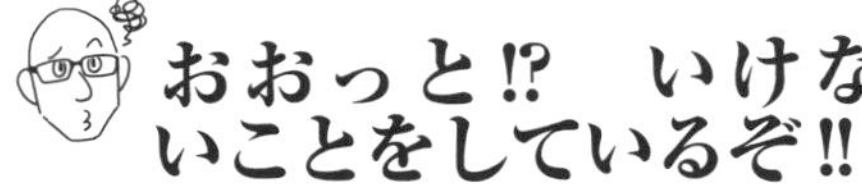

おおっと!?　いけないことをしているぞ!!

ええ、本当ですか？

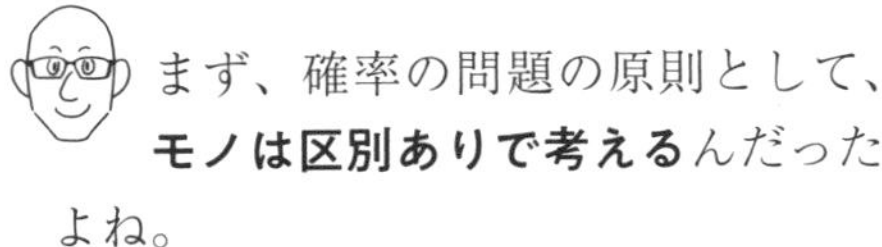

まず、確率の問題の原則として、**モノは区別ありで考える**んだったよね。

例 次の展開図のようになっているさいころを、1回投げる。

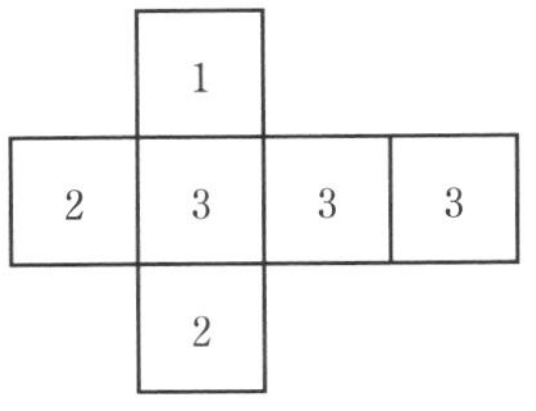

(1) 出る目の場合の数は□通り
1と2と3の3通り

(2) 1が出る確率は□

1も2も3も出る確率は$\frac{1}{3}$って言ったら×ですよね。

そうだね。1の目は1個、2の目は2個、3の目は3個あるわけだから、等確率なわけがないよね。
確率の問題では、見た目に区別のつかない2の目、3の目をそれぞれ区別して考えるんだ。

1
2の1　3の1　3の2　3の3
2の2

図にすると、こんな感じ。
そうすると、1が出る確率を求めようとすると起こり得るすべての場合の数は、
1　　が出る
2の1　が出る

2の2　が出る
3の1　が出る
3の2　が出る
3の3　が出る　　の6通り

当然、1が出る場合の数は1通り。

よって、1が出る確率は $\underline{\frac{1}{6}}$

確率の問題のときは、全部区別して考えるんですね！

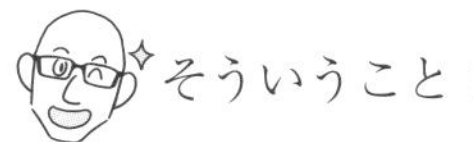

そういうこと！

確率の問題　**覚えて！**

見た目の区別がつかないものも、すべて区別して考える。

さっきの解答は、分子が間違っているんだよね。この問題では、3本の○と2本の×を選べばいいだけではないよね。5人にA, B, C, D, Eと名前をつけるよ。そして、選んだ3本の○と2本の×にも、$○_1$, $○_2$, $○_3$, $×_1$, $×_2$と名前をつけて、すべて区別して考えよう。

A	B	C	D	E
$○_1$	$○_2$	$○_3$	$×_1$	$×_2$
$×_2$	$○_3$	$×_1$	$○_2$	$○_1$
		⋮		

$○_1$, $○_2$, $○_3$, $×_1$, $×_2$の並ばせ方は5!通りある

このように、**誰が○を引くか、誰が×を引くかを考えなくてはいけない**んだ。

ピカイチ解答

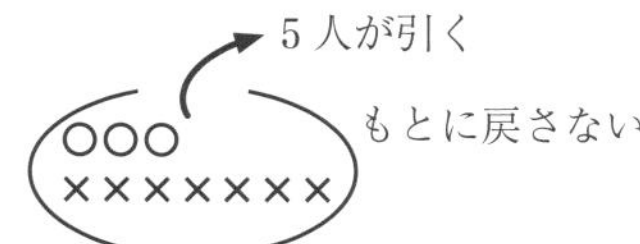

5人のくじの引き方は、
10・9・8・7・6通り

○3本の中から3本の選び方は、
$_3C_3 = 1$ **通り**

×7本の中から2本の選び方は、

$$_7C_2 = \frac{7 \cdot 6}{2 \cdot 1} = 7 \cdot 3 \text{通り}$$

誰が○が3本、×2本になるかを考えて、
5!通り

よってはじめの5人までに3本の○が出る確率は、

$$\frac{1 \cdot 7 \cdot 3 \cdot 5 \cdot 4 \cdot 3 \cdot 2 \cdot 1}{10 \cdot 9 \cdot 8 \cdot 7 \cdot 6} = \underline{\frac{1}{12}}$$

POINT ● **確率の問題では、モノは区別して考える！**

A, B, C, Dの4文字を横1列に並べる。このとき、AがBより左にあるかまたはAがCより左にある確率を求めよ。

2020 中央大

イマイチ解答

A, B, C, Dを横1列に並べる。
並べ方は4!＝24通り

(i) AがBより左

Ⓐ Ⓑ C D
C Ⓐ D Ⓑ
Ⓐ D C Ⓑ

Ⓐ,Ⓑを並べる位置が決まれば、左からⒶ,Ⓑと並べるだけなのでⒶ,Ⓑを同じものとして見る。

○, ○, C, Dの並ばせ方は、

$$\frac{4!}{2!}=4\cdot3=12\text{通り}$$

(ii) AがCより左
同様に考えて12通り

(i)(ii)より求める確率は、

$$\frac{12+12}{24}=1$$

ああ……。先生、これ絶対に違いますよね……。

そうだね、さすがに確率の問題で答えが1になるってことはないよね（つくろうと思えばつくれるけど、受験数学としては基本的に出てこない）。でも「同じものを含む順列」を上手に使えたね。

「AがBより左」ってことは、ⒶとⒷが入る場所が決まれば、左から順にA, Bと入るわけだ！

○ ○ C D → 必ず Ⓐ Ⓑ C D
C ○ D ○ → 必ず C Ⓐ D Ⓑ

だから、ⒶとⒷは同じものとして見ていいんですよね。

そう、「○ ○ C D」の並ばせ方と考えられる、**「同じものを含む順列」**が使える。
こんなふうに、「■が▲より左（または右）」のように、順序に指定がある問題は、**「同じものを含む順列」**が使えるんだ。

> **順序指定のある問題** 　覚えて！
> 順序指定のある問題は、**「同じものを含む順列」**を使って解ける！

今回は「(i) AがBより左」と「(ii) AがCより左」が排反ではないよね。たとえば「A B C D」という並びは、「(i) AがBより左」だし、「(ii) AがCより左」でもある。

ほ、本当だ……！ 「A B C D」みたいなものを2回数えてしまってるから、本当の答えより大きくなっちゃったんだ……。

そう。だから「AがBより左」で

かつ「AがCより左」のものを数えて、その分を引いてあげよう。図にすると、こんな感じ。

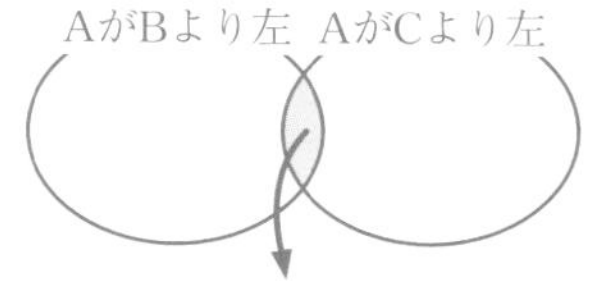

23ページで出てきたこの公式のことですよね。

集合の重要公式① 覚えて！

$n(A \cup B) = n(A) + n(B) - n(A \cap B)$

[$A\ B$ = A + B − $A \cap B$]

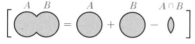

そうそう、集合と論理で勉強した和集合の公式だね。

ただ、公式はもちろん覚えるんだけど、それにあてはめるというよりは、今回の問題においては場合分けした「（ｉ）AがBより左」と「（ⅱ）AがCより左」が重複してないかどうか（排反かどうか）をチェックすることで、**結果的に公式を使ったことになっていた**、というほうが正しい解釈になるだろうね。

ピカイチ解答

A, B, C, Dを横1列に並べる。
並べ方は4!通り

（ｉ）AがBより左

Ⓐ Ⓑ C D
C Ⓐ D Ⓑ
Ⓐ D C Ⓑ

Ⓐ,Ⓑを並べる位置が決まれば、左からⒶ,Ⓑと並べるだけなのでⒶ,Ⓑを同じものとして見る。

○, ○, C, Dの並ばせ方は、

$\dfrac{4!}{2!} = 4 \cdot 3 = 12$ **通り**

（ⅱ）AがCより左
同様に考えて12通り

（ⅲ）AがBより左かつAがCより左

①Aが左から1番目

Ⓐ B C D

BとCの順序は何でもいい。
Aを固定して、BCDの並ばせ方を考える

$3! = 6$ **通り**

②Aが左から2番目

D Ⓐ B C

$2! = 2$ **通り**

Aを固定して、BCの並ばせ方を考える

（ｉ）〜（ⅲ）より、AがBより左またはAがCより右にあるのは、

$\underset{(\text{i})}{12} + \underset{(\text{ii})}{12} - \underset{(\text{iii})}{(6+2)} = 16$ **通り**

よって求める確率は、

$\dfrac{16}{4!} = \dfrac{16}{4 \cdot 3 \cdot 2 \cdot 1} = \dfrac{2}{3}$

POINT
- 順序指定のある問題→同じものを含む順列で考える！
- 排反かどうか確認する！

29

4個の赤球と12個の白球がある。これらを左から順に横一列に並べた8個の袋にそれぞれ2個ずつ入れる。このとき、
・1番左の袋に入れる球が2個とも赤球である確率は□である。
・すべての赤球が別々の袋に入っている確率は□である。

2015 芝浦工大

イマイチ解答

この球の問題は、「取り出す」のではなく「袋に入れる」かあ……ちょっとやってみます。

1番の袋に入れる2個の球の選び方は、

$${}_{16}C_2=\frac{\overset{8}{\cancel{16}}\cdot 15}{\cancel{2}\cdot 1}=120 \text{通り}$$

赤球2個の選び方は、

$${}_{4}C_2=\frac{\overset{2}{\cancel{4}}\cdot 3}{\cancel{2}\cdot 1}=6 \text{通り}$$

よって1番左の袋に入れる球が2個とも赤球である確率は、

$$\frac{\cancel{6}}{\underset{20}{\cancel{120}}}=\frac{1}{20}$$

1～8番に入れる2個の球の選び方は、

$${}_{16}C_2\cdot{}_{14}C_2\cdot{}_{12}C_2\cdot{}_{10}C_2\cdot{}_{8}C_2\cdot{}_{6}C_2\cdot{}_{4}C_2\cdot{}_{2}C_2$$

$$=\frac{\cancel{16}\cdot 15}{\cancel{2}\cdot 1}\cdot\frac{14\cdot 13}{\cancel{2}\cdot 1}\cdot\frac{12\cdot 11}{\cancel{2}\cdot 1}\cdot\frac{10\cdot 9}{\cancel{2}\cdot 1}\cdot\frac{\cancel{8}\cdot 7}{\cancel{2}\cdot 1}\cdot\frac{6\cdot 5}{\cancel{2}\cdot 1}\cdot\frac{4\cdot 3}{\cancel{2}\cdot 1}\cdot 1$$

$$=15\cdot 14\cdot 13\cdot 12\cdot 11\cdot 10\cdot 9\cdot 7\cdot 6\cdot 5\cdot 4\cdot 3 \text{通り}$$

赤球の入れ方は、4!通り

残りの白の入り方
赤と一緒に入る白の決め方は、

$${}_{12}C_1\cdot{}_{11}C_1\cdot{}_{10}C_1\cdot{}_{9}C_1$$

$$=12\cdot 11\cdot 10\cdot 9 \text{通り}$$

残りの袋に白を2個ずつ入れる。

$${}_{8}C_2\cdot{}_{6}C_2\cdot{}_{4}C_2\cdot{}_{2}C_2$$

$$=\frac{\cancel{8}\cdot 7}{\cancel{2}\cdot 1}\cdot\frac{6\cdot 5}{\cancel{2}\cdot 1}\cdot\frac{4\cdot 3}{\cancel{2}\cdot 1}\cdot 1$$

$$=7\cdot 6\cdot 5\cdot 4\cdot 3 \text{通り}$$

よってすべての赤球が別々の袋に入っている確率は、

$$\frac{4!\cdot\cancel{12\cdot 11\cdot 10\cdot 9\cdot 7\cdot 6\cdot 5\cdot 4\cdot 3}}{15\cdot 14\cdot 13\cdot\cancel{12\cdot 11\cdot 10\cdot 9\cdot 7\cdot 6\cdot 5\cdot 4\cdot 3}}$$

$$=\frac{4\cdot\cancel{3}\cdot\cancel{2}\cdot 1}{\underset{5}{\cancel{15}}\cdot\underset{7}{\cancel{14}}\cdot 13}$$

$$=\frac{4}{455}$$

おう、頑張ったね～。
1問目は正解だけど、2問目が残念。不正解だよ。どこが間違えているか自分でわかるといいんだけど。
「自分でやろう」と考えると、当然、赤球から袋の中に入れていくよね。それをどの袋に入れるかな？

……あ～、袋だ！　赤球が入る袋を決めてない！

そう、**赤球を1個ずつ入れる袋はどの袋かを決めないといけない**よね。問題文には「8個の袋」としか書いてないけど、1番の袋、2番の袋、3番の袋、……、8番の袋と番号をつけて、**「8個の袋」はすべて区別して考えるよ。**

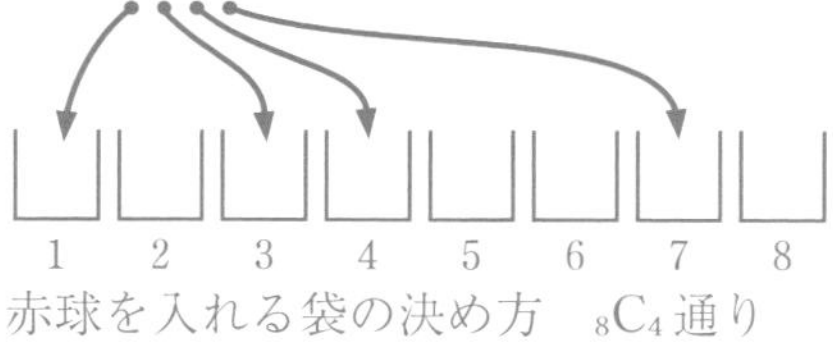

これが必要なんだ。1問目はよくできているから省略して、2問目のピカイチ解答を紹介するね。

ピカイチ解答

1～8番目に入れる2個の球の選び方は、

$_{16}C_2 \cdot {}_{14}C_2 \cdot {}_{12}C_2 \cdot {}_{10}C_2 \cdot {}_8C_2 \cdot {}_6C_2 \cdot {}_4C_2 \cdot {}_2C_2$

通り ←計算せず、このままの形でキープしておく！

赤が入る袋の選び方は、$_8C_4$通り

どの袋にどの赤が入るかは、4!通り

残りの白の入り方

赤と一緒に入る白の決め方は、

$_{12}C_1 \cdot {}_{11}C_1 \cdot {}_{10}C_1 \cdot {}_9C_1$

＝12・11・10・9通り

残りの袋に白を2個ずつ入れる。

$_8C_2 \cdot {}_6C_2 \cdot {}_4C_2 \cdot {}_2C_2$通り

よってすべての赤球が別々の袋に入っている確率は、

まとめて約分できる

$$\frac{{}_8C_4 \cdot 4! \cdot 12 \cdot 11 \cdot 10 \cdot 9 \cdot {}_8C_2 \cdot {}_6C_2 \cdot {}_4C_2 \cdot {}_2C_2}{{}_{16}C_2 \cdot {}_{14}C_2 \cdot {}_{12}C_2 \cdot {}_{10}C_2 \cdot {}_8C_2 \cdot {}_6C_2 \cdot {}_4C_2 \cdot {}_2C_2}$$

$$=\frac{\frac{8 \cdot 7 \cdot 6 \cdot 5}{4 \cdot 3 \cdot 2 \cdot 1} \cdot 4 \cdot 3 \cdot 2 \cdot 1 \cdot 12 \cdot 11 \cdot 10 \cdot 9}{\frac{16 \cdot 15}{2 \cdot 1} \cdot \frac{14 \cdot 13}{2 \cdot 1} \cdot \frac{12 \cdot 11}{2 \cdot 1} \cdot \frac{10 \cdot 9}{2 \cdot 1}}$$

$$=\frac{8 \cdot 7 \cdot 6 \cdot 5}{15 \cdot 14 \cdot 13}$$

$$=\frac{8}{13}$$

POINT ●「実際にやるときに、自分ならどうするか？」を考える！

1個のさいころを3回投げたとき、出たすべての目の積が4の倍数である確率は□である。

2020 京都産業大

イマイチ解答

「4が出て積が4の倍数」になるときと、「4が出ずに積が4の倍数」になるときを書き出しながら考えてみますね。

(ⅰ) 4が出て積が4の倍数になる

$$\begin{array}{ccc} ① & ② & ③ \end{array}$$
$$\begin{cases} 4 & 1 & 3 \\ 4 & 4 & 1 \\ 4 & 4 & 4 \end{cases}$$

(ⅱ) 4が出ずに積が4の倍数になる

$$\begin{array}{ccc} ① & ② & ③ \end{array}$$
$$\begin{cases} 2 & 2 & 1 \\ 6 & 6 & 3 \\ 2 & 6 & 5 \end{cases}$$

(ⅰ)は4が少なくとも1回は出る。
余事象で考えて、
(全体)−(4が1回も出ない)

$$1-\left(\frac{5}{6}\right)^3=1-\frac{125}{216}=\frac{91}{216}$$

(ⅱ)は2または6が少なくとも2回は出る。

(A) 2または6が2回出る

$${}_3C_2\left(\frac{1}{3}\right)^2\left(\frac{2}{3}\right)^1=\frac{2}{9}$$

反復試行の確率

(B) 2または6が3回出る

$$\left(\frac{1}{3}\right)^3=\frac{1}{27}$$

(A)(B)より $\frac{2}{9}+\frac{1}{27}=\frac{6+1}{27}=\frac{7}{27}$

(ⅰ)(ⅱ)より求める確率は、

$$\frac{91}{216}+\frac{7}{27}$$
$$=\frac{91+56}{216}$$
$$=\frac{147}{216}$$
$$=\frac{49}{72}$$

うん、よく頑張ったね。ちゃんと書き出して、場合分けにもっていくことができた。**……でも残念ながら、不正解！**

えー！　な、なんでですか？

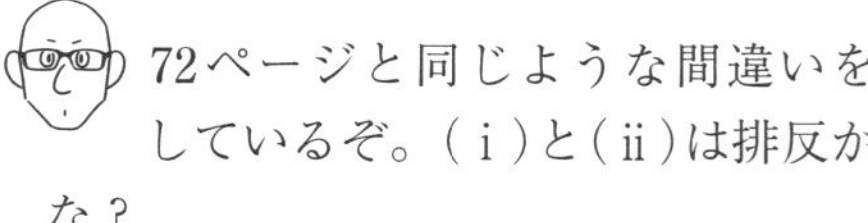

72ページと同じような間違いをしているぞ。(ⅰ)と(ⅱ)は排反かな？

えーっと……。あ、**(ⅰ)にも(ⅱ)にも、たとえば「4、2、2」とかが含まれてしまっています……！**

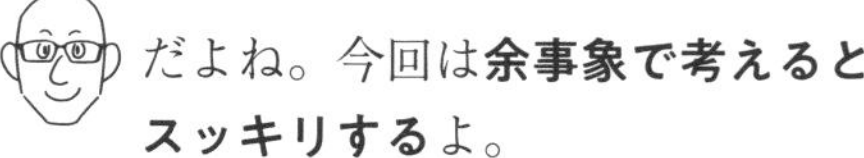

だよね。今回は**余事象で考えるとスッキリする**よ。

へえ～。余事象は何があるかも書き出してみます。

さいころを3回投げて、出た目の積が4の倍数にならない

（ｉ）$\begin{cases}1\ 1\ 3\\1\ 3\ 5\end{cases}$

（ii）$\begin{cases}2\ 1\ 1\\6\ 3\ 5\end{cases}$

（ｉ）は3回全部奇数だったら、積が4の倍数になるわけない。（ii）は、1回は2か6が出ても平気。

ピカイチ解答

余事象で考える。

(全体)－(奇数が3回)－(2または6が1回、奇数が2回)
（ｉ）　　　（ii）

（ｉ）奇数が3回

$$\left(\frac{1}{2}\right)^3=\frac{1}{8}$$

（ii）2または6が1回、奇数が2回

$$_3C_1\left(\frac{1}{3}\right)^1\left(\frac{1}{2}\right)^2=\frac{1}{4}$$

反復試行の確率

4は1回も出てはだめなので、「2または6以外」ではなく「奇数」が2回と考える

（ｉ），（ii）より求める確率は、

$$1-\frac{1}{8}-\frac{1}{4}$$

$$=1-\frac{1+2}{8}$$

$$=1-\frac{3}{8}=\frac{5}{8}$$

反復試行の確率をもう少し復習しておこうか。

例 1つのさいころを4回投げて、1の目がちょうど2回出る確率は□

1の目を○、それ以外を×で表すと、

①②③④
○○××　$\left(\frac{1}{6}\right)^2\left(\frac{5}{6}\right)^2$ ← これで終わりは×！

「1の目が2回出る」って決められているだけで、何回目に出てもいいわけですもんね。

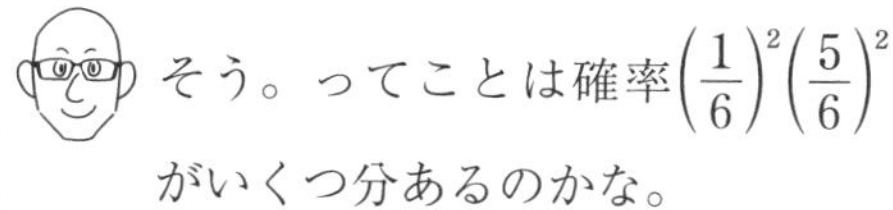

そう。ってことは確率$\left(\frac{1}{6}\right)^2\left(\frac{5}{6}\right)^2$がいくつ分あるのかな。

①②③④
○○××
×○○×　} ○，○，×，×の並ばせ方
⋮
□□□□
の中から○2つを入れる入れ方なので、$_4C_2$通り

もしくは「同じものを含む順列」を使って、「○○××」の並ばせ方で$\frac{4!}{2!2!}$通りとしてもいいよ。

$$_4C_2\left(\frac{1}{6}\right)^2\left(\frac{5}{6}\right)^2=\frac{25}{216}$$

$$\left(\frac{4!}{2!2!}\left(\frac{1}{6}\right)^2\left(\frac{5}{6}\right)^2\right)$$

POINT
- **「自分でさいころを投げる」つもりになって書き出す！**
- **場合分けでいくか、余事象でいくかを考える！**

31

ゆがんださいころがあり、1, 2, 3, 4, 5, 6の出る確率がそれぞれ$\frac{1}{6}$, $\frac{1}{6}$, $\frac{1}{4}$, $\frac{1}{4}$, $\frac{1}{12}$, $\frac{1}{12}$であるとする。このさいころを続けて3回投げるとき、出る目の和が6となる確率を求めよ。

2020 東京電機大

イマイチ解答

えー、ゆがんださいころ!? 各目の出る確率が$\frac{1}{6}$ずつではないってことですね。おもしろそう。やってみます!

ゆがんださいころ

1	2	3	4	5	6
↓	↓	↓	↓	↓	↓
$\frac{1}{6}$	$\frac{1}{6}$	$\frac{1}{4}$	$\frac{1}{4}$	$\frac{1}{12}$	$\frac{1}{12}$

出る目の和が6となるのは
{1, 1, 4}, {1, 2, 3}, {2, 2, 2}
の3通り。
出る目の順番を考える。

(i) {1, 1, 4}のとき

$$\underbrace{{}_3C_2\left(\frac{1}{6}\right)^2\left(\frac{1}{4}\right)^1}_{\text{反復試行の確率}}=\frac{\cancel{3}}{{}_2\cancel{6}\cdot6\cdot4}=\frac{1}{48}$$

(ii) {1, 2, 3}のとき

$$\underbrace{{}_3C_1\left(\frac{1}{6}\right)^1\left(\frac{1}{6}\right)^1\left(\frac{1}{4}\right)^1}_{\text{反復試行の確率}}=\frac{\cancel{3}}{{}_2\cancel{6}\cdot6\cdot4}=\frac{1}{48}$$

(iii) {2, 2, 2}のとき

$$\left(\frac{1}{6}\right)^3=\frac{1}{216}$$

(i)〜(iii)より、

$$\frac{1}{48}+\frac{1}{48}+\frac{1}{216}=\frac{9+9+2}{432}=\frac{\cancel{20}^{5}}{\cancel{432}_{108}}=\frac{5}{108}$$

4で約分

う〜ん残念。間違ってるなぁ。出る目の和が6になる組み合わせが3通りでてきたのはOK。問題はそのあとだ。

3通りそれぞれで反復試行の確率ですよね。

そうだね。(i)(ii)(iii)のうちどれが間違っているかをまず考えてみてほしい。

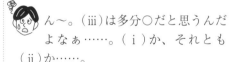

ん〜。(iii)は多分○だと思うんだよなぁ……。(i)か、それとも(ii)か……。

ピカイチ解答

ゆがんださいころ

1	2	3	4	5	6
↓	↓	↓	↓	↓	↓
$\frac{1}{6}$	$\frac{1}{6}$	$\frac{1}{4}$	$\frac{1}{4}$	$\frac{1}{12}$	$\frac{1}{12}$

出る目の和が6となるのは
$\{1, 1, 4\}, \{1, 2, 3\}, \{2, 2, 2\}$
の3通り。
出る目の順番を考える。

（ i ）$\{1, 1, 4\}$のとき

$$\boxed{{}_3C_2}\left(\frac{1}{6}\right)^2\left(\frac{1}{4}\right)^1=\frac{3}{2\cdot 6\cdot 6\cdot 4}=\frac{1}{48}$$

1, 1, 4の並ばせ方
①回目、②回目、③回目のうち、
どの2回で1が出たのかを決める。

①	②	③	
1	1	4	${}_3C_2$通り
1	4	1	
4	1	1	

（ii）$\{1, 2, 3\}$のとき

$$\boxed{3!}\left(\frac{1}{6}\right)^1\left(\frac{1}{6}\right)^1\left(\frac{1}{4}\right)^1=\frac{3\cdot 2}{6\cdot 6\cdot 4}=\frac{1}{24}$$

1, 2, 3の並ばせ方
①回目、②回目、③回目のうち、
どこで1, 2, 3の何の目が出たのかを決める。

①	②	③	
1	2	3	3!通り
1	3	2	
2	1	3	
2	3	1	
3	1	2	
3	2	1	

あ〜、先生ここですね。私は1回目、2回目、3回目のうちどこで1の目が出るかで${}_3C_1$通りにしていました。

うん、そこだよね。${}_3C_1$で1の目が①回目、②回目、③回目のどこで出るかを決めただけだね。**2の目や3の目のことを考えなきゃいけない**ってことだよね。

反復試行の確率って、単なる丸暗記じゃなくて、**式の意味をしっかりと理解することが重要**ってことですね。

その通り！　じゃあ、まとめるよ。

（iii）$\{2, 2, 2\}$のとき

$$\left(\frac{1}{6}\right)^3=\frac{1}{216}$$

（ i ）〜（iii）より求める確率は、

$$\frac{1}{48}+\frac{1}{24}+\frac{1}{216}=\frac{9+18+2}{432}=\frac{29}{432}$$

POINT ● **反復試行の確率の式の意味を、しっかり理解しよう！**

A、Bの2チームに持ち点が与えられ、ゲームを行う。勝ったチームが持ち点1を得て負けたチームが持ち点1を失うものとする。ゲームを繰り返して一方のチームの持ち点が0になったときに終了し、もう一方のチームの優勝とする。ただし、各チームで引き分けはないものとする。各ゲームでAが勝つ勝率を$\frac{1}{3}$とし、はじめの持ち点をA、Bともに2とすると、2ゲーム終了時にAが優勝する確率は$\frac{\square}{\square}$、4ゲーム終了時にAが優勝する確率は$\frac{\square}{\square}$である。

2018 順天堂大

イマイチ解答

さて、これは医学部の問題だよ〜。

なぬ!? でも、なんか解けそうな気がします。やってみます！

はじめの持ち点はA、Bともに2。
2ゲーム終了時にAが優勝するには、①回目、②回目ともにAが勝てばよい。

① ②
A A

$$\left(\frac{1}{3}\right)^2=\frac{1}{9}$$

4ゲーム終了時にAが優勝するには、

① ② ③ ┆④
B A A ┆A
A B A ┆A

①〜③回目までにAが2勝1敗して、④回目にAが勝てばよい。

$${}_3C_2\left(\frac{1}{3}\right)^2\left(\frac{2}{3}\right)^1\times\frac{1}{3}=\frac{2}{27}$$

前半は正解！　後半が惜しい。

また反復試行の確率のところですか……？

……というか、その前に、問題文をよく読んで、きちんとルールを理解できているかな？

- **勝ったチームが持ち点1を得て負けたチームが持ち点1を失うものとする**
- **持ち点が0になったとき終了**

と書いてあるのに気をつけて、もう1度実験してみて！

4ゲーム目でAが優勝だから、④回目は絶対にAの勝ちですよね？

① ② ③ ┆④
B A A ┆A
A B A ┆A
A A B ┆A

って、あ……！「A　A　B　A」みたいに①回目も②回目もA

が勝っちゃうと、Bの持ち点が0になって②回目終了時点でAの優勝だ……！

自分で気づけたようでよかった！

じゃあ、ピカイチ解答を見てみよう。

ピカイチ解答

はじめの持ち点はA、Bともに2。2ゲーム終了時にAが優勝するには、①回目、②回目ともにAが勝てばよい。

① ②
A A

$$\left(\frac{1}{3}\right)^2=\frac{1}{9}$$

4ゲーム終了時にAが優勝するには、

①	②	③	④		
B	A	A	A	OK	この2通り
A	B	A	A	OK	
A	A	B	A	これは×	

Aが2連勝しちゃうと、その時点でA優勝となる

①〜③回目までのA、Bの勝ち方は2通り。④回目にAが勝てばよい。

$$2\left(\frac{1}{3}\right)^2\left(\frac{1}{3}\right)^1\times\frac{2}{3}=\frac{4}{81}$$

結局は**「自分でゲームをやってるつもりになって考える」**ってことがすごく大事で、**どんどん書き出していって条件を満たすかどうかを見極めていく**ってことですね。

その通り！

何より大事なのは、問題文をよく読んで自分で実験すること。「反復試行の確率」や「同じものを含む順列」は、立式していく上での道具に過ぎないってことなんだ。難関大学のレベルが上がれば上がるほど、いきなり立式はできないからね。

まず実験！　とにかく実験！　問題の条件を満たしていない例も含めて実験してあげることで、正解法が見えてきます。

肝に銘じておきます！

POINT ● 自分で実際にやっているつもりになると、正しい解き方が見えてくる！

3つの引き出しA、B、Cがある。引き出しAには商品「メガネ」が3個と商品「サングラス」が2個、引き出しBには商品「メガネ」が2個と商品「サングラス」が5個入っている。引き出しCには何も入っていない。いま引き出しA、Bから、それぞれ1個ずつ無作為に商品を取り出し、引き出しCに入れた。その後、引き出しCから無作為に取り出した商品が「メガネ」であったとき、この商品が引き出しAから取り出されたものである確率は $\frac{\square}{\square}$ である。

2016 早稲田大

イマイチ解答

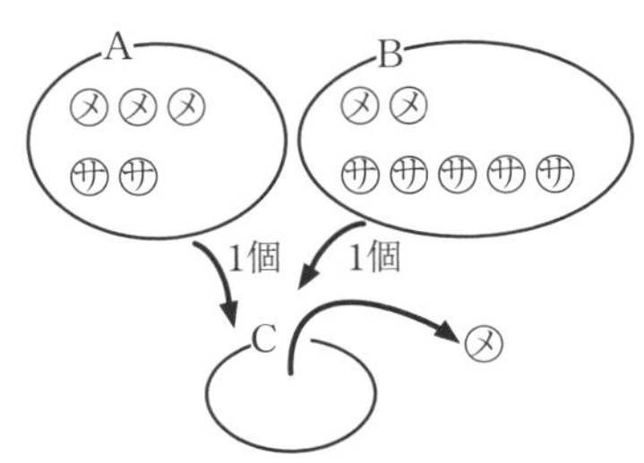

Cから取り出した商品が㋱となるのは、

（ i ）Aから㋱、Bから㋱、Cから㋱

$$\frac{3}{5}\times\frac{2}{7}\times\frac{2}{2}=\frac{6}{35}$$

（ii）Aから㋱、Bから㋚、Cから㋱

$$\frac{3}{\cancel{5}}\times\frac{\cancel{5}}{7}\times\frac{1}{2}=\frac{3}{14}$$

（iii）Aから㋚、Bから㋱、Cから㋱

$$\frac{2}{5}\times\frac{\cancel{2}}{7}\times\frac{1}{\cancel{2}}=\frac{2}{35}$$

（ i ）〜（iii）より

$$\frac{6}{35}+\frac{3}{14}+\frac{2}{35}=\frac{12+15+4}{70}=\frac{31}{70}$$

取り出した㋱がAから取り出したものである確率は、（ i ）、（ii）のときで

$$\frac{6}{35}+\frac{3}{14}=\frac{12+15}{70}=\frac{27}{70}$$

よって求める条件付き確率は、

$$\frac{\frac{27}{\cancel{70}}}{\frac{31}{\cancel{70}}}=\frac{27}{31}$$

「条件付き確率」ということに気づいたのはOKだよ。でもちょっと勘違いしてるかな。まず**条件付き確率**の復習ね。

> **覚えて！**
>
> **条件付き確率**
>
> $$P_A(B)=\frac{P(A\cap B)}{P(A)}$$
>
> Aが起こるという条件の下で、Bが起こる（起こっていた）確率

イメージとしては、「**①第一志望校に合格する確率**」と「**②共通テストIAで満点を取るという条件の下で第一志望校に合格する確率**」だったら、どっちのほうが確率は低いかな？

②です！　共通テストで満点を

取って、さらに第一志望校受かるってそりゃあ難しいですよ。

だよね。それが条件付き確率。②の求め方は、

$$\frac{\text{共通テストIAで100点ゲットし、かつ第一志望校に合格する確率}}{\text{共通テストIAで100点ゲットする確率}}$$

っていうふうになるんだ。

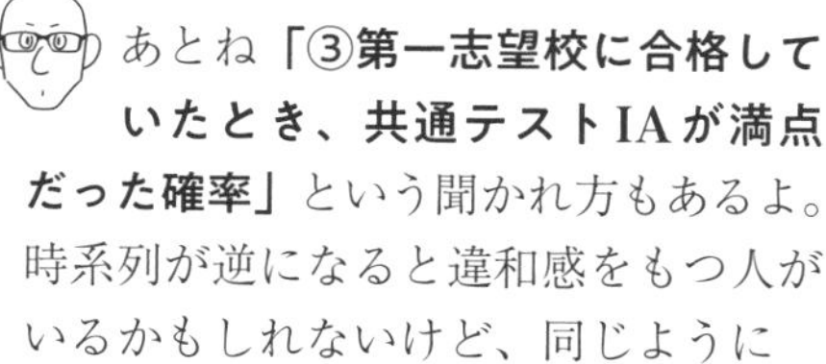

あとね**「③第一志望校に合格していたとき、共通テストIAが満点だった確率」**という聞かれ方もあるよ。時系列が逆になると違和感をもつ人がいるかもしれないけど、同じように

$$\frac{\text{共通テストIAで100点ゲットし、かつ第一志望校に合格する確率}}{\text{第一志望校に合格する確率}}$$

と出していけばいいんだ。

今回の問題も③のタイプですね。「Cから取り出したのがメガネであったとき、これがAから取り出されたものだった確率」だから、時系列としては戻る形になりますね。

そうなんだ。だから、まず「Cからメガネを取り出す確率」を場合分けして求めよう。そして「Aからメガネを取り出し、そのメガネをCから取り出す確率」を求めよう。

ピカイチ解答

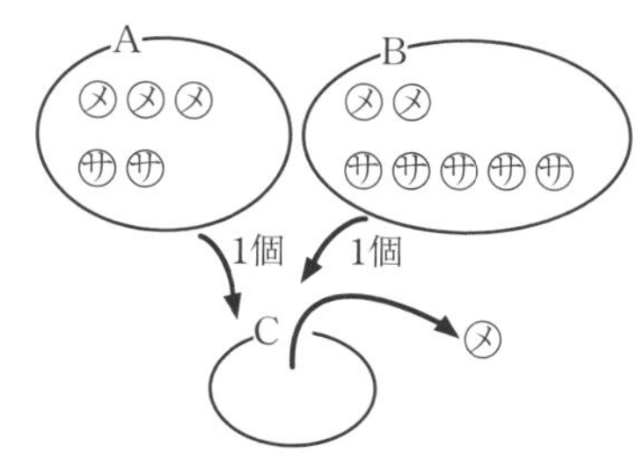

Cから取り出した商品が㋱となるのは、

（ⅰ）Aから㋱、Bから㋱、Cから㋱

$$\frac{3}{5}\times\frac{2}{7}\times\frac{2}{2}=\frac{6}{35}$$

（ⅱ）Aから㋱、Bから㋚、Cから㋱

$$\frac{3}{5}\times\frac{5}{7}\times\frac{1}{2}=\frac{3}{14}$$

（ⅲ）Aから㋚、Bから㋱、Cから㋱

$$\frac{2}{5}\times\frac{2}{7}\times\frac{1}{2}=\frac{2}{35}$$

（ⅰ）〜（ⅲ）より

$$\frac{6}{35}+\frac{3}{14}+\frac{2}{35}=\frac{12+15+4}{70}=\frac{31}{70}$$

取り出した㋱がAから取り出したものである確率は、Aから㋱、Bから㋱or㋚、CからAの㋱

$$\frac{3}{5}\times 1\times\frac{1}{2}=\frac{3}{10}$$

よって求める条件付き確率は、

$$\frac{\frac{3}{10}\times 70^{7}}{\frac{31}{70}\times 70}=\frac{21}{31}$$

POINT ●条件付き確率の式の立て方をマスターしよう！

赤玉2個と白玉2個が入っている袋から、玉を次々に取り出していく。赤玉が2個出てくるまでに取り出す玉の個数の期待値を求めよ。ただし、取り出した玉は袋に戻さないものとする。

2013 津田塾大

イマイチ解答

赤玉が2個出てくるまでに取り出す個数をX個とする。

$P(X=2)$
1回目赤、2回目赤
$\frac{\cancel{2}}{\cancel{4}_2}\times\frac{1}{3}=\frac{1}{6}$

$P(X=3)$
1回目赤、2回目白、3回目赤
$\frac{\cancel{2}}{\cancel{4}}\times\frac{\cancel{2}}{3}\times\frac{1}{2}=\frac{1}{6}$
1回目白、2回目赤、3回目赤
$\frac{\cancel{2}}{\cancel{4}}\times\frac{\cancel{2}}{3}\times\frac{1}{2}=\frac{1}{6}$
$\therefore P(X=3)=\frac{1}{6}+\frac{1}{6}=\frac{1}{3}$

$P(X=4)$
1回目赤、2回目白、3回目白、4回目赤
$\frac{\cancel{2}}{\cancel{4}}\times\frac{\cancel{2}}{3}\times\frac{1}{2}\times\frac{1}{1}=\frac{1}{6}$
1回目白、2回目赤、3回目白、4回目赤
$\frac{\cancel{2}}{\cancel{4}}\times\frac{\cancel{2}}{3}\times\frac{1}{2}\times\frac{1}{1}=\frac{1}{6}$
1回目白、2回目白、3回目赤、4回目赤
$\frac{\cancel{2}}{\cancel{4}}\times\frac{1}{3}\times\frac{\cancel{2}}{2}\times\frac{1}{1}=\frac{1}{6}$
$\therefore P(X=4)=\frac{1}{6}+\frac{1}{6}+\frac{1}{6}=\frac{1}{2}$

よって確率分布表は

X	2	3	4	計
$P(X)$	$\frac{1}{6}$	$\frac{1}{3}$	$\frac{1}{2}$	1

期待値$E(X)$は

$$E(X)=2\times\frac{1}{6}+3\times\frac{1}{3}+4\times\frac{1}{2}$$
$$=\frac{1}{3}+1+2=\frac{10}{3}$$

先生、できました！

すばらしい！　答えは合っているよ。でも、もう少しスマートな解答をつくりたいところなんだよね〜。確率分布表の$P(X)$は、すべて足したら1になるよね。

そっかあ、そうすると、$P(X=2)$、$P(X=3)$、$P(X=4)$の確率って全部求めなくてもよかった……？

期待値の計算の手順は次の通り。
①変量Xのとりうる値を確認。
②Xに対する確率$P(X)$を求める。
③(Xの値)×(確率$P(X)$)の和が期待値となる。

ピカイチ解答

赤玉が2個出てくるまでに取り出す個数をX個とする。
Xのとりうる値は
$X=2, 3, 4$

①変量Xのとりうる値を確認

$P(X=2)$
1回目赤、2回目赤

$\frac{\cancel{2}}{\cancel{4}_{2}}\times\frac{1}{3}=\frac{1}{6}$

②Xに対する確率$P(X)$を求める

$P(X=3)$
1回目赤、2回目白、3回目赤

$\frac{\cancel{2}}{\cancel{4}}\times\frac{\cancel{2}}{3}\times\frac{1}{2}=\frac{1}{6}$

1回目白、2回目赤、3回目赤

$\frac{\cancel{2}}{\cancel{4}}\times\frac{\cancel{2}}{3}\times\frac{1}{2}=\frac{1}{6}$

$\therefore P(X=3)=\boxed{\frac{2}{6}}$ あとで計算を楽にするために約分しない

$P(X=4)$
$=1-P(X=2)-P(X=3)$
$=1-\frac{1}{6}-\frac{2}{6}$
$=\frac{3}{6}$

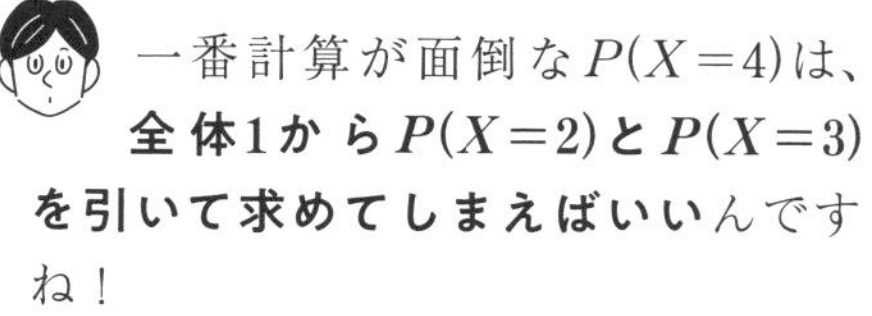

一番計算が面倒な$P(X=4)$は、**全体1から$P(X=2)$と$P(X=3)$を引いて求めてしまえばいい**んですね！

よって確率分布表は

X	2	3	4	計
$P(X)$	$\frac{1}{6}$	$\frac{2}{6}$	$\frac{3}{6}$	1

期待値$E(X)$は

$E(X)=2\times\frac{1}{6}+3\times\frac{2}{6}+4\times\frac{3}{6}$

③（Xの値）×（確率$P(X)$）の和

$=\frac{1}{6}(2+6+12)$
$=\frac{20}{6}$
$=\frac{10}{3}$

ちなみに$E(X)$とは「Xの期待値」という意味。Eはexpectation（期待値）の頭文字だよ。
この「期待値」の問題は、2023年度に高校2年生になる生徒から数学A「場合の数と確率」に新たに加わったものなんだ。
2023年度に高校3年生になった人にとっては数学B「確率分布と統計的な推測」の学習内容なんだよね。

POINT
- **「確率の和が1になる」性質をうまく使おう！**
- **期待値$E(X)$＝値×確率の和**

$26x+11y=1$ を満たす整数の組 (x, y) を1つ求めよ。$26x+11y=323$ を満たす自然数の組 (x, y) をすべて求めよ。

2018 学習院大

イマイチ解答

$26x+11y=1$

余り　　余りを主役に直す

$26=11\times 2+4 \Rightarrow 4=26-11\times 2$

$11=4\times 2+3 \Rightarrow 3=11-4\times 2$

$4=3\times 1+1 \Rightarrow 1=4-3\times 1$

この式からスタート

$$
\begin{aligned}
1&=4-(11-4\times 2)\times 1\\
&=4-11\times 1+4\times 2\\
&=4\times 3-11\times 1\\
&=(26-11\times 2)\times 3-11\times 1\\
&=26\times 3-11\times 6-11\times 1\\
&=26\times 3-11\times 7
\end{aligned}
$$

$26x+11y=1$ を満たす整数 (x, y) の1つは $(x, y)=(3, -7)$

先生、前半はできました！

うん、よくできてるよ。ユークリッドの互除法で上手に整数解を見つけたね！
$26x+11y=1$ という解が無数にある式のことを **「不定方程式」** といったよね。**ユークリッドの互除法**で1つの解（特殊解）を見つけていこう。

でも、後半は「$=323$」なんて数字が大きすぎるし、「すべて求めよ」ってどういうことですか？　こっちも不定方程式ですよね。どうやったら特殊解が見つかるんですか？

$26x+11y=1$ と $26x+11y=323$ の違いはどこだい？

右辺が323倍されてます。

そう！　だからどうする？　シンプルに考えてみて。

左辺も323倍する……？　いや、でも、26とか11は変わってないですよね。

うん、そうだよ。だから **x, y を323倍する**。すなわち、**特殊解を323倍するのさ！**

あ～、そっちを323倍かあ。なるほど～！

じゃあ特殊解が見つかったあと、不定方程式の一般解を求めるところまでの練習を1問やっていこう。

例　$3x+5y=1$ の整数解を求めよ。

$3x+5y=1$ を満たす (x, y) は無数にあるよ。たとえば $(2, -1)$, $(-3, 2)$, $(7, -4)$…ってね。だから整数解 (x, y) をすべて列挙していくことは無理なんだ。だから文字を使って無限の解を表していくことになるぞ。
まずは $3x+5y=1$ を満たす整数解 (x, y) を1つ（特殊解）見つける。今回は$(x, y)=(2, -1)$を利用するね。

$$\begin{array}{rl} & 3x+5\quad y=1 \\ -) & 3\cdot 2+5\cdot(-1)=1 \\ \hline & 3(x-2)+5(y+1)=0 \\ & \underline{3}(x-2)=-\underline{5}(y+1) \end{array}$$

上の式から下の式を引く

ここで3と5は互い素。これらがイコールで結ばれているから、**両方とも3の倍数かつ5の倍数。すなわち$3\times 5k$（k：整数）だね。**

$3(x-2)=-5(y+1)=3\times 5k$（$k$：整数）

$$\begin{cases} x-2=5k \\ y+1=-3k \end{cases}$$

$x-2=5k$ ← $3(x-2)=3\times 5k$の両辺を3で割った

$y+1=-3k$ ← $-5(y+1)=3\times 5k$の両辺を-5で割った

$$\begin{cases} x=5x+2 \\ y=-3k-1 \end{cases}$$

これが一般解ですね。

そうだよ。

$k=0$を代入して$(x, y)=(2, -1)$

$k=1$を代入して$(x, y)=(7, -4)$

$k=2$を代入して$(x, y)=(12, -7)$

……って無限の解を表しているんだ。

ピカイチ解答

$$\begin{cases} 26x+11y=1 \\ 26\cdot 3+11\cdot(-7)=1 \end{cases}$$

（それぞれ$\times 323$）

$$\begin{array}{rl} & 26\quad x\ +11\quad y\quad =323 \\ -) & 26\cdot 969+11\cdot(-2261)=323 \\ \hline & 26(x-969)+11(y+2261)=0 \\ & \underline{26}(x-969)=-\underline{11}(y+2261) \end{array}$$

26と11は互いに素。
それらが＝で結ばれているから両方とも26の倍数かつ11の倍数、すなわち$26\times 11k$（k：整数）

$$\begin{aligned} 26(x-969)&=-11(y+2261) \\ &=26\cdot 11k\ (k\text{：整数}) \end{aligned}$$

$$\begin{cases} x-969=11k \\ y+2261=-26k \end{cases}$$

$x-969=11k$ ← $26(x-969)=26\cdot 11k$の両辺を26で割った。

$y+2261=-26k$ ← $-11(y+2261)=26\cdot 11k$の両辺を-11で割った。

$$\begin{cases} x=11k+969 \\ y=-26k-2261 \end{cases}$$

→ これが一般解

x, yは自然数より、$x\geqq 1, y\geqq 1$

自然数：1以上の整数（正の整数）

$$\begin{cases} 11k+969\geqq 1 \\ -26k-2261\geqq 1 \end{cases}$$

$$\begin{cases} 11k\geqq -968 \\ -26k\geqq 2262 \end{cases}$$

$$\begin{cases} k\geqq -88 \\ k\leqq -87 \end{cases}$$

→ これを満たす整数kは？

これを満たす整数kは、

$k=-88, -87$

これらのとき(x, y)は、

$(x, y)=(1, 27), (12, 1)$

$k=-88$と-87を一般解$\begin{cases} x=11k+969 \\ y=-26k-2261 \end{cases}$に代入

POINT

- **不定方程式の特殊解をユークリッドの互除法で見つけられるようにしよう！**
- **$ax+by=1$の特殊解がα、βのとき、$ax+by=323$の特殊解は323α、323βになる。**

xの2次方程式$nx^2+3x-9=0$が整数解をもつとき正の整数nをすべて求めよ。

2018 東京女子医科大

イマイチ解答

$nx^2+3x-9=0$

解の公式より

$x=\dfrac{-3\pm\sqrt{3^2-4\cdot n\cdot(-9)}}{2n}$

$x=\dfrac{-3\pm\sqrt{9+36n}}{2n}$

これが整数となるのは
$9+36n$が平方数となるときなので
$n=1$のとき$9+36=45$　不適
$n=2$のとき$9+72=81$　OK
$n=3$のとき$9+108=117$　不適
$n=4$のとき$9+144=153$　不適
$n=5$のとき$9+180=189$　不適
$n=6$のとき$9+216=225$　OK

どこまでやればいいんだ〜〜〜!!!（泣）

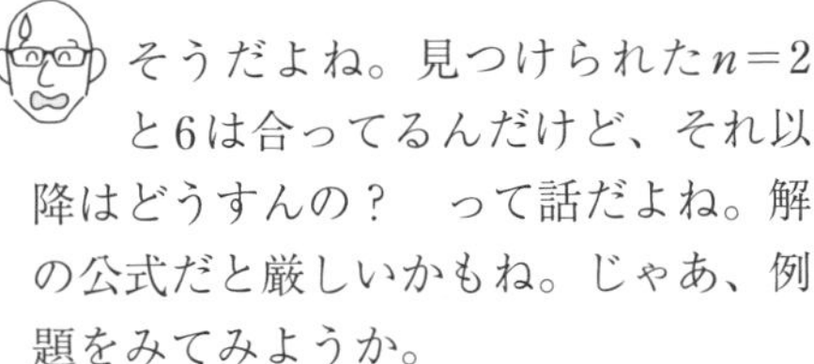

そうだよね。見つけられた$n=2$と6は合ってるんだけど、それ以降はどうすんの？　って話だよね。解の公式だと厳しいかもね。じゃあ、例題をみてみようか。

例

(1) $xy-x-2y=0$を満たす整数解(x, y)を求めよ。

> 目標の形
> (　　)×(　　)＝整数
> 積の形

このタイプの問題は**強引に因数分解して、「(　　)×(　　)＝整数」という形をつくっていくよ。**xyを強引に$(x-□)(y-○)$と分解していくんだ。

展開すると、

$(x-□)(y-○)$
$=xy-○x-□y+○\cdot□$

この右辺が$xy-x-2y$となればいいから……、

○が1、□が2ですね。

そうだね。

そうすると$(x-2)(y-1)$を展開してみると、

$(x-2)(y-1)=xy-x-2y+2$

この「$+2$」が蛇足だよね（与式にはない）。

その分を引いてあげて

$\underline{(x-2)(y-1)}-2=0$

└▶ 展開したら$xy-x-2y+2$

$(x-2)(y-1)=2$

整数×整数＝2

$x-2$も$y-1$も整数だから、かけて2になる整数の組を考えるよ。

$x-2$	1	2	-1	-2
$y-1$	2	1	-2	-1
x	3	4	1	0
y	3	2	-1	0

（+2, +1）

$\therefore (x, y)=\underline{(3, 3), (4, 2), (1, -1), (0, 0)}$

(2) 等式 $m^2n-2mn+3n-36=0$ を満たす自然数m, nの組の総数は□である。（2016立教大）

これも強引に因数分解……？　ん〜強引にしようと思ったけど……（汗）

ちょっと難しいかな。36を移項して、残った式をnでくくってみて。

$$\underline{m^2n-2mn+3n}\ \underline{-36}=0$$

因数分解↓　移項↓

$$n(m^2-2m+3)=36$$

整数×整数＝36

ここでm^2-2m+3はmがどんな値でも正の値になるのはわかるかな？

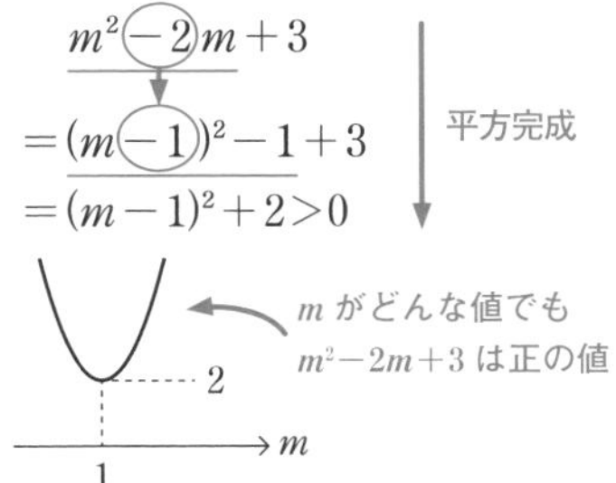

お。ってことはnは問題文に「自然数」と書いてあるから、自然数×自然数＝36になるってことだ！

$$n(m^2-2m+3)=36$$

自然数×自然数＝36

n	1	2	3	4	6	9	12	18	36
m^2-2m+3	36	18	12	9	6	4	3	2	1
m		5			3		2	1	

$m^2-2m+3=36$
$m^2-2m-33=0$
mは整数にならないので不適

よって$(m, n)=(5, 2), (3, 6), (2, 12), (1, 18)$の<u>4組</u>

ピカイチ解答

この「目標の形　(　)×(　)＝整数」ってめちゃくちゃ important で、今回の東京女子医科大の問題も無理矢理「(　)×(　)＝整数」をつくって解くよ！

$$\underline{nx^2+3x}\ \underline{-9}=0$$

因数分解↓　移項↓

$$x(nx+3)=9$$

$x, nx+3$は整数より

x	1	3	9	-1	-3	-9
$nx+3$	9	3	1	-9	-3	-1
n	6			12	2	

たとえば$x=1, nx+3=9$ならば、
$nx+3=9$に$x=1$代入
$n+3=9$　$\therefore n=6$

nは正の整数より、$n=2, 6, 12$

うわ、一瞬で終わりましたね！　やっぱり「目標の形（　）×（　）＝整数」をつくるって、本当に大切なんですね。

POINT ●**整数解の問題は、「(　)×(　)＝整数」の形をつくろう！**

792を素因数分解すると、792＝□$^{□}$×□$^{□}$×□ である。792の約数の個数は□である。

2016 法政大

イマイチ解答

$792 = 2^3 \times 3^2 \times 11$

$$\begin{array}{r|r} 2 & 792 \\ 2 & 396 \\ 2 & 198 \\ 3 & 99 \\ 3 & 33 \\ & 11 \end{array}$$

はい、楽勝～！　792の約数は、

1	2	3	4	6	8
792	396	264	198	132	99

9	11	12	18	22	24
88	72	66	44	36	33

の24個

おお～書き出したわけね。その努力は認めるよ。でも、数字が大きくなったときもその方法で解き続けられそう？

たしかに……。書き出して解くのはちょっと限界があるかも……。

でしょ。最初に792を素因数分解したでしょ。それを利用していくといいよ！

覚えて！

約数の個数

$a^x, b^y, c^z \cdots$の約数の個数は

$$(x+1)(y+1)(z+1)\cdots$$

($a, b, c\cdots$は異なる素数、$x, y, z\cdots$は自然数)

例 12の約数の個数は□個

$12 = 2^{②} \times 3^{\boxed{1}}$

よって12の約数の個数は

$(② + 1) \times (\boxed{1} + 1) = 3 \times 2 = 6$個

12の約数はすべて、$2^x \times 3^y$の形で書けるんだ。

$2^0 \times 3^0 = 1, 2^0 \times 3^1 = 3, 2^1 \times 3^0 = 2,$

$2^1 \times 3^1 = 6, 2^2 \times 3^0 = 4, 2^2 \times 3^1 = 12$

xに入るのは0または1または2の3通り、yに入るのは0または1の2通り。だから3×2＝6個なんですね。

ピカイチ解答

$792 = 2^{③} \times 3^{\boxed{2}} \times 11$

$$\begin{array}{r|r} 2 & 792 \\ 2 & 396 \\ 2 & 198 \\ 3 & 99 \\ 3 & 33 \\ & 11 \end{array}$$

792の約数の個数は

$(③ + 1) \times (\boxed{2} + 1) \times (⚠1 + 1)$

$= 4 \times 3 \times 2$

$= 24$個

$11^{⚠}$の⚠1

POINT ●約数の個数の求め方を覚えよう！

2020の約数は全部で□個あり、それらの和は□である。

2020 聖マリアンナ医科大

イマイチ解答

$2020 = 2^{②} \times 5 \times 101$

2) 2020
2) 1010
5) 505
101

よって約数の個数は、

$(② + 1) \times (1 + 1) \times (1 + 1)$

（5^1の1）（101^1の1）

$= 3 \times 2 \times 2$

$= 12$個

それらの和は、

$1 + 2 + 4 + 5 + 10 + 20 + 101 + 202 + 404 + 505 + 1010 + 2020 = 4284$

また書き出したのね。

だって、公式忘れちゃったんだもん……。

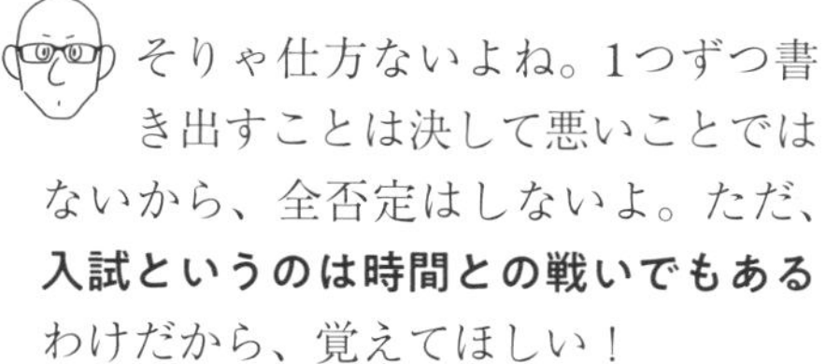

そりゃ仕方ないよね。1つずつ書き出すことは決して悪いことではないから、全否定はしないよ。ただ、**入試というのは時間との戦いでもある**わけだから、覚えてほしい！

> **約数の総和**　覚えて！
>
> $a^x \cdot b^y \cdot c^z \cdots$の約数の総和は
>
> $(a^0 + a^1 + \cdots + a^x)(b^0 + b^1 + \cdots + b^y)(c^0 + c^1 + \cdots + c^z)\cdots$
>
> （$a, b, c \cdots$は異なる素数、$x, y, z \cdots$は自然数）

例　12の約数の総和は□

$12 = 2^2 \times 3^1$

よって12の約数の総和は

$(2^0 + 2^1 + 2^2) \times (3^0 + 3^1)$

$= (1 + 2 + 4) \times (1 + 3)$

$= 7 \times 4$

$= 28$

たしかに$(2^0 + 2^1 + 2^2) \times (3^0 + 3^1)$を展開すると、$2^0 \cdot 3^0 + 2^0 \cdot 3^1 + 2^1 \cdot 3^0 + 2^1 \cdot 3^1 + 2^2 \cdot 3^0 + 2^2 \times 3^1$で、12の約数を全部足してますね！

ピカイチ解答

$2020 = 2^{②} \times 5 \times 101$

2) 2020
2) 1010
5) 505
101

よって約数の個数は、

$(② + 1) \times (1 + 1) \times (1 + 1)$

（5^1の1）（101^1の1）

$= 3 \times 2 \times 2$

$= 12$個

約数の和は、

$(2^0 + 2^1 + 2^2)(5^0 + 5^1)(101^0 + 101^1)$

$= (1 + 2 + 4)(1 + 5)(1 + 101)$

$= 7 \times 6 \times 102$

$= 4284$

POINT ● **約数の総和**の求め方を覚えよう！

39

二等辺三角形ABCにおいて、$AB=AC=\dfrac{1+\sqrt{5}}{2}$, BC=1とする。$\angle BAC=\theta$とし、辺AC上に点Dを$\angle CBD=\theta$となるようにとる。このとき、$CD=\dfrac{\sqrt{\square}-\square}{\square}$である。

2018 京都産業大

イマイチ解答

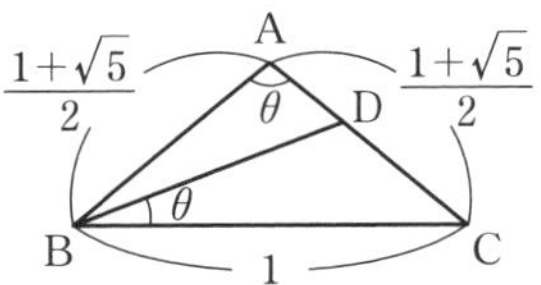

△ABCにおいて余弦定理より、

$\cos\theta$

$$=\frac{\left\{\left(\frac{1+\sqrt{5}}{2}\right)^2+\left(\frac{1+\sqrt{5}}{2}\right)^2-1^2\right\}\times 4}{\left(2\cdot\frac{1+\sqrt{5}}{2}\cdot\frac{1+\sqrt{5}}{2}\right)\times 4}$$

$$=\frac{1+2\sqrt{5}+5+1+2\sqrt{5}+5-4}{2(1+2\sqrt{5}+5)}$$

$$=\frac{8+4\sqrt{5}}{4(3+\sqrt{5})}$$

$$=\frac{2+\sqrt{5}}{3+\sqrt{5}}\cdot\frac{3-\sqrt{5}}{3-\sqrt{5}}$$

$$=\frac{6+\sqrt{5}-5}{9-5}$$

$(a+b)(a-b)=a^2-b^2$を用いて有理化
$(3+\sqrt{5})(3-\sqrt{5})=3^2-(\sqrt{5})^2$

$$=\frac{1+\sqrt{5}}{4}$$

BD=1より、△BCDにおいて余弦定理より

$$CD^2=1^2+1^2-2\cdot 1\cdot 1\cdot\frac{1+\sqrt{5}}{4}$$

$$=2-\frac{1+\sqrt{5}}{2}$$

$$=\frac{3-\sqrt{5}}{2}$$

CD>0より

$$CD=\sqrt{\frac{3-\sqrt{5}}{2}}$$

$$=\sqrt{\frac{6-2\sqrt{5}}{4}}$$

$$=\frac{\sqrt{5}-1}{2}$$

$\sqrt{6-2\sqrt{5}}=\sqrt{5}-1$
足して6、かけて5になるのは5と1
大きい順に書く

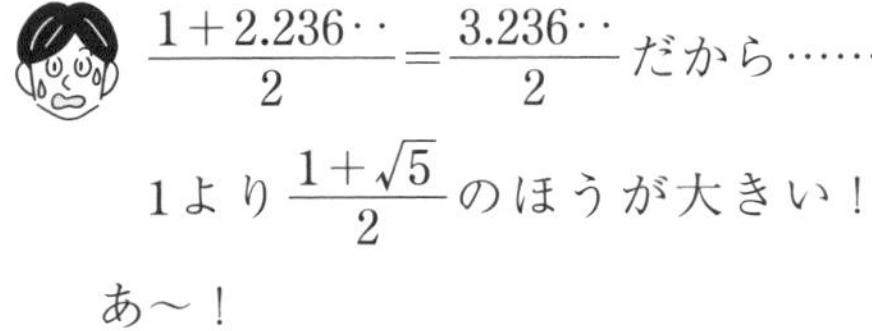

ツッコミどころが2つあって……。まず図がおかしいよ。$\dfrac{1+\sqrt{5}}{2}$と1ではどっちが大きいの？

$\dfrac{1+2.236\cdots}{2}=\dfrac{3.236\cdots}{2}$だから……

1より$\dfrac{1+\sqrt{5}}{2}$のほうが大きい！

あ〜！

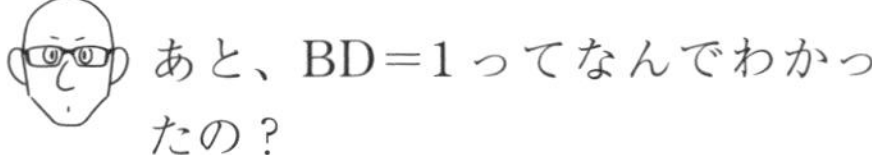

あと、BD=1ってなんでわかったの？

だって△ABCが二等辺三角形だから△BDCも二等辺三角形になる……って、あ！　相似を使えばいいんですね！

そうだね。自分で正解法を導き出すことができてよかった！　図を正確に書いて解いてみよう。

ピカイチ解答

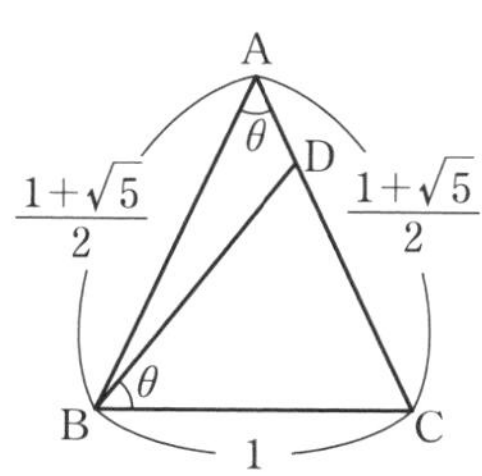

△ABCと△BDCにおいて
∠BAC＝∠DBC＝θ
∠BCA＝∠DCB（共通）
よって2組の角がそれぞれ等しいので、△ABC∽△BDC

相似な図形を見つけたら向きをそろえて並べてみよう。今回は△BDCはBがてっぺんにするように書いて！

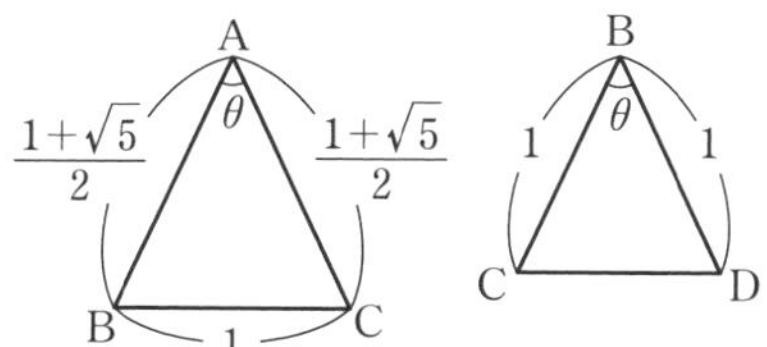

そして相似比をイコールで結ぶ！

相似比は等しいので、
AB：BC＝BC：CD

$$\frac{\sqrt{5}+1}{2}:1=1:\mathrm{CD}$$

外項の積＝内項の積
A：B＝C：D→A×D＝B×C

$$\frac{\sqrt{5}+1}{2}\cdot\mathrm{CD}=1$$

$$\therefore\mathrm{CD}=\frac{2}{\sqrt{5}+1}\cdot\frac{\sqrt{5}-1}{\sqrt{5}-1}$$

$$=\frac{2(\sqrt{5}-1)}{4_{2}}$$

$$=\frac{\sqrt{5}-1}{2}$$

$(a+b)(a-b)=a^2-b^2$ を用いて有理化
$(\sqrt{5}+1)(\sqrt{5}-1)$
$=(\sqrt{5})^2-1^2$

できた！　相似な図形を見つけたら、すぐに相似比のチェックですね。

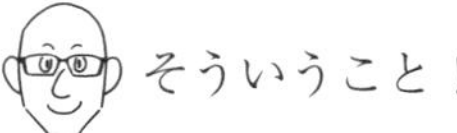

そういうこと！

①2組の角がそれぞれ等しい（二角相等）で相似であることを確認。
↓
②向きをそろえてならべる。
↓
③相似比のチェック！

この手順をしっかりおさえよう。

POINT ●2組の角がそれぞれ等しくて相似→相似比をチェック！

各辺の長さが $AB=\sqrt{2}$, BC＝1, AC＝1である△ABCにおいて、∠Aの外角の二等分線と直線BCとの交点をDとする。このとき、線分CDの長さは□である。

2019 立教大

イマイチ解答

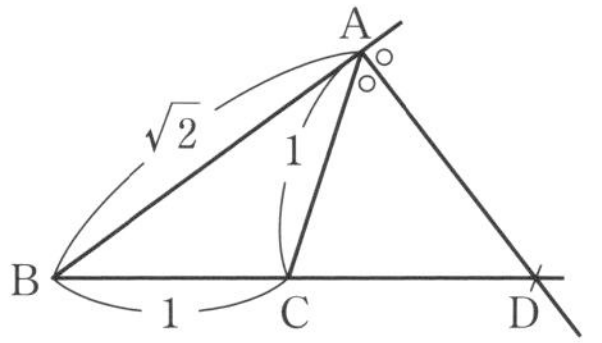

先生、図は書けたけど、外角の二等分線なんてわかりません〜。

まあなかなか存在感の薄いやつにはなるよね。でもその前に……

図が違います。

そ、そこから⁉

△ABC、3辺の長さが $\sqrt{2}$、1、1って、どんな三角形だろうね。

$\sqrt{2}$ と1と1…… あ、$1:1:\sqrt{2}$ の直角二等辺三角形だ。

そう。だからこうなるよね。三角定規だね。

ぶっちゃけ今回の問題の場合は、そこまで正確に書いていなくても答えまではたどり着けるんだ。でも、普段から問題文に書いてある数字をよく見て、**可能な限り正確に図を書くようにしていこう。**

じゃあ、角の二等分線定理をまとめておくよ。

角の二等分線定理

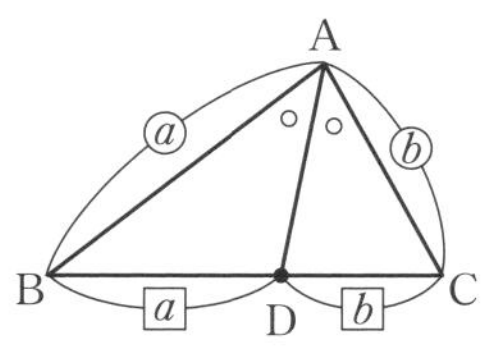

ⓐ：ⓑ＝a：b

BD CD

外角の二等分線定理

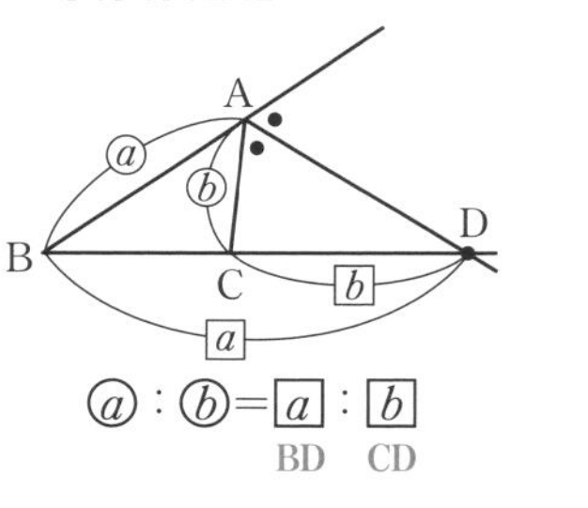

ⓐ：ⓑ＝a：b

BD CD

「角の二等分線定理」も「外角の二等分線定理」も、式は一緒なんですね。

そう一緒。それから、式の立て方に注目してほしい。内角（外角）を二等分して直線BCとの交点をDとしたら、その点Dに向かって点B、点Cから伸びているのがa, bと覚えよう。

なるほど。そう覚えれば「角の二等分線」も「外角の二等分線」も本質は一緒なんですね。

そうそう。じゃあ少し練習しておこう。

例

(1)

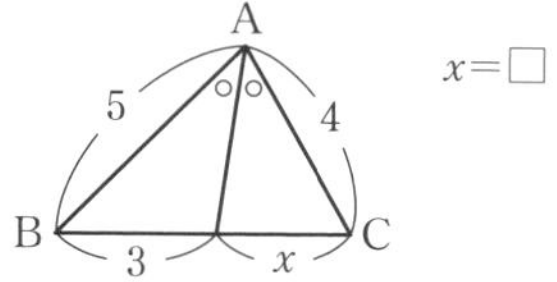

$x=\square$

角の二等分線定理より

$5:4=3:x$

外項の積＝内項の積

$5\times x=4\times 3$

$5x=12$

$\therefore \underline{x=\frac{12}{5}}$

(2)

$x=\square$

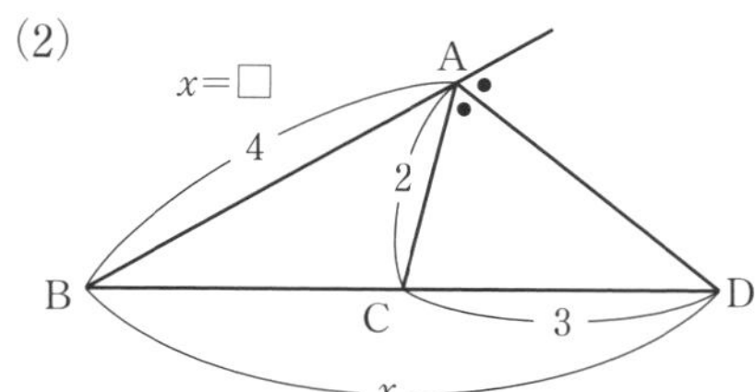

外角の二等分線定理より

$4:2=x:3$

外項の積＝内項の積

$4\times 3=2\times x$

$12=2x$

$\therefore \underline{x=6}$

ピカイチ解答

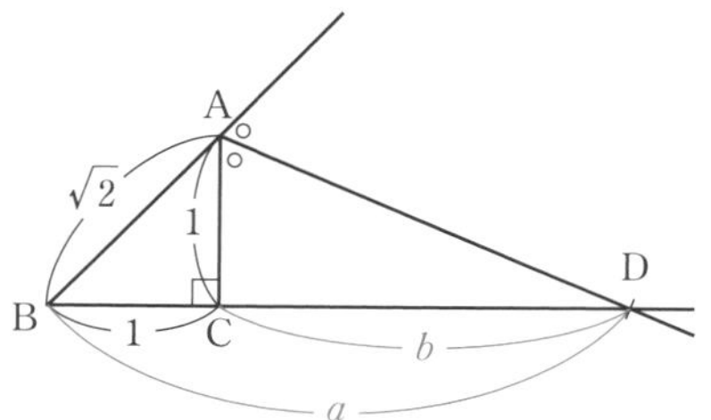

外角の二等分線定理より、

$$\mathbf{AB:AC=\overset{a}{BD}:\overset{b}{CD}}$$

$$\mathbf{\sqrt{2}:1=(CD+1):CD}$$

外項の積＝内項の積

$$\mathbf{\sqrt{2}\times CD=1\times(CD+1)}$$

$$\mathbf{\sqrt{2}CD=CD+1}$$

$$\mathbf{(\sqrt{2}-1)CD=1}$$

$$\mathbf{CD=\frac{1}{\sqrt{2}-1}\cdot\frac{\sqrt{2}+1}{\sqrt{2}+1}}$$

$$\mathbf{=\sqrt{2}+1}$$

$(a+b)(a-b)$
$=a^2-b^2$
を用いて有理化
$(\sqrt{2}-1)(\sqrt{2}+1)$
$=(\sqrt{2})^2-1^2$

よ〜し。これで**角の二等分線定理**も**外角の二等分線定理**も完璧です！　インプットの仕方がわかると覚えやすいです。

忘れないうちに復習しておいてね！

POINT ●**角の二等分線定理、外角の二等分線定理は、本質は同じ！**

原点Oを中心とする半径4の円をCとする。円Cの外部の点Pを通る直線が円Cと異なる2点A, Bで交わるとする。PA＝8, AB＝6であるとき、OP＝□またはOP＝□である。

2017 東海大

イマイチ解答

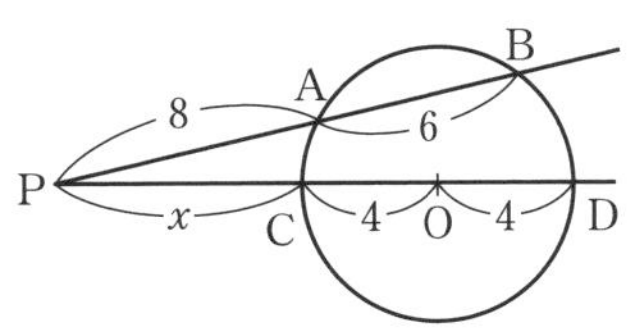

C, Dを図のようにおく。
方べきの定理より、

$$\mathbf{PA \cdot \underline{PB}_{8+6} = PC \cdot \underline{PD}_{x+4+4}}$$

$$8 \cdot 14 = x(x+8)$$

$$x^2 + \underset{2\times4}{\underline{8}}x - 112 = 0$$

解の公式より $x = \dfrac{-4 \pm \sqrt{4^2 - 1 \cdot (-112)}}{1}$

$$\begin{aligned} x &= -4 \pm \sqrt{16+112} \\ &= -4 \pm \boxed{\sqrt{128}} \ \sqrt{64\times2} \\ &= -4 \pm 8\sqrt{2} \end{aligned}$$

$x>0$ より $x = -4 + 8\sqrt{2}$

$$\begin{aligned} OP &= \underset{x}{\underline{PC}} + \underset{4}{\underline{CO}} \\ &= \cancel{-4} + 8\sqrt{2} \cancel{+4} \\ &= 8\sqrt{2} \end{aligned}$$

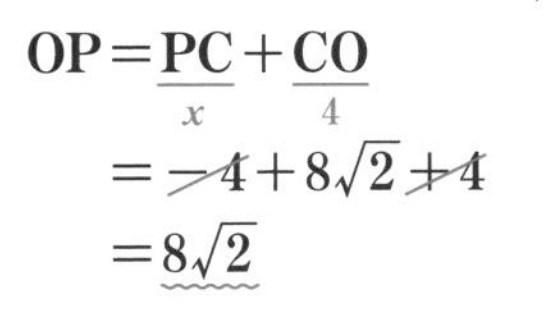

できました……って言いたいけど、答えが1つしか出てない……。

そうだね。OP＝$8\sqrt{2}$は合ってるよ。君の書いた図……。よ〜く見て。**勝手に決めつけているところはないかな？**

勝手に決めつけている⁉　な、な、なんですか？

「点Pを通る直線が円Cと異なる2点A, Bで交わるとする」ってところ。

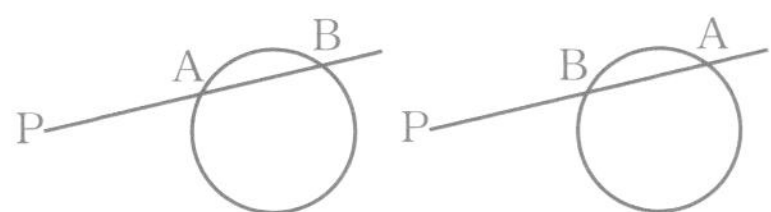

この2通りが考えられるよね。**問題文に書いてある「PA＝8, AB＝6」は、どちらの図でも成り立つ数字**だよね。

なるほど！　A, Bの位置が、問題文から2通り考えられてしまうんですね。

そう、だから答えが2つ出てくるんだよ。でも、「方べきの定理」は上手に使えてるし、答えのうち1つは求められてるから、落ち込みすぎないでOK！
じゃあ念のために、**方べきの定理**を見ておこう。

覚えて！

方べきの定理

①点Pが円の内側にあるとき

PA・PB＝PC・PD
必ず点Pからスタート！

②点Pが円の外側にあるとき

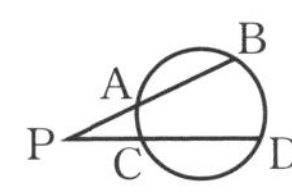

PA・PB＝PC・PD
必ず点Pからスタート！

③点Pが円の外側にあり、1本が接線のとき

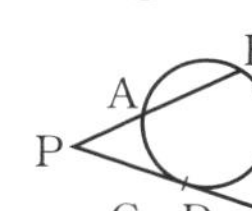

②の直線PCDが円と接しているときと考えればよいからC＝Dととらえる。

PA・PB＝PC・PD(＝PC²)

必ず点Pからスタート！

例 次の図のxの値を求めよ。

(1)

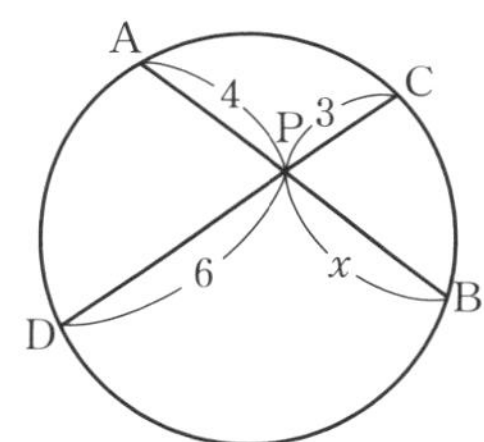

方べきの定理より、

PA・PB＝PC・PD

$4\cdot x=3\cdot 6$

$x=\dfrac{3\cdot \cancel{6}^{3}}{\cancel{4}_{2}}$

$=\underline{\dfrac{9}{2}}$

(2)

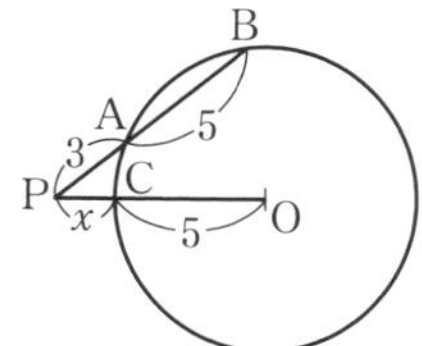

方べきの定理より、

PA・PB＝PC・$\underline{(x+10)}$

$x+5$は×
半径OC＝5だから
PD＝$x+10$

$3\cdot 8=x(x+10)$

$x^2+10x-24=0$

$(x+12)(x-2)=0$

$x>0$より$x=\underline{2}$

(3)

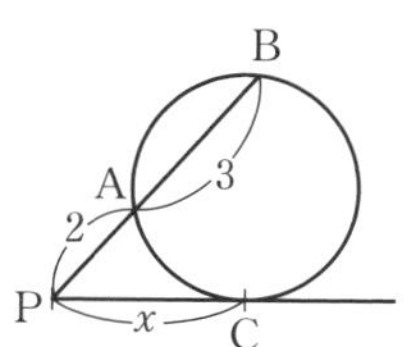

方べきの定理より、

PA・PB＝PC²

$2\cdot 5=x^2$ ← $2\cdot 3=x^2$にしないこと！

$x^2=10$

$x>0$より$x=\underline{\sqrt{10}}$

ピカイチ解答

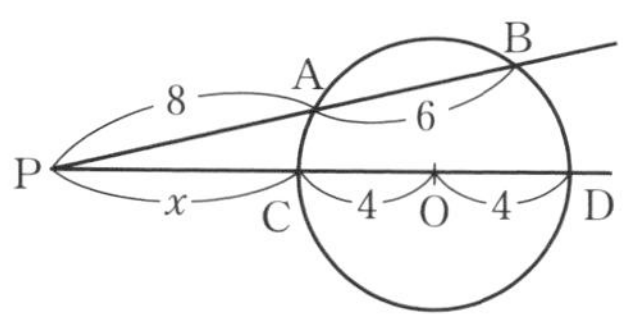

C, Dを図のようにおく。

方べきの定理より、

PA・$\underset{8+6}{\underline{\text{PB}}}$＝PC・$\underset{x+4+4}{\underline{\text{PD}}}$

$\boldsymbol{8\cdot 14=x(x+8)}$

$\boldsymbol{x^2+\underset{2\times 4}{\underline{8}}x-112=0}$

解の公式より $x=\dfrac{-4\pm\sqrt{4^2-1\cdot(-112)}}{1}$

$\boldsymbol{x=-4\pm\sqrt{16+112}}$

$\boldsymbol{=-4\pm\boxed{\sqrt{128}}}$ $\sqrt{64\times 2}$

$\boldsymbol{=-4\pm 8\sqrt{2}}$

$\boldsymbol{x>0}$ **より** $\boldsymbol{x=-4+8\sqrt{2}}$

OP＝$\underset{x}{\underline{\text{PC}}}$＋$\underset{4}{\underline{\text{CO}}}$

$\boldsymbol{=\cancel{-4}+8\sqrt{2}\cancel{+4}}$

$\boldsymbol{=\underline{8\sqrt{2}}}$

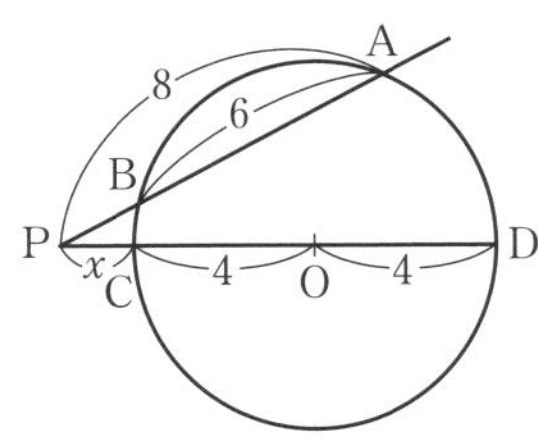

C, Dを図のようにおく。
方べきの定理より、

$\underset{8-6}{\underline{PB}} \cdot PA = PC \cdot \underset{x+4+4}{\underline{PD}}$

$2 \cdot 8 = x(x+8)$

$x^2 + \underset{2\times 4}{\underline{8}}x - 16 = 0$

解の公式より $x = \dfrac{-4 \pm \sqrt{4^2 - 1\cdot(-16)}}{1}$

$x = -4 \pm \sqrt{16+16}$

$\quad = -4 \pm \boxed{\sqrt{32}}$ $\sqrt{16\times 2}$

$\quad = -4 \pm 4\sqrt{2}$

$x>0$ より $x = -4 + 4\sqrt{2}$

$OP = \underset{x}{\underline{PC}} + \underset{4}{\underline{CO}}$

$\quad = \cancel{-4} + 4\sqrt{2} \cancel{+4}$

$\quad = 4\sqrt{2}$

「方べきの定理」を2回使って、答えを2つ出せました〜。

OK！　よく頑張りました。
ちなみに別解もあるから、こちらも参考にしてみてね。

別解

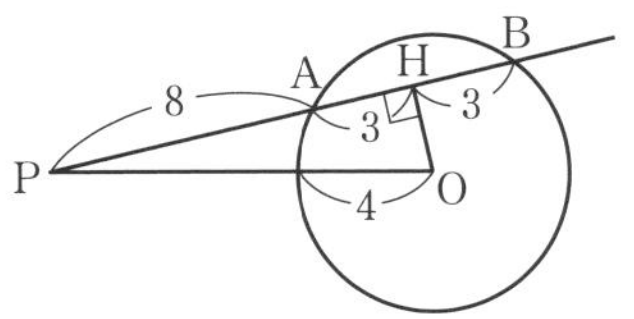

Oから線分ABに垂線OHを下ろすとOHは線分ABの中点で交わる。

△OAHにおいて三平方の定理より、

$OH = \sqrt{OA^2 - AH^2}$

$\quad = \sqrt{16-9}$

$\quad = \sqrt{7}$

A 3 H
半径4 O

△OPHにおいて三平方の定理より、

$OP = \sqrt{OH^2 + PH^2}$

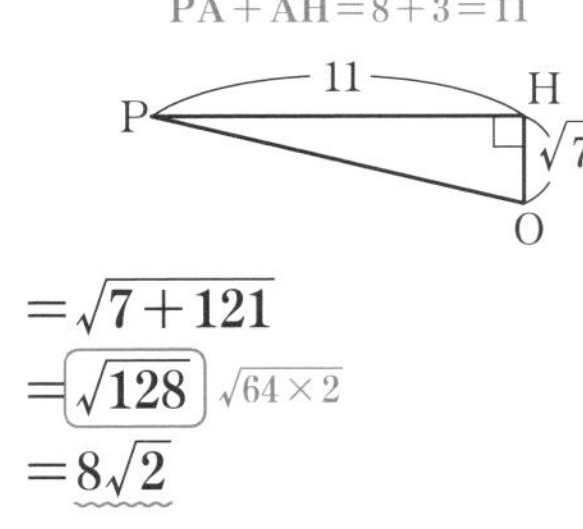

$\quad = \sqrt{7+121}$

$\quad = \boxed{\sqrt{128}}$ $\sqrt{64\times 2}$

$\quad = 8\sqrt{2}$

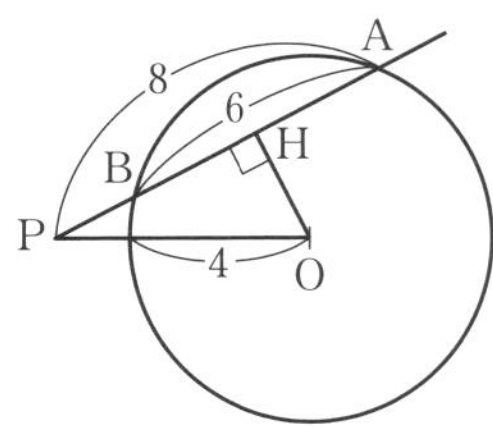

Oから線分ABに垂線OHを下ろすとOHは線分ABの中点で交わる。

△OBHにおいて三平方の定理より、

$$OH=\sqrt{OB^2-BH^2}$$
$$=\sqrt{16-9}$$
$$=\sqrt{7}$$

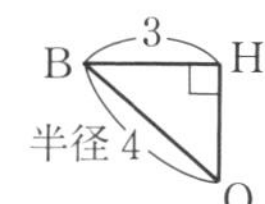

△OPHにおいて三平方の定理より、

$$OP=\sqrt{OH^2+PH^2}$$
$$=\sqrt{7+25}$$
$$=\boxed{\sqrt{32}}\quad \sqrt{16\times2}$$
$$=4\sqrt{2}$$

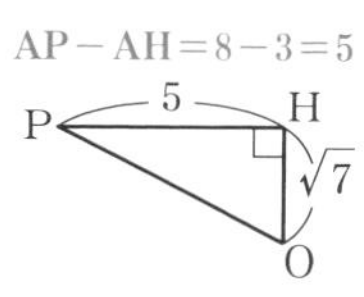

へえー。三平方の定理を2回使って答えが出せましたね。

方べきの定理を使わずに三平方の定理だけで解けるってことは、中学3年生でも解けるんだよね。

なるほど。おもしろーい。

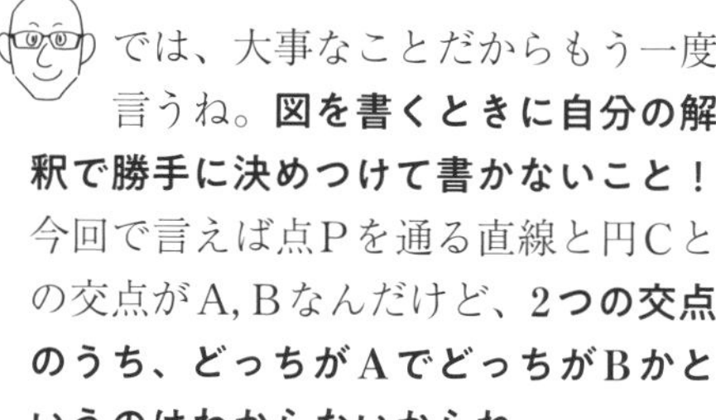

では、大事なことだからもう一度言うね。**図を書くときに自分の解釈で勝手に決めつけて書かないこと！** 今回で言えば点Pを通る直線と円Cとの交点がA, Bなんだけど、**2つの交点のうち、どっちがAでどっちがBかというのはわからないからね。**

勝手に点Pに近いほうが点Aかなあ、とかいう決めつけがよくないんですよね。

そうそう。じゃあクイズね。

えっ⁉　い、いきなりですね。まあいいや、どーぞ。

道の向こうから2人の親子が手をつないで歩いてきました。女の子にこう質問しました。
「あなたと一緒に歩いているこちらの人はあなたのお母さんですか？」
そうすると女の子はこう答えました。
「いいえ、ちがいます！」
さて、どういうことかわかるかな？

ん？　どういうこと？　親子が手をつないでいるのに……お母さんじゃない……？

「親子」「女の子」というワードから「お母さん」と決めつけちゃいけないでしょ。

あ、そうか！　お父さんか！

そういうこと！　勝手な決めつけはよくないよね。問題文をよく読んだり、相手の話をちゃんと聞くことってやっぱり大事だよね。

POINT

- **方べきの定理を正確に覚えよう。必ず点Pからスタート！**
- **勝手に決めつけて、自分に都合のいい図を書かないこと。問題文をよく読んで、条件に合った正確な図を書こう！**

42 2乗すると$16i$となる複素数は、□と□である。

2018 関西大

イマイチ解答

求める複素数を$a+bi$とおく。
ただしa, bは実数。

2乗すると$16i$になるので、

$(a+bi)^2=16i$

$a^2+2abi+b^2i^2=16i$　（$i^2=-1$）

$a^2-b^2+2abi=16i$

a, bは実数より、

$$\begin{cases} a^2-b^2=0 & \cdots① \\ 2ab=16 & \cdots② \end{cases}$$

（①：実部が一緒　②：虚部が一緒）

おっと。先生、この連立方程式、なんかイヤです。2乗あるし、積の形になってるし……。

そうだね。じゃあ複素数の話からちょっとまとめておこうか。

虚数単位i　覚えて！

$i=\sqrt{-1}$と定義し、iを「虚数単位」とよぶ。

$i=\sqrt{-1}$だから$i^2=-1$だね。

さらに、$i=\sqrt{-1}$だから両辺に$\sqrt{a}$をかけて$\sqrt{a}i=\sqrt{-a}$。これもすんなり言えるようにしておいてほしい。

「$\sqrt{\ }$の中の－をとってiをつける」と覚えよう！

例　$\dfrac{1}{1+\sqrt{-4}}$を簡単にせよ。

$$\frac{1}{1+\sqrt{-4}}=\frac{1}{1+2i}\cdot\frac{1-2i}{1-2i}$$

（$\sqrt{\ }$の中の－をとってiをつける）（分母分子に$1-2i$をかけて分母を実数のみにする）

$$=\frac{1-2i}{1-4i^2}\quad (i^2=-1)$$

$$=\frac{1}{5}-\frac{2}{5}i$$

こんなふうに「$a+bi$」の形で表される数を、**複素数**というんだ。

数について　覚えて！

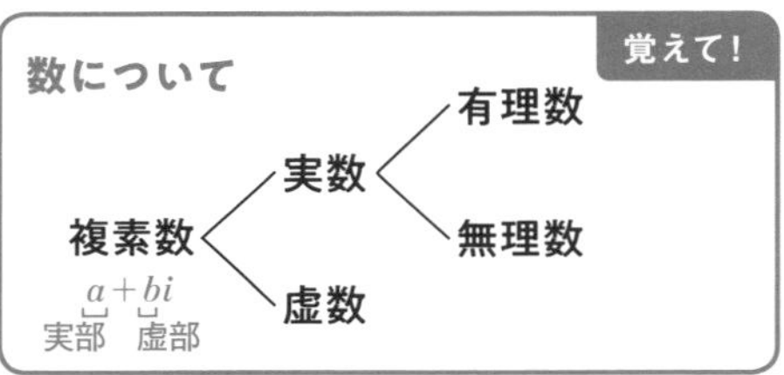

数ⅠAまでは実数のみの話で済ませてたのが、数ⅡBからは複素数が数全体を表すんですね。

複素数の相等　覚えて！

$a+bi=c+di$（a, b, c, d：実数）のとき、

$a=c$かつ$b=d$となる。

（実部が一緒　虚部が一緒）

とくに$a+bi=0$のとき、

$a=b=0$となる。

（実部も虚部も0）

最初の問題もこれを使って連立方程式を立てましたね。

そうだね。じゃあ、ピカイチ解答を見ていこう！

ピカイチ解答

求める複素数を$a+bi$とおく。
ただしa, bは実数。

2乗すると$16i$になるので、

$(a+bi)^2=16i$

$a^2+2abi+b^2i^2=16i$　（$i^2=-1$）

$a^2-b^2+2abi=16i$

a, bは実数より、

$$\begin{cases} a^2-b^2=0 & \cdots① \\ 2ab=16 & \cdots② \end{cases}$$

実部が一緒
虚部が一緒

①より$(a+b)(a-b)=0$

$a=-b$　または　$a=b$

①を積の形に因数分解すると、aとbの関係式が2つ出せるね。

ここから場合分けですね！

（ⅰ）$a=-b$のとき

②に代入して、

$-2b^2=16$

$b^2=-8$

bは実数より不適

$b^2=-8$を解くと、bは虚数になってしまう。だからNG。

（ⅱ）$a=b$のとき

②に代入して

$2b^2=16$

$b^2=8$

$\therefore b=\pm 2\sqrt{2}$

$\therefore (a, b)=(\pm 2\sqrt{2}, \pm 2\sqrt{2})$

複号同順

（ⅰ），（ⅱ）より、求める複素数は

$2\sqrt{2}+2\sqrt{2}i, -2\sqrt{2}-2\sqrt{2}i$

連立方程式を解くときに
$a^2-b^2=(a+b)(a-b)$
この因数分解の公式を使うの初めてだなぁ。
$(a+b)(a-b)=0$から$a=-b$または$a=b$の2通りが考えられるんですね。

POINT
- **複素数の計算をマスターしよう！**
- **$a^2-b^2=(a+b)(a-b)$からaとbの関係式をつくろう！**

mを定数とする2次方程式$x^2+mx+m+2=0$が2つの実数解α, β（重解を含む）をもつ。このとき、$\alpha^2+\beta^2$を最小とするmの値を求めよ。

2017 早稲田大

イマイチ解答

$\underset{a}{\underline{1}}\cdot x^2+\underset{b}{\underline{m}}x+\underset{c}{\underline{m+2}}=0$

この方程式の解をα, βとする。
解と係数の関係より、

$$\begin{cases}\alpha+\beta=-m & \alpha+\beta=-\dfrac{b}{a}\\ \alpha\beta=m+2 & \alpha\beta=\dfrac{c}{a}\end{cases}$$

$$\alpha^2+\beta^2=(\alpha+\beta)^2-2\alpha\beta$$

分配法則

$$=(-m)^2-2(m+2)$$
$$=m^2-2m-4$$

半分　　平方完成

$$=(m-1)^2-5$$

−5
最小
1

よって$\alpha^2+\beta^2$を最小とするのは
$m=1$

よし！　これはすごい自信ありますよ〜！

あちゃ〜残念でした。違います……。
まずは**対称式**の確認をしておこうか。

> **対称式**　覚えて！
> 和$(x+y)$と積(xy)のみに式変形できる！
> ①$x^2+y^2=(x+y)^2-2xy$
> 2乗の和＝和の2乗−2積
> ②$x^3+y^3=(x+y)^3-3xy(x+y)$
> 3乗の和＝和の3乗−3積和

そして対称式の問題とよくセットで出やすいのが、**解と係数の関係**だ！

> **解と係数の関係**　覚えて！
> $ax^2+bx+c=0$ $(a\neq 0)$の解をα, βとおくと、
> $$\begin{cases}\alpha+\beta=-\dfrac{b}{a}\\ \alpha\beta=\dfrac{c}{a}\end{cases}$$
> が成り立つ。

2次方程式の解の和$(\alpha+\beta)$と積$(\alpha\beta)$は、2次方程式の係数から求めることができるんでしたよね。

そうだよ。それで、1つおさえておきたいのは、**「解と係数の関係」は2次方程式の解が虚数解でも成り立つ**って話なんだ。

そっかあ、今回は問題に「2つの実数解α, β（重解を含む）をもつ」と書いてあるから、**実数解をもつための条件をチェックしなくちゃいけない**んですね。

そーゆーこと！　2次方程式で「実数解をもつ」だから「判別式

$D \geqq 0$」だね。この問題の一番のポイント！

ピカイチ解答

$\underset{a}{\underline{1}} \cdot x^2 + \underset{b}{\underline{m}}x + \underset{c}{\underline{m+2}} = 0$

2つの実数解をもつので、
判別式 $D \geqq 0$

$ax^2+bx+c=0$ のとき判別式 $D=b^2-4ac$
今回は $D=m^2-4\cdot1\cdot(m+2)$

$D = m^2 - 4(m+2) \geqq 0$

$m^2 \boxed{-4} m - 8 \geqq 0$
$2\cdot(-2)$

$2-2\sqrt{3}$　$2+2\sqrt{3}$　m

解の公式より

$m = \dfrac{-(-2) \pm \sqrt{(-2)^2 - 1\cdot(-8)}}{1} = 2 \pm \sqrt{12}$

$m \leqq 2-2\sqrt{3}, \quad 2+2\sqrt{3} \leqq m$

↑これが m の存在条件

$\underset{a}{\underline{1}} \cdot x^2 + \underset{b}{\underline{m}}x + \underset{c}{\underline{m+2}} = 0$

この方程式の解を α, β とする。
解と係数の関係より、

$\begin{cases} \alpha+\beta = -m & \alpha+\beta = -\dfrac{b}{a} \\ \alpha\beta = m+2 & \alpha\beta = \dfrac{c}{a} \end{cases}$

$\alpha^2 + \beta^2 = (\alpha+\beta)^2 - 2\alpha\beta$

分配法則

$= (-m)^2 - 2(m+2)$

$= m^2 \boxed{-2} m - 4$　半分　平方完成

$= (m \boxed{-1})^2 - 5$

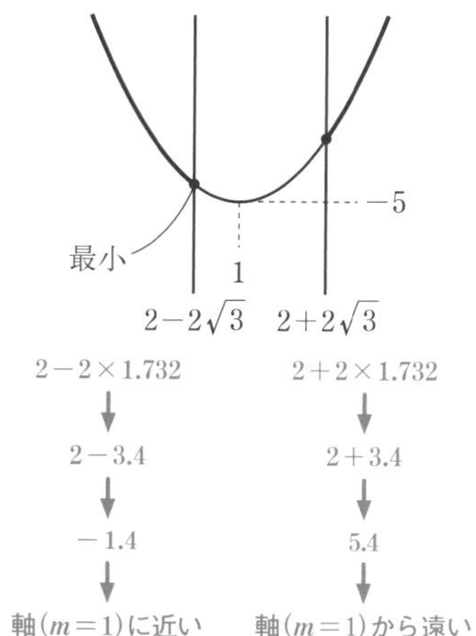

$2-2\times1.732$ → $2-3.4$ → -1.4 → 軸 $(m=1)$ に近い

$2+2\times1.732$ → $2+3.4$ → 5.4 → 軸 $(m=1)$ から遠い

よって $\alpha^2+\beta^2$ を最小とする m の値は、$m = 2-2\sqrt{3}$

なるほど～。すぐに「解と係数の関係」に行く前に、**「判別式 $D \geqq 0$」で実数解をもつための条件を調べる必要があった**んですね。おもしろ～い。

POINT ● **2次方程式が実数解をもつときたら、判別式 $D \geqq 0$**

44

iを虚数単位とする。方程式$x^3-4x^2+9x-10=0$の解をα,β,γとする。ただし、αは実数とし、βとγは虚数で、βの虚部はγの虚部より小さいとする。このとき、$\alpha=\square$、$\beta=\square-\square i$、$\gamma=\square+\square i$であり、$\alpha^2+\beta^2+\gamma^2=\square$、$\dfrac{1}{\alpha}+\dfrac{1}{\beta}+\dfrac{1}{\gamma}=\dfrac{\square}{\square}$である。

2018 法政大

イマイチ解答

$f(x)=x^3-4x^2+9x-⑩$とおく。

定数項10の約数「1, −1, 2, −2, 5, −5, 10, −10」を代入して解を見つける。

$f(1)=1-4+9-10\neq0$

$f(-1)=-1-4-9-10\neq0$

$f(2)=8-16+18-10=0$

$f(2)=0$なので因数定理より

$f(x)$は$x-2$で割り切れる。

組立除法

2	1	−4	9	−10
		2	−4	10
	1	−2	5	0

商の係数　余り

よって$f(x)=(x-2)(x^2-2x+5)$と因数分解できるので、

$(x-2)(x^2-2x+5)=0$

$x^2\boxed{-2}x+5=0$

$2\times(-1)$

解の公式より、$x=\dfrac{-(-1)\pm\sqrt{(-1)^2-1\cdot5}}{1}$

$x=1\pm\boxed{\sqrt{1-5}}$　$\sqrt{-4}=\sqrt{4}\,i=2i$

$=1\pm2i$

$\therefore\alpha=2,\ \beta=1-2i,\ \gamma=1+2i$

$\alpha^2+\beta^2+\gamma^2$

$=2^2+(1-2i)^2+(1+2i)^2$

$=4+1-4i+4i^2+1+4i+4i^2$

$i^2=-1$

$=4+1-4+1-4$

$=-2$

え、先生、このやり方で合ってますかね……。

お、感づいたのはイイコト!! α,β,γ, の値は正解だよ。でもα^2, β^2,γ^2には代入せずに……**解と係数の関係**を使うんだよ。

え!?　2次方程式の解と係数の関係は知っているけど、3次方程式にもあるんですか!?　そ、そんなバナナ!?

> **覚えて!**
>
> **解と係数の関係（3次方程式）**
>
> $ax^3+bx^2+cx+d=0\ (a\neq0)$
> の解をα,β,γとすると、
>
> $$\begin{cases}\alpha+\beta+\gamma=-\dfrac{b}{a} & \text{和}\\ \alpha\beta+\beta\gamma+\gamma\alpha=\dfrac{c}{a} & \text{2つの文字の積の和}\\ \alpha\beta\gamma=-\dfrac{d}{a} & \text{積}\end{cases}$$
>
> が成り立つ。

3次方程式の解の和$(\alpha+\beta+\gamma)$と2つの文字の積の和$(\alpha\beta+\beta\gamma+\gamma\alpha)$と積$(\alpha\beta\gamma)$は、3次方程式の係数から求めることができるんだ。

たしかに$\alpha+\beta+\gamma$を2乗したら$\alpha^2+\beta^2+\gamma^2=\square$が出てきますね。

1問だけ練習しておこうか。

例 $2x^3+3x^2+5x-1=0$ の解を α, β, γ とするとき、$\alpha+\beta+\gamma=$□, $\alpha\beta+\beta\gamma+\gamma\alpha=$□, $\alpha\beta\gamma=$□

$$\underset{a}{\underline{2}}x^3+\underset{b}{\underline{3}}x^2+\underset{c}{\underline{5}}x\underset{d}{\underline{-1}}=0$$

解と係数の関係より、

$$\begin{cases} \alpha+\beta+\gamma=\underline{-\dfrac{3}{2}} & \alpha+\beta+\gamma=-\dfrac{b}{a} \\ \alpha\beta+\beta\gamma+\gamma\alpha=\underline{\dfrac{5}{2}} & \alpha\beta+\beta\gamma+\gamma\alpha=\dfrac{c}{a} \\ \alpha\beta\gamma=-\dfrac{-1}{2}=\underline{\dfrac{1}{2}} & \alpha\beta\gamma=-\dfrac{d}{a} \end{cases}$$

今回の問題では、α、β、γ の値をそれぞれ求めたから、それらを $\alpha^2+\beta^2+\gamma^2$ や $\dfrac{1}{\alpha}+\dfrac{1}{\beta}+\dfrac{1}{\gamma}$ に代入したら答えが出るけど、**解と係数の関係**だとすぐに求められるのがわかるかな？

ピカイチ解答

さっきの α, β, γ を求めるところまではよくできているから、続きを説明していくね。

$$\underset{a}{\underline{1}}\cdot x^3\underset{b}{\underline{-4}}x^2+\underset{c}{\underline{9}}x\underset{d}{\underline{-10}}=0$$

解と係数の関係より、

$$\begin{cases} \alpha+\beta+r=4 & \alpha+\beta+\gamma=-\dfrac{b}{a} \\ \alpha\beta+\beta\gamma+\gamma\alpha=9 & \alpha\beta+\beta\gamma+\gamma\alpha=\dfrac{c}{a} \\ \alpha\beta\gamma=10 & \alpha\beta\gamma=-\dfrac{d}{a} \end{cases}$$

$$\begin{aligned} &\alpha^2+\beta^2+\gamma^2 \\ &=(\underbrace{\alpha+\beta+\gamma}_{4})^2-2(\underbrace{\alpha\beta+\beta\gamma+\gamma\alpha}_{9}) \\ &=16-2\cdot 9 \\ &=\underline{-2} \end{aligned}$$

通分

$$\frac{1}{\alpha}+\frac{1}{\beta}+\frac{1}{\gamma}=\frac{\beta\gamma+\alpha\gamma+\alpha\beta\ {}_{9}}{\alpha\beta\gamma\ {}_{10}}=\underline{\frac{9}{10}}$$

ちなみに、$\alpha^2+\beta^2+\gamma^2=(\alpha+\beta+\gamma)^2-2(\alpha\beta+\beta\gamma+\gamma\alpha)$ は $(\alpha+\beta+\gamma)^2$ の展開公式から導き出せるよ。

$$\begin{aligned} &(\alpha+\beta+\gamma)^2 \\ &=\boxed{\alpha^2+\beta^2+\gamma^2}+2\alpha\beta+2\beta\gamma+2\gamma\alpha \\ &\boxed{\alpha^2+\beta^2+\gamma^2} \\ &=(\alpha+\beta+\gamma)^2-2(\alpha\beta+\beta\gamma+\gamma\alpha) \end{aligned}$$

すぐに書けるように覚えちゃおう！

POINT ●解と係数の関係（3次方程式）を覚えよう！

1の3乗根のうち、虚数であるものの1つをωとする。このとき、$\omega^2+\omega=$□、$\omega^{10}+\omega^5=$□、$\dfrac{1}{\omega^{10}}+\dfrac{1}{\omega^5}+1=$□、$(\omega^2+5\omega)^2+(5\omega^2+\omega)^2=$□である。ただし□は$\omega$を用いず数値でうめよ。

2018 関西大

イマイチ解答

1の3乗根を求めたいので、

$x^3=1$

$x^3-1=0$　因数分解 $a^3-b^3=(a-b)(a^2+b^2+ab)$

$(x-1)(x^2+x+1)=0$

虚数解は$x=\dfrac{-1\pm\sqrt{3}i}{2}$

これの1つがωとなる。

$$\omega^2+\omega=\left(\frac{-1\pm\sqrt{3}i}{2}\right)^2+\frac{-1\pm\sqrt{3}i}{2}$$

$$=\frac{1\mp2\sqrt{3}i+3\overset{-1}{i^2}-2\pm2\sqrt{3}i}{4}$$

$$=\frac{1-3-2}{4}$$

$$=-1$$

$\omega^{10}+\omega^5=\cdots\cdots$

続きは……って、10乗!?
っていうか先生、この**猫の口(/・ω・)/みたいなの**はアルファベットのwとは違うんですか？

あ～まあ口みたいに見えなくもないけど。これはω（**オメガ**）だよ。
3次方程式$x^3=1$の虚数解の1つを、一般的にはωとしているんだ。
ωの正体はここで方程式を解いたように$x=\dfrac{-1\pm\sqrt{3}i}{2}$のうちの1つということになるね。

覚えなくちゃいけないのは、

- **ωは$x^3=1$の解より$\omega^3=1$**
- **ωは$x^2+x+1=0$の解より $\omega^2+\omega+1=0$**

ってこと。

> **覚えて！**
>
> ω（**オメガ**）
> $x^3=1$の虚数解
> ①$\omega^3=1$
> ②$\omega^2+\omega+1=0$

ピカイチ解答

1の3乗根は $x^3=1$ の解である。

$x^3-1=0$　因数分解 $a^3-b^3=(a-b)(a^2+b^2+ab)$

$(x-1)(x^2+x+1)=0$

ωは虚数解なので、

$\omega^2+\omega+1=0$

$\therefore \omega^2+\omega=-1$　…①

また、ωは $x^3=1$ の解なので、

$\omega^3=1$

$$\omega^{10}+\omega^5=\underbrace{(\omega^3)}_{1}{}^3\cdot\omega+\underbrace{\omega^3}_{1}\cdot\omega^2$$

$$=\omega+\omega^2 \quad \text{①より}$$

$$=-1 \quad \cdots②$$

$$\frac{1}{\omega^{10}}+\frac{1}{\omega^5}+1=\frac{1+\boxed{\omega^5+\omega^{10}}}{\omega^{10}} \quad \text{②より}-1$$

$$=\frac{1-1}{\omega^{10}}$$

$$=0$$

$$(\omega^2+5\omega)^2+(5\omega^2+\omega)^2 \quad \text{展開}$$

$$=\underbrace{\boxed{\omega^4}}_{\omega\cdot\omega^3=1}+10\underbrace{\omega^3}_{1}+25\omega^2+25\underbrace{\boxed{\omega^4}}_{\omega\cdot\omega^3=1}+10\underbrace{\omega^3}_{1}$$

$$+\omega^2$$

$$=\omega+10+25\omega^2+25\omega+10+\omega^2$$

$$=26\omega^2+26\omega+20$$

$$=26\underbrace{(\omega^2+\omega)}_{\text{①より}-1}+20$$

$$=-26+20$$

$$=-6$$

よし、これで猫の口（/・ω・）/……じゃなくてωはバッチリだ！

最後の式変形は少し難しかったと思うから、よく復習しておいてね！

最後にもう1問。これどう？　解けるかい？

例　$1+\omega+\omega^2+\omega^3\cdots+\omega^{2024}+\omega^{2025}$

$\omega^3=1$ を使うか……

$\omega^2+\omega+1=0$ を使うか……。

うん、そうだね。じゃあたとえば、

$1+\omega+\omega^2+\omega^3+\omega^4+\omega^5$

だとしたら

$$\underbrace{1+\omega+\omega^2}_{0}+\omega^3(\underbrace{1+\omega+\omega^2}_{0})$$

というふうに $\omega^3+\omega^4+\omega^5$ を ω^3 でくくってあげると

$0+0=0$ になるんだ。

そっかあ。じゃあ同じように考えて $1+\omega+\omega^2$ のかたまりをつくっていけばいいですね。

$$\underline{1+\omega+\omega^2}+\underbrace{\omega^3+\omega^4+\omega^5}_{\omega^3\text{でくくる}}+\cdots$$

$$+\underbrace{\omega^{2022}+\omega^{2023}+\omega^{2024}}_{\omega^{2022}\text{でくくる}}+\omega^{2025}$$

$$=(\underbrace{1+\omega+\omega^2}_{0})+\omega^3(\underbrace{1+\omega+\omega^2}_{0})+\cdots$$

$$+\omega^{2022}(\underbrace{1+\omega+\omega^2}_{0})+(\underbrace{\omega^3}_{1})^{675}$$

$$=0+0+\cdots+0+1$$

$$=1$$

POINT

- **ω（オメガ）は $x^3=1$ の虚数解。**
- **① $\omega^3=1$、② $\omega^2+\omega+1=0$**

$x>1$のとき、$4x^2+\dfrac{1}{(x+1)(x-1)}$の最小値は□で、そのときの$x$の値は$\dfrac{\sqrt{□}}{□}$である。

2019 慶応大

イマイチ解答

$$4x^2+\frac{1}{(x+1)(x-1)}$$
$$=4x^2+\frac{1}{x^2-1}$$
$$=4x^2+\frac{4}{4x^2-4}$$

相加・相乗平均の不等式より、

$$4x^2+\frac{4}{4x^2-4}\geqq 2\sqrt{4x^2\cdot\frac{4}{4x^2-4}}$$

あ、あれ、どうしよう……。

お、相加・相乗平均を使う問題だと気づけたのはGoodだよ！

でも、相加・相乗平均って気づけたとしても、上手に使えないことが多いんですよね……。

そうなんだね。じゃあ、じっくりやっていこう！

> 覚えて！
>
> **相加・相乗平均の不等式**
>
> $a>0,\ b>0$のとき
>
> $\boldsymbol{a+b\geqq 2\sqrt{ab}}$
>
> 等号成立は$a=b$

「相加·相乗平均を使う問題だ！」と気づけない受験生が意外と多いんだよね。
だから、**「文字の逆数の和⇒相加・相乗平均」**と覚えよう！

例 $x>0$のとき、$x+\dfrac{2}{x}$の最小値は□で、それを与えるxの値は□

$x+\dfrac{1}{x}$が逆数の和だよね。だから相加・相乗平均！　$x+\dfrac{2}{x}$とか$3x+\dfrac{1}{2x}$のように、1じゃない係数がついても一緒だよ。

$x>0$なので、相加・相乗平均の不等式より、

$$\underset{a}{x}+\underset{b}{\frac{2}{x}}\geqq 2\sqrt{\underset{a}{x}\cdot\underset{b}{\frac{2}{x}}}=2\sqrt{2}$$

等号成立は、

$$x=\frac{2}{x}$$
$$x^2=2$$

$x>0$より $\underline{x=\sqrt{2}\text{のとき最小値}2\sqrt{2}}$

ピカイチ解答

さっきの解答で$4x^2+\dfrac{4}{4x^2-4}$が出てくるけど、この状態で相加・相乗平均を使っても

$4x^2+\dfrac{4}{4x^2-4}\geqq 2\sqrt{4x^2\cdot\dfrac{4}{4x^2-4}}$となって、$\sqrt{\ }$の中が約分できないよね。じゃあ、どうしたらいいと思う？

うーん……例題みたいに約分したいので、$4x^2-4$というかたまりを強引につくる……？

その通り！　こんな感じだね。

$$4x^2+\frac{4}{4x^2-4}$$

$$=4x^2\boxed{-4}+\frac{4}{4x^2-4}\boxed{+4}$$

勝手に-4を付け加えたので、後ろに$+4$

$x>1$のとき$4x^2-4>0$なので
相加・相乗平均の不等式より

$$\underbrace{4x^2-4}_{a}+\underbrace{\frac{4}{4x^2-4}}_{b}+4$$

$$\geqq 2\sqrt{\underbrace{4x^2-4}_{a}\cdot\underbrace{\frac{4}{4x^2-4}}_{b}}+4$$

$$=2\sqrt{4}+4$$

$$=8$$

等号成立は、

$$\underbrace{4x^2-4}_{a}=\underbrace{\frac{4}{4x^2-4}}_{b}$$

両辺に×$(4x^2-4)$

$$(4x^2-4)^2=4$$

$$4x^2-4>0\text{より}$$

$(4x^2-4)^2$は展開しない

$$4x^2-4=2$$

$$4x^2=6$$

$$x^2=\frac{3}{2}$$

$x>1$より

$x=\dfrac{\sqrt{6}}{2}$のとき最小値8

$(4x^2-2)^2=4$を解くとき、左辺を展開して$16x^4-16x^2+4=4$としていっても解けるけど、左辺の$4x^2-2$は正だから$4x^2-2=2$となるんだ。**$4x^2-2$を1つのかたまりとして見ていく**のがポイントだぞ！

POINT

- **文字の逆数の和→相加・相乗平均の不等式で解く！**
- **約分できるように、分母と同じかたまりをつくる！**

放物線 $y=x^2+6x+5$ と直線 $y=2x+k$ が異なる2点A, Bで交わり、線分ABの長さが $2\sqrt{2}$ であるとき、定数 k の値は $\frac{\square}{\square}$ である。

2015 東邦大

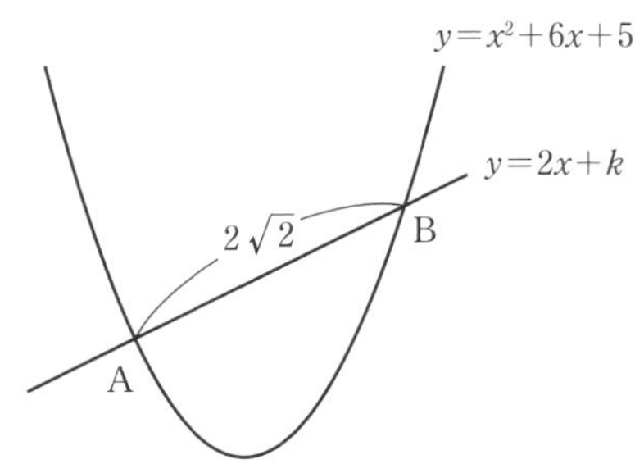

2式を連立して、

$$x^2+6x+5=2x+k$$
$$x^2+④x+5-k=0$$
2×2

解の公式より、$x=\dfrac{-2\pm\sqrt{(-2)^2-1\cdot(5-k)}}{1}$

$$x=-2\pm\sqrt{4-5+k}$$
$$=-2\pm\sqrt{k-1}$$

交点の座標は、

(x, y)
$=(-2+\sqrt{k-1}, -4+2\sqrt{k-1}+k)$
$(-2-\sqrt{k-1}, -4-2\sqrt{k-1}+k)$

2点間の距離の公式より、

AB
$=\sqrt{(-2+\sqrt{k-1}+2+\sqrt{k-1})^2+(-4+2\sqrt{k-1}+k+4+2\sqrt{k-1}-k)^2}$
$=\sqrt{4(k-1)+16(k-1)}$
$=\sqrt{20(k-1)}$
$=2\sqrt{5(k-1)}$

これが $2\sqrt{2}$ となるので、

$2\sqrt{5(k-1)}=2\sqrt{2}$
$5(k-1)=2$
$k-1=\dfrac{2}{5}$
$\therefore k=\dfrac{7}{5}$

つ、つかれた〜〜〜。

おつかれさま！　まずは、公式を2つ確認しよう。

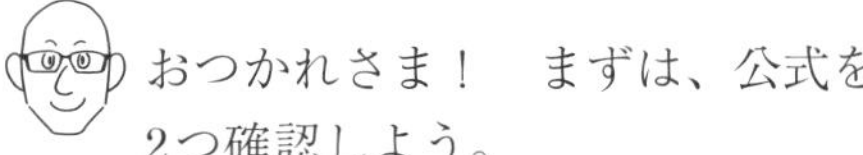

覚えて！

2点間の距離の公式

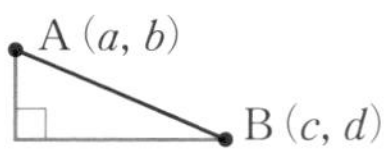

$$AB=\sqrt{(a-c)^2+(b-d)^2}$$

→ イメージは三平方の定理

直線の傾きによる2点間の距離の公式

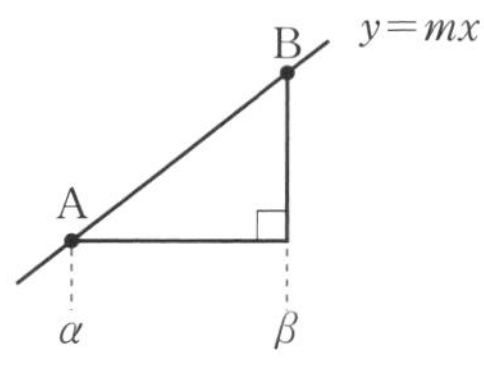

点A, Bの x 座標を α, β とする。

$$AB=\sqrt{m^2+1}(\beta-\alpha)$$

直角三角形ABCと相似な三角形A′B′C′ (A′C′＝1)を用意するよ。

直線ABの傾きは m だから底辺A′C′を1としたら高さB′C′が

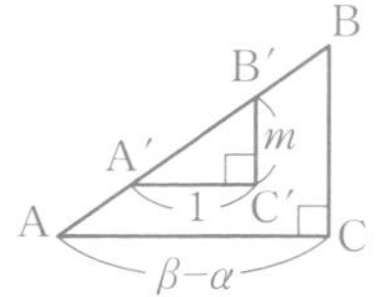

mになる。そしたら△ABCと△A′B′C′において各辺の相似比は等しいので、

AC：A′C′＝AB：A′B′　すなわち
$(\beta-\alpha)$：1＝AB：$\sqrt{m^2+1}$

内項の積＝外項の積

AB＝$\sqrt{m^2+1}\,(\beta-\alpha)$　となる。

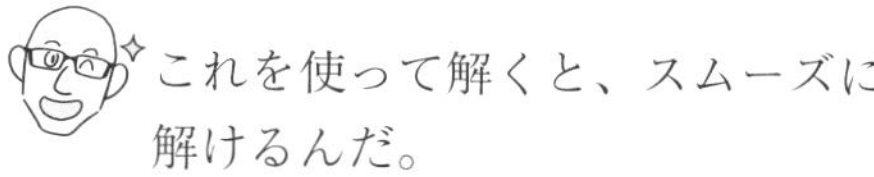

これを使って解くと、スムーズに解けるんだ。

例　放物線$y=x^2$と直線$y=x+1$の交点をA、Bとするとき、線分ABの長さは□である。

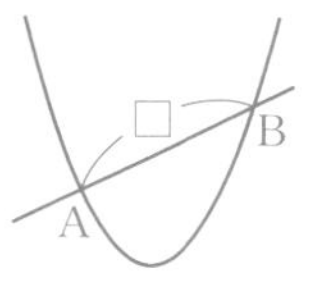

2式を連立して、

$x^2=x+1$

$x^2-x-1=0$

解の公式は $x=\dfrac{-(-1)\pm\sqrt{(-1)^2-4\cdot1\cdot(-1)}}{2\cdot1}$

$x=\dfrac{1\pm\sqrt{1+4}}{2}$

$=\dfrac{1\pm\sqrt{5}}{2}$

よって線分の長さは、

$\sqrt{1^2+1}\left(\dfrac{1+\sqrt{5}}{2}-\dfrac{1-\sqrt{5}}{2}\right)$

$\sqrt{m^2+1}(\beta-\alpha)$

$=\sqrt{2}\cdot\dfrac{2\sqrt{5}}{2}$

$=\underline{\sqrt{10}}$

ピカイチ解答

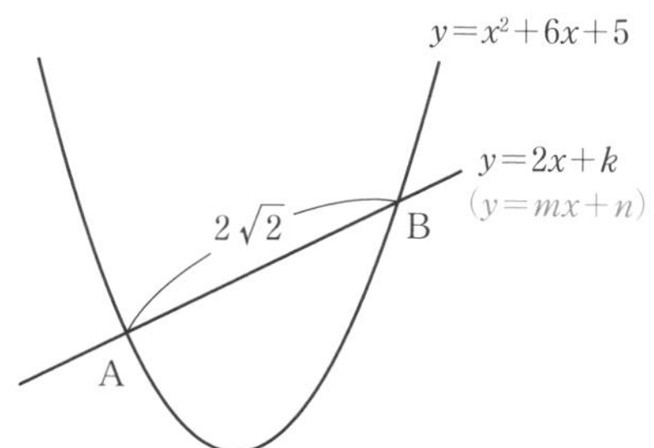

2式を連立して、

$\boldsymbol{x^2+6x+5=2x+k}$

$\boldsymbol{x^2+\textcircled{4}x+5-k=0}$

2×2

解の公式より、$x=\dfrac{-2\pm\sqrt{(-2)^2-1\cdot(5-k)}}{1}$

$\boldsymbol{x=-2\pm\sqrt{4-5+k}}$

$\boldsymbol{=-2\pm\sqrt{k-1}}$

よって線分ABの長さは、

$\boldsymbol{\sqrt{2^2+1}(-2+\sqrt{k-1}+2+\sqrt{k-1})}$

$\sqrt{m^2+1}(\beta-\alpha)$

$\boldsymbol{=\sqrt{5}\cdot2\sqrt{k-1}}$

$\boldsymbol{=2\sqrt{5k-5}}$

これが$2\sqrt{2}$となるので、

$\boldsymbol{2\sqrt{5k-5}=2\sqrt{2}}$

$\boldsymbol{5k-5=2}$

$\boldsymbol{5k=7}$

$\boldsymbol{\therefore k=\dfrac{7}{5}}$

うわ、早い！　今回の問題は、**直線の傾きによる2点間の距離の公式**を使ったほうが圧倒的にいいですね。

POINT　● 2点間の距離の公式と直線の傾きによる2点間の距離の公式をマスターしよう！

円 $x^2+y^2=1$ と直線 $y=kx+2$ $(k>0)$ が接するとき、その接点の座標は□である。

2015 立教大

イマイチ解答

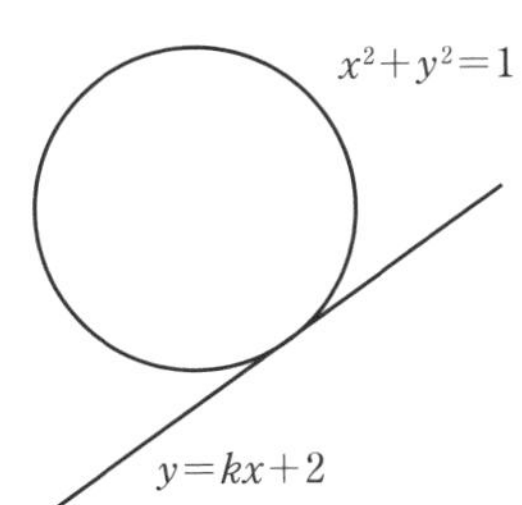

2式を連立して、

$x^2+(kx+2)^2=1$

$x^2+k^2x^2+4kx+4=1$

$(k^2+1)x^2+4kx+3=0$ …①

$4k = 2\cdot 2k$

接するのは判別式 $D=0$ のときなので、

分配法則

$D/4=(2k)^2-(k^2+1)\cdot 3=0$

$4k^2-3k^2-3=0$

$k^2=3$

$k>0$ より　$k=\sqrt{3}$

よって①は

$4x^2+4\sqrt{3}x+3=0$

$4\sqrt{3} = 2\cdot 2\sqrt{3}$

$$x=\frac{-2\sqrt{3}\pm\sqrt{12-12}}{4}$$

$$=-\frac{\sqrt{3}}{2}$$

このとき y 座標は $y=\sqrt{3}x+2$ より

$$y=\sqrt{3}\cdot\left(-\frac{\sqrt{3}}{2}\right)+2=\frac{1}{2}$$

よって接点の座標は、$\left(-\frac{\sqrt{3}}{2}, \frac{1}{2}\right)$

よし！　できました！

うん、正解！　いい感じだね。

でも、僕ならもうちょっと早く解けちゃうな～（笑）

え、本当ですか⁉

2次方程式が重解をもつときって、その解はどうなるか知ってる？

> **覚えて！**
>
> **2次方程式が重解をもつときの解**
>
> $ax^2+bx+c=0$ $(a\neq 0)$ が重解をもつとき
>
> $$x=\frac{-b}{2a}$$
>
> $ax^2+2b'x+c=0$ $(a\neq 0)$ が重解をもつとき
>
> $$x=\frac{-b'}{a}$$

なんでこうなるんですか？

解の公式から導き出せるんだ。

重解のときって、**判別式** $b^2-4ac=0$ のときだよね。**解の公式の $\sqrt{\ }$ の中身が0だから残りは** $x=\frac{-b}{2a}$

になるよね。

$$x=\frac{-b\pm\sqrt{\boxed{b^2-4ac}}}{2a} \to 0$$

より重解は$x=\dfrac{-b}{2a}$

$ax^2+2b'x+c$の重解も一緒。
$D/4=b'^2-ac=0$のとき、残りは
$x=\dfrac{-b'}{a}$になるよ。

$$x=\frac{-b'\pm\sqrt{\boxed{b^2-ac}}}{a} \to 0$$

より重解は$x=\dfrac{-b'}{a}$

そういうことかぁ！

楽ちんでしょ。だからさっきの問題の解答で$k=\sqrt{3}$と出した後は、①の式に代入して2次方程式を解く必要はないんだよ。

ピカイチ解答

2式を連立して、

$x^2+(kx+2)^2=1$

$x^2+k^2x^2+4kx+4=1$

$(k^2+1)x^2+4kx+3=0$　…①（$4k = 2\cdot 2k$）

接するのは判別式$D=0$のときなので、

$D/4=(2k)^2-(k^2+1)\cdot 3=0$（分配法則）

$4k^2-3k^2-3=0$

$k^2=3$

$k>0$より　$k=\sqrt{3}$

①より 重解は$x=\dfrac{-2k}{k^2+1}$　$x=\dfrac{-b'}{a}$

$k=\sqrt{3}$より、

$x=\dfrac{-2\sqrt{3}}{4}$

$=-\dfrac{\sqrt{3}}{2}$

このときy座標は、

$y=\sqrt{3}\cdot\left(-\dfrac{\sqrt{3}}{2}\right)+2$ ← 直線$y=kx+2$に$k=\sqrt{3}$, $x=-\dfrac{\sqrt{3}}{2}$を代入

$=\dfrac{1}{2}$

よって接点の座標は、$\left(-\dfrac{\sqrt{3}}{2}, \dfrac{1}{2}\right)$

POINT
- 2次方程式$ax^2+bx+c=0$ $(a\neq 0)$が重解をもつとき、解は$x=\dfrac{-b}{2a}$
- 2次方程式$ax^2+2b'x+c=0$ $(a\neq 0)$が重解をもつとき、解は$x=\dfrac{-b'}{a}$

円 $x^2+y^2-4ax-2ay+4a^2=0$ $(a>0)$ の中心は直線 $y=\frac{\square}{\square}x$ の上にある。この円と直線 $y=mx$ が接するのは $m=\square$、または $m=\frac{\square}{\square}$ のときである。

2018 順天堂大・改

イマイチ解答

$x^2+y^2-4ax-2ay+4a^2=0$ $(a>0)$

$(x-2a)^2-4a^2+(y-a)^2-a^2+4a^2=0$

$(x-2a)^2+(y-a)^2=a^2$

中心 $(2a, a)$, 半径 a の円である。
中心の座標を (x, y) とすると、

$\begin{cases} x=2a \\ y=a \end{cases}$ → パラメータ表示

より a を消去すると $y=\frac{1}{2}x$ ← パラメータ消去

よって、中心は直線 $y=\frac{1}{2}x$ 上にある。

$y=mx$ が円と接するときを考える。
2式を連立して、

$(x-2a)^2+(mx-a)^2=a^2$

$x^2-4ax+4a^2+m^2x^2$
$-2max+a^2=a^2$

$(m^2+1)x^2-(4a+2ma)x+4a^2=0$

$2\times(-2a-ma)$ より
$D/4=(-2a-ma)^2-(m^2+1)\cdot 4a^2$

接するときなので、判別式 $D=0$ となる。

分配法則

$D/4=(2a+ma)^2-(m^2+1)\cdot 4a^2=0$

$4a^2+4ma^2+m^2a^2-4m^2a^2-4a^2=0$

$4ma^2-3m^2a^2=0$

$a>0$ より a^2 は0とはならないので、（両辺を $\div a^2$）

$4m-3m^2=0$ （両辺に $\times(-1)$）

$3m^2-4m=0$

$m(3m-4)=0$

$\therefore m=0, \frac{4}{3}$

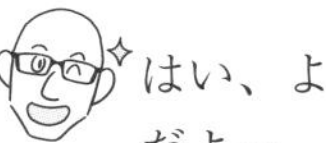

はい、よく頑張りました！　正解だよ〜。

やった〜！

一応別解で、**点と直線の距離の公式**を使う解法も学ぼうか！

112ページも円と直線が接する問題でしたが、判別式 D を使いましたよね。

そうだね。さっきは「接点の座標」を聞かれていたから、円と直線を連立して判別式に持ち込むのがベストだったんだよ。

なるほど。今回は直線の傾き m を聞かれているから、**点と直線の距離の公式**でも解けるんですね。

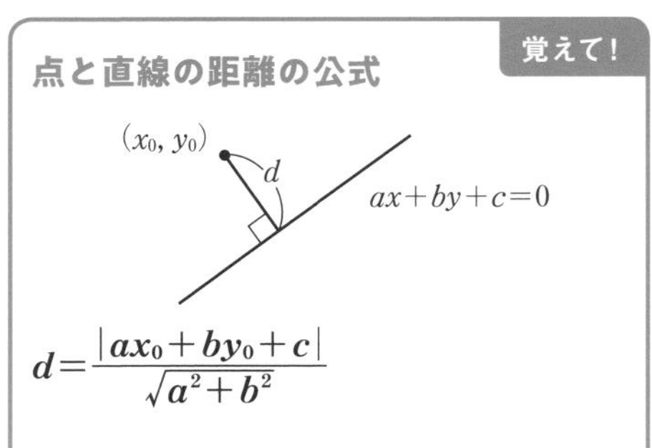

覚えて！
点と直線の距離の公式
(x_0, y_0)
d
$ax+by+c=0$
$d=\frac{|ax_0+by_0+c|}{\sqrt{a^2+b^2}}$

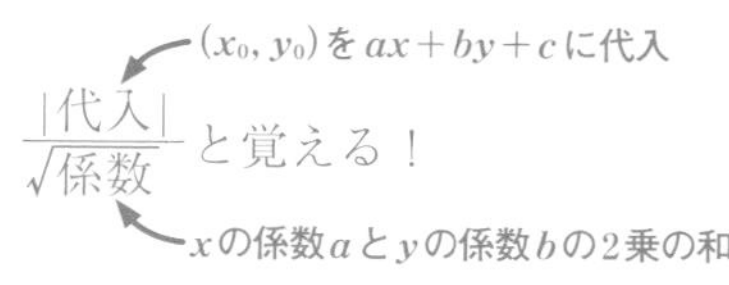

例 点$(2, -1)$と直線$y=3x-5$の距離dは□

まずは$y=3x-5$を$3x-y-5=0$に変形しよう。公式が使えるようにするんだ。

点$(2, -1)$と直線$3x-y-5=0$の距離dは、

$(2, -1)$を$3x-y-5$に代入

$$d=\frac{|3\cdot2-(-1)-5|}{\sqrt{3^2+(-1)^2}}$$

係数（3と-1）の2乗の和

$$=\frac{2}{\sqrt{10}}\cdot\frac{\sqrt{10}}{\sqrt{10}}$$

分母分子に$\sqrt{10}$をかけて有理化

$$=\frac{\sqrt{10}}{5}$$

円と直線には、次の図のように3通りの位置関係がある。交点なし、1つ（接する）、2つ。
中心と直線の距離と円の半径で大小比較をしてみよう。等式、不等式がつくれるよね。

円と直線の位置関係 覚えて！

中心と直線の距離d、半径r

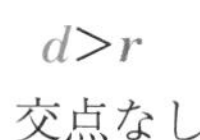

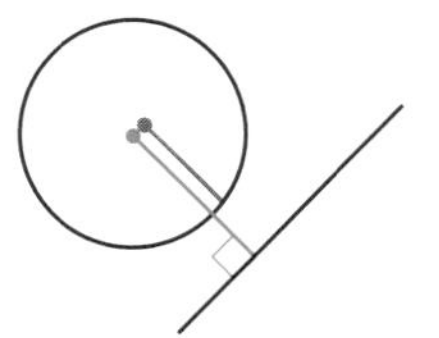

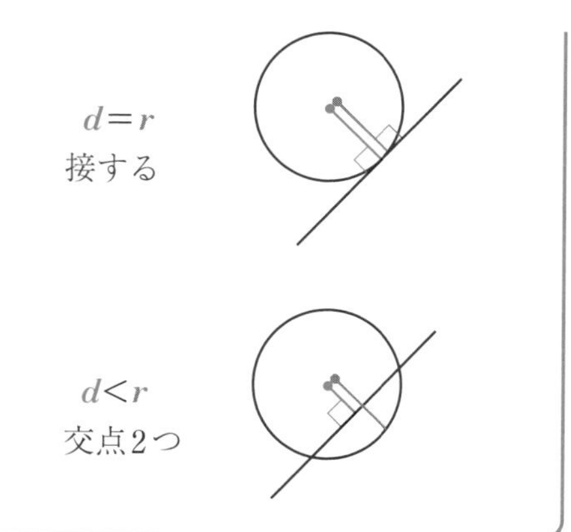

この3つの式を覚えればいいですか？

そのまま覚えてもいいんだけれども、不等号の向きが、＞だか＜だかわからなくなりそうじゃない？

たしかに……。交点0個と2個のときで、どっちが＞でどっちが＜だか忘れそう……。

だから**「中心と直線の距離と円の半径で大小比較をするんだ」**ってことだけ覚えて、あとは図を書いて式を導くことができるようにしよう！

なるほど。わかりました。
図を書いて「中心と直線の距離」と「円の半径」にチェックを入れれば、大小がわかりますもんね。
じゃあ、**その「中心と直線の距離」を求めるときに「点と直線の距離の公式」を使う**ってことですか？

Yes!　That's rightだ!!

ピカイチ解答

$(x-2a)^2+(y-a)^2=a^2$

中心$(2a, a)$, 半径aの円

$y=mx$が円と接するときを考える。

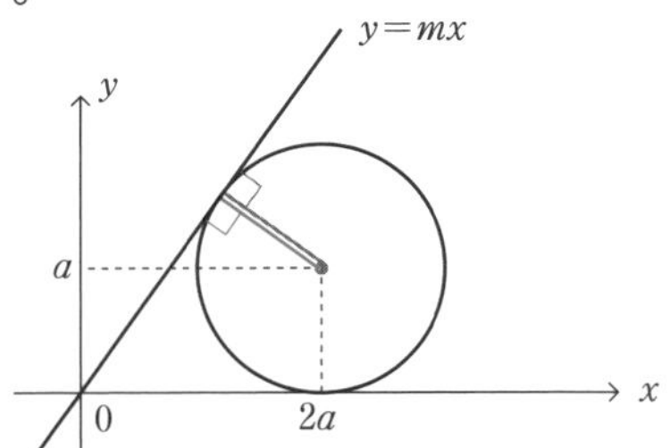

中心$(2a, a)$と$mx-y=0$の距離＝半径aとなればよい。

$(2a, a)$を$mx-y$に代入

$$\frac{|2ma-a|}{\sqrt{m^2+1}}=a$$

係数（mと-1）の2乗の和

$$|2ma-a|=a\sqrt{m^2+1}$$

$a>0$より

$$a|2m-1|=a\sqrt{m^2+1}$$

両辺を÷a

$$|2m-1|=\sqrt{m^2+1}$$

$|x|^2=x^2$
絶対値の2乗は、単純に中身の2乗

両辺を2乗して、

$$4m^2-4m+1=m^2+1$$

$$3m^2-4m=0$$

mでくくる

$$m(3m-4)=0$$

$$\therefore m=0, \frac{4}{3}$$

じゃあ、少し応用にもチャレンジして、**2円の位置関係**について学んでいこう。

覚えて！

2円の位置関係

中心間の距離d

大きい円の半径R　小さい円の半径r

$d>R+r$
交点なし

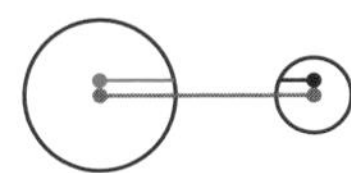

$d=R+r$
外接する

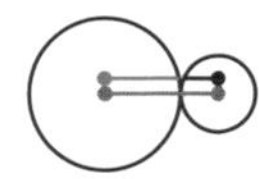

$R-r<d<R+r$
交点2つ

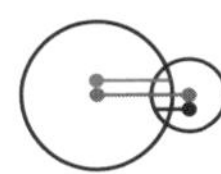

$d=R-r$
内接する

$d<R-r$
交点なし

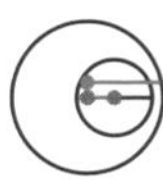

2円の位置関係には、このように5通りの関係がある。中心間の距離と円の半径の和、差で大小を比較して等式、不等式がつくれるんだ。

「交点なし」と「外接」「内接」は等式、不等式つくりやすいのでよかったですけど、「交点2つ」って難しくないですか⁉

うん。たしかにそうだよね。そこでもう1度図を書き直してみよう。

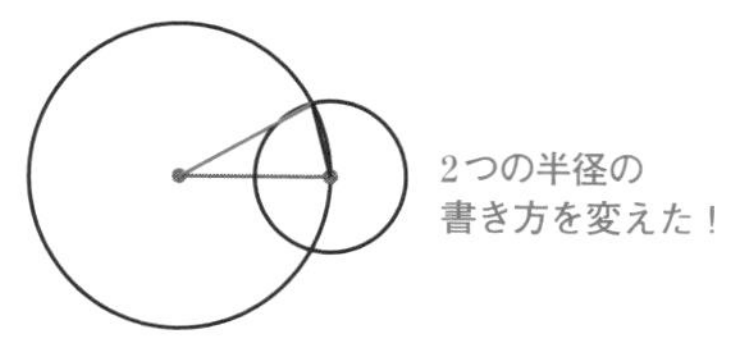

中心間の距離と2つの半径でなんとなんと……。

三角形ができる！

その通り！　2円の位置関係の5通りの中で唯一三角形ができるのはこの「交点2つ」のときのみだよ。ってことは$R-r<d<R+r$の式は……。

「三角形の成立条件」と一緒！

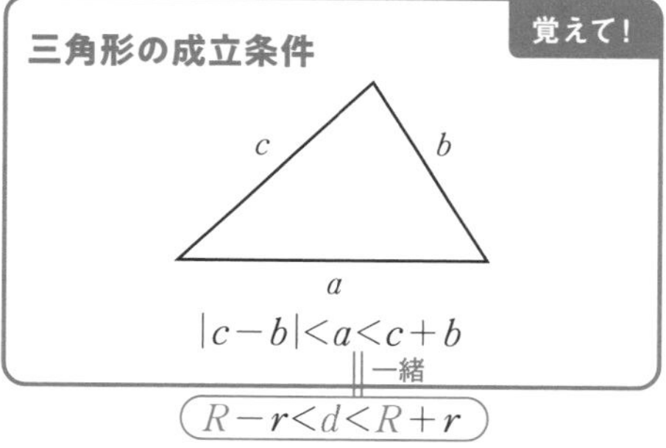

三角形の成立条件
覚えて！
c
b
a
|c−b|<a<c+b
一緒
R−r<d<R+r

ブラボー！　そうやって覚えておいて！

「交点なし」と「外接する」「内接する」に関しては図を書いて式を導くことができるようにしていきましょう。1つだけ練習しておこうね。

例　2つの円$x^2+y^2=4$…①と$(x-1)^2+(y-2)^2=5$…②は、異なる2点で交わることを示せ。

①は中心$(0, 0)$、半径2の円
②は中心$(1, 2)$、半径$\sqrt{5}$の円

中心間の距離は
$\sqrt{(1-0)^2+(2-0)^2}=\sqrt{1+4}=\sqrt{5}$
2点間の距離の公式（三平方の定理のイメージ）

であり、これは
半径の差$\sqrt{5}-2<\sqrt{5}<$半径の和$\sqrt{5}+2$
を満たす。よって①、②は異なる2点で交わる。

POINT
- **点と直線の距離の公式を正しく覚えよう！**
- **円と直線の位置関係は、「円の中心と直線の距離」と「円の半径」で大小比較する！**

xy平面上の放物線$y=x^2$上を動く2点A、Bと原点Oを線分で結んだ△AOBにおいて、∠AOB＝90°である。このとき、△AOBの重心Gの軌跡の方程式は$y=$□である。

2020 慶応大

イマイチ解答

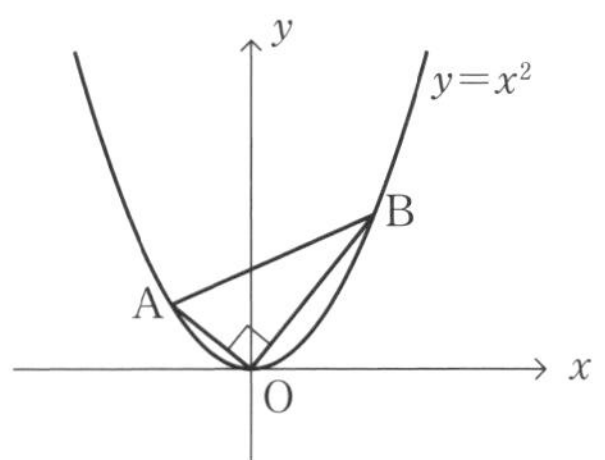

A(a, a^2), B(b, b^2)とおく。
△OABの重心Gを(x, y)とおく。

$$\begin{cases} x=\dfrac{a+b}{3} & \cdots① \\ y=\dfrac{a^2+b^2}{3} & \cdots② \end{cases}$$

先生、このあとが無理です……私には無理です……。軌跡ができるなんて、きっと奇跡なことなんです……!!

はいはい、そんなことは言わずに～。軌跡の問題の解き方を見ていこう。

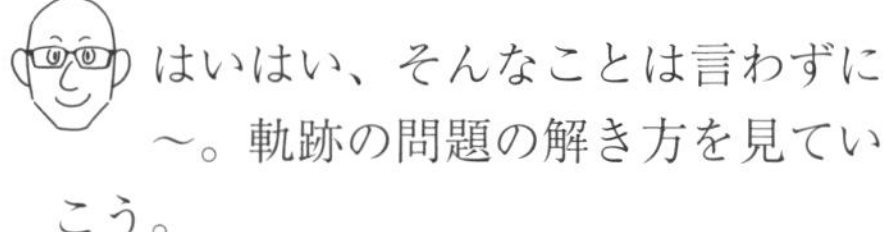

覚えて！

軌跡の問題の解き方
①パラメータ表示
②パラメータ消去
③パラメータの範囲から定義域をチェック！

例 次の点の軌跡をそれぞれ求めよ。

(1) 点$(2t, 6t-1)$

$$\begin{cases} x=2t & \cdots① \\ y=6t-1 & \cdots② \end{cases}$$ → パラメータ表示

①を②に代入して、
$y=\underline{3x-1}$ ↓ パラメータ消去

(2) 点$\left(\dfrac{2}{t}, \dfrac{4}{t}+1\right)$

$$\begin{cases} x=\dfrac{2}{t} & \cdots① \\ y=\dfrac{4}{t}+1 & \cdots② \end{cases}$$ → パラメータ表示

①を②に代入して、
$y=2x+1$ ↓ パラメータ消去

$\underline{t \neq 0 \text{より} x \neq 0}$ → $\dfrac{2}{t}$のtに0は入らないので、xは0にならない
パラメータの範囲から定義域をチェック！

よって$y=\underline{2x+1\ (x \neq 0)}$

でも今回の問題はパラメータがaとbの2つ出てきてしまいましたよね。

そうだよね。そこで、これを思い出してほしいんだ。

覚えて！

$y=ax+b$と$y=cx+d$が
平行 $a=c$ ← 傾きが一緒
垂直 $ac=-1$ ← 傾きの積が－1

そして、三角形の重心の求め方も確認しておこう。

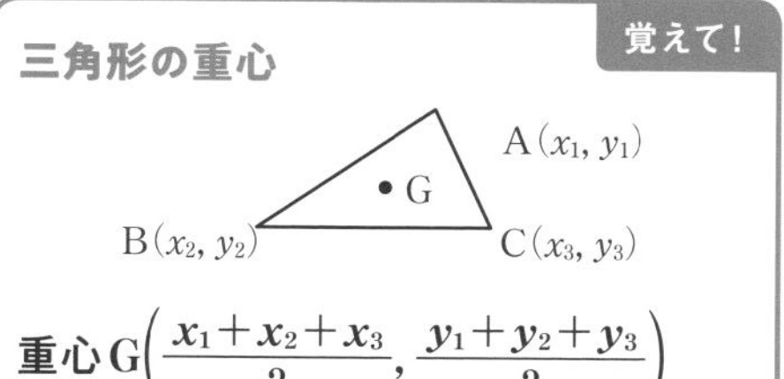

重心$\mathrm{G}\left(\dfrac{x_1+x_2+x_3}{3}, \dfrac{y_1+y_2+y_3}{3}\right)$

3つの座標を足して3で割るから、イメージとしては「平均」ですね。

今回の場合だと、O(0, 0), A(a, a^2), B(b, b^2)の重心だから、

$\mathrm{G}\left(\dfrac{0+a+b}{3}, \dfrac{0+a^2+b^2}{3}\right)$で

$\mathrm{G}\left(\dfrac{a+b}{3}, \dfrac{a^2+b^2}{3}\right)$となりますね。

ピカイチ解答

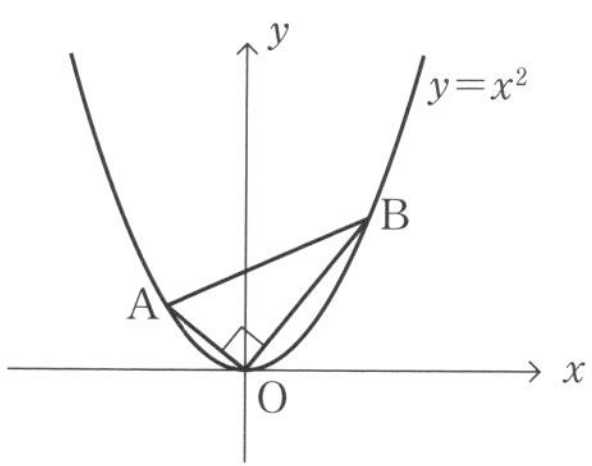

A(a, a^2), B(b, b^2)とおく。

直線OAと直線OBが垂直より、

$\dfrac{0-a^2}{0-a}\times\dfrac{b^2-0}{b-0}=-1$ → 傾きの積が-1！

$\dfrac{-a^2}{-a}\cdot\dfrac{b^2}{b}=-1$

$ab=-1$ …①

△OABの重心Gを(x, y)とおく。

$\begin{cases} x=\dfrac{a+b}{3} & \cdots② \\ y=\dfrac{a^2+b^2}{3} & \cdots③ \end{cases}$ → パラメータ表示

②より $a+b=3x$ …②′

③より $y=\dfrac{(a+b)^2-2ab}{3}$

①、②′を代入して、

$y=\dfrac{9x^2-2\cdot(-1)}{3}$

$=3x^2+\dfrac{2}{3}$

（パラメータ消去）

よって求める軌跡は、$y=3x^2+\dfrac{2}{3}$

今回はパラメータ（aとb）に存在範囲が定められてないから、定義域はチェックしなくていいよ。

POINT ●**パラメータ表示された点の軌跡の求め方をマスターしよう！**

51 実数x, yに関する2つの条件p：$3x-y+k \geqq 0$, q：$x^2+y^2 \leqq 5$について、pがqの必要条件となるような実数kの範囲を求めなさい。

2020 龍谷大

イマイチ解答

p：$3x-y+k \geqq 0$

$y \leqq 3x+k$

q：$x^2+y^2 \leqq 5$

pがqの必要条件なので、

$$p \underset{\bigcirc}{\overset{\times}{\rightleftarrows}} q$$

という関係性が成り立てばよい。

たとえば(0, 0)のとき、

p：$k \geqq 0$

q：$0 \leqq 5$は成り立つ。

たとえば(1, 1)のとき、

p：$3-1+k \geqq 0$

$\therefore k \geqq -2$

q：$1+1 \leqq 5$は成り立つ。

(x, y)に適当な値を代入してkの最大、最小を見つけるなんて……無理ですよね……。

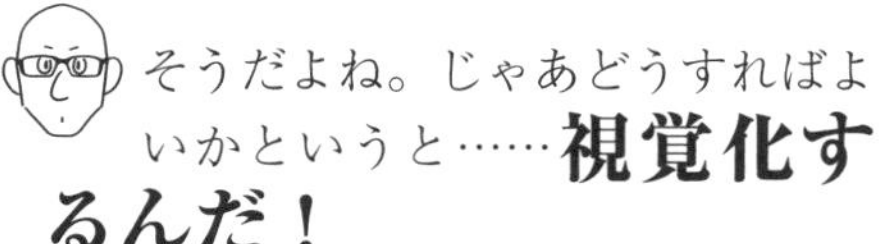

そうだよね。じゃあどうすればよいかというと……**視覚化するんだ！**

p：$y \leqq 3x+k$は直線$y=3x+k$の下側の部分を表す（境界線を含む）。

q：$x^2+y^2 \leqq 5$は円$x^2+y^2=5$の内側の部分を表す（境界線を含む）。

へええ、領域の問題として考えていくんですね！　そして、

$$p \underset{\bigcirc}{\overset{\times}{\rightleftarrows}} q$$

だから、**qの集合がpの集合の部分集合**となればいいんですよね。

よし、わかってきたね！　じゃあ念のため、不等式の表す領域についてまとめておくよ。

直線$y=ax+b$をlとする。

$y>ax+b$の表す領域はlの上側の部分

$y<ax+b$の表す領域はlの下側の部分

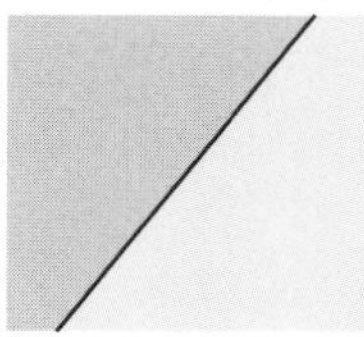

放物線$y=ax^2+bx+c$について

$y>ax^2+bx+c$の表す領域は放物線の上側の部分

$y<ax^2+bx+c$の表す領域は放物線の下側の部分

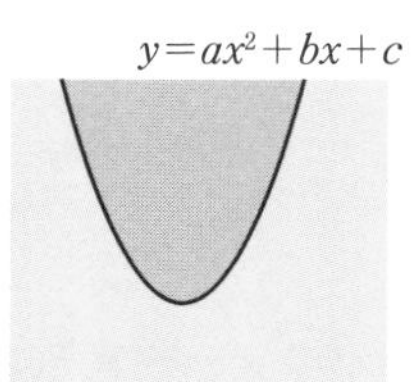

円$(x-a)^2+(y-b)^2=r^2$をCとする。
$(x-a)^2+(y-b)^2>r^2$の表す領域はCの外部
$(x-a)^2+(y-b)^2<r^2$の表す領域はCの内部

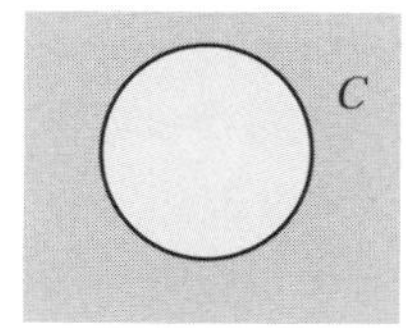

p：$3x-y+k \geqq 0$
　　$y \leqq 3x+k$

q：$x^2+y^2 \leqq 5$

pがqの必要条件

$$p \underset{\bigcirc}{\overset{\times}{\rightleftarrows}} q$$

「qの集合$\subset p$の集合」となるのは、図にするとこんな感じ。

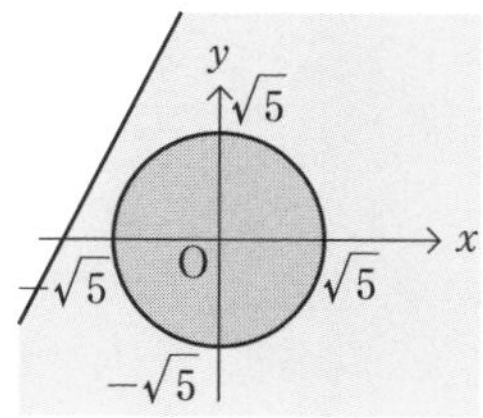

「qの集合$\subset p$の集合」となる限界は次の図の通り。$y=3x+k$が$x^2+y^2=5$に接するときだね。

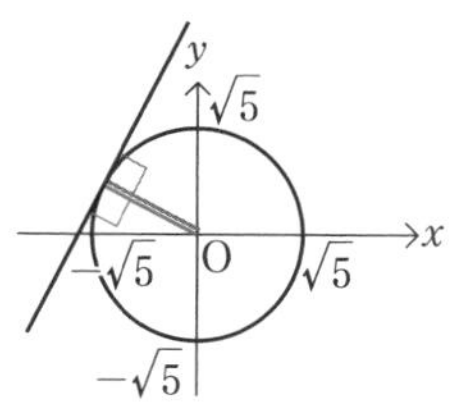

$y=3x+k$が$x^2+y^2=\sqrt{5}$に接するときを考える。
(0, 0)と$3x-y+k=0$の距離＝半径$\sqrt{5}$

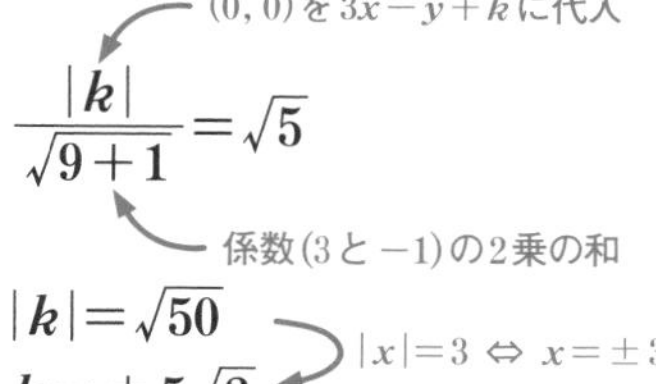
(0, 0)を$3x-y+k$に代入

$$\frac{|k|}{\sqrt{9+1}}=\sqrt{5}$$

係数(3と−1)の2乗の和

$|k|=\sqrt{50}$
$k=\pm 5\sqrt{2}$

$|x|=3 \Leftrightarrow x=\pm 3$

$k>0$より　$k=5\sqrt{2}$

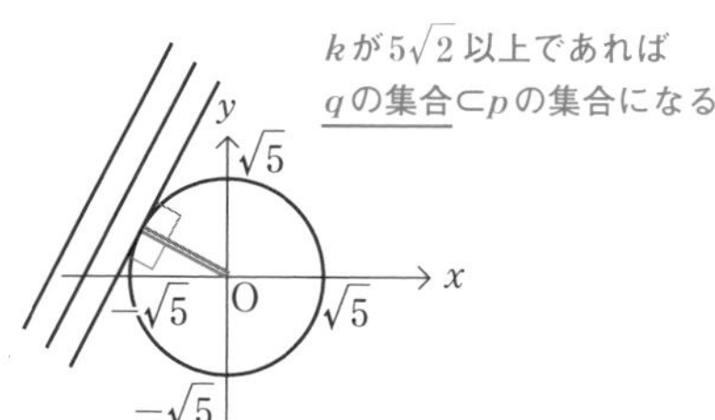

$k \geqq 5\sqrt{2}$

POINT ● 視覚化して大小関係を考える！

52

xy 平面において、連立不等式 $x \geqq 0$, $y \geqq 0$, $3x+2y \geqq 6$, $x^2+y^2+2x+2y-34 \leqq 0$ が表す領域を D とする。点 (x, y) が領域 D を動くとき、$2x+y$ の最大値は□であり、最小値は□である。

2020 関西学院大

イマイチ解答

$x \geqq 0$　…①

$y \geqq 0$　…②

$3x+2y \geqq 6$ より

$2y \geqq -3x+6$

$y \geqq -\dfrac{3}{2}x+3$　…③

$x^2+y^2+2x+2y-34 \leqq 0$ より

$(x+1)^2-1+(y+1)^2-1-34 \leqq 0$

$(x+1)^2+(y+1)^2 \leqq 36$　…④

領域 D は図の斜線部分である。
境界線を含む。

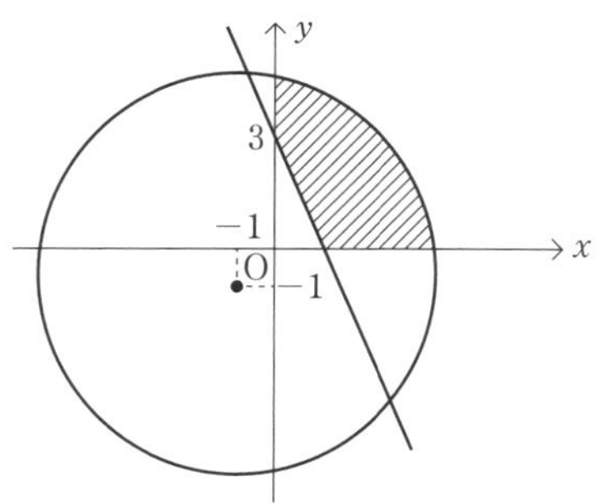

先生、このあと $2x+y$ の最大値、最小値は、D 内に含まれる (x, y) の点をしらみつぶしに代入していって調べる……なんてことは……。

うん、しないよね……。D 内には無限に (x, y) があるから一晩あっても無理だよね〜。

そこで覚えてほしいのが、このやり方！

覚えて！

領域内の最大・最小の求め方

①$2x+y=k$ とおく。

②$2x+y=k$ を D にぶつける。

ぶつかり始め、ぶつかり終わりが最大・最小となる。

「ぶつけていく」というのがポイント！　ぶつかり始めとぶつかり終わり、どちらかが最大でどちらかが最小になるよ。

例 (x, y) が△OABの周上および内部を動くとき、$3x+y$ の最大値は□、最小値は□である。

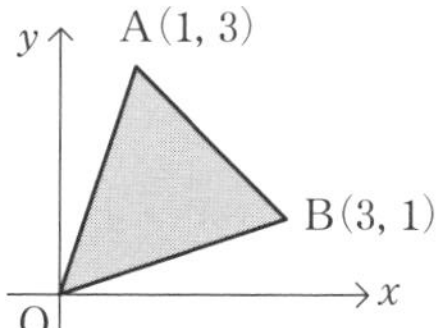

$3x+y=k$ とおく

$y=-3x+k$

傾きが -3, y 切片 k の直線

この直線をグレーの部分にぶつけていくよ。傾き -3 は絶対にキープしたまま動かしていってよ！

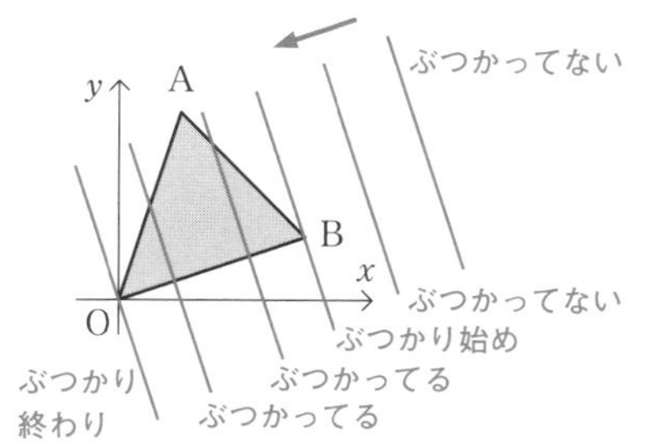

kが最大となるのは、直線が点B(3, 1)を通るときである。

$k=3\cdot3+1=\underline{10}$

kが最小となるのは、直線が点(0, 0)を通るときである。

$k=2\cdot0+0=\underline{0}$

ピカイチ解答

$2x+y=k$とおく。

$y=-2x+k$

じゃあこの$y=-2x+k$を、領域Dにぶつけていくよ。

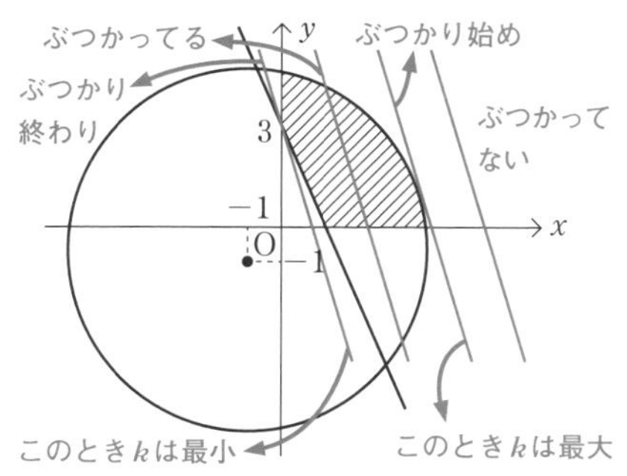

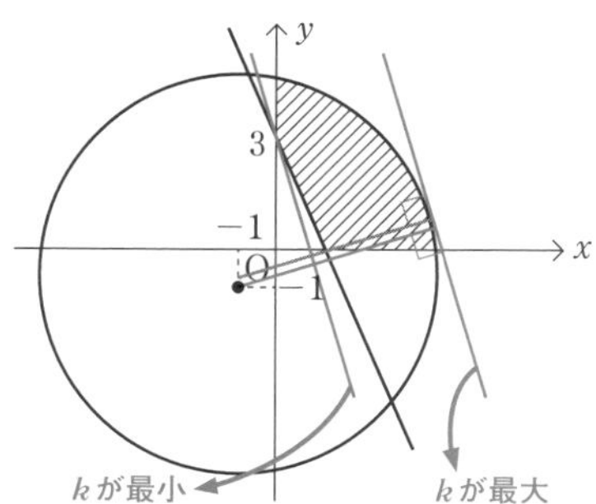

kが最大となるのは円と接するときで、「$(-1,-1)$と$2x+y-k=0$の距離＝半径6」となるときである。

(−1, −1)を$2x+y-k$に代入

$$\frac{|-2-1-k|}{\sqrt{4+1}}=6$$

係数(2と1)の2乗の和

$|-k-3|=6\sqrt{5}$

$|k+3|=6\sqrt{5}$　　$|x|=3 \Leftrightarrow x=\pm3$

$k+3=\pm6\sqrt{5}$

$\therefore k=-3\pm6\sqrt{5}$

第1象限で接するのは

$k=-3+6\sqrt{5}$

kが最小となるのは点(0, 3)を通るときである。

$k=2\cdot0+3=3$

よって、

最大値は$\underline{-3+6\sqrt{5}}$, 最小値は$\underline{3}$

求めたいものを「$=k$」とおいて、斜線部分にぶつけていけばいいんですね！

POINT ● **領域内の最大・最小は、「求めたいもの$=k$」とおき、領域Dにぶつけていく！**

実数a, bに対して、2次方程式$x^2-ax-b=0$の解をα, βとする。α, βが実数で、$|\alpha|<1$かつ$|\beta|<1$のとき、a, bが満たす不等式の表す領域をa-b平面上に図示せよ。

2018 早稲田大

イマイチ解答

$x^2-ax-b=0$, 解α, β
$|\alpha|<1$かつ$|\beta|<1$より、
$-1<\alpha<1$かつ$-1<\beta<1$
となればよい。

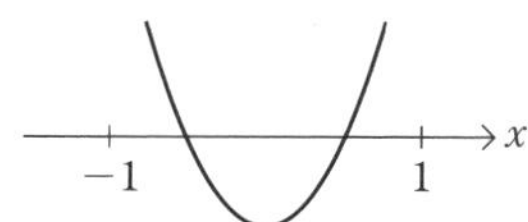

$f(x)=x^2-ax-b$とおく。
$f(x)=0$の判別式をDとする。

（i） 判別式$D\geqq 0$ ①判別式のチェック
$D=(-a)^2-4\cdot 1\cdot(-b)\geqq 0$
$a^2+4b\geqq 0$
$\therefore b\geqq -\dfrac{1}{4}a^2$

（ii） $f(-1)>0$かつ$f(1)>0$
②限界点のy座標の正負をチェック
$f(-1)=1+a-b>0$
$\therefore b<a+1$

$f(1)=1-a-b>0$
$\therefore b<-a+1$

（iii） $-1<$軸<1 ③軸の位置をチェック
$-1<\dfrac{1}{2}a<1$
$\therefore -2<a<2$

（i）〜（iii）より(a, b)の存在する領域を図示すると、

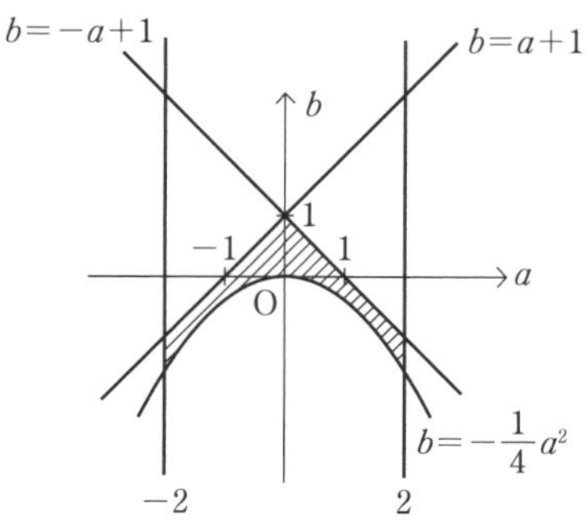

求める(a, b)は図の斜線部分である。

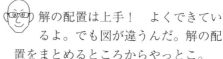

できました〜！

解の配置は上手！　よくできているよ。でも図が違うんだ。解の配置をまとめるところからやっとこ。

解の配置 覚えて！
必ず目標となるグラフを書く。
解が1カ所に指定されている場合、
①判別式
②限界点のy座標の正負 } をチェック！
③軸の位置

36 〜 39ページの解の配置の部分もよく見ておいてね。

今回は「解の配置」と「領域」の融合問題なんですね。

そうなんだ。さっきの解答で、

①判別式
②限界点のy座標の正負　をチェック！
③軸の位置

のところはよくできていたから、最後の図示するところから解説していくね。「解の配置」はとっっっても重要な問題だから、少しでも忘れちゃったなぁという人は、36ページに戻って確認しておこう！

ピカイチ解答

（i）$b \geqq -\frac{1}{4}a^2$

（ii）$b < a+1$

　　$b < -a+1$

(iii)　$-2 < a < 2$

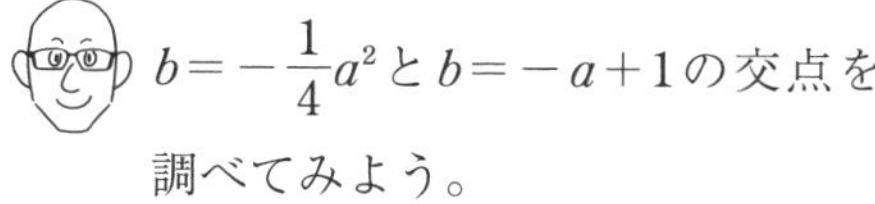

$b=-\frac{1}{4}a^2$と$b=-a+1$の交点を調べてみよう。

$$-\frac{1}{4}a^2=-a+1$$

両辺に×(－4)

$$a^2=4a-4$$

$$a^2-4a+4=0$$

$$(a-2)^2=0$$

$$\therefore a=2$$

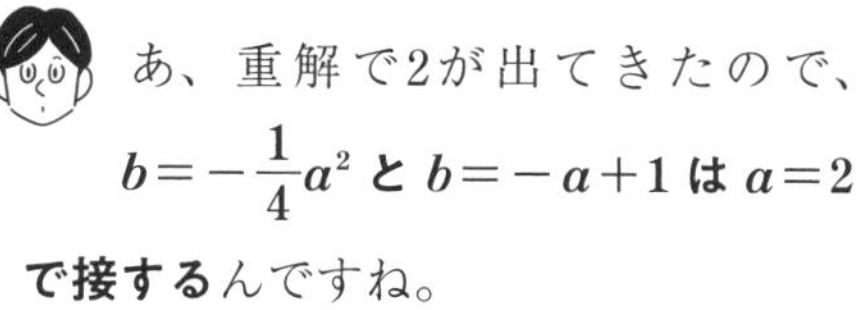

あ、重解で2が出てきたので、**$b=-\frac{1}{4}a^2$と$b=-a+1$は$a=2$で接する**んですね。

そう、さらに同様に$b=-\frac{1}{4}a^2$と$b=a+1$を調べると$a=-2$で接するんだ。

と、いうことで求める(a, b)の存在する領域は次の図のようになるよ。

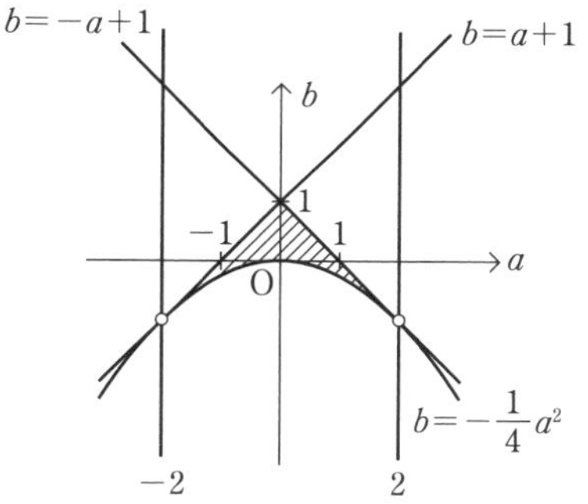

求める(a, b)の存在する領域は図の斜線部分である。境界線は放物線の$a=\pm2$以外の部分は含み、直線は含まない。

POINT ● **境界線同士が交わるのか交わらないのか、チェックしよう！**

$0 \leqq x < 2\pi$ **のとき、方程式** $\sqrt{2}\sin\left(2x+\frac{\pi}{4}\right)-\sin 2x=\cos x$ **を解きなさい。**

2020 龍谷大

イマイチ解答

$$\sqrt{2}\sin\left(2x+\frac{\pi}{4}\right)-\sin 2x=\cos x$$

加法定理

2倍角の公式 $\sin 2x = 2\sin x\cdot\cos x$

$$\sqrt{2}\left(\sin 2x\cdot\cos\frac{\pi}{4}+\cos 2x\cdot\sin\frac{\pi}{4}\right)-2\sin x\cdot\cos x=\cos x$$

（$\cos\frac{\pi}{4}=\frac{1}{\sqrt{2}}$, $\sin\frac{\pi}{4}=\frac{1}{\sqrt{2}}$）

分配法則

$$\sqrt{2}\left(\frac{1}{\sqrt{2}}\sin 2x+\frac{1}{\sqrt{2}}\cos 2x\right)-2\sin x\cdot\cos x=\cos x$$

$$\sin 2x+\cos 2x-2\sin x\cdot\cos x=\cos x$$

2倍角の公式

$$2\sin x\cdot\cos x+\cos 2x-2\sin x\cdot\cos x=\cos x$$

$$\cos 2x=\cos x$$

2倍角の公式

$$\cos^2 x-\sin^2 x=\cos x$$

相互関係 $\sin^2\theta+\cos^2\theta=1$ より $\sin^2\theta=1-\cos^2\theta$

$$\cos^2 x-(1-\cos^2 x)=\cos x$$

$$2\cos^2 x-1=\cos x$$

$$2\cos^2 x-\cos x-1=0$$

$$(\cos x-1)(2\cos x+1)=0$$

$$\cos x=-\frac{1}{2},\ 1$$

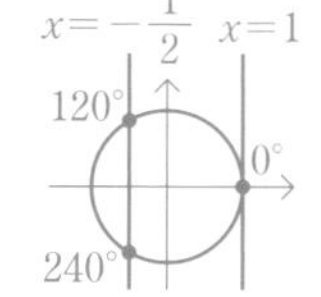

$$\therefore x=0,\ \frac{2}{3}\pi,\ \frac{4}{3}\pi$$

どうでしょう？　正解だと思うんだけど……。

うん、合ってるよ、正解！

ただ、2倍角の公式を3回も使わなきゃいけないのかな……。

もうちょっと簡単にできるってことですか？

そうなんだよね。じゃあ、**加法定理**と**2倍角の公式**を確認していこう。

覚えて！

加法定理

$\sin(\alpha+\beta)=\sin\alpha\cdot\cos\beta+\cos\alpha\cdot\sin\beta$

サイタ　コスモス　コスモス　サイタ

$\sin(\alpha-\beta)=\sin\alpha\cdot\cos\beta-\cos\alpha\cdot\sin\beta$

+, −の符号が逆になるだけ。

$\cos(\alpha+\beta)=\cos\alpha\cdot\cos\beta-\sin\alpha\cdot\sin\beta$

コスモス　コスモス　サカナイ　サカナイ

マイナスなので、「サカナイ」と覚える！

$\cos(\alpha-\beta)=\cos\alpha\cdot\cos\beta+\sin\alpha\cdot\sin\beta$

+, −の符号が逆になるだけ。

$\tan(\alpha+\beta)=\dfrac{\tan\alpha+\tan\beta}{1-\tan\alpha\cdot\tan\beta}$

タン足すタン／いちひくタンタン

$\tan(\alpha-\beta)=\dfrac{\tan\alpha-\tan\beta}{1+\tan\alpha\cdot\tan\beta}$

+, −の符号が逆になるだけ。

2倍角の公式は**加法定理**から次のように導き出せるよね。

覚えて！

2倍角の公式

① $\sin 2\theta = 2\sin\theta\cdot\cos\theta$

② $\cos 2\theta = \cos^2\theta - \sin^2\theta$

相互関係 $\sin^2\theta = 1-\cos^2\theta$ より
$\cos^2\theta - (1-\cos^2\theta) = 2\cos^2\theta - 1$

$= 2\cos^2\theta - 1$

相互関係 $\cos^2\theta = 1-\sin^2\theta$ より
$2(1-\sin^2\theta) - 1 = 1 - 2\sin^2\theta$

$= 1 - 2\sin^2\theta$

③ $\tan 2\theta = \dfrac{2\tan\theta}{1-\tan^2\theta}$

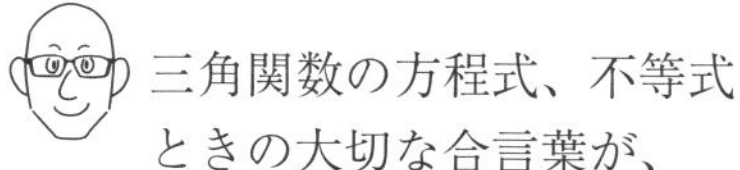

三角関数の方程式、不等式を解くときの大切な合言葉が、

①角度をそろえる!!
②関数をそろえる!!

まず「①角度をそろえたい」。だから「加法定理」を使うんですね。

$$\sqrt{2}\sin\left(2x+\frac{\pi}{4}\right) - \sin 2x = \cos x$$

↓ 加法定理

$$\sqrt{2}\left(\sin 2x\cdot\cos\frac{\pi}{4} + \cos 2x\cdot\sin\frac{\pi}{4}\right) - \sin 2x = \cos x$$

（$\cos\frac{\pi}{4} = \frac{1}{\sqrt{2}}$、$\sin\frac{\pi}{4} = \frac{1}{\sqrt{2}}$）

分配法則

$$\sqrt{2}\left(\frac{1}{\sqrt{2}}\sin 2x + \frac{1}{\sqrt{2}}\cos 2x\right) - \sin 2x = \cos x$$

$$\sin 2x + \cos 2x - \sin 2x = \cos x$$

ほら、**ここで $\sin 2x$ が消せるよね。**だから最初の式のとき、$\sin 2x$ をこのままとっておいたんだ。

な、なるほど〜！

そして、ここで $\cos 2x$ と $\cos x$ の角度がバラバラ。だから**「①角度をそろえたい」**から「2倍角の公式」で角度をそろえる。

でも $\cos 2x$ の「2倍角の公式」は $\cos^2 x - \sin^2 x$, $2\cos^2 x - 1$, $1-2\sin^2 x$ の3つある。だから、**「②関数をそろえる」**ために（右辺）が $\cos x$ だから $2\cos^2 x - 1$ を使う。

$$\cos 2x = \cos x$$

↓ 2倍角の公式

$$2\cos^2 x - 1 = \cos x$$

$$2\cos^2 x - \cos x - 1 = 0$$

$$(\cos x - 1)(2\cos x + 1) = 0$$

$$\cos x = -\frac{1}{2},\ 1$$

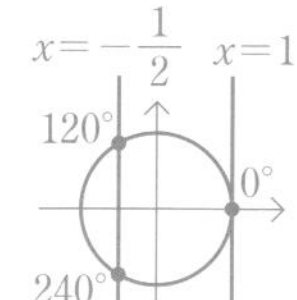

$$\therefore x = 0,\ \frac{2}{3}\pi,\ \frac{4}{3}\pi$$

POINT
● **三角関数の方程式、不等式は、「①角度をそろえる!!」「②関数をそろえる!!」**

55

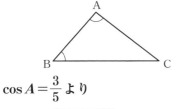

△ABCにおいて、$\cos A=\dfrac{3}{5}$, $\cos B=\dfrac{\sqrt{2}}{2}$であるとき、$\sin C=\square$である。

2020 立教大

イマイチ解答

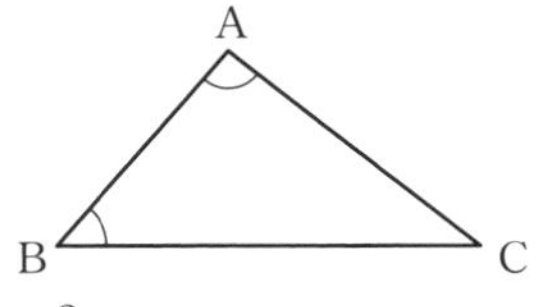

$\cos A=\dfrac{3}{5}$ より

$$\sin A=\sqrt{1-\cos^2 A}$$

← 相互関係
$\sin^2\theta+\cos^2\theta=1$ より
$\sin^2\theta=1-\cos^2\theta$
$\sin\theta=\sqrt{1-\cos^2\theta}$

$$=\sqrt{1-\frac{9}{25}}$$

$$=\sqrt{\frac{16}{25}}$$

$$=\frac{4}{5}$$

$\cos B=\dfrac{\sqrt{2}}{2}$ より

$$\sin B=\sqrt{1-\cos^2 B}$$

$$=\sqrt{1-\frac{1}{2}}$$

$$=\frac{\sqrt{2}}{2}$$

$C=\pi-(A+B)$ より

$$\cos C=\cos\{\pi-(A+B)\}$$

$$=-\cos(A+B)$$

← $\cos(180^\circ-\theta)=-\cos\theta$

$$=-(\cos A\cdot\cos B-\sin A\cdot\sin B)$$

加法定理

$$=-\left(\frac{3}{5}\cdot\frac{\sqrt{2}}{2}-\frac{4}{5}\cdot\frac{\sqrt{2}}{2}\right)$$

$$=-\frac{3\sqrt{2}-4\sqrt{2}}{10}$$

$$=\frac{\sqrt{2}}{10}$$

$$\sin C=\sqrt{1-\cos^2 C}$$

$$=\sqrt{1-\left(\frac{\sqrt{2}}{10}\right)^2}$$

$$=\sqrt{1-\frac{1}{50}}$$

$$=\sqrt{\frac{49}{50}}$$

$$=\frac{7}{5\sqrt{2}}\cdot\frac{\sqrt{2}}{\sqrt{2}}$$

$$=\frac{7\sqrt{2}}{10}$$

うん、答えは合っているよ。
相互関係をたくさん使うよね。もう少しスピーディーに答えが出せるように考えてみよう。
sin、cos、tanのプラス、マイナスについて確認するよ。

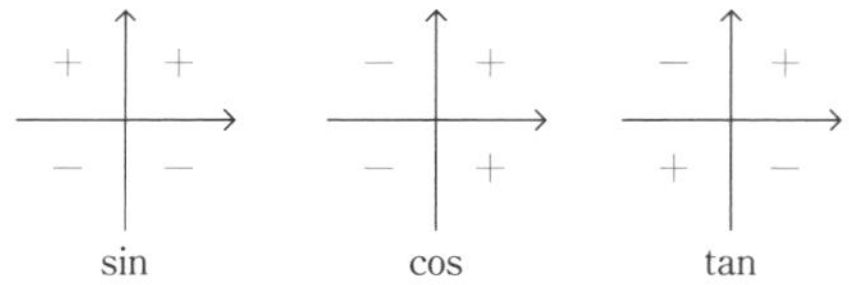

sinはy座標のイメージだから
第1, 2象限が＋（プラス）

cosはx座標のイメージだから
第1, 4象限が＋（プラス）

tanは傾きのイメージだから
第1, 3象限が＋（プラス）

でしたよね。

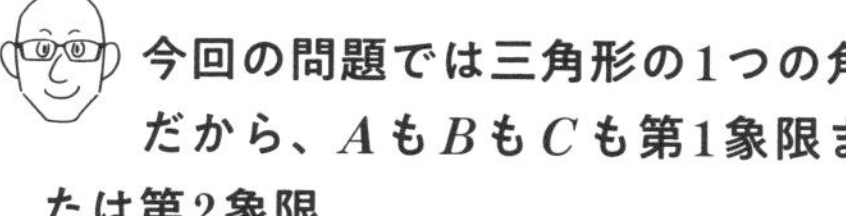

今回の問題では三角形の1つの角だから、AもBもCも第1象限または第2象限。

そして、$\cos A = \dfrac{3}{5}$, $\cos B = \dfrac{\sqrt{2}}{2}$ **で正だから、AもBも第1象限**だね。

「スピーディーに答えが出せる」というのはどういうことですか？

三角比の定義を使うんだ。

三角比の定義より、$\cos A = \dfrac{b}{a}$ だから $a=5, b=3$ を代入。三平方の定理でCの値を求める。そして三角比の定義で sin を求める。

そうすると、相互関係の $\sin^2\theta + \cos^2\theta = 1$ とかは使わずにすむんですね。

その通り！　ピカイチ解答を見ていこう。

ピカイチ解答

$\cos A = \dfrac{3}{5}$ より、

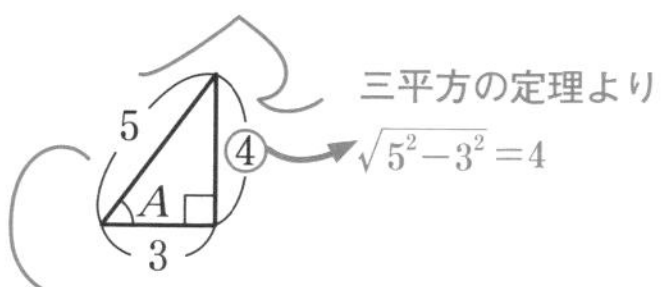

Aは第1象限より $\sin A = \dfrac{4}{5}$

$\cos B = \dfrac{\sqrt{2}}{2}$ より、

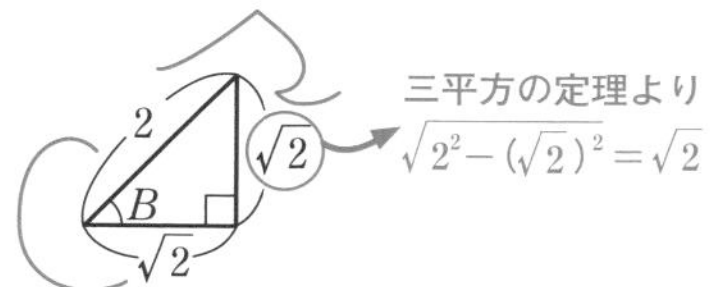

Bは第1象限より $\sin B = \dfrac{\sqrt{2}}{2}$

$$
\begin{aligned}
\sin C &= \sin\{\pi - (A+B)\} \\
&= \underline{\sin(A+B)} \quad \leftarrow \sin(180^\circ - \theta) = \sin\theta \\
&= \underline{\sin A \cdot \cos B + \cos A \cdot \sin B} \quad \text{加法定理} \\
&= \frac{4}{5}\cdot\frac{\sqrt{2}}{2} + \frac{3}{5}\cdot\frac{\sqrt{2}}{2} \\
&= \frac{4\sqrt{2}+3\sqrt{2}}{10} \\
&= \frac{7\sqrt{2}}{10}
\end{aligned}
$$

うわ、速くてすっきり〜！

POINT ● **$\cos A = \dfrac{3}{5}$ から $\sin A$ の値を求めるとき、「相互関係」でなく「三角比の定義」から求められるようになろう！**

56

$\tan x\tan y=\frac{1}{3}$ のとき $\tan(x+y)+\tan(x-y)$ の最小値は□である。ただし、$0<\pi<\frac{\pi}{2}$, $0<y<\frac{\pi}{2}$ とする。

2020 東海大

イマイチ解答

$$\tan(x+y)+\tan(x-y)$$

加法定理

$$=\frac{\tan x+\tan y}{1-\tan x\cdot\tan y}+\frac{\tan x-\tan y}{1+\tan x\cdot\tan y}$$

$\tan x\cdot\tan y=\frac{1}{3}$ より、

$$\frac{\tan x+\tan y}{1-\frac{1}{3}}+\frac{\tan x-\tan y}{1+\frac{1}{3}}$$

分配法則　分配法則

$$=\frac{3}{2}(\tan x+\tan y)+\frac{3}{4}(\tan x-\tan y)$$

$$=\frac{3}{2}\tan x+\frac{3}{2}\tan y+\frac{3}{4}\tan x-\frac{3}{4}\tan y$$

$$=\frac{9}{4}\tan x+\frac{3}{4}\tan y$$

先生、このあとどうしたらいいでしょうか……。

そうだね。加法定理も上手にできてるし、問題はここからだ。

$\tan x$ と $\tan y$ の積が与えられているよね。そして求めたいのは $\frac{9}{4}\tan x$ と $\frac{3}{4}\tan y$ の和の最小値だよね。

積が与えられて和の最小値を求めたいとき、**相加・相乗平均の不等式**を使うんだ。

> **覚えて！**
>
> **相加・相乗平均の不等式**
>
> $a>0, b>0$ のとき
>
> $a+b\geqq 2\sqrt{ab}$
>
> 等号成立は $a=b$

108ページでは、**「文字の逆数の和ときたら、相加・相乗平均の不等式」**って言っていましたね。

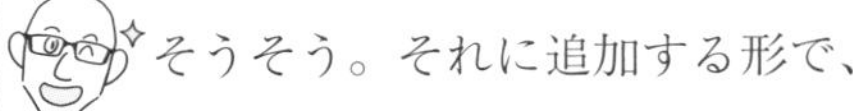

そうそう。それに追加する形で、

- **和が与えられて積の最大値**
- **積が与えられて和の最小値**

ときたら相加・相乗平均の不等式！

と覚えよう！

例 $a>0, b>0, a+b=3$ のとき ab の最大値は□

和が与えられていて積の最大値、だから**相加・相乗平均の不等式**を使うんだ。

$a>0, b>0$ なので相加・相乗平均の不等式より、

$a+b\geqq 2\sqrt{ab}$

$a+b=3$ より、

$3\geqq 2\sqrt{ab}$

$\frac{3}{2}\geqq\sqrt{ab}$

両辺を2乗して、

$\frac{9}{4} \geqq ab$

よってabの最大値$\frac{9}{4}$

等号成立は　$a=b$のとき

よって$a=b=\frac{3}{2}$のとき、

問題文に$a+b=3$とあるから、aとbは3の半分

abの最大値$\frac{9}{4}$

ピカイチ解答

$\tan(x+y)+\tan(x-y)$

加法定理

$= \frac{\tan x+\tan y}{1-\tan x \cdot \tan y} + \frac{\tan x-\tan y}{1+\tan x \cdot \tan y}$

$\tan x \cdot \tan y = \frac{1}{3}$ より、

$\frac{\tan x+\tan y}{1-\frac{1}{3}} + \frac{\tan x-\tan y}{1+\frac{1}{3}}$

分配法則　分配法則

$= \frac{3}{2}(\tan x+\tan y)+\frac{3}{4}(\tan x-\tan y)$

$= \frac{3}{2}\tan x+\frac{3}{2}\tan y+\frac{3}{4}\tan x$

$-\frac{3}{4}\tan y$

$= \frac{9}{4}\tan x+\frac{3}{4}\tan y$

$0<x<\frac{\pi}{2},\ 0<y<\frac{\pi}{2}$ より

$\tan x>0,\ \tan y>0$ なので、

相加・相乗平均の不等式より、

$\underbrace{\frac{9}{4}\tan x}_{a}+\underbrace{\frac{3}{4}\tan y}_{b}$

$\geqq 2\sqrt{\underbrace{\frac{9}{4}\tan x}_{a} \cdot \underbrace{\frac{3}{4}\tan y}_{b}}$

$= 2\sqrt{\frac{9}{4} \cdot \frac{3}{4} \cdot \boxed{\frac{1}{3}}}$　$\tan x \tan y = \boxed{\frac{1}{3}}$ より

$= 2 \cdot \sqrt{\frac{9}{16}}$

$= 2 \cdot \frac{3}{4}$

$= \frac{3}{2}$

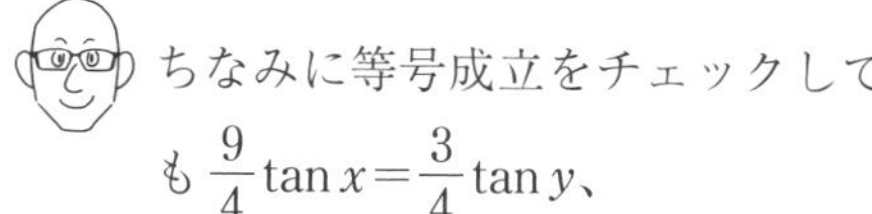

ちなみに等号成立をチェックしても$\frac{9}{4}\tan x=\frac{3}{4}\tan y$、$3\tan x=\tan y$となり、$x, y$の値を求められるわけではないからね。最小値$\frac{3}{2}$が出せたら終わり。

POINT

●**「和が与えられて積の最大値」「積が与えられて和の最小値」ときたら**

相加・相乗平均の不等式！

57 $\cos x\cos(\pi - x) = \sin 2x$, $-\dfrac{\pi}{2} \leqq x \leqq \dfrac{\pi}{2}$ が成り立つとき、$\sin x = \square$ である。

2018 関西大

イマイチ解答

$\cos x \cdot \cos(\pi - x) = \sin 2x$

$\cos(180^\circ - \theta) = -\cos\theta$

$\cos x(-\cos x) = \sin 2x$

2倍角の公式

$-\cos^2 x = 2\sin x \cdot \cos x$

$-\cos x = 2\sin x$

$-\dfrac{1}{2} = \dfrac{\sin x}{\cos x}$

相互関係

$\tan x = -\dfrac{1}{2}$

$-\dfrac{\pi}{2} \leqq x \leqq \dfrac{\pi}{2}$、$\tan x < 0$ より

x は第4象限なので $\sin x < 0$

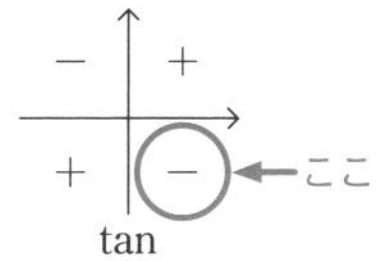

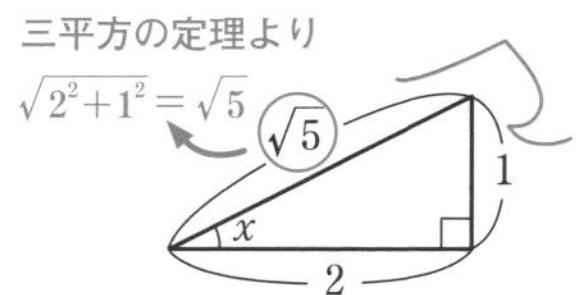

よって $\sin x = -\dfrac{1}{\sqrt{5}}$

よ～し、先生、これは合ってますよね！

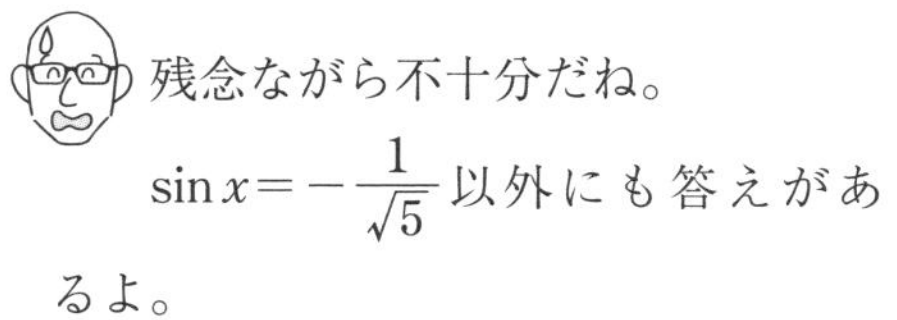

残念ながら不十分だね。

$\sin x = -\dfrac{1}{\sqrt{5}}$ 以外にも答えがあるよ。

え～残念。自信あったのにな……。

途中でよろしくない式変形をしてしまっているんだよね。

$-\cos^2 x = 2\sin x \cdot \cos x$

$-\cos x = 2\sin x$

ここなんだけど。**両辺を $\cos x$ で割ってはいけないよ。**

今回は $-\dfrac{\pi}{2} \leqq x \leqq \dfrac{\pi}{2}$ という範囲が与えられているよね。ということは、**$\cos x$ の値が0になる可能性がある**ってことだよね。

あ～、そっか！　じゃあ、もしかして、こんなかんじで

$-\cos^2 x = 2\sin x \cdot \cos x$

$\cos x(2\sin x + \cos x) = 0$

因数分解ですか……？

その通り！　じゃあ、ピカイチ解答を見ていこう！

ピカイチ解答

$\cos x \cdot \cos(\pi - x) = \sin 2x$

$\cos(180° - \theta) = -\cos\theta$

$\cos x(-\cos x) = \sin 2x$

2倍角の公式

$-\cos^2 x = 2\sin x \cdot \cos x$

$\cos x$ でくくる

$\cos x(2\sin x + \cos x) = 0$

$\cos x = 0$ または $\dfrac{\sin x}{\cos x} = -\dfrac{1}{2}$ となる。

$\cos x = 0$ のときと、$\dfrac{\sin x}{\cos x} = -\dfrac{1}{2}$ のときに分けて、それぞれ考えていくよ。

（i）$\cos x = 0$ のとき

$x = \pm\dfrac{\pi}{2}$ なので

$\sin x = \pm 1$

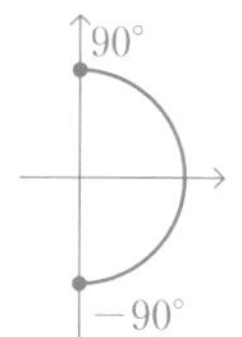

（ii）$\dfrac{\sin x}{\cos x} = -\dfrac{1}{2}$ のとき

$\tan x = -\dfrac{1}{2}$

$-\dfrac{\pi}{2} \leqq x \leqq \dfrac{\pi}{2}$、$\tan x < 0$ より

x は第4象限なので $\sin x < 0$

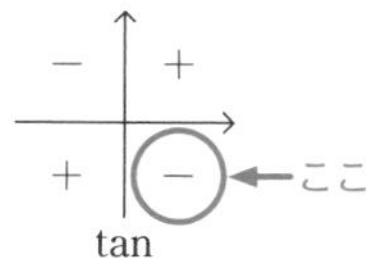

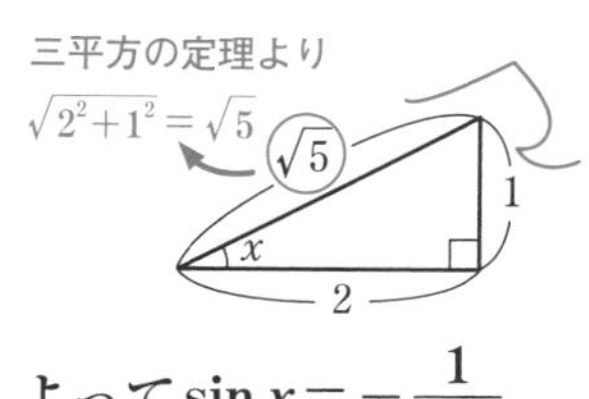

よって $\sin x = -\dfrac{1}{\sqrt{5}}$

（i）、（ii）より、$\sin x = \pm 1,\ -\dfrac{1}{\sqrt{5}}$

じゃあ2倍角の公式を用いた不等式の例題もやっておこう。

例 $0 \leqq x < 2\pi$ のとき $\sin 2x > \cos x$ を解け。

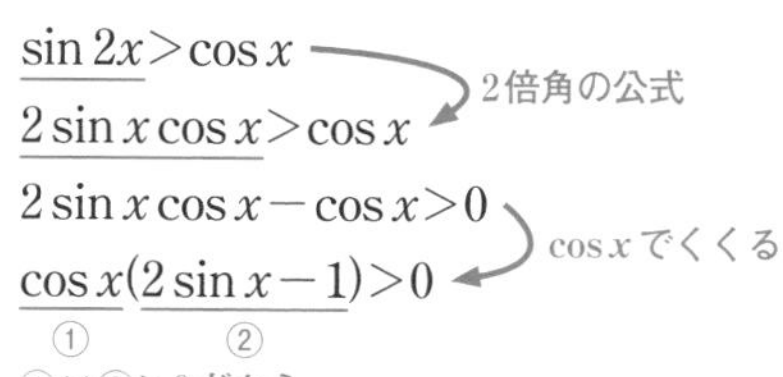

$\sin 2x > \cos x$

2倍角の公式

$2\sin x\cos x > \cos x$

$2\sin x\cos x - \cos x > 0$

$\cos x$ でくくる

$\underset{①}{\cos x}\underset{②}{(2\sin x - 1)} > 0$

①×②>0だから、

①、②両方が正　または　①、②両方が負

$\begin{cases}\cos x > 0 \\ 2\sin x - 1 > 0\end{cases}$ または $\begin{cases}\cos x < 0 \\ 2\sin x - 1 < 0\end{cases}$

$\begin{cases}\cos x > 0 \\ \sin x > \dfrac{1}{2}\end{cases}$ または $\begin{cases}\cos x < 0 \\ \sin x < \dfrac{1}{2}\end{cases}$

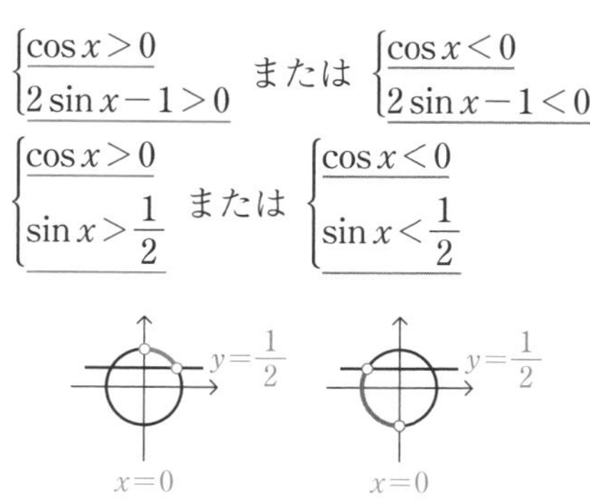

$\therefore \dfrac{\pi}{6} < x < \dfrac{\pi}{2},\ \dfrac{5}{6}\pi < x < \dfrac{3}{2}\pi$

POINT

● 文字で割るときは要注意。0になる可能性があるときは、割っちゃダメ！

58 $-\frac{\pi}{4}<\theta<0$ とする。$\cos\theta+\sin\theta=\frac{1}{5}$ であるとき、$\cos 2\theta=$□である。

2017 立教大

イマイチ解答

$-\frac{\pi}{4}<\theta<0$

$\cos\theta+\sin\theta=\frac{1}{5}$

両辺を2乗して、

$\cos^2\theta+2\sin\theta\cdot\cos\theta+\sin^2\theta=\frac{1}{25}$

相互関係より $\sin^2\theta+\cos^2\theta=1$

$1+2\sin\theta\cdot\cos\theta=\frac{1}{25}$

$2\sin\theta\cdot\cos\theta=-\frac{24}{25}$

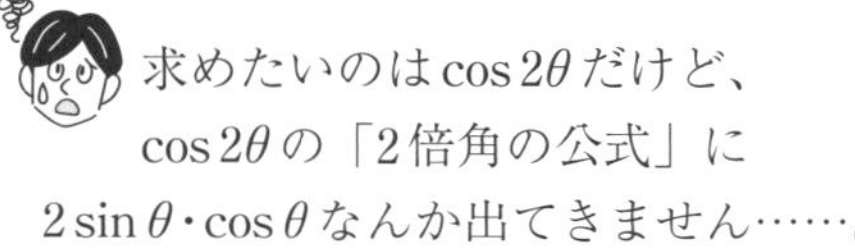

求めたいのは $\cos 2\theta$ だけど、$\cos 2\theta$ の「2倍角の公式」に $2\sin\theta\cdot\cos\theta$ なんか出てきません……。

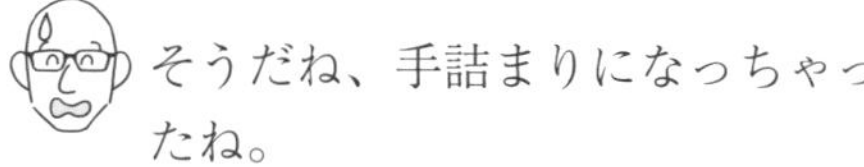

そうだね、手詰まりになっちゃったね。

それではここでクイズです！ 「本」は英語で何でしょう？

？？？　先生、いきなりなんですか？　さすがにわかります。「本」は「book」！

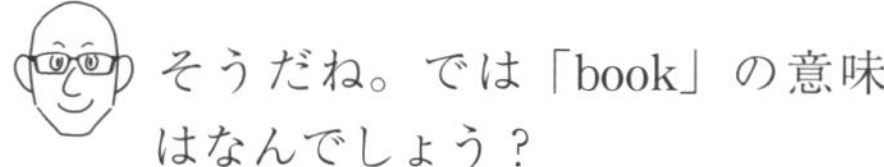

そうだね。では「book」の意味はなんでしょう？

……ちょっと馬鹿にしてます？（笑）「book」は「本」です！

大正解！　ピンポンピンポ〜ン！

ちょっと先生、真面目に数学やりましょうよ！

「本はbook」で「bookは本」。これがわかっていれば、この問題は解けます！

ええ〜！　どういうこと？

ピカイチ解答

$-\frac{\pi}{4}<\theta<0$

$\cos\theta+\sin\theta=\frac{1}{5}$

両辺を2乗して、

$\cos^2\theta+2\sin\theta\cdot\cos\theta+\sin^2\theta=\frac{1}{25}$

相互関係より $\sin^2\theta+\cos^2\theta=1$

$1+2\sin\theta\cdot\cos\theta=\frac{1}{25}$

$2\sin\theta\cdot\cos\theta=-\frac{24}{25}$

2倍角の公式 $\sin 2\theta=2\sin\theta\cdot\cos\theta$ の逆

$\sin 2\theta=-\frac{24}{25}$

ここが一番のポイント！

$\sin 2\theta=2\sin\theta\cdot\cos\theta$ という2倍角の公式はほとんどの生徒が言えるんだけれど、その逆って言えない生徒が多いよ。

$\sin 2\theta \to 2\sin\theta\cdot\cos\theta$と変形できても、$2\sin\theta\cdot\cos\theta \to \sin 2\theta$は思いつかなかったなあ。

だから、「本はbook」で「bookは本」と同じような感覚で身につけてほしいんだ。

$-\dfrac{\pi}{4}<\theta<0$ より

$-\dfrac{\pi}{2}<2\theta<0$ なので $\cos 2\theta>0$

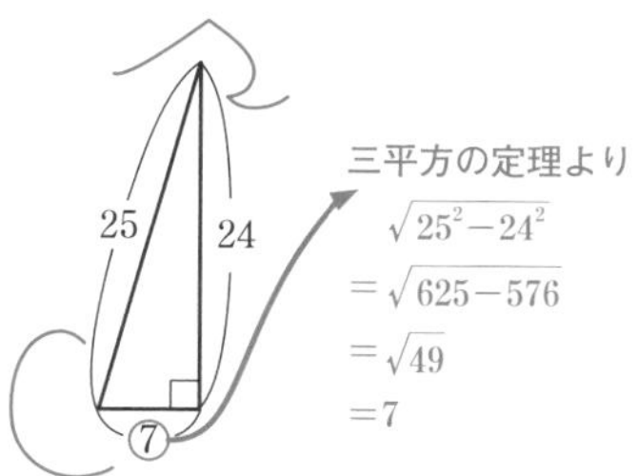

よって $\cos 2\theta=\dfrac{7}{25}$

「$2\sin\theta\cdot\cos\theta=\sin 2\theta$ の両辺を2で割って $\sin\theta\cdot\cos\theta=\dfrac{1}{2}\sin 2\theta$」は、半角の公式の1つとして覚えておこう！

半角の公式 覚えて！

① $\boxed{\cos^2\theta}=\dfrac{1+\cos 2\theta}{2}$

② $\sin^2\theta=\dfrac{1-\cos 2\theta}{2}$

③ $\tan^2\theta=\dfrac{1-\cos 2\theta}{1+\cos 2\theta}$

→ $\tan^2\theta=\dfrac{\sin^2\theta}{\cos^2\theta}$ に①、②を代入したもの！

④ $\sin\theta\cdot\cos\theta=\dfrac{1}{2}\sin 2\theta$

「2倍角の公式」
$\cos 2\theta=2\boxed{\cos^2\theta}-1$ の $\boxed{\cos^2\theta}$ を主役にしたのが①で、
$\cos 2\theta=1-2\sin^2\theta$ の $\sin^2\theta$ を主役にしたのが②で、
$\sin 2\theta=2\sin\theta\cdot\cos\theta$ の $\sin\theta\cdot\cos\theta$ を主役にしたのが④なんですね。

そうだね。そして**「半角の公式」はすべて「次数下げ」をしている**んだということも覚えといてね。①、②、③、④の左辺はすべて2次式で、右辺はすべて1次式。次数下げになっているよね。

POINT ● **三角関数で2次式があったら、半角の公式で次数下げ！**

$0 \leqq x < 2\pi$ **のとき、** $\cos x + \cos 2x + \cos 3x = 0$ **を満たす** x **を求めよ。**

2018 甲南大

イマイチ解答

三角関数で「方程式を解け」は何をそろえるんだっけ⁉

①角度をそろえる‼
②関数をそろえる‼
ですよね。

その通り！　じゃあどうぞ！

$\cos x + \cos 2x + \cos 3x = 0$
$\cos x + 2\cos^2 - 1 + \cdots\cdots$

「角度をそろえたい」から「3倍角の公式」を使おうと思ったけど……忘れちゃったな〜。

そっか〜。頻度はそこまで高くないけれど、実際にこうやって出題されているわけだし、覚えておいてね！

> **覚えて！**
> **3倍角の公式**
> $\sin 3\theta = 3\sin\theta - 4\sin^3\theta$
> $\cos 3\theta = -3\cos\theta + 4\cos^3\theta$

sinの3倍角の公式は、**「サンシャイン風邪ひき夜風が身にしみる」**と覚えよう。

サン	シャイン	風邪ひき	夜風が	身に	しみる
$\sin 3\theta = 3$	$\sin\theta$	$-$	4	3乗	$\sin\theta$

cosは**「坊さんコスプレ四国参上」。**

坊	さん	コスプレ	四	国	参上
$\cos 3\theta = -$	3	$\cos\theta$	$+4$	$\cos\theta$	3乗

独特な覚え方ですね。
サンシャイン風邪ひき夜風が身にしみる……坊さんコスプレ四国参上……サンシャイン風邪ひき夜風が身にしみる……坊さんコスプレ四国参上……（ブツブツ）。

「ゴロ合わせは言えるけど、公式が書けない……」なんてことがないようにしてね（笑）

ピカイチ解答

$\cos x + \cos 2x + \cos 3x = 0$

2倍角の公式　3倍角の公式

$\cos x + 2\cos^2 x - 1$
$-3\cos x + 4\cos^3 x = 0$

降べきの順

$4\cos^3 x + 2\cos^2 x - 2\cos x - 1 = 0$

$\cos x = t$ とおく。
ここで、$0 \leqq x < 2\pi$ より $-1 \leqq t \leqq 1$

$4t^3 + 2t^2 - 2t - 1 = 0$

$f(t) = 4t^3 + 2t^2 - 2t - 1$ とおく。
定数項1の約数±1を代入して解を見つける。

$f(1)=4+2-2-1\neq 0$

$f(-1)=-4+2+2-1\neq 0$

あれ？　1も−1も解になりませんよ。

そうだね。x^3の係数が1ではないから、こういうことが起きる可能性があるんだよね。

この場合は$\pm\dfrac{\textbf{定数項の約数}}{\textbf{最高次の係数の約数}}$**で解を見つける**んだ。

今回は最高次の係数が4だから、約数は1, 2, 4。$\dfrac{1}{2}, -\dfrac{1}{2}, \dfrac{1}{4}, -\dfrac{1}{4}$の中から解を見つけるんですね。

$$f\left(\frac{1}{2}\right)=\frac{4}{8}+\frac{2}{4}-\frac{2}{2}-1$$
$$=\frac{1}{2}+\frac{1}{2}-1-1\neq 0$$
$$f\left(-\frac{1}{2}\right)=-\frac{4}{8}+\frac{2}{4}+\frac{2}{2}-1$$
$$=-\frac{1}{2}+\frac{1}{2}+1-1=0$$

あ〜、やっと見つかった〜！

組立除法

$-\frac{1}{2}$	4	2	−2	−1
		−2	0	1
	4	0	−2	0

（4, 0, −2：商の係数　0：余り）

よって$f(t)=\left(t+\dfrac{1}{2}\right)(4t^2-2)$**と因数分解できるので、**

$$\left(t+\frac{1}{2}\right)(4t^2-2)=0$$
$$\left(t+\frac{1}{2}\right)(2t^2-1)=0$$
$$t=-\frac{1}{2}, \pm\frac{1}{\sqrt{2}}$$
$$\cos x=-\frac{1}{2}, \pm\frac{1}{\sqrt{2}}$$

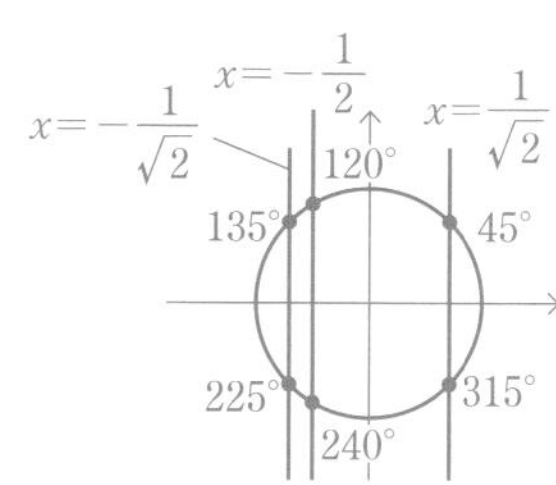

$$\therefore x=\frac{\pi}{4}, \frac{2}{3}\pi, \frac{3}{4}\pi, \frac{5}{4}\pi, \frac{4}{3}\pi, \frac{7}{4}\pi$$

POINT

- **3倍角の公式を覚えよう！**
- **高次方程式を解くとき、±（定数項の約数）で解が見つからない場合は$\pm\dfrac{\textbf{定数項の約数}}{\textbf{最高次の係数の約数}}$で解を見つけよう！**

60

関数 $y=2\sin\theta\cos\theta-2\sin\theta-2\cos\theta-3\ (0\leqq\theta<2\pi)$ を考える。$x=\sin\theta+\cos\theta$ とおいて y を x の式で表すと $y=$□である。y は $\theta=$□のとき最大値□をとる。また、y は最小値□をとる。

2019 関西学院大

イマイチ解答

$$y=2\sin\theta\cdot\cos\theta\underline{-2\sin\theta-2\cos\theta}-3$$

↓ −2でくくる

$$=2\sin\theta\cdot\cos\theta\underline{-2(\sin\theta+\cos\theta)}-3$$

$x=\sin\theta+\cos\theta$ とおいて2乗すると、

$$x^2=\underline{\sin^2\theta}+2\sin\theta\cdot\cos\theta+\underline{\cos^2\theta}$$

相互関係 $\sin^2\theta+\cos^2\theta=1$

$$x^2=\underline{1}+2\sin\theta\cdot\cos\theta$$

$$2\sin\theta\cdot\cos\theta=x^2-1$$

よって y を x で表すと、

$$y=x^2-1-2x-3$$

$$=\underline{x^2\boxed{-2}x}-4$$

半分 ↓　　平方完成

$$=\underline{(x\boxed{-1})^2-1}-4$$

$$y=\underline{(x-1)^2-5}$$

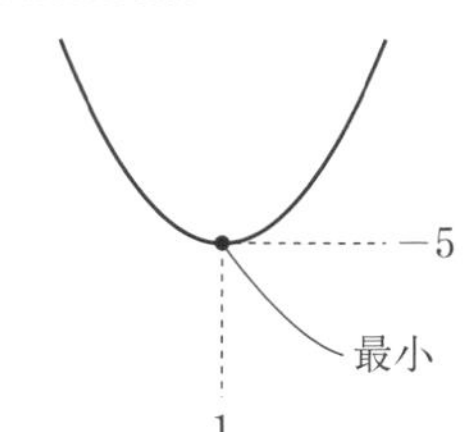

$x=1$ のとき最小値 $\underline{-5}$

あれ……最小値は出たけど、最大値が出ない……。

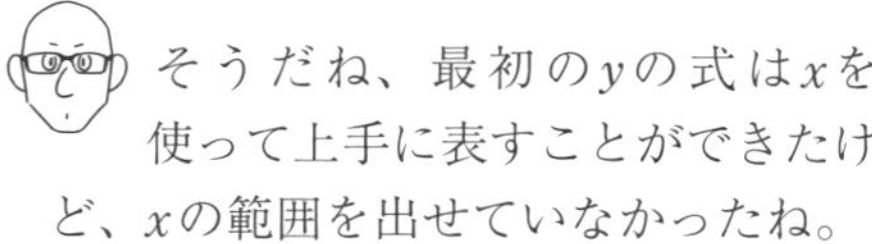

そうだね、最初の y の式は x を使って上手に表すことができたけど、x の範囲を出せていなかったね。

x の範囲かあ……。どうすれば出せますかね……。

ピカイチ解答

$$y=2\sin\theta\cdot\cos\theta\underline{-2\sin\theta-2\cos\theta}-3$$

↓ −2でくくる

$$=2\sin\theta\cdot\cos\theta\underline{-2(\sin\theta+\cos\theta)}-3$$

$x=\sin\theta+\cos\theta$ とおく。

文字を置き換えたときに、必ず範囲チェック！　そのために $x=\sin\theta+\cos\theta$ を合成する。

$$x=\sqrt{2}\left(\boxed{\frac{1}{\sqrt{2}}}\sin\theta+\boxed{\frac{1}{\sqrt{2}}}\cos\theta\right)$$

（$\frac{1}{\sqrt{2}}$ は $\cos\frac{\pi}{4}$、$\frac{1}{\sqrt{2}}$ は $\sin\frac{\pi}{4}$）　合成

$$=\sqrt{2}\underline{\left(\sin\theta\cdot\cos\frac{\pi}{4}+\cos\theta\cdot\sin\frac{\pi}{4}\right)}$$

↓ 加法定理の逆

$$x=\sqrt{2}\,\underline{\sin\left(\theta+\frac{\pi}{4}\right)}$$

> ここで、$0\leqq\theta<2\pi$ より
> $$\frac{\pi}{4}\leqq\theta+\frac{\pi}{4}<2\pi+\frac{\pi}{4}$$

新しい角度の $\theta+\frac{\pi}{4}$ の範囲を必ずチェックして、視覚化!!

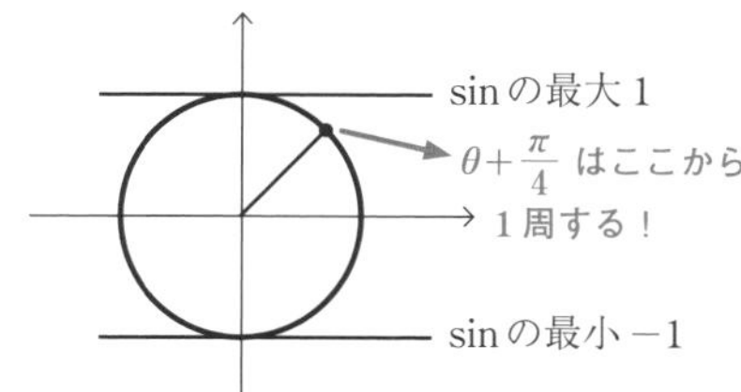

$$-1\leqq\sin\left(\theta+\frac{\pi}{4}\right)\leqq 1$$

×$\sqrt{2}$

$$-\sqrt{2}\leqq\sqrt{2}\sin\left(\theta+\frac{4}{\pi}\right)\leqq\sqrt{2}$$

$$\therefore -\sqrt{2}\leqq x\leqq\sqrt{2}$$

$x=\sin\theta+\cos\theta$ の両辺を2乗すると、

$$x^2=\sin^2\theta+2\sin\theta\cdot\cos\theta+\cos^2\theta$$

相互関係
$\sin^2\theta+\cos^2\theta=1$

$$x^2=1+2\sin\theta\cdot\cos\theta$$

$$2\sin\theta\cdot\cos\theta=x^2-1$$

よって y を x で表すと、

$$y=x^2-1-2x-3$$

$$=x^2-2x-4$$

半分　　平方完成

$$=(x-1)^2-1-4$$

$$y=(x-1)^2-5$$

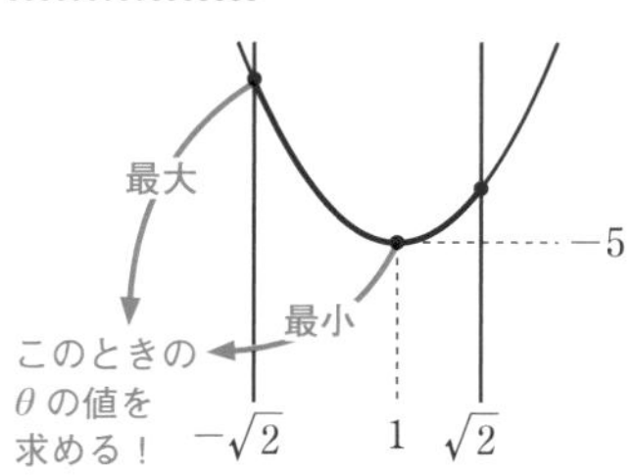

$x=-\sqrt{2}$ のとき

このとき、x は $x=\sin\theta+\cos\theta$ ではなく $x=\sqrt{2}\sin\left(\theta+\frac{\pi}{4}\right)$ を使わなきゃですよね。θ を求めたいから。

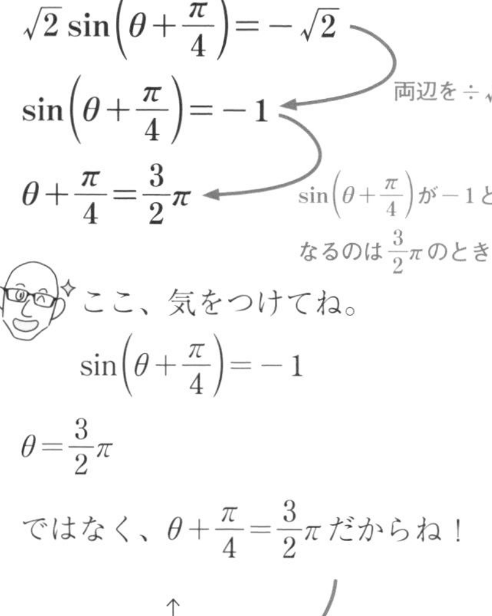

$$\sqrt{2}\sin\left(\theta+\frac{\pi}{4}\right)=-\sqrt{2}$$

両辺を÷$\sqrt{2}$

$$\sin\left(\theta+\frac{\pi}{4}\right)=-1$$

$$\theta+\frac{\pi}{4}=\frac{3}{2}\pi$$

$\sin\left(\theta+\frac{\pi}{4}\right)$ が −1 となるのは $\frac{3}{2}\pi$ のとき

ここ、気をつけてね。

$\sin\left(\theta+\frac{\pi}{4}\right)=-1$

$\theta=\frac{3}{2}\pi$

ではなく、$\theta+\frac{\pi}{4}=\frac{3}{2}\pi$ だからね！

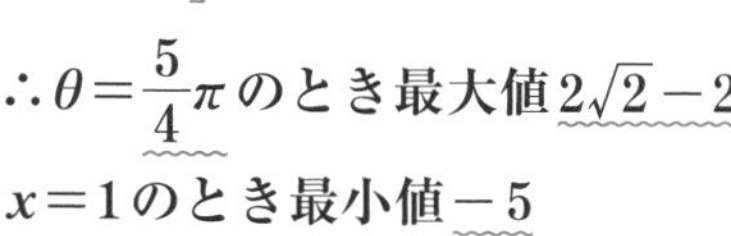

$\therefore\theta=\frac{5}{4}\pi$ のとき最大値 $2\sqrt{2}-2$

$x=1$ のとき最小値 -5

POINT ● **文字を置き換えたら必ず範囲チェック！　そのときに「三角関数の合成」を使う！**

61

関数 $y=2\cos^2\theta-\sqrt{3}\cos\theta\sin\theta-\sin^2\theta$ $(0\leqq\theta\leqq\pi)$ は $\theta=$□のとき最大値□をとる。

2019 慶応大

イマイチ解答

$$y=2\cos^2\theta-\sqrt{3}\cos\theta\cdot\sin\theta-\sin^2\theta$$

半角の公式で次数下げ

$$=2\cdot\frac{1+\cos 2\theta}{2}-\sqrt{3}\cdot\frac{1}{2}\sin 2\theta-\frac{1-\cos 2\theta}{2}$$

$$=1+\cos 2\theta-\frac{\sqrt{3}}{2}\sin 2\theta-\frac{1}{2}+\frac{1}{2}\cos 2\theta$$

$$=-\frac{\sqrt{3}}{2}\sin 2\theta+\frac{3}{2}\cos 2\theta+\frac{1}{2}$$

$$=-\frac{\sqrt{3}}{2}(\sin 2\theta-\sqrt{3}\cos 2\theta)+\frac{1}{2}$$

$$=-\frac{\sqrt{3}}{2}\cdot 2\left(\boxed{\frac{1}{2}}\sin 2\theta-\boxed{\frac{\sqrt{3}}{2}}\cos 2\theta\right)+\frac{1}{2}$$

$\cos\frac{\pi}{3}$　$\sin\frac{\pi}{3}$　合成

$$=-\sqrt{3}\left(\sin 2\theta\cdot\cos\frac{\pi}{3}-\cos 2\theta\cdot\sin\frac{\pi}{3}\right)+\frac{1}{2}$$

$$=-\sqrt{3}\sin\left(2\theta-\frac{\pi}{3}\right)+\frac{1}{2}$$

ここで、$0\leqq\theta\leqq\pi$ より

$0\leqq 2\theta\leqq 2\pi$

$-\frac{\pi}{3}\leqq 2\theta-\frac{\pi}{3}\leqq 2\pi-\frac{\pi}{3}$

新しい角度 $2\theta-\frac{\pi}{3}$ の範囲を必ずチェックして、視覚化!!

sin の最大 1

sin の最小 −1

$2\theta-\frac{\pi}{3}$ はここから 1 周！

$$-1\leqq\sin\left(2\theta-\frac{\pi}{3}\right)\leqq 1$$

$\times(-\sqrt{3})$

$$-\sqrt{3}\leqq-\sqrt{3}\sin\left(2\theta-\frac{\pi}{3}\right)\leqq\sqrt{3}$$

$+\frac{1}{2}$

$$\frac{1}{2}-\sqrt{3}\leqq-\sqrt{3}\sin\left(2\theta-\frac{\pi}{3}\right)+\frac{1}{2}\leqq\frac{1}{2}+\sqrt{3}$$

$$\frac{1}{2}-\sqrt{3}\leqq y\leqq\frac{1}{2}+\sqrt{3}$$

最大値をとるのは、

$$-\sqrt{3}\sin\left(2\theta-\frac{\pi}{3}\right)+\frac{1}{2}=\frac{1}{2}+\sqrt{3}$$

$$-\sqrt{3}\sin\left(2\theta-\frac{\pi}{3}\right)=\sqrt{3}$$

$$\sin\left(2\theta-\frac{\pi}{3}\right)=1$$

$$2\theta-\frac{\pi}{3}=\frac{\pi}{2}$$

$$2\theta=\frac{5}{6}\pi$$

$\therefore\theta=\frac{5}{12}\pi$ のとき最大値 $\frac{1}{2}+\sqrt{3}$

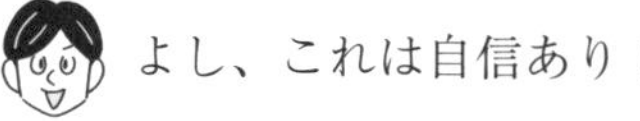

よし、これは自信あり！

ん〜。最大値、最小値を求めるところまではよくできているんだけど。最大値 $\frac{1}{2}+\sqrt{3}$ を与える θ を求めるときによくないことをしているね。$-1\leqq\sin\left(2\theta-\frac{\pi}{3}\right)\leqq 1$ からやってみるよ。

ピカイチ解答

$\boxed{-1} \leqq \sin\left(2\theta - \frac{\pi}{3}\right) \leqq 1$　$\times(-\sqrt{3})$

$-\sqrt{3} \leqq -\sqrt{3}\sin\left(2\theta - \frac{\pi}{3}\right) \leqq \boxed{\sqrt{3}}$　$+\frac{1}{2}$

$\frac{1}{2} - \sqrt{3} \leqq -\sqrt{3}\sin\left(2\theta - \frac{\pi}{3}\right) + \frac{1}{2} \leqq \boxed{\frac{1}{2} + \sqrt{3}}$

$\frac{1}{2} - \sqrt{3} \leqq y \leqq \boxed{\frac{1}{2} + \sqrt{3}}$

最大値をとるのは、

$-\sqrt{3}\sin\left(2\theta - \frac{\pi}{3}\right) + \frac{1}{2} = \boxed{\frac{1}{2} + \sqrt{3}}$　$-\frac{1}{2}$

$-\sqrt{3}\sin\left(2\theta - \frac{\pi}{3}\right) = \boxed{\sqrt{3}}$　$\div(-\sqrt{3})$

$\sin\left(2\theta - \frac{\pi}{3}\right) = \boxed{-1}$

あ、ここが間違えていました！
不等式の右辺の数字をずっと追いかけていたので、そのまま右側にある数字でやっちゃってました……。

なるほど。気をつけてね。
そもそも $-1 \leqq \sin\left(2\theta - \frac{\pi}{3}\right) \leqq 1$ の各辺に $-\sqrt{3}$ をかけて $-\sqrt{3}\sin\left(2\theta - \frac{\pi}{3}\right)$ の不等式をつくったわけだからね。

$-1 \leqq \sin\left(2\theta - \frac{\pi}{3}\right) \leqq 1$
$\times(-\sqrt{3})$　$\times(-\sqrt{3})$
$-\sqrt{3} \leqq -\sqrt{3}\sin\left(2\theta - \frac{\pi}{3}\right) \leqq \sqrt{3}$

たしかにそうですね。気をつけます。落ち着いて方程式
$-\sqrt{3}\sin\left(2\theta - \frac{\pi}{3}\right) = \sqrt{3}$ を解いていけばいいだけですね。両辺を $-\sqrt{3}$ で割って $\sin\left(2\theta - \frac{\pi}{3}\right) = -1$。

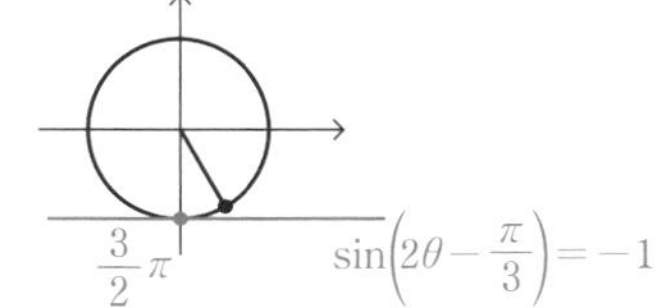

$2\theta - \frac{\pi}{3} = \frac{3}{2}\pi$

$2\theta = \frac{11}{6}\pi$

$\therefore \theta = \frac{11}{12}\pi$ のとき最大値 $\frac{1}{2} + \sqrt{3}$

「半角の公式」で次数を下げて「合成」して最大値・最小値を求める問題はめちゃくちゃ重要問題。だから**「熱が40℃あっても解けなきゃいけない問題」**と言っているよ。

（熱が40℃もあったら数学の問題なんて解きたくないけど……！）

何度も練習して、最大値・最小値だけでなく、そのときのθの値まで出せるようにしっかりやっていきましょう！

POINT ● 三角関数で2次式の問題が出たら、半角の公式で次数下げする！

aは正の定数とする。関数$f(x)=\cos x\sin x+a(\sin x+\cos x)+1$ $(0\leqq x<2\pi)$のグラフとx軸との交点の個数がちょうど4となるような、定数aの値の範囲は$\square<a<\dfrac{\square\sqrt{\square}}{\square}$である。

2019 早稲田大

イマイチ解答

$\sin x+\cos x=t$とおく。

$$t=\sqrt{2}\left(\boxed{\frac{1}{\sqrt{2}}}\sin x+\boxed{\frac{1}{\sqrt{2}}}\cos x\right)$$

$\cos\frac{\pi}{4}$ 　 $\sin\frac{\pi}{4}$ 　 合成

$$=\sqrt{2}\left(\sin x\cdot\cos\frac{\pi}{4}+\cos x\cdot\sin\frac{\pi}{4}\right)$$

$$=\sqrt{2}\sin\left(x+\frac{\pi}{4}\right)$$

加法定理の逆

ここで$0\leqq x<2\pi$より
$$\frac{\pi}{4}\leqq x+\frac{\pi}{4}<2\pi+\frac{\pi}{4}$$

新しい角度$x+\frac{\pi}{4}$の範囲を必ずチェックして視覚化!!

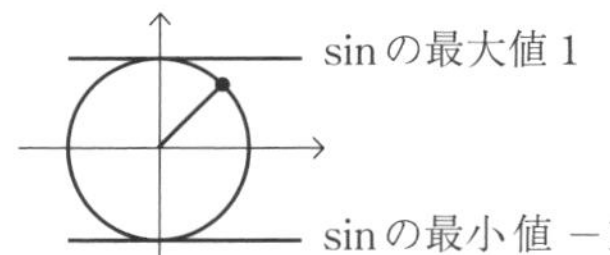

$$-1\leqq\sin\left(x+\frac{\pi}{4}\right)\leqq 1$$

$\times\sqrt{2}$

$$-\sqrt{2}\leqq\sqrt{2}\sin\left(x+\frac{\pi}{4}\right)\leqq\sqrt{2}$$

$$\therefore -\sqrt{2}\leqq t\leqq\sqrt{2}$$

$t=\sin x+\cos x$の両辺を2乗

$$t^2=\sin^2 x+2\sin x\cdot\cos x+\cos^2 x$$

相互関係 $\sin^2\theta+\cos^2\theta=1$

$$t^2=1+2\sin x\cdot\cos x$$

$$t^2-1=2\sin x\cdot\cos x$$

$$\therefore\sin x\cdot\cos x=\frac{t^2-1}{2}$$

よって$f(x)$をtで表すと、

$$f(x)=\frac{t^2-1}{2}+at+1$$

$$=\frac{1}{2}t^2+at+\frac{1}{2}$$

これを$g(t)$とおく。

あれ、先生、これはtの2次関数ですよね。そしたらt軸との交点って多くても2個ですよね。4個になんかなるわけない……。

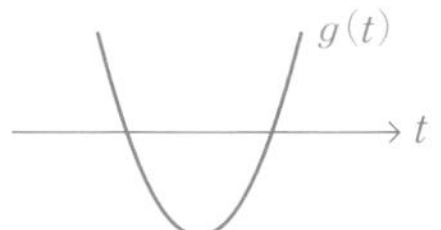

$\sin x+\cos x=t$とおく。

①文字を置き換えて範囲チェック!!

②$f(x)$をtで表す。

そこまでは上手にできているからGood！　その後「x軸との交点が4」だよ。

ピカイチ解答

ピカイチ解答は続きからいくね。

$$g(t)=\frac{1}{2}t^2+at+\frac{1}{2}$$

$$=\frac{1}{2}(t^2+2at)+\frac{1}{2}$$

$$=\frac{1}{2}\{(t+a)^2-a^2\}+\frac{1}{2}$$

$$=\frac{1}{2}(t+a)^2-\frac{1}{2}a^2+\frac{1}{2}$$

平方完成

「x軸との交点が4」だから、$f(x)=0$という方程式の解が$0\leqq x<2\pi$で4個になればいいわけだ。

あ、その$0\leqq x<2\pi$から$-\sqrt{2}\leqq t\leqq\sqrt{2}$なので、$t<-\sqrt{2}$, $\sqrt{2}<t$だとxの値は出てこないんですね。

たとえば……$t=3$のとき

$\sqrt{2}\sin\left(x+\frac{\pi}{4}\right)=3$

$\sin\left(x+\frac{\pi}{4}\right)=\frac{3}{\sqrt{2}}$ →xは0個

$t=\sqrt{2}$だと、

$\sqrt{2}\sin\left(x+\frac{\pi}{4}\right)=\sqrt{2}$

$\sin\left(x+\frac{\pi}{4}\right)=1$ →xは$\frac{\pi}{2}$の1個

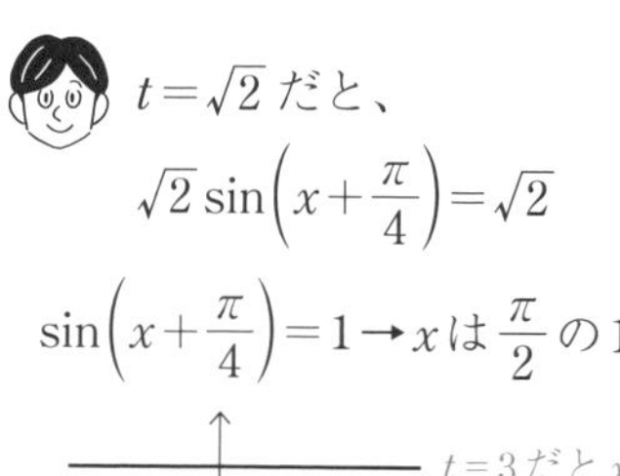

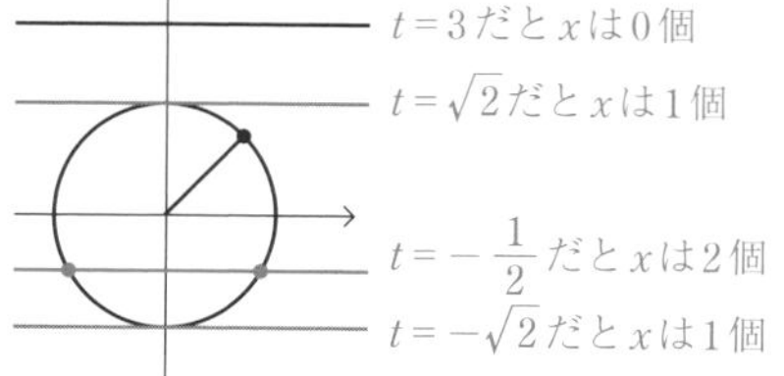

$t<-\sqrt{2}$, $\sqrt{2}<t$のときはxは0個
$t=\pm\sqrt{2}$　　　のときはxは1個
$-\sqrt{2}<t<\sqrt{2}$　のときはxは2個
より、
$f(x)=0$の解の個数が4となるためには$g(t)=\frac{1}{2}t^2+at+\frac{1}{2}=0$の解が$-\sqrt{2}<t<\sqrt{2}$において2個となればよい。

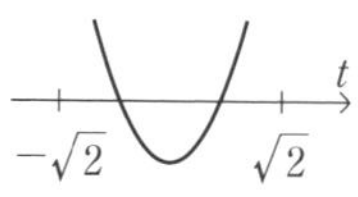

（ⅰ）$g(t)=0$の判別式$D>0$

$D=a^2-4\cdot\frac{1}{2}\cdot\frac{1}{2}>0$

$(a+1)(a-1)>0$

$\therefore a<-1, 1<a$

（ⅱ）$g(-\sqrt{2})>0$かつ$g(\sqrt{2})>0$

$g(-\sqrt{2})=1-\sqrt{2}a+\frac{1}{2}>0$

$-\sqrt{2}a>-\frac{3}{2}$

÷$(-\sqrt{2})$

$a<\frac{3}{2\sqrt{2}}\cdot\frac{\sqrt{2}}{\sqrt{2}}$

$\therefore a<\frac{3}{4}\sqrt{2}$

$g(\sqrt{2})=1+\sqrt{2}a+\frac{1}{2}>0$

$\therefore a>-\frac{3}{4}\sqrt{2}$

（ⅲ）$-\sqrt{2}<$軸$<\sqrt{2}$

$-\sqrt{2}<-a<\sqrt{2}$

×(-1)

$-\sqrt{2}<a<\sqrt{2}$

問題文より

（ⅰ）〜（ⅲ）と$a>0$より

$1<a<\frac{3}{4}\sqrt{2}$

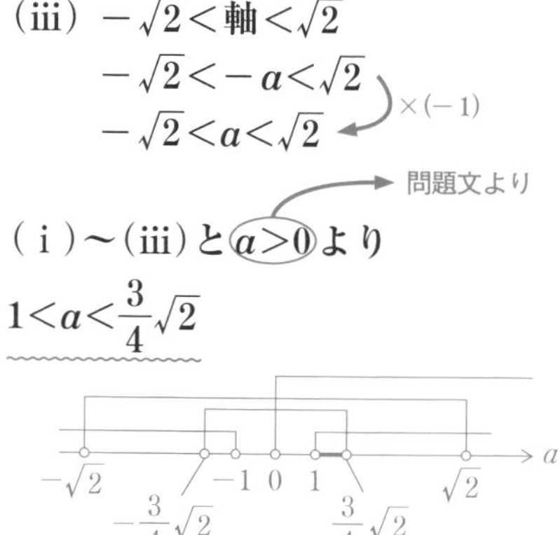

POINT
- **「解」は「交点」、「交点」は「解」！**
- **「解の配置」の問題に帰着できるようにしよう！**

$\sqrt{1+\dfrac{4}{1+5^{\frac{1}{3}}+5^{\frac{2}{3}}}}=t^{\frac{1}{u}}$ **を満たす整数t, uを求めよ。**

2016 東京女子医科大

イマイチ解答

ひい〜〜〜なんですかこの問題……すでに心が折れそうですけど、やってみます……。

(左辺)

$$=\sqrt{1+\frac{4}{5^0+5^{\frac{1}{3}}+5^{\frac{2}{3}}}}$$

通分

$$=\sqrt{\frac{5^0+5^{\frac{1}{3}}+5^{\frac{2}{3}}+4}{5^0+5^{\frac{1}{3}}+5^{\frac{2}{3}}}}$$

分母分子に$5^{\frac{1}{3}}-1$をかける

$$=\sqrt{\frac{(5^{\frac{1}{3}}-1)\{(5^0+5^{\frac{1}{3}}+5^{\frac{2}{3}})+4\}}{(5^{\frac{1}{3}}-1)(5^0+5^{\frac{1}{3}}+5^{\frac{2}{3}})}}$$

$$=\sqrt{\frac{(5-1)+4(5^{\frac{1}{3}}-1)}{5-1}}$$

$(a-b)(a^2+ab+b^2)=a^3-b^3$

$$=\sqrt{\frac{4+4(5^{\frac{1}{3}}-1)}{4}}$$

$$=\sqrt{1+5^{\frac{1}{3}}-1}$$

$$=\boxed{\sqrt{5^{\frac{1}{3}}}}\ (5^{\frac{1}{3}})^{\frac{1}{2}}$$

$(a^p)^q=a^{p\times q}$

$$=5^{\frac{1}{6}}$$

よって$t=5, u=6$

う〜ん、難しかった……。

でも答えは合っているよ！　そうだなあ……なんで難しいと感じた？

$\sqrt{\ }$もイヤだし、分数もイヤだし……。でも一番イヤなのは$5^{\frac{1}{3}}, 5^{\frac{2}{3}}$のところですね。

そうだよね。$5^{\frac{1}{3}}, 5^{\frac{2}{3}}$はいっぱい出てくるもんね。

そしたら$a=5^{\frac{1}{3}}$とおいてみよう。だいぶ式がすっきりして見やすいし、スピードも上がってくるぞ！

ピカイチ解答の前に、**指数法則**と**累乗根**をおさらいしておこう。

覚えて！

指数法則

①$a^0=1$ ← この場合、aを底、0を指数という。

②$a^{-p}=\dfrac{1}{a^p}$

③$a^p\times a^q=a^{p+q}$

④$a^p\div a^q=a^{p-q}$

⑤$(a^p)^q=a^{p\times q}=(a^q)^p$

⑥$(a\cdot b)^p=a^p\cdot b^p$

⑦$(\sqrt[n]{a^m})=a^{\frac{m}{n}}=(\sqrt[n]{a})^m$

(ただし、p, q：有理数、
m, n：自然数、$n\geqq 2$)

覚えて！

累乗根

$\sqrt{3}=2$乗して3になる数$=3^{\frac{1}{2}}$

$\sqrt{a}=a^{\frac{1}{2}}$とすぐ言えるようになろう！

$\sqrt[3]{3}=3$乗して3になる数$=3^{\frac{1}{3}}$

$\sqrt[4]{3}=4$乗して3になる数$=3^{\frac{1}{4}}$

⋮

$\sqrt[n]{3}=n$乗して3になる数$=3^{\frac{1}{n}}$

↑の3を3^mに直したものが↓

$\sqrt[n]{3^m}=n$乗して3^mになる数$=3^{\frac{m}{n}}$

ピカイチ解答

$$\sqrt{1+\frac{4}{1+\boxed{5^{\frac{1}{3}}}+5^{\frac{2}{3}}}}=t^{\frac{1}{u}}$$

（$5^{\frac{2}{3}}$ → $\left(\boxed{5^{\frac{1}{3}}}\right)^2$）

$a=\boxed{5^{\frac{1}{3}}}$とおく。
両辺を3乗すると、
$a^3=5$

（与式）の（左辺）は

$$\sqrt{1+\frac{4}{1+\boxed{a}+\boxed{a}^2}}$$

通分する前に$\dfrac{4}{1+a+a^2}$の分母分子に$1-a$をかけよう。なぜ分母分子に$1-a$をかけるかというと……。

3次の因数分解 覚えて！

① $a^3+b^3=(a+b)(a^2+b^2-ab)$
② $a^3-b^3=(a-b)(a^2+b^2+ab)$

3次の因数分解は12ページでも出てきたけど、今回はそれの逆で展開公式だね。

3次の展開公式 覚えて！

① $(a+b)(a^2+b^2-ab)=a^3+b^3$
② $(a-b)(a^2+b^2+ab)=a^3-b^3$

② $(a-b)(a^2+b^2+ab)=a^3-b^3$に$a=1, b=a$を代入する。

そうすると、$(1-a)(1+a+a^2)=1-a^3$のようにキレイになりますね。

$$=\sqrt{1+\frac{4(1-a)}{(1-a)(1+a+a^2)}}$$

$$=\sqrt{1+\frac{4(1-a)}{1-a^3}}$$

（a^3 → 5、$(a-b)(a^2+ab+b^2)=a^3-b^3$）

$$=\sqrt{1+\frac{4(1-a)}{1-5}}$$

$$=\sqrt{1-(1-a)}$$

$$=\sqrt{a}$$

$$=\left(5^{\frac{1}{3}}\right)^{\frac{1}{2}}$$

（$(a^p)^q=a^{p\times q}$）

$$=5^{\frac{1}{6}}$$

よって$t=5, u=6$

「文字で置き換える」ことによって**式が見やすくなって、ミスが減り、スピードが上がる**からいいことづくし。だから練習して慣れていこう！

はい、頑張ります！

POINT

- 煩雑で何度も出てくるものは、文字に置き換えよう！
- 指数法則を使いこなそう！
- 3次の展開公式を使いこなそう！

64 $3^x+8\cdot 3^{-x}=6$ のとき、9^x+3^{x+2} の値は □ または □ である。

2019 名城大

イマイチ解答

$3^x+8\cdot 3^{-x}=6$　（$a^{-x}=\frac{1}{a^x}$）

$3^x+\frac{8}{3^x}=6$　（両辺に $\times 3^x$）

$(3^x)^2-6\cdot 3^x+8=0$

$3^x=t$ とおく $(t>0)$

$t^2-6t+8=0$

$(t-2)(t-4)=0$

$t=2, 4$

$3^x=2, 4$

$\therefore x=\log_3 2, \log_3 4$

よって 9^x+3^{x+2} の値は

$x=\log_3 2$ のとき $9^{\log_3 2}+3^{\log_3 2+2}$

$x=\log_3 4$ のとき $9^{\log_3 4}+3^{\log_3 4+2}$

先生、これはもう少しキレイになっちゃったりしますか？

なっちゃったりするよ！
君の解法だとlogも出てきたね。じゃあ**対数の定義**と対数の公式を一気にまとめるよ。

対数の定義　覚えて！

$a=b^{x}$ ⇔ $x=\log_b a$

指数 x を主役にして、逆から書く！

対数法則　覚えて！

① $\log_a a=1$

② $\log_a 1=0$

③ $\log_a x+\log_a y=\log_a xy$

④ $\log_a x-\log_a y=\log_a \frac{x}{y}$

⑤ $\log_a x^p=p\log_a x$

⑥底の変換公式

$\log_a x=\frac{\log_b x}{\log_b a}$

⑦ $\log_a x=\frac{1}{\log_x a}$

底(a)と真数(x)を入れ替えて、逆数をとる。

⑧ $a^{\log_a x}=x$

底がそろっていれば、真数がそのまま答え。

ただし、$x>0$, $y>0$ ← 真数条件

$a>0$ かつ $a\neq 1$
$b>0$ かつ $b\neq 1$ ← 底条件

p：実数

そして指数関数のグラフはこちら。

指数関数 $y=a^x$　覚えて！

$(a>0$ かつ $a\neq 1)$

（i）$a>1$ のとき

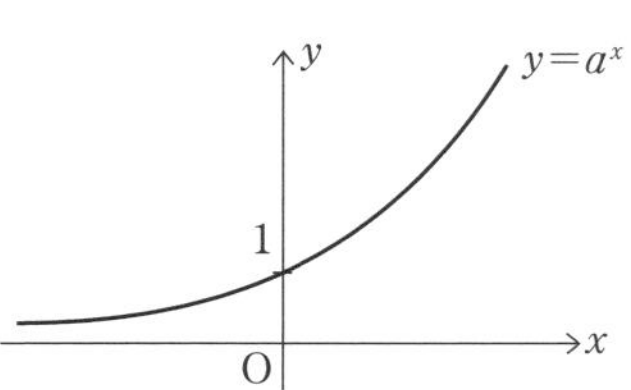

単調に増加（↗）する。

（ii）$0<a<1$のとき

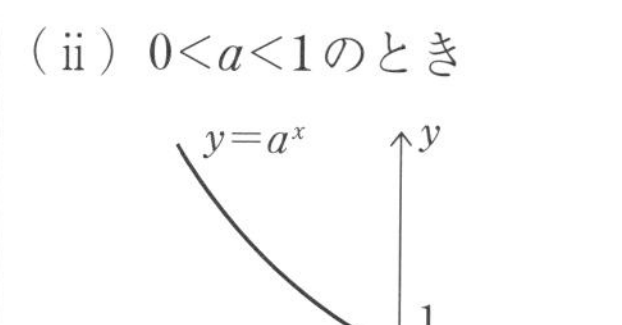

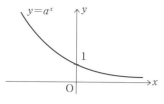

単調に減少（↘）する。

特徴は、次の2つ。

①必ず(0, 1)を通る。
②（ｉ）$a>1$のとき
xを小さくしていくと、yは0に近づく。ただし$y>0$である。
（ii）$0<a<1$のとき
xを大きくしていくと、yは0に近づく。ただし$y>0$である。

だから3^x(指数関数)$=t$とおいたら$t>0$になるんですね。

覚えて！

対数関数 $y=\log_a x$
($a>0$ かつ $a\neq1$, $x>0$)
（ｉ）$a>1$のとき

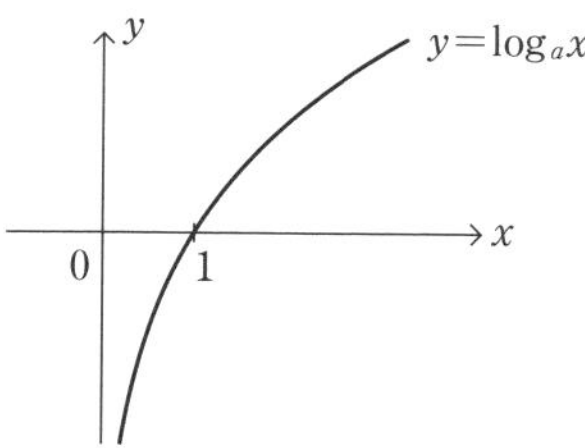

単調に増加（↗）する。

（ii）$0<a<1$のとき

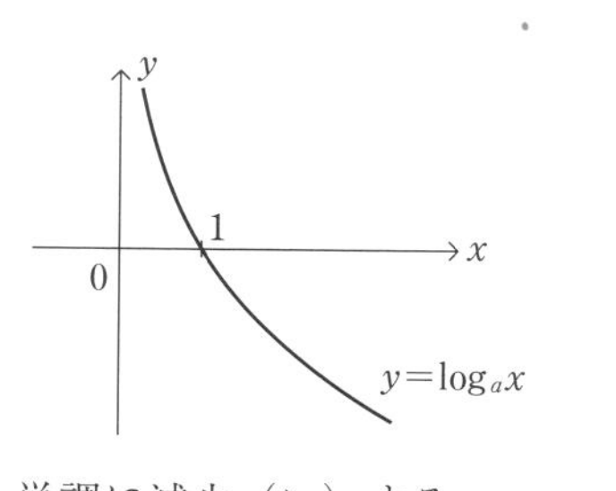

単調に減少（↘）する。

対数関数のグラフの特徴は次の2つ。

①必ず(1, 0)を通る。
②（ｉ）$a>1$のとき単調に増加(↗)
（ii）$0<a<1$のとき単調に減少(↘)

もう1つ覚えておいてほしいのは、$y=a^x$と$y=\log_a x$は直線$y=x$に関して対称なグラフになるよ。

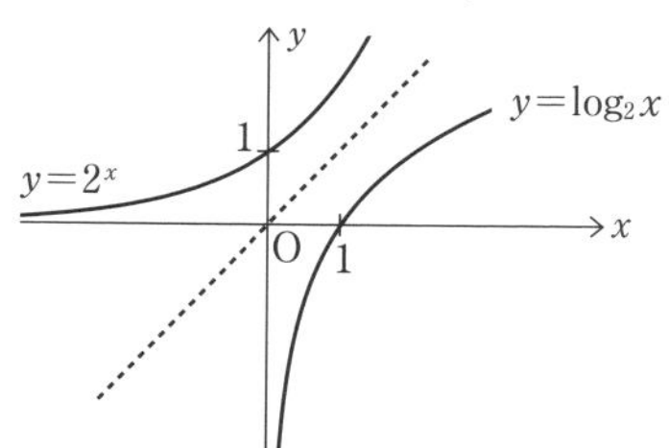

グラフ、よくわかりました！

さらに、さらに！「指数方程式、不等式」「対数方程式、不等式」もまとめておこう。

覚えて！

指数方程式
$a^x=a^y \Leftrightarrow x=y$

とにかくまず底をそろえる!! 底がそろったら指数部分を＝（イコール）で結べばいいんだよ。

例 $\left(\frac{1}{3}\right)^{2x+1}=\frac{1}{27}$ を解け。

$\left(\frac{1}{3}\right)^{\boxed{2x+1}}=\left(\frac{1}{3}\right)^{③}$

両辺の指数部分を比較して、

$\boxed{2x+1}=③$

$\therefore \underline{x=1}$

指数不等式 覚えて！

$a^x>a^y \Leftrightarrow \begin{cases} a>1 \text{のとき} x>y \\ 0<a<1 \text{のとき} x<y \end{cases}$

底$a>1$のときは不等号の向きはそのまま。0<底$a<1$のとき不等号の向きは逆になる。そこに気をつけて、不等式を解く練習をしてみようか。

例 次の不等式を解け。

(1) $4^{x-2}<\frac{1}{8}$

$\underline{(2^2)^{x-2}}<2^{-3}$

$(a^p)^q=a^{p\times q}$

$2^{2x-4}ⓧ2^{-3}$ （$<$ に丸印）

$2^{2x-4}<2^{-3}$

底2は1より大きいので、

$2x-4<-3$ ← 不等号の向きはそのまま！

$2x<1$

$\therefore \underline{x<\frac{1}{2}}$

(2) $\left(\frac{1}{5}\right)^{2x+1}\leqq\frac{1}{125}$

$\left(\frac{1}{5}\right)^{2x+1}\leqq\left(\frac{1}{5}\right)^{3}$

底$\frac{1}{5}$は1より小さいので、

$2x+1\boxed{\geqq}3$ ← 不等号の向きが逆になる！

$2x\geqq2$

$\therefore \underline{x\geqq1}$

じゃあ、対数方程式と対数不等式も見てみよう。

対数方程式 覚えて！

$\log_a x=\log_a y \quad \Leftrightarrow \quad x=y$

やっぱり**まずは底をそろえる**。底がそろったら真数部分を＝（イコール）で結べばいいんですよね。

対数不等式 覚えて！

$\log_a x>\log_a y \Leftrightarrow \begin{cases} a>1 \text{のとき} x>y \\ 0<a<1 \text{のとき} x<y \end{cases}$

底$a>1$のときは不等号の向きはそのまま。0<底$a<1$のとき不等号の向きは逆!!

お〜、しっかり覚えてるじゃん！

指数と対数で同じですもんね。
とにかく、

①底をそろえる！
②不等式は底が1より大きいか小さいかで、不等号の向きに注意！

ピカイチ解答

$3^x+8\cdot 3^{-x}=6$　　$a^{-x}=\dfrac{1}{a^x}$

$3^x+\dfrac{8}{3^x}=6$　　両辺に$\times 3^x$

$(\boxed{3^x})^2-6\cdot\boxed{3^x}+8=0$

$\boxed{3^x}=t$ とおく $(t>0)$

文字を置き換えたら必ず範囲チェック！

$t^2-6t+8=0$

$(t-2)(t-4)=0$

$t=2,\ 4$ ← $t>0$ だからどちらもOK！

ここでで $3^x=2,\ 4$ といかずに、9^x+3^{x+2} **を t を使って表す**んだ！これがポイント！

9^x+3^{x+2}　　$9^x=(3^2)^x$　　$a^{p+q}=a^p\cdot a^q$

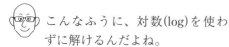

$=(\boxed{3^x})^2+3^2\cdot\boxed{3^x}$

$=t^2+9t$

$t=2$ のとき　$4+18=\underline{22}$

$t=4$ のとき　$16+36=\underline{52}$

こんなふうに、対数(log)を使わずに解けるんだよね。

t を使わずに $3^x=2,\ 4$ のままでいったらどうなりますかね。

ためしにやってみようか。

別解

$2=3^{x}\Leftrightarrow x=\log_3 2$

$4=3^{x}\Leftrightarrow x=\log_3 4$

$\therefore x=\log_3 2,\ \log_3 4$

よって、9^x+3^{x+2} の値は、

$x=\log_3 2$ のとき

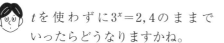

$9^{\log_3 2}+3^{\log_3 2+2}$　　$9=3^2$,　$2=\log_3 9$

$=3^{2\log_3 2}+3^{\log_3 2+\log_3 9}$　　$p\log_a x=\log_a x^p$

$=3^{\log_3 2^2}+3^{\log_3 18}$　　$\log_a x+\log_a y=\log_a xy$

$=4+18$　　$a^{\log_a x}=x$

$=\underline{22}$

$x=\log_3 4$ のとき

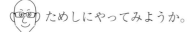

$9^{\log_3 4}+3^{\log_3 4+2}$　　$9=3^2$,　$2=\log_3 9$

$=3^{2\log_3 4}+3^{\log_3 4+\log_3 9}$　　$p\log_a x=\log_a x^p$

$=3^{\log_3 4^2}+3^{\log_3 36}$　　$\log_a x+\log_a y=\log_a xy$

$=16+36$　　$a^{\log_a x}=x$

$=\underline{52}$

できたけど、面倒ですね。

でしょ？　求めたい式の 9^x+3^{x+2} が t を使って表せるから、t のままやってしまおう。

POINT ● **同じかたまりを見つけたら、文字に置き換える！**

65

不等式$\left(\frac{1}{8}\right)^x \leqq 7\left(\frac{1}{2}\right)^x - 6$を満たす実数$x$の範囲を不等式で表すと、□である。

2017 慶応大

イマイチ解答

$$\left(\frac{1}{8}\right)^x \leqq 7\left(\frac{1}{2}\right)^x - 6$$

$\left\{\left(\frac{1}{2}\right)^3\right\}^x$

$$\left\{\left(\frac{1}{2}\right)^x\right\}^3 \leqq 7\left(\frac{1}{2}\right)^x - 6$$

$\left(\frac{1}{2}\right)^x = t$とおく$(t>0)$

$t^3 \leqq 7t - 6$

$t^3 - 7t + 6 \leqq 0$

$y = t^3 - 7t + 6$とおく

$y' = 3t^2 - 7$

$y' = 0$となるのは$t = \pm\sqrt{\frac{7}{3}}$

よって、増減表は

t		$-\sqrt{\frac{7}{3}}$		$\sqrt{\frac{7}{3}}$	
y'	$+$	0	$-$	0	$+$
y	↗	大	↘	小	↗

ん〜、微分しちゃうか〜。

3次式を見ると微分したくなっちゃいます……。

気持ちはわかるけど、今回は極値を求めたいわけではないよね。**不等式$t^3 - 7t + 6 \leqq 0$において$y = t^3 - 7t + 6$が$y = 0$（t軸）より小さく（低く）なっているのはどこかが知りたい**から、まずは3次方程式$t^3 - 7t + 6 = 0$を解いてみよう。

例 $x^3 - 6x^2 + 3x + 10 > 0$を解け。

$f(x) = x^3 - 6x^2 + 3x + 10$とおく

$f(1) = 1 - 6 + 3 + 10 \neq 0$

$f(-1) = -1 - 6 - 3 + 10 = 0$

$f(-1) = 0$なので因数定理より

$f(x)$は$x + 1$で割り切れる。

組立除法

-1	1	-6	3	10
		-1	7	-10
	1	-7	10	0

商の係数　余り

よって$f(x) = (x+1)(x^2 - 7x + 10)$と因数分解できるので、最初の不等式は

$(x+1)(x^2 - 7x + 10) > 0$

$(x+1)(x-2)(x-5) > 0$

$(x+1)(x-2)(x-5) = 0$だったら解は$x = -1, 2, 5$ですよね。

そうだね。でもその$x = -1, 2, 5$というのは$y = (x+1)(x-2)(x-5)$と$y = 0$（x軸）の交点のx座標になるよね。$y = ax^3 + bx^2 + cx + d$のグラフは$a > 0$のとき∩∪で$a < 0$のとき∪∩という形になるから、

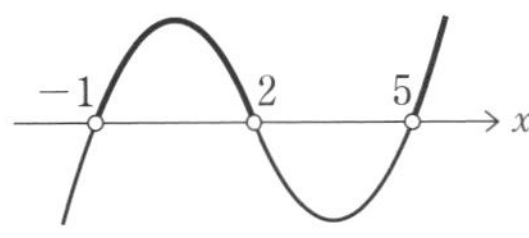

$-1 < x < 2,\ 5 < x$

ピカイチ解答

$\left(\frac{1}{8}\right)^x \leqq 7\left(\frac{1}{2}\right)^x - 6$

$\left\{\left(\frac{1}{2}\right)^3\right\}^x$

$\left\{\left(\frac{1}{2}\right)^x\right\}^3 \leqq 7\left(\frac{1}{2}\right)^x - 6$

$\left(\frac{1}{2}\right)^x = t$ とおく $(t>0)$

文字を置き換えたら必ず範囲チェック！

$t^3 \leqq 7t - 6$

$t^3 - 7t + 6 \leqq 0$

$f(t) = t^3 - 7t + 6$ とおく

$f(1) = t^3 - 7t + 6 = 0$

$f(1) = 1 - 7 + 6 = 0$ なので因数定理より

$f(t)$ は $t-1$ で割り切れる。

組立除法

1	1	0	−7	6
		1	1	−6
	1	1	−6	0

商の係数　余り

よって $f(t) = (t-1)(t^2+t-6)$ と因数分解できるので、

$(t-1)(t^2+t-6) \leqq 0$

$(t-1)(t+3)(t-2) \leqq 0$

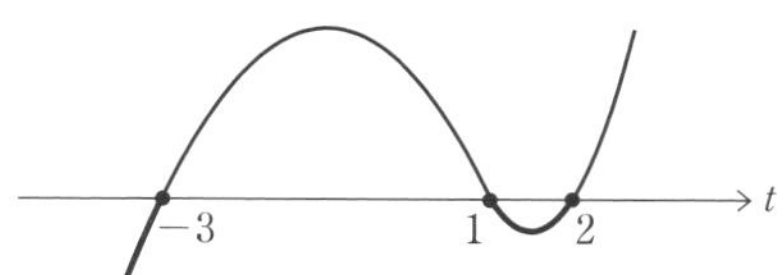

$t \leqq -3,\ 1 \leqq t \leqq 2$

$t>0$ より $1 \leqq t \leqq 2$

t の存在範囲内で答えを求める

$t = \left(\frac{1}{2}\right)^x$ を代入

底を $\frac{1}{2}$ で表す

$\left(\frac{1}{2}\right)^0 \leqq \left(\frac{1}{2}\right)^x \leqq \left(\frac{1}{2}\right)^{-1}$

底 $\frac{1}{2}$ は1より小さいので、

$-1 \leqq x \leqq 0$

$0<$ 底 $\frac{1}{2}<1$ だから不等号の向きが逆になる！

覚えて！

指数不等式

$a^x > a^y \Leftrightarrow \begin{cases} a>1 \text{ のとき } x>y \\ 0<a<1 \text{ のとき } x<y \end{cases}$

底 $a>1$ のときは不等号の向きはそのまま。$0<$ 底 $a<1$ のとき不等号の向きは逆になる。

今回は底が $\frac{1}{2}$ で1より小さいから不等号の向きを逆にしたんですね。
あと、やっぱり3次不等式を解くときに微分をするのではなく、**グラフを利用する**ってのがポイントですね。

そうだね。とくに今回の指数・対数関数の「方程式、不等式を解け」は**入試の超頻出**で、とくに小問では頻度がエグイことになってます。**たくさん練習して「得意だ！」って言えるようになってほしい**です。

POINT

- **3次不等式をグラフを使って解けるようにしよう！**
- **指数不等式→底が1より大きいか小さいか、要チェック！**

$\log_2(x+2)+\log_2(2x-3)=2$ の解は $x=\square$ である。また、$2(\log_2 x)^2+5\log_2 x-12=0$ は有理数の解 $x=\square$ と無理数の解 $x=\square$ をもつ。

2020 関西学院大

イマイチ解答

$\log_2(x+2)+\log_2(2x-3)=2$

$\log_2(x+2)(2x-3)=\log_2 4$

$(x+2)(2x-3)=4$

$2x^2+x-6=4$

$2x^2+x-10=0$

$$\begin{array}{ccccc} 1 & \times & -2 & \rightarrow & -4 \\ 2 & & 5 & \rightarrow & 5 \\ & & & & \hline 1 \end{array}$$

$(x-2)(2x+5)=0$

$x=-\dfrac{5}{2},\ 2$

解が2個出ちゃった……!?

$2(\log_2 x)^2+5\log_2 x-12=0$

$\log_2 x=t$ とおく $(t>0)$

$2t^2+5t-12=0$

$$\begin{array}{ccccc} 1 & \times & 4 & \rightarrow & 8 \\ 2 & & -3 & \rightarrow & -3 \\ & & & & \hline 5 \end{array}$$

$(t+4)(2t-3)=0$

$t>0$ より $t=\dfrac{3}{2}$

$\log_2 x=\dfrac{3}{2}$

$\therefore x=2^{\frac{3}{2}}=2\sqrt{2}$

む、無理数しか出てこない……。

よくやってしまうミスを忠実に再現してくれたね～！

ごめんなさい……。

いやいや、この失敗からとても大切なことを学べるよ。伸びしろいっぱいだ!!

> **覚えて！**
>
> **真数条件と底条件**
>
> $\log_a x$
>
> **真数条件**　$x>0$
>
> **底条件**　$a>0$ かつ $a\neq 1$

真数は必ず正。底は必ず正でかつ1以外の実数。「対数方程式、不等式」を解くときはこれを必ずチェックすること。

例 $2\log_3 x=\log_3(-x+6)$ を解け。

真数条件より、

$x>0$ かつ $-x+6>0$

$x>0$ かつ $x<6$

$\therefore 0<x<6$ …①

（絶対に忘れちゃだめ！）

（与式）は

$\log_3 x^2=\log_3(-x+6)$

$p\log_a x=\log_a x^p$ より $2\log_3 x=\log_3 x^2$

両辺の真数部分を比較して、

$x^2=-x+6$

$x^2+x-6=0$

$(x+3)(x-2)=0$

$\therefore x=-3,\ 2$ ← ここで終わっちゃだめ！

①と合わせて、$x=2$

-3　0　2　6　x

ピカイチ解答

では、本題に戻りましょう。「対数方程式、不等式」を解くときは、

真数条件を必ずチェック!!

はい！

$\log_2(x+2)+\log_2(2x-3)=2$

真数条件より、

$x+2>0$ かつ $2x-3>0$

$x>-2$ かつ $x>\dfrac{3}{2}$

-2　$\dfrac{3}{2}$　x

$\therefore x>\dfrac{3}{2}$　…①

絶対に忘れちゃだめ！

（与式）は

$\log_2\boxed{(x+2)(2x-3)}=\log_2④$

$\log_a x+\log_a y=\log_a xy$

両辺の真数部分を比較して、

$\boxed{(x+2)(2x-3)}=④$

$2x^2+x-6=4$

$2x^2+x-10=0$

$\begin{matrix}1 & & -2 & \to & -4\\ 2 & \times & 5 & \to & 5\\ & & & & 1\end{matrix}$

$(x-2)(2x+5)=0$

$x=-\dfrac{5}{2},\ 2$

①と合わせて、$x=2$

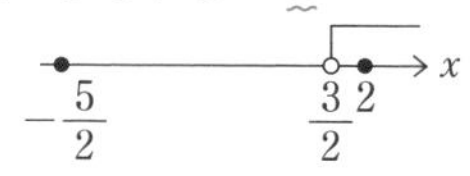

$2(\log_2 x)^2+5\log_2 x-12=0$

真数条件より $x>0$　…②

$\log_2 x=t$ とおく（t はすべての実数）

$t>0$ ではないことに注意しよう！

t　$t=\log_2 x$　x

$2t^2+5t-12=0$

$\begin{matrix}1 & & 4 & \to & 8\\ 2 & \times & -3 & \to & -3\\ & & & & 5\end{matrix}$

$(t+4)(2t-3)=0$

$t=-4,\ \dfrac{3}{2}$

$\log_2 x=-4,\ \dfrac{3}{2}$

$x=2^{-4},\ 2^{\frac{3}{2}}$

これは②を満たす。← 忘れないで！

$\therefore x=\dfrac{1}{16},\ 2\sqrt{2}$

よって、有理数は $\dfrac{1}{16}$、無理数は $2\sqrt{2}$

分数で表すことができる数

分数で表すことが無理な数

POINT ● 対数方程式と対数不等式は、「最初と最後に真数条件」を確認する！

67

θ は $0<\theta \leqq \frac{\pi}{4}$ を満たす定数で、さらに $\log_2(\sin\theta)-\log_4(2\sin 2\theta)+3\log_8(\cos\theta)+2=0$ を満たす。このとき $\theta=$ □ である。

① $\frac{\pi}{36}$　② $\frac{\pi}{24}$　③ $\frac{\pi}{20}$　④ $\frac{\pi}{18}$　⑤ $\frac{\pi}{12}$

⑥ $\frac{\pi}{10}$　⑦ $\frac{\pi}{8}$　⑧ $\frac{\pi}{6}$　⑨ $\frac{\pi}{5}$　⑩ $\frac{\pi}{4}$

2017 明治大

イマイチ解答

$0<\theta \leqq \frac{\pi}{4}$ は真数条件を満たす。

$\log_a x=\frac{\log_b x}{\log_b a}$ より与式から変換

（与式）は

$$\log_2(\sin\theta)-\frac{\log_2(2\sin 2\theta)}{\log_2 4_{\,2}}+3\cdot\frac{\log_2(\cos\theta)}{\log_2 8_{\,3}}+2=0$$

$\times 2$

$$2\log_2(\sin\theta)-\log_2(2\sin 2\theta)+2\log_2(\cos\theta)+4=0$$

$p\log_a x=\log_a x^p$

$$\log_2(\sin\theta)^2-\log_2(2\sin 2\theta)+\log_2(\cos\theta)^2+\log_2 16=0$$

$\log_a x+\log_a y=\log_a xy$

$\log_a x-\log_a y=\log_a \frac{x}{y}$

$$\log_2\frac{16\sin^2\theta\cdot\cos^2\theta}{2\sin 2\theta}=0$$

$$\frac{16\sin^2\theta\cdot\cos^2\theta}{2\sin 2\theta}=0$$

$$16\sin^2\theta\cdot\cos^2\theta=0$$

$$\sin\theta\cdot\cos\theta=0$$

$$\sin\theta=0 \text{ or } \cos\theta=0$$

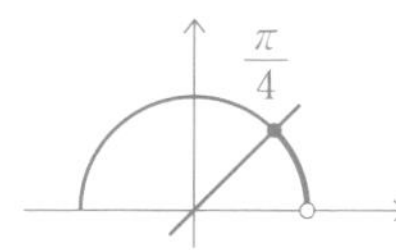

$0<\theta \leqq \frac{\pi}{4}$ で $\sin\theta=0$ or $\cos\theta=0$ となる θ はないです……。

そうだね……。どこで間違っているかというと、方程式の右辺に0が出てきたときに $\log_2$ を使って表さなきゃいけない。

$\frac{16\sin^2\theta\cdot\cos^2\theta}{2\sin 2\theta}=0$ から間違っていることになるね。

0は $\log_2 1$ と表して、

$\frac{16\sin^2\theta\cdot\cos^2\theta}{2\sin 2\theta}=1$

とすればよかったんですね。

そうだね。あと もう1つ。真数条件についてだけど、今回の真数は $\sin\theta$ と $2\sin 2\theta$ と $\cos\theta$ だよね。これらが正になるってのが真数条件だけど、**問題文に $0<\theta \leqq \frac{\pi}{4}$ と書いてあるよね。θ がこの範囲内であれば必ず真数条件を満たしているよ。**だから今回の問題では $0<\theta \leqq \frac{\pi}{4}$ の範囲内で解けばいいよ。

ピカイチ解答

$0<\theta \leqq \frac{\pi}{4}$ は真数条件を満たす。

（与式）は

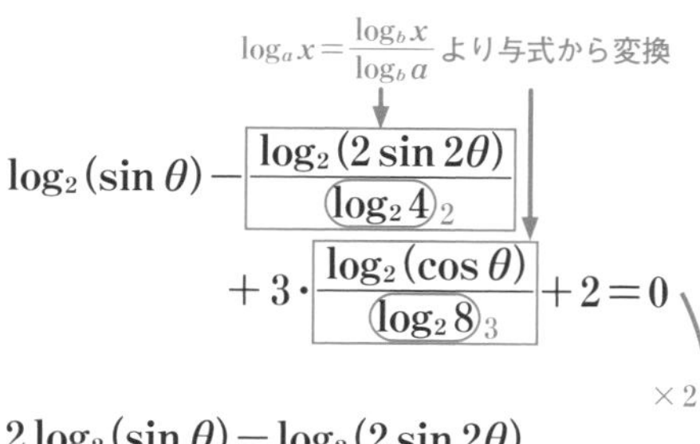

$\log_a x=\dfrac{\log_b x}{\log_b a}$ より与式から変換

$$\log_2(\sin\theta)-\frac{\log_2(2\sin 2\theta)}{\log_2 4}+3\cdot\frac{\log_2(\cos\theta)}{\log_2 8}+2=0$$

×2

$$2\log_2(\sin\theta)-\log_2(2\sin 2\theta)+2\log_2(\cos\theta)+4=0$$

$p\log_a x=\log_a x^p$

$$\log_2(\sin\theta)^2-\log_2(2\sin 2\theta)+\log_2(\cos\theta)^2=-4$$

logの計算で「0」はミスが多いので、4を移項する

$\log_a x+\log_a y=\log_a xy$

$\log_a x-\log_a y=\log_a \dfrac{x}{y}$

$$\log_2\frac{\sin^2\theta\cdot\cos^2\theta}{2\sin 2\theta}=\log_2\frac{1}{16}$$

両辺の真数を比較して、

$$\frac{\sin^2\theta\cdot\cos^2\theta}{2\sin 2\theta}=\frac{1}{16}$$

両辺に×16 sin 2θ

$$8(\sin\theta\cdot\cos\theta)^2=\sin 2\theta$$

$\sin\theta\cdot\cos\theta=\dfrac{1}{2}\sin 2\theta$

$$8\left(\frac{1}{2}\sin 2\theta\right)^2=\sin 2\theta$$

$$2(\sin 2\theta)^2=\sin 2\theta$$

$\sin 2\theta=t$ とおく

$0<\theta\leqq\dfrac{\pi}{4}$ より

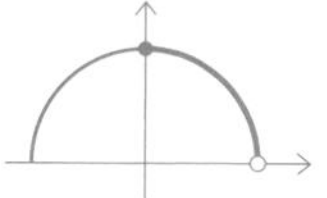

$0<2\theta\leqq\dfrac{\pi}{2}$

$\therefore 0<t\leqq 1$

$2t^2=t$

$2t^2-t=0$

$t(2t-1)=0$

$0<t\leqq 1$ より $t=\dfrac{1}{2}$

$\sin 2\theta=\dfrac{1}{2}$

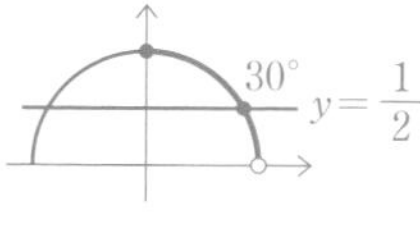

2θの範囲は $0<2\theta\leqq\dfrac{\pi}{2}$

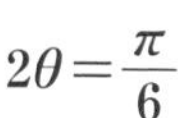

$2\theta=\dfrac{\pi}{6}$

$\therefore \theta=\dfrac{\pi}{12}$

よし、できた！

「対数方程式」の中に「三角関数」が入っていて最初はびっくりするかもしれないけど、**分解すれば今まで勉強した基本を組み合わせているだけ**だとわかるよね。「考える」というのは「分解」していくことだよ！

入試問題というのは「分解」したら必ず教科書に書かれている内容になるよ。分解して公式や定理を箇条書きしたときに、その量が多ければ多いほど難易度が高くなると一般的には言われているんだ。

分解したときに1つひとつのパーツがしっかりと身についていなければ、組み合わせた入試問題が解けるわけがないですもんね。
入試問題をこうやって解いていくと、なぜ基礎や基本が大切なのか理由がわかる気がします……！　よーし、謙虚に頑張るぞ！

POINT

- **対数方程式は、やっぱり底をそろえる！**
- **融合問題は「分解」して考える！**

不等式$\frac{1}{4}\log_{\frac{1}{3}}(3-x)<\log_9(x-1)$を満たす$x$の範囲は$\square<x<\square$である。

2017 早稲田大

イマイチ解答

$\frac{1}{4}\log_{\frac{1}{3}}(3-x)<\log_9(x-1)$

真数条件より
$3-x>0$ かつ $x-1>0$
$x<3$ かつ $x>1$
$\therefore 1<x<3$　…①

絶対に忘れちゃだめ！

（与式）は

$\log_a x=\frac{\log_b x}{\log_b a}$ より

$\frac{1}{4}\log_{\frac{1}{3}}(3-x)<\frac{\log_{\frac{1}{3}}(x-1)}{\boxed{\log_{\frac{1}{3}}9}}$　-2

$\frac{1}{4}\log_{\frac{1}{3}}(3-x)<-\frac{1}{2}\log_{\frac{1}{3}}(x-1)$

$\log_{\frac{1}{3}}(3-x)<-2\log_{\frac{1}{3}}(x-1)$　両辺に×4

$\log_{\frac{1}{3}}(3-x)+2\log_{\frac{1}{3}}(x-1)<0$

$p\log_a x=\log_a x^p$
$\log_a x+\log_a y=\log_a xy$

$\log_{\frac{1}{3}}(3-x)(x-1)^2<\log_{\frac{1}{3}}1$

$(3-x)(x-1)^2<1$
$(3-x)(x^2-2x+1)<1$
$3x^2-6x+3-x^3+2x^2-x<1$
$-x^3+5x^2-7x+2<0$
$x^3-5x^2+7x-2>0$　両辺に×(−1)

$f(x)=x^3-5x^2+7x-2$ とおく。
$f(1)=1-5+7-2\neq 0$
$f(-1)=-1-5-7-2\neq 0$
$f(2)=8-20+14-2=0$

$f(2)=0$ なので因数定理より
$f(x)$ は $x-2$ で割り切れる。

組立除法

2	1	−5	7	−2
		2	−6	2
	1	−3	1	0

商の係数　余り

よって $f(x)=(x-2)(x^2-3x+1)$
と因数分解できるので、
$(x-2)(x^2-3x+1)>0$

$x=\frac{3\pm\sqrt{9-4}}{2}=\frac{3\pm\sqrt{5}}{2}$

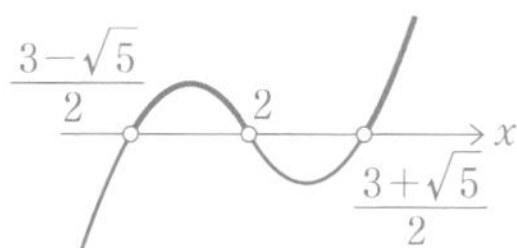

$\frac{3-\sqrt{5}}{2}<x<2,\ \frac{3+\sqrt{5}}{2}<x$

①より、$1<x<2,\ \frac{3+\sqrt{5}}{2}<x<3$

真数条件はOK！　3次不等式を解くところも、よく頑張ったね！　でも、重大な間違いをしているよ……。

ええ〜、なんですか？

ピカイチ解答

「対数不等式」は底をそろえたあと、底が1より大きいのか小さいのか要チェック！

対数不等式 覚えて！

$\log_a x > \log_a y \Leftrightarrow \begin{cases} a>1 \text{のとき} x>y \\ 0<a<1 \text{のとき} x<y \end{cases}$

今回は底 $\frac{1}{3}$ が1より小さいから、不等号の向きが逆になるんでしたね。

$\frac{1}{4}\log_{\frac{1}{3}}(3-x)<\log_9(x-1)$

真数条件より
$3-x>0$ かつ $x-1>0$
$x<3$ かつ $x>1$
$\therefore 1<x<3$ …①

絶対に忘れちゃだめ！

$\log_a x=\frac{\log_b x}{\log_b a}$ より

（与式）は

$\frac{1}{4}\log_{\frac{1}{3}}(3-x)<\frac{\log_{\frac{1}{3}}(x-1)}{\boxed{\log_{\frac{1}{3}}9}}$ (-2)

$\frac{1}{4}\log_{\frac{1}{3}}(3-x)<-\frac{1}{2}\log_{\frac{1}{3}}(x-1)$

$\log_{\frac{1}{3}}(3-x)<-2\log_{\frac{1}{3}}(x-1)$ 両辺に×4

$\log_{\frac{1}{3}}(3-x)+2\log_{\frac{1}{3}}(x-1)<0$

$p\log_a x=\log_a x^p$
$\log_a x+\log_a y=\log_a xy$

$\log_{\frac{1}{3}}\boxed{(3-x)(x-1)^2}\,\textcircled{<}\,\log_{\frac{1}{3}}\textcircled{1}$

底 $\frac{1}{3}$ は1より小さいので、← ポイント！

$\boxed{(3-x)(x-1)^2}\boxed{>}\textcircled{1}$

$0<$ 底 $\frac{1}{3}<1$ だから
不等号の向きが逆になる！

$(3-x)(x^2-2x+1)>1$
$3x^2-6x+3-x^3+2x^2-x>1$
$-x^3+5x^2-7x+2>0$
$x^3-5x^2+7x-2<0$
⋮

組み立て除法をして因数分解していく流れは同じ。

$(x-2)(x^2-3x+1)<0$

$x=\frac{3\pm\sqrt{9-4}}{2}=\frac{3\pm\sqrt{5}}{2}$

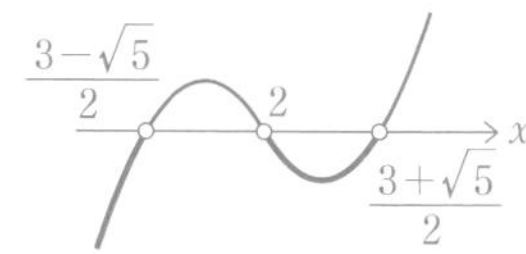

$x<\frac{3-\sqrt{5}}{2},\ 2<x<\frac{3+\sqrt{5}}{2}$

①より、$2<x<\frac{3+\sqrt{5}}{2}$

ちなみに $\frac{3-\sqrt{5}}{2}=\frac{3-2.236\cdots}{2}$ は1より小さいので、やはり①の $1<x<3$ を満たさない。

POINT ● 対数不等式は、底が1より大きいか小さいか、要チェック！

69

x に関する次の不等式を解くと、□ $<x<$ □ である。

$$\log_2 \frac{x-6}{x-4} + \frac{\log_{x-4} x}{\log_{x-4} 2} < 2$$

2019 明治大

イマイチ解答

$$\log_2 \frac{x-6}{x-4} + \frac{\log_{x-4} x}{\log_{x-4} 2} < 2$$

真数条件より、

$\frac{x-6}{x-4} > 0$ …① かつ $x > 0$ …②

①において、

$\frac{x-6}{x-4} > 0$ より

$(x-6)(x-4) > 0$

（$\frac{a}{b} > 0$ かつ $ab > 0$）

$\therefore x < 4,\ 6 < x$

②と合わせて、$0 < x < 4,\ 6 < x$ …③

（与式）は、

$$\log_2 \frac{x-6}{x-4} + \frac{\frac{\log_2 x}{\log_2 (x-4)}}{\frac{\log_2 2}{\log_2 (x-4)}} < \log_2 4$$

（$\log_2 2 = 1$、$\log_a x = \frac{\log_b x}{\log_b a}$）

$$\log_2 \frac{x-6}{x-4} + \log_2 x < \log_2 4$$

（$\log_a x + \log_a y = \log_a xy$）

$$\log_2 \frac{x(x-6)}{x-4} < \log_2 4$$

底2は1より大きいので、

$$\frac{x(x-6)}{x-4} < 4$$

（i）$x-4>0$, すなわち $x>4$ のとき

$x(x-6) < 4(x-4)$

$x^2 - 6x < 4x - 16$

$x^2 - 10x + 16 < 0$

$(x-2)(x-8) < 0$

$2 < x < 8$

$x > 4$ より $4 < x < 8$

（ii）$x-4<0$, すなわち $x<4$ のとき

$x(x-6) > 4(x-4)$

$(x-2)(x-8) > 0$

$x < 2,\ 8 < x$

$x < 4$ より $x < 2$

（i），（ii）と③より、

$0 < x < 2,\ 6 < x < 8$

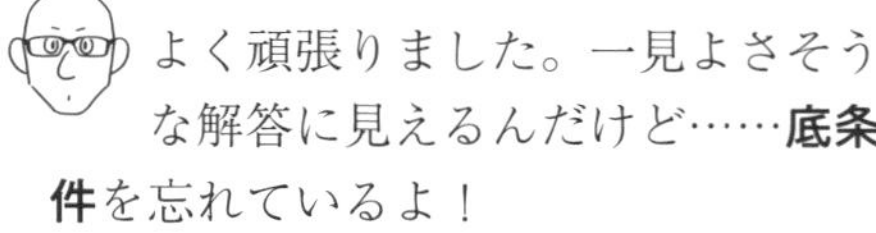

よく頑張りました。一見よさそうな解答に見えるんだけど……**底条件**を忘れているよ！

あ！「真数条件」とセットであったやつ！　忘れてた～！

真数条件と底条件　覚えて！

$\log_a x$

真数条件　$x > 0$

底条件　$a > 0$ かつ $a \neq 1$

今回の不等式は真数と底の両方に文字 (x) が入っているので **「真数条件」と「底条件」の両方のチェックが必要** なんですね。

ピカイチ解答

$$\log_2\frac{x-6}{x-4}+\frac{\log_{x-4}x}{\log_{x-4}2}<2$$

真数条件より、

$\dfrac{x-6}{x-4}>0$ …① かつ $x>0$ …②

①において、

$\dfrac{x-6}{x-4}>0$ より　　$\dfrac{a}{b}>0$ かつ $ab>0$

$(x-6)(x-4)>0$

$\therefore x<4,\ 6<x$ …①′

底条件より、

$x-4>0$ かつ $x-4\neq1$

$\therefore 4<x<5,\ 5<x$ …③

①′かつ②かつ③より

$x>6$ …④

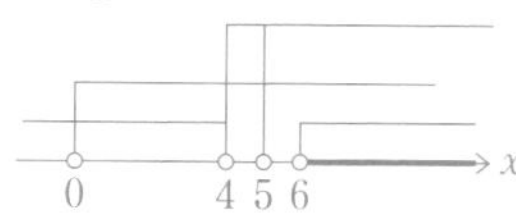

$\dfrac{\log_b x}{\log_b a}=\log_a x$ より

$\dfrac{\log_{x-4}x}{\log_{x-4}2}=\log_2 x$

という式変形をやっていくよ。

うわ、早い！

（与式）は、

$$\log_2\frac{x-6}{x-4}+\log_2 x<\log_2 4$$

$\log_a x+\log_a y=\log_a xy$

$$\log_2\frac{x(x-6)}{x-4}<\log_2 4$$

底2は1より大きいので、

不等号の向きそのまま

$$\frac{x(x-6)}{x-4}<4$$

④より $x-4>0$ なので

場合分けの必要なし

両辺に $x-4$ をかけて、

分配法則　分配法則

$x(x-6)<4(x-4)$

$x^2-6x<4x-16$

$x^2-10x+16<0$

$(x-2)(x-8)<0$

$2<x<8$

④より $6<x<8$

最後に真数条件、底条件（今回だと④の $x>6$）を満たしているかどうかのチェックを忘れずに！

POINT

● **対数方程式、対数不等式→底にも文字が入っているときは、底条件をチェック！**

70

実数x, yが$xy=81$, $x \geqq 3$, $y \geqq 3$を満たすとき、$(\log_{\frac{1}{3}} x)(\log_3 y)\left(\log_3 \dfrac{1}{y}\right)$の最小値は□であり、最大値は$\dfrac{□}{□}$である。

2018 星薬科大

イマイチ解答

$Z=(\log_{\frac{1}{3}} x)(\log_3 y)\left(\log_3 \dfrac{1}{y}\right)$とおく。

$\log_a x=\dfrac{\log_b x}{\log_b a}$

$$Z=\frac{\log_3 x}{\boxed{\log_3 \frac{1}{3}}}\cdot\log_3 y\cdot\log_3 y^{-1}$$

（$\log_3 \frac{1}{3}$ は -1）　$\log_a x^p=p\log_a x$

$$=(-\log_3 x)\cdot\log_3 y\cdot(-\log_3 y)$$
$$=\log_3 x\cdot\log_3 y\cdot\log_3 y$$

$xy=81$より$x=\dfrac{81}{y}$ ← 条件式より文字数を減らす

$$Z=\log_3\frac{81}{y}\cdot\log_3 y\cdot\log_3 y$$

分配法則

$$=(\boxed{\log_3 81}-\log_3 y)(\log_3 y)^2$$

（$\log_3 81$ は 4）

$$=-(\log_3 y)^3+4(\log_3 y)^2$$

$\log_3 y=Y$とおく。
$y \geqq 3$より両辺底3の対数をとって、
$\log_3 y \geqq \log_3 3$
$Y \geqq 1$

$$Z=-Y^3+4Y^2$$
$$\frac{dZ}{dY}=-3Y^2+8Y$$
$$=-Y(3Y-8)$$

$\dfrac{dZ}{dY}=0$となるのは$Y=0, \dfrac{8}{3}$
よって増減表は

Y	①		$\dfrac{8}{3}$	
$\dfrac{dZ}{dY}$	$+$	$+$	0	$-$
Z	3	↗	$\dfrac{256}{27}$	↘

$Y \geqq 1$だから増減表のスタートは1にする

最小値は……ない⁉

最小値はない、ってことはないよね。条件式から文字数を減らすところまでは上手だったよ！
ZをYの3次関数で表しているけど、そのYの存在範囲が$Y \geqq 1$……ではないんだよね。

え〜、そうなんですね……。

今回は対数関数と微分の融合問題だね。よし、ピカイチ解答でやっていこう！

ピカイチ解答

$Z=(\log_{\frac{1}{3}}x)(\log_3 y)\left(\log_3\dfrac{1}{y}\right)$ とおく。

$\log_a x=\dfrac{\log_b x}{\log_b a}$

$Z=\dfrac{\log_3 x}{\boxed{\log_3\dfrac{1}{3}}}\cdot\log_3 y\cdot\log_3 y^{-1}$

（$\log_3\dfrac{1}{3}=-1$）　$\log_a x^p=p\log_a x$

$=(-\log_3 x)\cdot\log_3 y\cdot(-\log_3 y)$

$=\log_3 x\cdot\log_3 y\cdot\log_3 y$

$xy=81$ より $x=\dfrac{81}{y}$ ← 条件式より文字数を減らす

$Z=\log_3\dfrac{81}{y}\cdot\log_3 y\cdot\log_3 y$

分配法則

$=(\boxed{\log_3 81}-\log_3 y)(\log_3 y)^2$　（$\log_3 81=4$）

$=-(\log_3 y)^3+4(\log_3 y)^2$

$\log_3 y=Y$ とおく。

ここで $x\geqq 3,\ y\geqq 3$ より、（問題文にある！）

$\dfrac{81}{y}\geqq 3,\ y\geqq 3$

$\therefore 3\leqq y\leqq 27$

底3の対数をとって、

$\underset{1}{\log_3 3}\leqq\underset{Y}{\log_3 y}\leqq\underset{3}{\log_3 27}$

$\therefore 1\leqq Y\leqq 3$

文字を置き換えたら、必ず範囲チェック！

これが Y の正しい範囲かぁ〜。

よって Z は

$Z=-Y^3+4Y^2\ (1\leqq Y\leqq 3)$

$\dfrac{dZ}{dY}=-3Y^2+8Y$

$=-Y(3Y-8)$

$\dfrac{dZ}{dY}=0$ となるのは $Y=0,\ \dfrac{8}{3}$

よって増減表は

Y	①		$\dfrac{8}{3}$		③
$\dfrac{dZ}{dY}$	$+$	$+$	0	$-$	$-$
Z	3	↗	$\dfrac{256}{27}$	↘	9

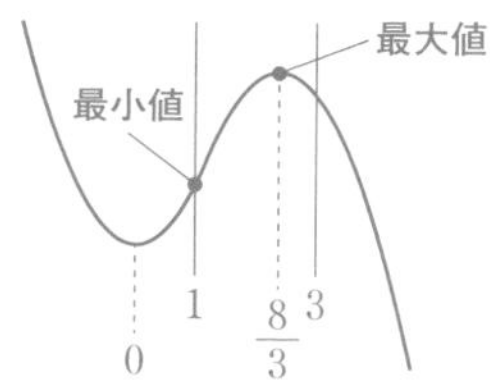

$Y=1$ のとき最小値 3

$Y=\dfrac{8}{3}$ のとき最大値 $\dfrac{256}{27}$

よかった〜、最小値も出た〜！

今回は対数関数と微分の融合問題だったけど、微分に関しては166ページからもっとビシバシやっていくからね！

POINT

- **条件式から文字数を減らす！**
- **文字数を減らしたとき、上手に範囲チェックしよう！（問題文に書いてある条件式で、使わないものは基本的にはない！）**

45^{50} は□桁の整数であり、最高位の数字は□である。ただし、$\log_{10}2=0.3010$, $\log_{10}3=0.4771$ とする。

2018 帝京大

イマイチ解答

45^{50} の常用対数をとる。

$\log_{10}45^{50}=50\log_{10}45$

$\log_a x^p = p\log_a x$

$=50\log_{10}3^2\cdot 5$

$\log_a xy = \log_a x + \log_a y$
$\log_a x^p = p\log_a x$

$=50(2\log_{10}3+\boxed{\log_{10}5})$

$\log_{10}5=\log_{10}\frac{10}{2}$
$=\log_{10}10-\log_{10}2$

$=50(2\log_{10}3+\boxed{1-\log_{10}2})$
$=50(2\times 0.4771+1-0.3010)$
$=50\times 1.6532$
$=82.66$

$82<\log_{10}45^{50}<83$ となるので、
45^{50} は82桁

うわ〜、惜しい！
答えは83桁だよ。

く、くやしい〜！　そっちだったか！

まず、常用対数を使って大きな数の桁数を求められるんだったよね。

$\boxed{2}$桁の整数 A は $10\leqq A<100$
（$10^{①}$、$10^{\boxed{2}}$）

$\boxed{3}$桁の整数 A は $100\leqq A<1000$
（$10^{②}$、$10^{\boxed{3}}$）

じゃあ$\boxed{n}$桁の整数 A は、
$10^{(n-1)}\leqq A<10^{\boxed{n}}$　ですね！

覚えて！

n 桁の整数 A
$10^{n-1}\leqq A<10^n$
常用対数をとって、
$n-1\leqq\log_{10}A<n$

$\log_{10}10^n=n\log_{10}10$
$=n$

だから「$n-1\leqq\log_{10}A<n$」（$\log_{10}A$ を幅1で挟む）という不等式ができたら、「整数 A は n 桁」と言えるんだね。

なるほど、わかりました。

じゃあ次。n 桁で最高位 m の整数 A について。

これも、n, m に具体的な数字を入れて公式を導き出したいですね。

そうだね、やってみよう。

②桁で最高位③の整数 A は $30\leqq A\leqq 39$ と言いたいところだけど、39だとキリが悪いから、

$30\leqq A<40$
（③$\times 10^{⚠}$、④$\times 10^{⚠}$）

と表すね。

④桁で最高位②の整数 A は、

$2000\leqq A<3000$
（②$\times 10^{⚠}$、③$\times 10^{⚠}$）

覚えて！

ⓝ桁で最高位ⓜの整数A

$m\times10^{n-1}<A<(m+1)\times10^{n-1}$

ピカイチ解答

桁数の問題は、まずは常用対数（底が10のlog）をとるんだよね。今回は$\log_{10}45^{50}$だ。これを対数法則を使って82.66にするところまではよく解けているから、続きを解説していくね。

$82<\log_{10}45^{50}<83$となるので、
45^{50}は83桁

45^{50}の最高位をⓜとおく。
45^{50}は㊈桁なので、
$$m\times10^{82}\leqq45^{50}<(m+1)\times10^{82}$$
常用対数をとる。

底10は1より大きいので、不等号の向きはそのままでOK！

$$\log_{10}(m\times10^{82})\leqq\log_{10}45^{50}<\log_{10}\{(m+1)\times10^{82}\}$$

$\log_a xy=\log_a x+\log_a y$

$$\log_{10}m+\log_{10}10^{82}\leqq82.66<\log_{10}(m+1)+\log_{10}10^{82}$$

$82\log_{10}10$　　$82\log_{10}10$

$$\log_{10}m+82\leqq82.66<\log_{10}(m+1)+82$$

$$\log_{10}m\leqq0.66<\log_{10}(m+1)$$

この不等式を満たす整数mを探していくんだ。問題文に$\log_{10}3=0.4771$と書いてあるから0.66はもう少し大きいよね。ということで、$\log_{10}4$の値から調べていこう。

$$\log_{10}4=2\log_{10}2=2\times0.3010=0.6020$$

（$4=2^2$）　$\log_a x^p=p\log_a x$

$$\log_{10}5=1-\log_{10}2=1-0.3010=0.6990$$

（$5=\frac{10}{2}$）　$\log_a\frac{x}{y}=\log_a x-\log_a y$　　$\log_{10}\frac{10}{2}=\log_{10}10-\log_{10}2$

$\log_{10}4\leqq0.66<\log_{10}5$となるので、
（0.6020）　（0.6990）

$m=4$だから、最高位$m=4$

はい、よく頑張りました。**n桁の整数A**と**n桁で最高位mの整数A**は、$n-1$とか$m+1$とか出てくるよね……。

そうなんですよ。絶対に覚えてなくちゃいけないですか？

いや、無理して覚えようとして間違ってインプットしてしまうと危険だから、**「導き出せるようにしておく」ことが大事**。さっきやったみたいに、具体的な数字をあてはめながら導出できるようにしましょう！

POINT ● **n桁で最高位mの整数Aの不等式を導き出せるようになろう！**

72 $\left(\frac{1}{7}\right)^{50}$ を小数で表すとき、初めて現れる0でない数字は□位の□である。必要なら、$\log_{10}2=0.3010$, $\log_{10}3=0.4771$, $\log_{10}7=0.8451$ としてよい。

2020 摂南大

イマイチ解答

$\left(\frac{1}{7}\right)^{50}$ の常用対数をとる。

$$\log_{10}\left(\frac{1}{7}\right)^{50}=-50\log_{10}7$$

$\log_a x^p = p\log_a x$

$$=-50\times 0.8451$$
$$=-42.255$$

$-43<\log_{10}\left(\frac{1}{7}\right)^{50}<-42$ となるので、小数第42位で初めて0でない数字が現れる。

あちゃ〜、答えは第43位だよ。

あちゃ〜、そっちかあ（笑）

桁数のときと同じように、小数のほうも具体的な数字で実験してから不等式を導き出していこう。

小数第②位で初めて0でない数 A は

$0.01\leqq A<0.1$

（0.01 は 10^{-2}、0.1 は 10^{-1}）

小数第③位で初めて0でない数 A は

$0.001\leqq A<0.01$

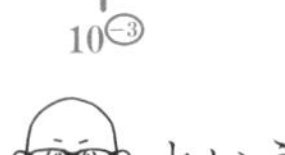
（0.001 は 10^{-3}、0.01 は 10^{-2}）

ということは、小数第ⓝ位で初めて0でない数 A は……

$10^{-n}\leqq A<10^{-n+1}$ です！

> **覚えて！**
>
> **小数第 n 位で初めて0でない数 A**
>
> $10^{-n}\leqq A<10^{-n+1}$
>
> 常用対数をとって、
>
> $-n\leqq\log_{10}A<-n+1$
>
> $\log_{10}10^{-n+1}=(-n+1)\log_{10}10$

だから「$-n\leqq\log_{10}A<-n+1$」（$\log_{10}A$ を幅1ではさむ）という不等式ができたら、「小数第 n 位で初めて0でない数」と言えるんだね。

では、小数第 n 位で初めて0でない数が現れて、その数が m のとき、どういう式が導き出せるか実験してみよう。

小数第②位で初めて0でない数③が現れる。

$0.03\leqq A\leqq 0.0399\cdots\cdots$ と言いたいけど、$0.03\leqq A<0.04$ と表そう。

（0.03 は $③\times 10^{-2}$、0.04 は $④\times 10^{-2}$）

小数第④位で初めて0でない数②が現れる。

$0.0002\leqq A<0.0003$ と表そう。

（0.0002 は $②\times 10^{-4}$、0.0003 は $③\times 10^{-4}$）

これを一般化すると、こんなかんじ。

覚えて！

小数第n位で初めて0でない数が現れて、その数がm

$m \times 10^{-n} \leqq A < (m+1) \times 10^{-n}$

ピカイチ解答

$\left(\frac{1}{7}\right)^{50}$の常用対数をとる。

$$\log_{10}\left(\frac{1}{7}\right)^{50} = -50\log_{10}7$$

$\log_a x^p = p\log_a x$

$$= -50 \times 0.8451$$
$$= -42.255$$

$-43 < \log_{10}\left(\frac{1}{7}\right)^{50} < -42$となるので、小数第43位で初めて0でない数字が現れる。

小数第43位の数をmとする。

$$m \times 10^{-43} \leqq \left(\frac{1}{7}\right)^{50} < (m+1) \times 10^{-43}$$

常用対数をとる。

底10は1より大きいので、不等号の向きはそのまま！

$$\log_{10}(m \times 10^{-43}) \leqq \log_{10}\left(\frac{1}{7}\right)^{50} < \log_{10}\{(m+1) \times 10^{-43}\}$$

$\log_a xy = \log_a x + \log_a y$

$$\log_{10}m + \log_{10}10^{-43} \leqq -42.255 < \log_{10}(m+1) + \log_{10}10^{-43}$$

$\log_{10}10^{-43} = -43\log_{10}10$

$$\log_{10}m - 43 \leqq -42.255 < \log_{10}(m+1) - 43$$

$+43$

$$\log_{10}m \leqq 0.745 < \log_{10}(m+1)$$

この不等式を満たす整数mを探していくよ。問題文に$\log_{10}3 = 0.4771$と書いてあるから、0.745はもう少し大きいよね。ということで、$\log_{10}4$の値から調べていこう。

$$\log_{10}4 = 2\log_{10}2 \quad (4 = 2^2)$$

$\leftarrow \log_a x^p = p\log_a x$

$$= 2 \times 0.3010$$
$$= 0.6020$$

$$\log_{10}5 = 1 - \log_{10}2 \quad \left(5 = \frac{10}{2}\right)$$

$\leftarrow \log_a \frac{x}{y} = \log_a x - \log_a y$, $\log_{10}\frac{10}{2} = \log_{10}10 - \log_{10}2$

$$= 1 - 0.3010$$
$$= 0.6990$$

$$\log_{10}6 = \log_{10}2 + \log_{10}3 \quad (6 = 2 \times 3)$$

$\leftarrow \log_a xy = \log_a x + \log_a y$

$$= 0.3010 + 0.4771$$
$$= 0.7781$$

$\underbrace{\log_{10}5}_{0.6990} \leqq 0.745 < \underbrace{\log_{10}6}_{0.7781}$となるので、

$m = 5$

よって、初めて現れる0でない数字は小数第43位の5である。

POINT

● 小数第n位で初めて0でない数Aと小数第n位で初めて0でない数が表れて、その数がmの不等式を導き出せるようになろう！

曲線 $y=6x^3-3x$ と $y=\frac{3}{2}x^2+a$ が共有点をもち、さらにその点において、それぞれの曲線の接線が等しくなるような定数 a の値を小さい方から順に並べると、$\frac{\square}{\square}$, $\frac{\square}{\square}$ となる。

2017 早稲田大

イマイチ解答

$f(x)=6x^3-3x$, $g(x)=\frac{3}{2}x^2+a$ とおく。共有点の x 座標を t とおく。

$f(t)=g(t)$ より

$$6t^3-3t=\frac{3}{2}t^2+a$$

先生、文字が t と a の2つで式が1本しか出てこないので、解けないです……。

そうだね、これだけでは解けないね。**接線の方程式**から確認しておこう！

> **接線の方程式** 　覚えて！
>
> 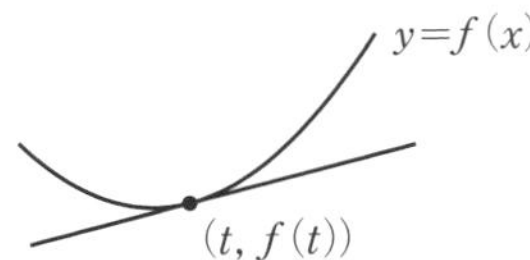
>
>
> $y=f(x)$ 上の点 $(t, f(t))$ における接線の方程式は、
>
> 
> $f'(x)$ に接点の x 座標を代入
>
> $$y-f(t)=f'(t)(x-t)$$
>
> $y-y$ 座標＝傾き×($x-x$ 座標)

例　$y=x^2$ の $x=-1$ における接線の方程式を求めよ。

$y'=2x$

$x=-1$ のとき $y=1$ ←「接点」チェック！

$y'=-2$ ← 接線の傾き $y'=2x$ に $x=-1$ を代入

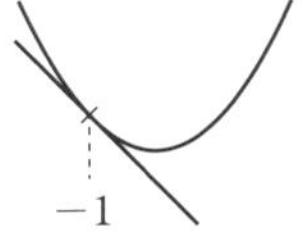

よって $(-1, 1)$ における接線の方程式は

$y-1=-2\{x-(-1)\}$

$y-y$ 座標＝傾き×($x-x$ 座標)

$y=-2x-2+1$

$\therefore y=-2x-1$

さて、今回は**「共有点をもち、さらにその点において、それぞれの曲線の接線が等しくなる」**といっているね。

こんな感じの図になりますね。

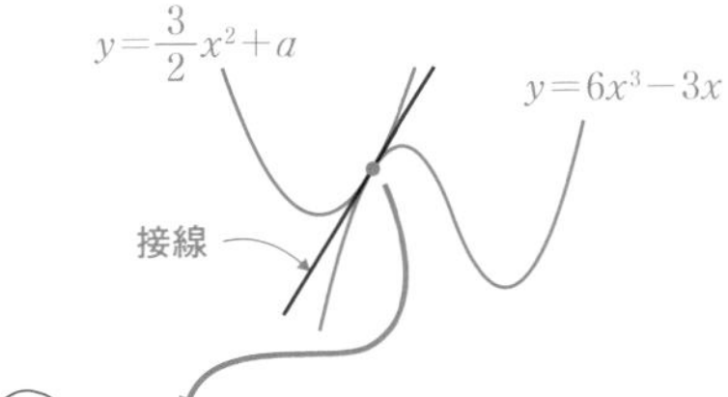

この点で2曲線が接するわけだ。「2曲線が接する」ときたら……。

> **「2曲線が接する」** 　覚えて！
>
> 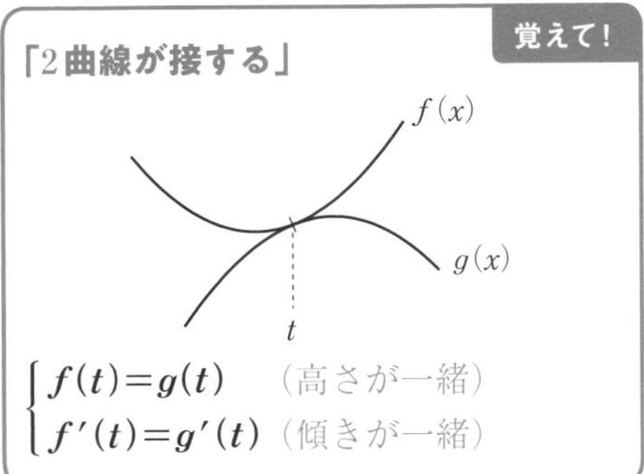
>
>
> $$\begin{cases} f(t)=g(t) & \text{（高さが一緒）} \\ f'(t)=g'(t) & \text{（傾きが一緒）} \end{cases}$$

接点のx座標をtとおこう。
y座標は$f(t)$でも$g(t)$でもどちらも一緒。接線の傾きは$f'(t)$でも$g'(t)$でも一緒。

「高さが一緒」「傾きが一緒」ですね。解いてみます！

ピカイチ解答

$f(x)=6x^3-3x$

$g(x)=\frac{3}{2}x^2+a$ とおく。

$f'(x)=18x^2-3$
$g'(x)=3x$
共有点のx座標をtとおく。

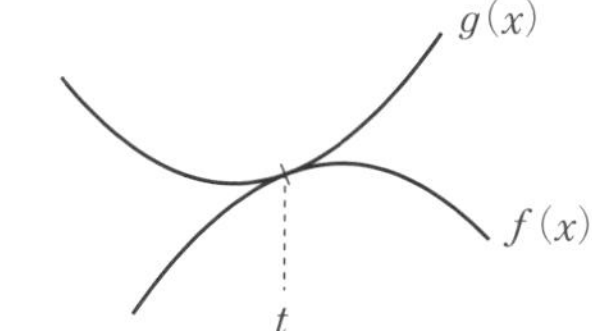

$$\begin{cases}6t^3-3t=\frac{3}{2}t^2+a & \cdots① \text{（高さが一緒）}\\ 18t^2-3=3t & \cdots② \text{（傾きが一緒）}\end{cases}$$

②より、
$6t^2-1=t$
$6t^2-t-1=0$

2 ╲╱ −1 → −3
3 ╱╲ 1 → 2
−1

$(2t-1)(3t+1)=0$

$t=-\frac{1}{3},\ \frac{1}{2}$

①より、

$a=6t^3-\frac{3}{2}t^2-3t$

$t=-\frac{1}{3}$ のとき

$$\begin{aligned}a&=6\cdot\left(-\frac{1}{27}\right)-\frac{3}{2}\cdot\frac{1}{9}-3\cdot\left(-\frac{1}{3}\right)\\&=-\frac{2}{9}-\frac{1}{6}+1\\&=\frac{-4-3+18}{18}\\&=\frac{11}{18}\end{aligned}$$

$t=\frac{1}{2}$ のとき

$$\begin{aligned}a&=6\cdot\frac{1}{8}-\frac{3}{2}\cdot\frac{1}{4}-3\cdot\frac{1}{2}\\&=\frac{3}{4}-\frac{3}{8}-\frac{3}{2}\\&=\frac{6-3-12}{8}\\&=-\frac{9}{8}\end{aligned}$$

よってaの値は小さいほうから
$-\frac{9}{8},\ \frac{11}{18}$

というわけで、ここから微分の問題が始まるんだけど、基本的な「微分計算」「接線」「グラフ」はできるという前提で進めるよ。

POINT ●「2曲線が接する」→「高さが一緒」、「傾きが一緒」！

74

座標平面上の2つの放物線　C_1：$y=x^2$, C_2：$y=-(x-9)^2+28$ を考える。C_1, C_2 の両方に接する直線は2つあり、それらの方程式の傾きの小さい方から順に並べれば、$y=\square x-\square$, $y=\square x-\square$ である。

2016 東京医科大

イマイチ解答

C_1：$f(x)=x^2$ とおく。

$f'(x)=2x$

C_2：$g(x)=-(x-9)^2+28$ とおく。

$g(x)=-x^2+18x-53$

$g'(x)=-2x+18$

接点のx座標をtとおく。

$$\begin{cases} f(t)=g(t) \\ f'(t)=g'(t) \end{cases}$$

$$\begin{cases} t^2=-t^2+18t-53 \\ 2t=-2t+18 \end{cases}$$

$$\begin{cases} 2t^2-18t+53=0 & \cdots① \\ 4t=18 & \cdots② \end{cases}$$

あれ〜、①かつ②を満たすtは存在しないですね。

そうだね、解き方が間違ってるね。問題文を読むと「C_1, C_2の両方に接する直線は2つあり」って書いてあるけど、それってこういうことだよね。

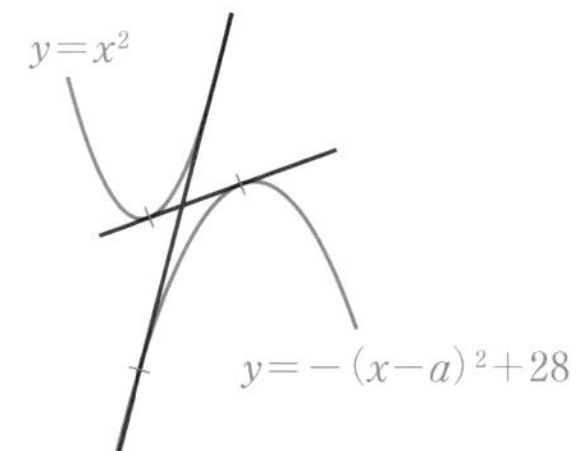

これは166ページの2**曲線が接する**とは違うよね。

あ〜そっか！　そっちと同じかと思っちゃいました。

全然違いますよね。接線は2本あるわけですから……。ん⁉　あれ⁉　接線2本がC_1とC_2の両方に接しているとき、接点は4つありますよね。

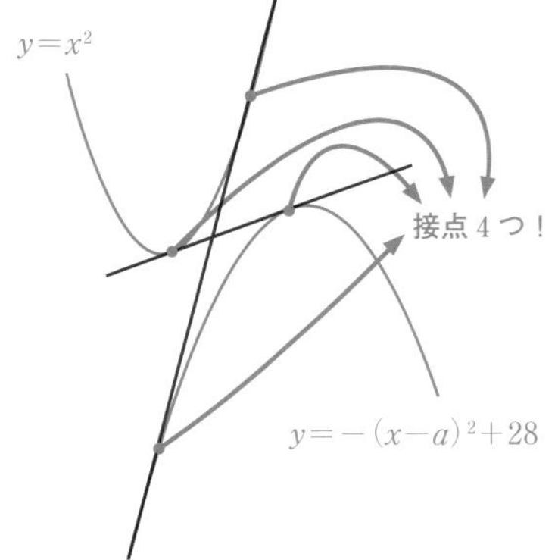

どの接点のx座標をtとおいて、接線の式を立てればいいのか……。

たしかにちょっと迷うよね。じゃあ、ピカイチ解答を見ていこうか。

ピカイチ解答

C_1：$y=x^2$

$y'=2x$

接点$(t,\ t^2)$とおく。

まずはC_1上の点$(t,\ t^2)$における接線を求めよう。接線の方程式は、

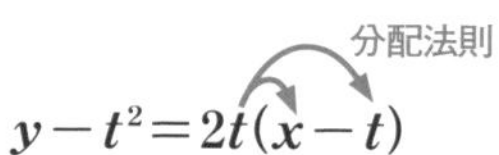

$y-t^2=2t(x-t)$

$y-y$座標＝傾き×$(x-x$座標$)$

$y=2tx-2t^2+t^2$

$y=2tx-t^2$　…①

これがC_2とも接するわけだ。

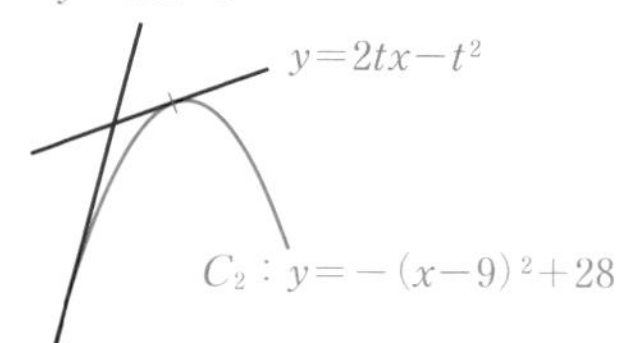

直線と放物線が接するときたら……。

連立した2次方程式が重解をもつから、判別式$D=0$だ！

C_2：$y=-(x-9)^2+28$

$y=-x^2+18x-53$

①と連立して、

$-x^2+18x-53=2tx-t^2$

$x^2+\underline{(2t-18)}x-t^2+53=0$

（$2t-18$の下に：$2(t-9)$）

①とC_2が接するので、

判別式$D=0$となればよい。

分配法則

$D/4=(t-9)^2-(-t^2+53)=0$

$t^2-18t+81+t^2-53=0$

$2t^2-18t+28=0$

両辺を÷2

$t^2-9t+14=0$

$(t-2)(t-7)=0$

$\therefore t=2,\ 7$

①に代入して、

$t=2$のとき$y=4x-4$

$t=7$のとき$y=14x-49$

よって求める直線は

$y=4x-4,\ y=14x-49$

今回はC_1：$y=x^2$上の接点のx座標をtとおき、$t=2,\ 7$と出したよね。

C_2：$y=-(x-9)^2+28$上の接点のx座標をtとおいても、もちろん解答はつくれるよ。

C_2上の接点を$(t,\ -(t-9)^2+28)$とおく。

⇒接線の方程式をつくる

⇒C_1と連立する

⇒判別式$D=0$

これでも同じ答えが出せるから、ぜひトライしてみて！

POINT ● **直線と放物線が接する→連立して判別式$D=0$**

75

関数 $f(x)=x^4-4x^3-2x^2+14x+13$ **について考える。**a, b, c **が** $a<b<c$ **を満たす定数で、関数** $y=f(x)$ **は** $x=a$ **と** $x=c$ **のとき極小値をとり、** $x=b$ **のとき極大値をとる。このとき、**$a^2+b^2+c^2=$□

2016 明治大

イマイチ解答

$$f(x)=x^4-4x^3-2x^2+14x+13$$
$$f'(x)=4x^3-12x^2-4x+14$$
$$=2(2x^3-6x^2-2x+7)$$

$f'(x)=0$ が解けません〜。どうすればいいの……？

4次関数 $y=ax^4+\cdots$ のグラフは、

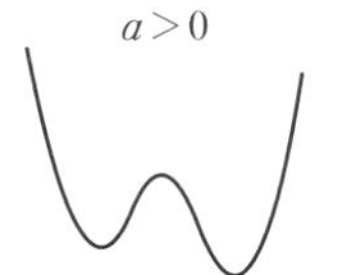

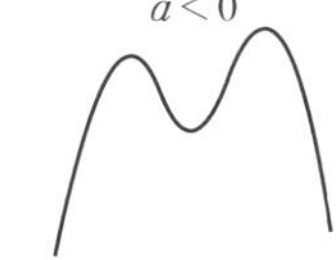

という形になるよ。今回は
$f(x)=x^4+\cdots$ だから、

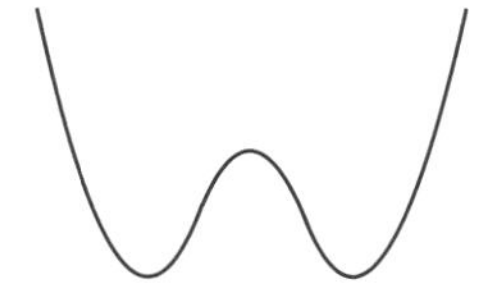

の形だね。さらに問題文に「$a<b<c$ で、$x=a$ と $x=c$ で極小値、$x=b$ で極大値」と書いてあるから、

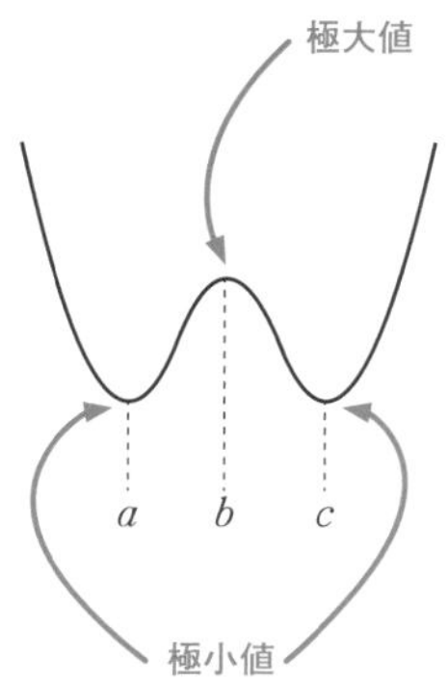

だね。そして、極値をとるのは $f'(x)=0$ の解で、今回でいうと、$2x^3-6x^2-x+7=0$ の解が $x=a, b, c$ ということになる。

で、ほしいのは $a^2+b^2+c^2$ だよ。3次方程式の解の和 $a+b+c$ を2乗したら出てきそうだよ。

3次方程式の解の和……3次方程式の解の和……。あ！ **解と係数の関係**ですね。そうか、a, b, c それぞれの値を求める必要はないんだ。

覚えて！

解と係数の関係（3次）

$ax^3+bx^2+cx+d=0$ $(a\neq 0)$ の解を α, β, γ とする。

$$\begin{cases} \alpha+\beta+\gamma=-\dfrac{b}{a} & \leftarrow \text{和} \\ \alpha\beta+\beta\gamma+\gamma\alpha=\dfrac{c}{a} & \leftarrow \text{2つの文字の積の和} \\ \alpha\beta\gamma=-\dfrac{d}{a} & \leftarrow \text{積} \end{cases}$$

3次方程式の解の和 $(\alpha+\beta+\gamma)$ と2つの文字の積の和 $(\alpha\beta+\beta\gamma+\gamma\alpha)$ と積 $(\alpha\beta\gamma)$ は、3次方程式の係数から求めることができるんだ。

たしかに $\alpha+\beta+\gamma$ を2乗したら $\alpha^2+\beta^2+\gamma^2$ が出てきますね！

ピカイチ解答

$f(x)=x^4-4x^3-2x^2+14x+13$
$f'(x)=4x^3-12x^2-4x+14$
$\quad=2(2x^3-6x^2-2x+7)$

$f(x)$ は $x=a,b,c$ で極値をとるので、$f'(x)=0$ の解が a,b,c である。

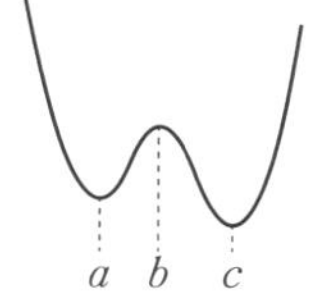

$2x^3-6x^2-2x+7=0$ において
解と係数の関係より、

$$\begin{cases} a+b+c=3 & \leftarrow -\frac{-6}{2} \\ ab+bc+ca=-1 & \leftarrow \frac{-2}{2} \\ abc=-\frac{7}{2} & \leftarrow -\frac{7}{2} \text{(今回は必要ないけど)} \end{cases}$$

よって、

$a^2+b^2+c^2$
$=(a+b+c)^2-2(ab+bc+ca)$
$=3^2-2(-1)$
$=11$

「解と係数の関係」と「相加・相乗平均の不等式」は単元に関係なく出題されるものだと思ってほしい。だから「感覚で解く」のではなく**「言葉で解く」ことが大事。**

たとえば、**「3次方程式の解の和」を求めたいときたら、「解と係数の関係」**だよね。**「文字の逆数の和の形」ときたら「相加・相乗平均の不等式」**だぞ。こうやって「言葉」でインプットしておこう。

さらに、複数の単元が含まれる融合問題はなかなか練習しづらいところだよね。だからこの本でいっぱい訓練して力をつけていってね！

は〜い！　小問って問題がけっこう短いから、パッと見は解けそうなんですよね。でも融合問題になっていると手が止まりがちです……。よ〜し、まだまだ頑張るぞ〜。

POINT ● **3次方程式の解の和、積→解と係数の関係！**

$f(x)=4x^4+8x^3+3x^2-2x+\frac{1}{4}$ のとき、$f(x)$ は $x=-\frac{\square}{\square}+\frac{\square}{\square}\sqrt{3}$ において最小値 $\frac{\square}{\square}-\frac{\square}{\square}\sqrt{3}$ をとる。

2015 東京理科大

イマイチ解答

$$f(x)=4x^4+8x^3+3x^2-2x+\frac{1}{4}$$

$$f'(x)=16x^3+24x^2+6x-2$$
$$=2(8x^3+12x^2+3x-1)$$

$g(x)=8x^3+12x^2+3x-1$ とおく。

定数項1の約数±1を代入して $g(x)=0$ の解を見つける

$$g(1)=8+12+3-1\neq 0$$
$$g(-1)=-8+12-3-1=0$$

$g(-1)=0$ なので、因数定理より $g(x)$ は $x+1$ で割り切れる。

組立除法

-1	8	12	3	-1
		-8	-4	1
	8	4	-1	0

商の係数　余り

よって $g(x)$ は $(x+1)(8x^2+4x-1)$ と因数分解できるので、

$$f'(x)=2(x+1)(8x^2+4x-1)$$

$8x^2+4x-1=0$ において

解の公式より、$x=\frac{-2\pm\sqrt{2^2-8\cdot(-1)}}{8}$

$$x=\frac{-2\pm\sqrt{4+8}}{8}$$
$$=\frac{-2\pm2\sqrt{3}}{8}$$
$$=\frac{-1\pm\sqrt{3}}{4}$$

よって $f'(x)=0$ となるのは、

$$x=-1,\ \frac{-1\pm\sqrt{3}}{4}$$

よって増減表は

x		-1		$\frac{-1-\sqrt{3}}{4}$		$\frac{-1+\sqrt{3}}{4}$	
$f'(x)$	$-$	0	$+$	0	$-$	0	$+$
$f(x)$	↘	小	↗	大	↘	小	↗

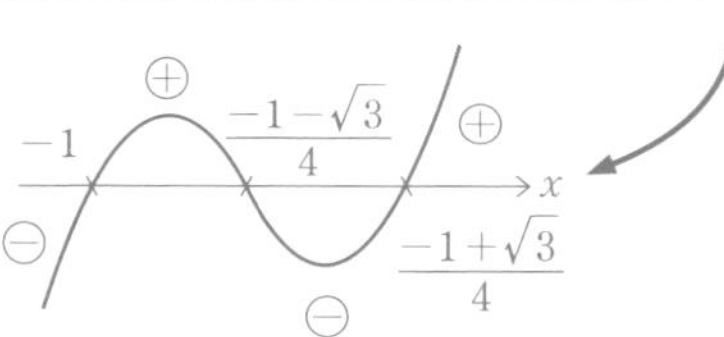

最小値となる可能性があるのは

$x=-1$ または $\frac{-1+\sqrt{3}}{4}$

$$f(-1)=4-8+3+2+\frac{1}{4}=\frac{5}{4}$$

$$f\left(\frac{-1+\sqrt{3}}{4}\right)$$
$$=4\cdot\left(\frac{-1+\sqrt{3}}{4}\right)^4+8\cdot\left(\frac{-1+\sqrt{3}}{4}\right)^3+3\cdot\left(\frac{-1+\sqrt{3}}{4}\right)^2-2\cdot\frac{-1+\sqrt{3}}{4}+\frac{1}{4}$$

問題文のマークの形から見てこれが答えになるはずだけど、この計算、したくないなあ……。

うん、このままでは計算できないよね。

$\dfrac{-1+\sqrt{3}}{4}$ は $8x^2+4x-1=0$ の解だったよね。だから、$f(x)$ を $8x^2+4x-1$ **で割っていくよ。**増減表までの答案は正解だから、続きからいくよ！

ピカイチ解答

商

$$\frac{1}{2}x^2+\frac{3}{4}x+\frac{1}{16}$$

割る式 $8x^2+4x-1$ ） $4x^4+8x^3+3x^2-2x+\dfrac{1}{4}$

$$\begin{array}{r} 4x^4+8x^3+3x^2-2x+\frac{1}{4} \\ \underline{4x^4+2x^3-\frac{1}{2}x^2\qquad\qquad} \\ 6x^3+\frac{7}{2}x^2-2x\qquad \\ \underline{6x^3+3x^2-\frac{3}{4}x\qquad} \\ \frac{1}{2}x^2-\frac{5}{4}x+\frac{1}{4} \\ \underline{\frac{1}{2}x^2+\frac{1}{4}x-\frac{1}{16}} \\ -\frac{3}{2}x+\frac{5}{16} \end{array}$$

余り

よって $f(x)$ は

$$f(x)=\underbrace{(8x^2+4x-1)}_{\text{割る式}}\underbrace{\left(\frac{1}{2}x^2+\frac{3}{4}x+\frac{1}{16}\right)}_{\text{商}}\underbrace{-\frac{3}{2}x+\frac{5}{16}}_{\text{余り}}$$

となる。

ここで $x=\dfrac{-1+\sqrt{3}}{4}$ を代入してみよう。

$x=\dfrac{-1+\sqrt{3}}{4}$ は $8x^2+4x-1=0$ の解だから、$x=\dfrac{-1+\sqrt{3}}{4}$ を $8x^2+4x-1$ に代入したらその値は0ですね。

$$f(x)=\boxed{8x^2+4x-1}\left(\frac{1}{2}x^2+\frac{3}{4}x+\frac{1}{16}\right)-\frac{3}{2}x+\frac{5}{16}$$

ここが0！

$8x^2+4x-1$ が0になるから、残るのは $-\dfrac{3}{2}x+\dfrac{5}{16}$ だけだ。そこに $x=\dfrac{-1+\sqrt{3}}{4}$ を代入しよう。

$$\begin{aligned} &f\left(\frac{-1+\sqrt{3}}{4}\right) \\ &=-\frac{3}{2}\cdot\frac{-1+\sqrt{3}}{4}+\frac{5}{16} \\ &=-\frac{6(-1+\sqrt{3})}{16}+\frac{5}{16} \\ &=\frac{6-6\sqrt{3}+5}{16} \\ &=\frac{11}{16}-\frac{3}{8}\sqrt{3} \end{aligned}$$

分母を16で通分

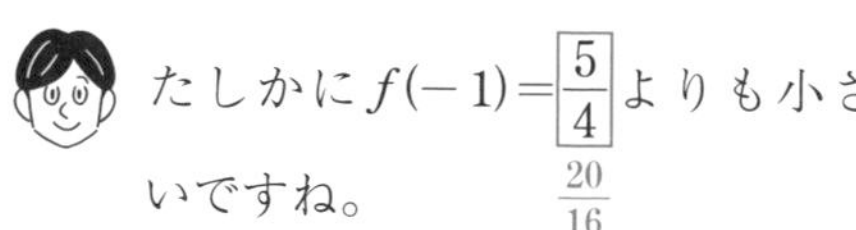

たしかに $f(-1)=\boxed{\dfrac{5}{4}}$ よりも小さいですね。

$\dfrac{20}{16}$

よって $x=-\dfrac{1}{4}+\dfrac{1}{4}\sqrt{3}$ のとき

最小値 $\dfrac{11}{16}-\dfrac{3}{8}\sqrt{3}$

POINT ● $f(x)$ を割り算して、簡単に極値を求めよう！

77

$x=\sin\theta+\cos\theta$, $y=\sin^3\theta+\cos^3\theta+3\sin\theta\cos\theta(\sin\theta+\cos\theta)+6\sin\theta\cos\theta-9(\sin\theta+\cos\theta)$とおく。$\frac{\pi}{4}\leqq\theta\leqq\pi$のとき、$x$のとり得る値の範囲は□であり、$y$を$x$を用いて表すと、$y=$□となる。さらにこのとき、$y$のとり得る値の範囲は□である。

2017 北里大

イマイチ解答

$$\begin{aligned}x&=\sin\theta+\cos\theta\\&=\sqrt{2}\left(\frac{1}{\sqrt{2}}\sin\theta+\frac{1}{\sqrt{2}}\cos\theta\right)\\&=\sqrt{2}\left(\sin\theta\cdot\cos\frac{\pi}{4}+\cos\theta\cdot\sin\frac{\pi}{4}\right)\\&=\sqrt{2}\sin\left(\theta+\frac{\pi}{4}\right)\end{aligned}$$

$\frac{1}{\sqrt{2}}$ は $\cos\frac{\pi}{4}$、$\frac{1}{\sqrt{2}}$ は $\sin\frac{\pi}{4}$

合成

加法定理の逆

$\frac{\pi}{4}\leqq\theta\leqq\pi$より

$\frac{\pi}{2}\leqq\theta+\frac{\pi}{4}\leqq\pi+\frac{\pi}{4}$

新しい角度$\theta+\frac{\pi}{4}$の範囲を必ずチェックして視覚化！

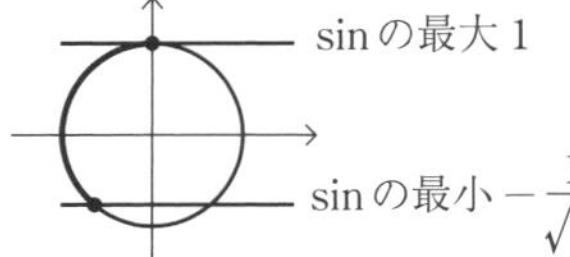

$$-\frac{1}{\sqrt{2}}\leqq\sin\left(\theta+\frac{\pi}{4}\right)\leqq1$$

$\times\sqrt{2}$

$$-1\leqq\sqrt{2}\sin\left(\theta+\frac{\pi}{4}\right)\leqq\sqrt{2}$$

$-1\leqq x\leqq\sqrt{2}$ …★

$$\begin{aligned}y&=\sin^3\theta+\cos^3\theta\\&\quad+3\sin\theta\cos\theta(\sin\theta+\cos\theta)\\&\quad+6\sin\theta\cos\theta-9(\sin\theta+\cos\theta)\\&=\sin^3\theta+\cos^3\theta+3\sin^2\theta\cdot\cos\theta\\&\quad+3\sin\theta\cdot\cos^2\theta+6\sin\theta\cdot\cos\theta\\&\quad-9(\sin\theta+\cos\theta)\\&=(\underbrace{\sin\theta+\cos\theta}_{x})^3+6\sin\theta\cos\theta\\&\quad-9(\underbrace{\sin\theta+\cos\theta}_{x})\end{aligned}$$

これをxを用いて表すと、

$y=x^3+6\sin\theta\cdot\cos\theta-9x$

$\sin\theta\cdot\cos\theta$ って……どうするんでしたっけ？

yの長い式の中に$(\sin\theta+\cos\theta)^3$が隠れているのはよく気づいたね。ここまで来たらあと一息だ！ $x=\sin\theta+\cos\theta$の両辺を2乗してごらん。$\sin\theta\cdot\cos\theta$が出てくるよ。

$$\begin{aligned}x^2&=(\sin\theta+\cos\theta)^2\\&=\sin^2\theta+2\sin\theta\cdot\cos\theta+\cos^2\theta\\&=1+2\sin\theta\cdot\cos\theta\end{aligned}$$

あ、本当だ！　$\sin\theta\cdot\cos\theta$が出てきた！

ね、そうでしょ！　さて、★まではとってもいい解答がつくれているから、ピカイチ解答はその続きからいくよ。

ピカイチ解答

$y=\sin^2\theta+\cos^3\theta$
$\quad+3\sin\theta\cdot\cos\theta(\sin\theta+\cos\theta)$
$\quad+6\sin\theta\cdot\cos\theta$
$\quad-9(\sin\theta+\cos\theta)$

$=\underline{\sin^3\theta+\cos^3\theta+3\sin^2\theta\cdot\cos\theta}$
$\quad\underline{+3\sin\theta\cdot\cos^2\theta}+6\sin\theta\cdot\cos\theta$
$\quad-9(\sin\theta+\cos\theta)$

因数分解
$a^3+3a^2b+3ab^2+b^3=(a+b)^3$

$=\underline{(\sin\theta+\cos\theta)^3}+6\sin\theta\cdot\cos\theta$
$\quad-9(\sin\theta+\cos\theta)$

ここで、$x=\sin\theta+\cos\theta$の両辺を2乗する。

$x^2=\underline{\sin^2\theta}+2\sin\theta\cdot\cos\theta+\underline{\cos^2\theta}$

相互関係
$\sin^2\theta+\cos^2\theta=1$

$x^2=\underline{1}+2\sin\theta\cdot\cos\theta$
$x^2-1=2\sin\theta\cdot\cos\theta$
$\therefore\sin\theta\cdot\cos\theta=\dfrac{x^2-1}{2}$

よってyをxを用いて表すと、

$y=x^3+\overset{3}{\cancel{6}}\cdot\dfrac{(x^2-1)}{\cancel{2}}-9x$
$\quad=x^3+3x^2-3-9x$
$\quad=x^3+3x^2-9x-3$

ここで3次関数だから微分ですね。

$f(x)=x^3+3x-9x-3$とおく。
$f'(x)=3x^2+6x-9$
$\quad=3(x^2+2x-3)$
$\quad=3(x+3)(x-1)$
$f'(x)=0$となるのは$x=-3, 1$

$-1\leqq x\leqq\sqrt{2}$における増減表は

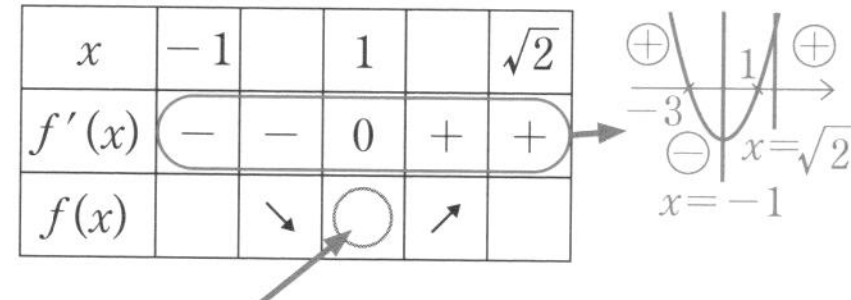

x	-1		1		$\sqrt{2}$
$f'(x)$	$-$	$-$	0	$+$	$+$
$f(x)$		↘	○	↗	

ここが最小値なのは決定。

最大値になるのは$f(-1)$または$f(\sqrt{2})$だね。調べよう。

$f(-1)=-1\cancel{+3}+9\cancel{-3}$
$\quad=8$
$f(1)=1\cancel{+3}-9\cancel{-3}$
$\quad=-8$
$f(\sqrt{2})=2\sqrt{2}+6-9\sqrt{2}-3$
$\quad=3-7\sqrt{2}$
$f(-1)>f(\sqrt{2})$だから最大値8

よって求めるyの値の範囲は、
$-8\leqq y\leqq 8$

今回は三角関数と微分の融合問題でした。パッと見は三角関数だけど、$x=\sin\theta+\cos\theta$と置き換えることによって、xの3次関数になるんだね。
文字を置き換えたときに、範囲をチェックするのも忘れずに！

POINT ● 三角関数の合成、範囲チェック、和を2乗して積を求める、3次の因数分解、3次関数を微分して最大・最小を求める……全部大事!!

78 xの関数 $f(x)=\int_0^2|t^2-x^2|dt$ の $0\leqq x\leqq 2$ における最大値は□、最小値は□である。

2018 明治薬科大

イマイチ解答

$$f(x)=\int_0^2|t^2-x^2|dt$$
$$=\int_0^2|(t+x)(t-x)|dt$$

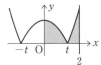

$$f(x)=\int_0^t(t^2-x^2)dt+\int_t^2(-t^2+x^2)dt$$
$$=\int_t^0(x^2-t^2)dt+\int_t^2(x^2-t^2)dt$$
$$=\left[\frac{1}{3}x^3-t^2x\right]_t^0+\left[\frac{1}{3}x^3-t^2x\right]_t^2$$
$$=\frac{8}{3}-2t^2-2\left(\frac{1}{3}t^3-t^3\right)$$
$$=\frac{8}{3}-2t^2+\frac{4}{3}t^3$$

あれれ～。$f(x)$って「xの関数」なはず……ですよね……。tの関数になっちゃった……（笑）

うん、笑えないよ……。$f(x)$の式に「dt」と書いてあるから∫の中身「t^2-x^2」はtの関数だよ。xの関数ではないんだ。

あちゃ～～～。

気をつけてね。数学という科目において、**何が変数で、何が定数かしっかり意識すること**は、**食後に歯を磨くことくらい重要**だぞ。

まず、面積の問題を確認しておこう。

> **覚えて！**
>
> **面積の求め方**
>
> $a\leqq x\leqq b$において、
>
> $f(x)$と$g(x)$で囲まれた部分の面積は
>
> $$S=\int_a^b\{f(x)-g(x)\}dx$$
>
> ただし、$a\leqq x\leqq b$において$f(x)\geqq g(x)$

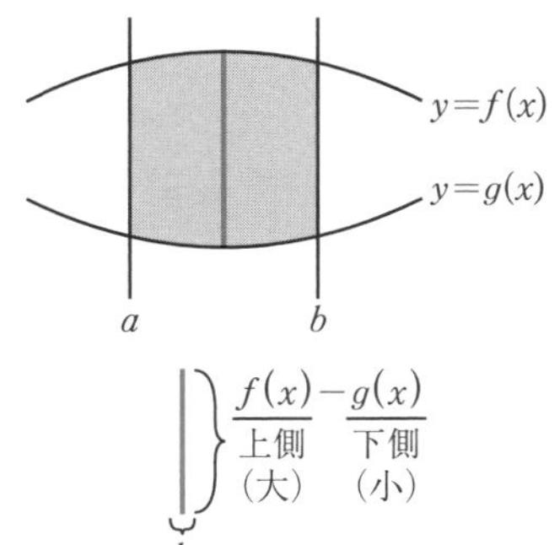

長方形の面積は

$\{f(x)-g(x)\}\times dx$
縦　横

で、これを∫（インテグラル）でaからbまで集めていくっていうイメージだね。

間違えて{(下側)−(上側)}の積分計算をしてしまうと、面積なのに答えがマイナスになってしまうから気をつけないと！

例 $y=-x^2-1\ (-1\leqq x\leqq 2)$ と x 軸で囲まれた部分の面積 S は□

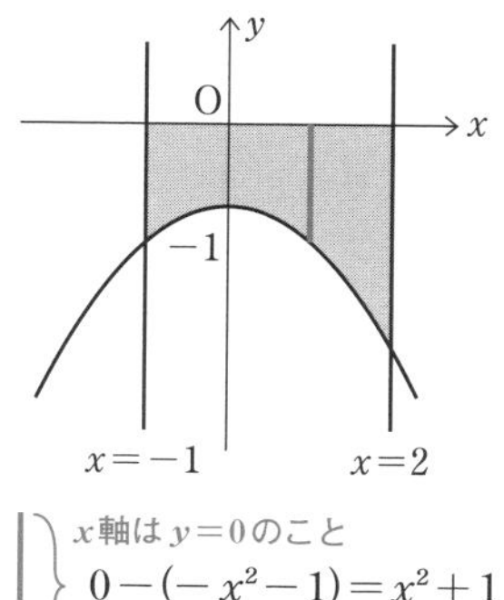

x 軸は $y=0$ のこと

$\underset{上}{0}-\underset{下}{(-x^2-1)}=x^2+1$

dx

よって求める面積 S は

$$S=\int_{-1}^{2}(x^2+1)dx$$
$$=\left[\frac{1}{3}x^3+x\right]_{-1}^{2}$$
$$=\frac{1}{3}\{2^3-(-1)^3\}+\{2-(-1)\}$$
$$=\frac{1}{3}(8+1)+(2+1)$$
$$=3+3$$
$$=\underline{6}$$

じゃあ次、これはできる？

例 $\int_0^2|x^2-x|dx=$□

絶対値のままだと積分できません。だから絶対値をはずさないといけないよね。

$$|x^2-x|=\begin{cases}x^2-x, & (x\leqq 0,\ 1\leqq x)\\ -(x^2-x), & (0<x<1)\end{cases}$$

$\int_0^2|x^2-x|dx=\int_0^2(|x^2-x|-0)dx$ と思えば、$y=|x^2-x|$ と $y=0$（x 軸）で囲まれた部分の面積ってことになる。

そうするとグラフを書きたくなりますね。

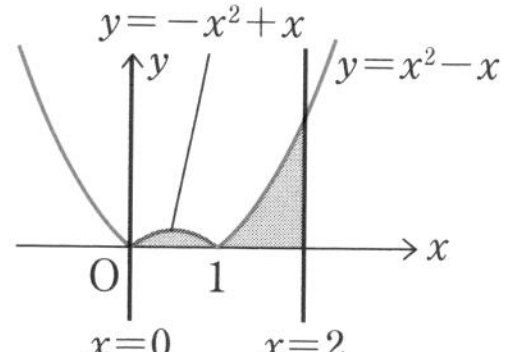

この図のグレーの部分の面積を求めていくことになります。

$$(与式)=\int_{⓪}^{\boxed{1}}\underline{(-x^2+x)}dx+\int_1^2(x^2-x)dx$$

×(−1) して⓪と1を逆にする

$$=\int_{\boxed{1}}^{⓪}\underline{(x^2-x)}dx+\int_{\boxed{1}}^{2}\underline{(x^2-x)}dx$$

関数がそろった。そして下端もそろった！

$$=\left[\frac{1}{3}x^3-\frac{1}{2}x^2\right]_{\boxed{1}}^{⓪}+\left[\frac{1}{3}x^3-\frac{1}{2}x^2\right]_{\boxed{1}}^{②}$$

②代入　　1代入を2回

$$=\left(\frac{8}{3}-2\right)-2\left(\frac{1}{3}-\frac{1}{2}\right)$$
$$=\frac{8}{3}-2-\frac{2}{3}+1$$
$$=\underline{1}$$

ピカイチ解答

それじゃあやっていこう。まず、dtとあるからtで積分するよ。

$$f(x)=\int_0^2 |t^2-x^2|dt \ (0 \leqq x \leqq 2)$$

$$|t^2-x^2| = \begin{cases} t^2-x^2, & (t \leqq -x, x \leqq t) \\ -(t^2-x^2), & (-x<t<x) \end{cases}$$

$f(x)$は図のグレー部分の面積を表しますね。

$$f(x)=\int_{⓪}^{\boxed{x}} (-t^2+x^2)dt+\int_x^2 (t^2-x^2)dt$$

×(−1)して$\boxed{x}$と⓪を逆にする

$$=\int_{\boxed{x}}^{⓪} (t^2-x^2)dt+\int_{\boxed{x}}^{2} (t^2-x^2)dt$$

関数がそろった。そして下端もそろった！

$$=\left[\frac{1}{3}t^3-x^2t\right]_{\boxed{x}}^{0}+\left[\frac{1}{3}t^3-x^2t\right]_{\boxed{x}}^{②}$$

②代入　$\boxed{x}$代入を2回

$$=\frac{8}{3}-2x^2-2\left(\frac{1}{3}x^3-x^3\right)$$

$$=\frac{4}{3}x^3-2x^2+\frac{8}{3}$$

$f(x)$は完成。今回はこれの最大・最小。3次関数だから微分ですね。

$$f'(x)=4x^2-4x$$
$$=4x(x-1)$$

$f'(x)=0$となるのは$x=0, 1$

$0 \leqq x \leqq 2$における増減表は

x	0		1		2
$f'(x)$	0	$-$	0	$+$	$+$
$f(x)$	$\frac{8}{3}$	↘	2	↗	$\frac{16}{3}$

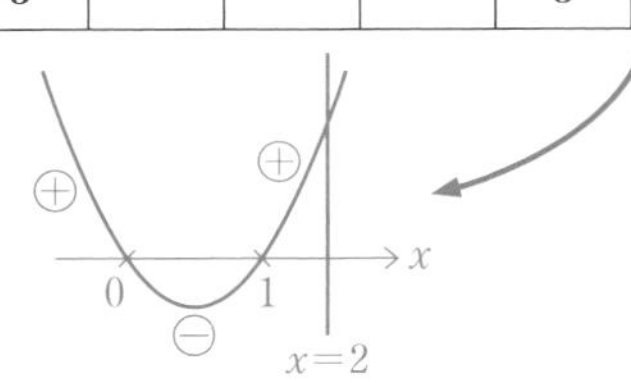

$$f(0)=\frac{8}{3}$$

$$f(1)=\frac{4}{3}-2+\frac{8}{3}$$
$$=2$$

$$f(2)=\frac{4}{3}\cdot 8-8+\frac{8}{3}$$
$$=\frac{40}{3}-8$$
$$=\frac{16}{3}$$

よって$x=2$のとき最大値$\frac{16}{3}$

$x=1$のとき最小値2

ちょっと一息

受験学年の冬・直前期(12〜1月)のおすすめ勉強法

この時期にやらなくちゃいけないことは大きく2つです。

1つ目は、共通テスト対策。
国立志望という人はもちろん、私立志望で共通テスト利用を考えている人は、対策をしなくてはいけません。私の主観ですが、普通に数学二次対策の勉強だけをしているだけでは、共通テストの対策にはあまりなりません。使う公式や解き方は一緒ですが、共通テストには共通テストの対策が必要です。

共通テスト対策には、まず、センター試験の過去問を解くのがおすすめです。思考力を問う問題ということで共通テストが始まりましたが、センター試験と同じように計算力、誘導に乗る力が試される問題の名残は残っています。たとえば、数ⅠAの「数と式」「データの分析」です。他の単元も、問題の前半はセンター試験のようなものが意外とあります。
センター試験のような問題だけを解いていけば、年度や何を選択するかにもよりますが30点〜45点は取れます。ですから、センター試験の過去問を少なくとも「数と式」と「データの分析」は解きましょう。2015〜2020年がいいと思います。できれば単元ごとにやってみてください。

おすすめの共通テスト対策の問題集も、ご紹介します。まずは『大学入学共通テスト数学Ⅰ・A実践対策問題集』『大学入学共通テスト数学Ⅱ・B実践対策問題集』(旺文社)です。これらは60〜70点を目指している人におすすめです。難易度A、Bの問題と実践問題があります。今まで学習してきた基本問題が共通テスト形式だとどういう形で出題されるのか、つながりが見えてきます。

また、『ハイスコア共通テスト攻略数学Ⅰ・A』『ハイスコア共通テスト攻略数学Ⅱ・B』(Z会)は、80〜90点を目指している人におすすめ。基本事項の確認、過去問、オリジナル問題、模擬試験という構成です。どこから着手してもよいですよ。

そして、直前期にやらなくちゃいけないことの2つ目は、自信をつけること!
これは非常に大事です。スポーツでも勉強でも、自信をもっていなければ、実力を発揮することはできません。
自信過剰で天狗になるのはよくないですが、「やることはもうやったぞ!」「復習も過去問も完璧!」と言える状態までもっていけた人は大丈夫! 自信をもって!
あれ、ちょっと不安だなという人は、試験当日までに自分に自信がもてるように冬を過ごしてください。塾、予備校は休まないで! 今まで使ってきた参考書の復習をするのもいいですし、本書を解き直すのもおすすめ。困ったら復習と過去問ですよ!

POINT
- 絶対値を含む積分計算は面積で考える!
- 文字が複数あるときは、何が変数で何が定数かを見極める!

曲線 C_1 : $y=x^3-6x^2+9x-1$ を x 軸方向に2だけ平行移動した曲線を C_2 とする。C_2 の方程式は $y=x^3+\square x^2+\square x+\square$ であり、C_1 と C_2 で囲まれる部分の面積は $\square$ である。

2018 京都薬科大

イマイチ解答

C_1 : $y=x^3-6x^2+9x-1$ を x 軸方向に2だけ平行移動するので、

C_2 :

$$
\begin{aligned}
y&=(x-2)^3-6(x-2)^2+9(x-2)-1\\
&=x^3+3\cdot x^2\cdot(-2)+3\cdot x\cdot(-2)^2\\
&\quad+(-2)^3-6(x^2-4x+4)\\
&\quad+9(x-2)-1\\
&=x^3-6x^2+12x-8-6x^2+24x\\
&\quad-24+9x-18-1\\
&=x^3-12x^2+45x-51
\end{aligned}
$$

C_1 と C_2 を連立して、

$$\cancel{x^3}-6x^2+9x-1=\cancel{x^3}-12x^2+45x-51$$

$$6x^2-36x+50=0$$

$$3x^2-18x+25=0$$

両辺を÷2

$2\times(-9)$

解の公式より、

$$x=\frac{-(-9)\pm\sqrt{(-9)^2-3\cdot25}}{3}$$

$$x=\frac{9\pm\sqrt{81-75}}{3}=\frac{9\pm\sqrt{6}}{3}$$

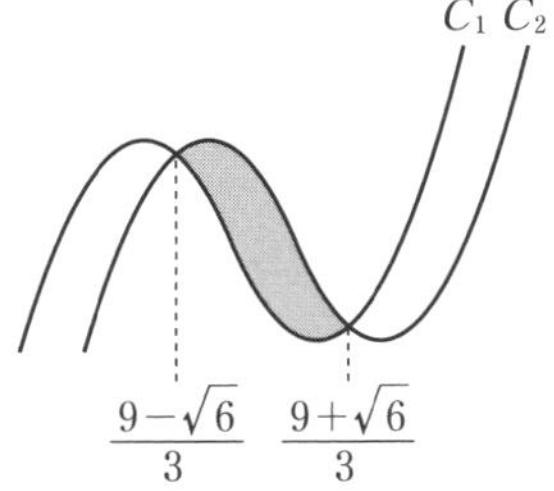

C_1 と C_2 で囲まれる面積は、

$$\int_{\frac{9-\sqrt{6}}{3}}^{\frac{9+\sqrt{6}}{3}}\{(\cancel{x^3}-12x^2+45x-51)-(\cancel{x^3}-6x^2+9x-1)\}dx$$

$$=\int_{\frac{9-\sqrt{6}}{3}}^{\frac{9+\sqrt{6}}{3}}(-6x^2+36x-50)dx$$

$$=\Big[-2x^3+18x^2-50x\Big]_{\frac{9-\sqrt{6}}{3}}^{\frac{9+\sqrt{6}}{3}}$$

ううう〜、絶対にこんなの計算したくない……。先生、解き方を教えてください！

うん、これはいやだよね。**$\frac{1}{6}$ 公式**をチェックしよう！

> **覚えて！**
>
> **$\frac{1}{6}$ 公式**
>
> $$\int_{\alpha}^{\beta}(x-\alpha)(x-\beta)dx=-\frac{1}{6}(\beta-\alpha)^3$$

使うときの注意点は次の2つ。

① $(x-\alpha)(x-\beta)=0$ の解 α,β が積分区間と一緒になっていることをチェック！

② $1\times(x-\alpha)(x-\beta)$ のように、x^2 の係数が1じゃないと使えない。

例 次の定積分の値を求めよ。

(1) $\displaystyle\int_{-2}^{3}(x^2-x-6)dx$

(2) $\displaystyle\int_{1-\sqrt{5}}^{1+\sqrt{5}}(x^2-2x-4)dx$

(3) $\displaystyle\int_{-\frac{1}{2}}^{1}(2x^2-x-1)dx$

(1) $\displaystyle\int_{-2}^{3}(x^2-x-6)dx$

$\displaystyle=\int_{-2}^{3}(x-3)(x+2)dx$

①$(x-3)(x+2)=0$の解-2と3が積分区間と一緒
②x^2の係数が1

$\displaystyle=-\frac{1}{6}\{3-(-2)\}^3$

$\displaystyle=\underline{-\frac{125}{6}}$

(2) $\displaystyle\int_{1-\sqrt{5}}^{1+\sqrt{5}}(x^2-2x-4)dx$

$x^2-2x-4=0$の解は積分区間の$1\pm\sqrt{5}$になっているかなあ……。

解の公式より

$$x=\frac{1\pm\sqrt{1-(-4)}}{1}=1\pm\sqrt{5}$$

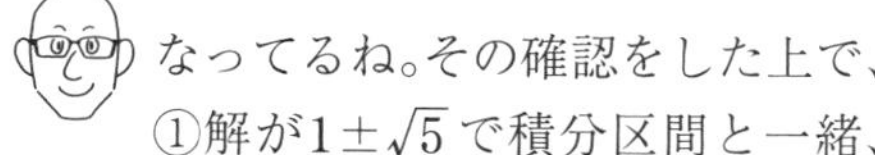

なってるね。その確認をした上で、①解が$1\pm\sqrt{5}$で積分区間と一緒、②x^2の係数が1なので、$\frac{1}{6}$公式を使えるよ。

$\displaystyle\int_{1-\sqrt{5}}^{1+\sqrt{5}}(x^2-2x-4)dx$

$\displaystyle=\int_{1-\sqrt{5}}^{1+\sqrt{5}}\{x-(1+\sqrt{5})\}\{x-(1-\sqrt{5})\}dx$

①$\{x-(1+\sqrt{5})\}\{x-(1-\sqrt{5})\}=0$の解
$1+\sqrt{5},1-\sqrt{5}$が積分区間と一緒
②x^2の係数が1

$\displaystyle=-\frac{1}{6}\{(\cancel{1}+\sqrt{5})-(\cancel{1}-\sqrt{5})\}^3$

$\displaystyle=-\frac{1}{6}(2\sqrt{5})^3$

$\displaystyle=-\frac{1}{6}\cdot8\cdot5\sqrt{5}$

$\displaystyle=\underline{-\frac{20\sqrt{5}}{3}}$

大学入試において積分区間が共役な数になっているときは、「$\frac{1}{6}$公式」が使えると判断してOK！

(3) $\displaystyle\int_{-\frac{1}{2}}^{1}(2x^2-x-1)dx$

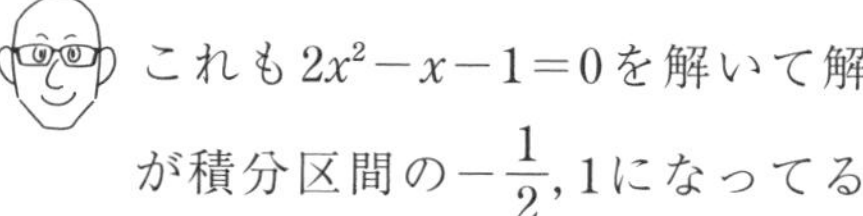

これも$2x^2-x-1=0$を解いて解が積分区間の$-\frac{1}{2}$, 1になってるか、確認しよう。

$$\begin{array}{ccccc}1 & \times & -1 & \to & -2\\ 2 & & 1 & \to & \underline{\ \ 1}\\ & & & & -1\end{array}$$

$\displaystyle\int_{-\frac{1}{2}}^{1}(x-1)(2x+1)dx$

①$(x-1)(2x+1)=0$の解が$-\frac{1}{2}$と1で積分区間と一緒
②x^2の係数が2

x^2の係数が1になってませんよ？

x^2の係数を1にするために、x^2の係数（今回は②）でくくってあげよう。これが超ポイント！

$\displaystyle=②\int_{-\frac{1}{2}}^{1}(x-1)\underline{\left(x+\frac{1}{2}\right)}dx$

①$(x-1)\left(x+\frac{1}{2}\right)=0$の解$-\frac{1}{2}$と1が積分区間と一緒
②x^2の係数が1

$$=2\left(-\frac{1}{6}\right)\left\{1-\left(-\frac{1}{2}\right)\right\}^3$$
$$=\left(-\frac{1}{3}\right)\left(\frac{3}{2}\right)^3$$
$$=-\frac{9}{8}$$

$\frac{1}{6}$公式、けっこう難しいけど、ちゃんと使いこなせれば簡単に積分計算できますね！

うん、本当その通りだよ。よくおさらいしておいてね。

では、さらに$\frac{1}{6}$**公式**を利用して、面積を求める練習を1題だけやっておこう。

例 $y=x^2, y=x+2$で囲まれた図形の面積Sは□

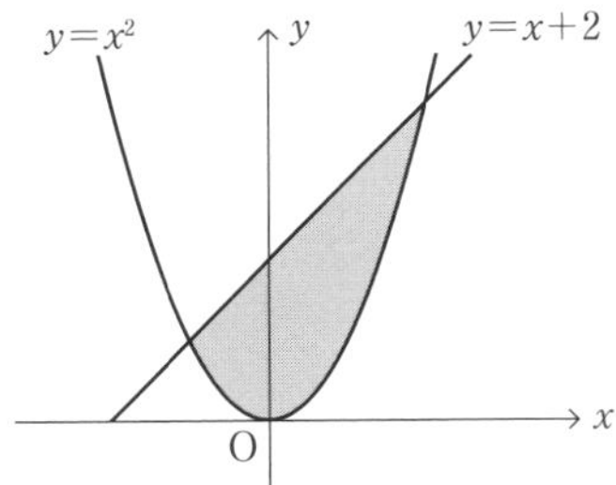

2式を連立して、

$x^2=x+2$

$x^2-x-2=0$

$(x-2)(x+1)=0$

$\therefore x=-1, 2$

求める面積は、

$$\int_{-1}^{2}\{\underbrace{(x+2)}_{\text{上側}}-\underbrace{x^2}_{\text{下側}}\}dx$$

$$=-\int_{-1}^{2}(x^2-x-2)dx$$

$$=-\int_{-1}^{2}(x-2)(x+1)$$

①$(x-2)(x+1)=0$の解-1と2が積分区間と一緒
②x^2の係数が1

$$=-\left(-\frac{1}{6}\right)\{2-(-1)\}^3$$
$$=\frac{1}{6}\cdot 3^3$$
$$=\frac{9}{2}$$

よし、できた！ $\frac{1}{6}$公式、慣れてきました！

いい感じだね！

あともう1つ。問題文に「平行移動」が出てきたから、まとめておくよ。

覚えて！

平行移動

$y=f(x)$のグラフを
x軸方向にp, y軸方向にq
平行移動したグラフの方程式は、
$\boldsymbol{y-q=f(x-p)}$

$y=f(x)$の$\begin{pmatrix}x\text{を}x-p\text{に}\\ y\text{を}y-q\text{に}\end{pmatrix}$置き換える！

例 放物線$y=x^2+x+1$をx軸方向に2、y軸方向に-3だけ平行移動した放物線の方程式を求めよ。

$y=x^2+x+1$の$\begin{pmatrix}x\text{を}x-2\\ y\text{を}y+3\end{pmatrix}$に置き換える！

$y+3=(x-2)^2+(x-2)+1$

$y=x^2-4x+4+x-2+1-3$

$\underline{y=x^2-3x}$

ピカイチ解答

C_1：$y=x^3-6x^2+9x-1$ を x 軸方向に2だけ平行移動するので、

C_2：

$$y=(x-2)^3-6(x-2)^2+9(x-2)-1$$
$$=x^3+3\cdot x^2\cdot(-2)+3\cdot x\cdot(-2)^2+(-2)^3-6(x^2-4x+4)+9(x-2)-1$$
$$=x^3-6x^2+12x-8-6x^2+24x-24+9x-18-1$$
$$=x^3-12x^2+45x-51$$

C_1 と C_2 を連立して、

$$x^3-6x^2+9x-1=x^3-12x^2+45x-51$$
$$6x^2-36x+50=0$$
$$3x^2-18x+25=0$$

両辺を÷2

-18：$2\times(-9)$

解の公式より、

$$x=\frac{-(-9)\pm\sqrt{(-9)^2-3\cdot25}}{3}$$

$$x=\frac{9\pm\sqrt{81-75}}{3}$$
$$=\frac{9\pm\sqrt{6}}{3}$$

煩雑なものは文字に置きかえる！

$\alpha=\dfrac{9-\sqrt{6}}{3}$, $\beta=\dfrac{9+\sqrt{6}}{3}$ とおく

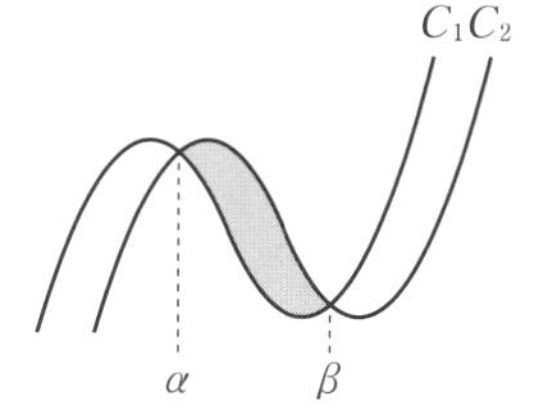

C_1 と C_2 で囲まれる面積は、

$$\int_\alpha^\beta\{(x^3-12x^2+45x-51)-(x^3-6x^2+9x-1)\}dx$$

（上側：$x^3-12x^2+45x-51$、下側：x^3-6x^2+9x-1）

$$=\int_\alpha^\beta(-6x^2+36x-50)dx$$

①解が α と β で積分区間と一緒、②x^2 の係数が -6。x^2 の係数を1にするために、-6 でくくろう。

$$=-6\int_\alpha^\beta(x-\alpha)(x-\beta)dx$$

①$(x-\alpha)(x-\beta)=0$ の解 α,β が積分区間と一緒
②x^2 の係数が1

$$=-6\left(-\frac{1}{6}\right)(\beta-\alpha)^3$$
$$=\left(\frac{9+\sqrt{6}}{3}-\frac{9-\sqrt{6}}{3}\right)^3$$
$$=\left(\frac{2\sqrt{6}}{3}\right)^3$$
$$=\frac{8\cdot6\sqrt{6}}{3\cdot3\cdot3}$$
$$=\frac{16\sqrt{6}}{9}$$

$\frac{1}{6}$ **公式**は受験生のほとんどの人たちが知っているはず。ただ、**正しく使える受験生は非常に少ない**んだよね。でも入試ではめちゃくちゃ頻出！　気合い入れて練習してね。

POINT ● $\frac{1}{6}$ **公式をマスターしよう！**

80 曲線C：$y=|2x^2-2x|$と直線$y=2ax$（aは実数の定数）が異なる3つの共有点をもつとする。共有点をx座標の小さい順にP, Q, Rとするとき、P, Q, Rのx座標はそれぞれ□、□、□である。曲線Cおよび線分PQで囲まれた部分と、曲線Cおよび線分QRで囲まれた部分の面積が等しくなるのは$a=$□のときである。

2020 聖マリアンナ医科大

イマイチ解答

C：$y=|2x^2-2x|$

$$=\begin{cases}2x^2-2x & (x\leqq 0,\ 1\leqq x)\\ -(2x^2-2x) & (0<x<1)\end{cases}$$

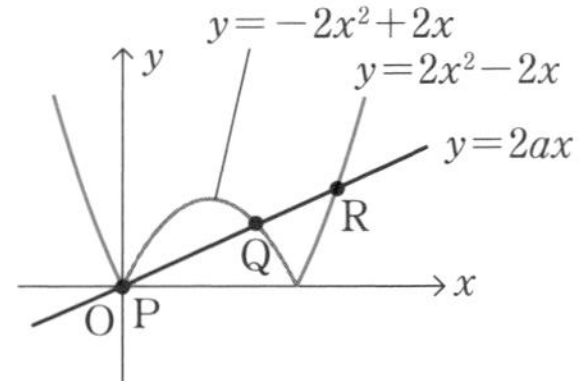

$2x^2-2x=2ax$とおく。

$2x^2-(2+2a)x=0$

$2x\{x-(a+1)\}=0$

$\therefore x=\underset{\text{Pの}x\text{座標}}{\underline{0}},\ \underset{\text{Rの}x\text{座標}}{\underline{a+1}}$

$-2x^2+2x=2ax$とおく。

$2x^2+(-2+2a)x=0$

$2x\{x-(1-a)\}=0$

$\therefore x=\underset{\text{Pの}x\text{座標}}{\underline{0}},\ \underset{\text{Qの}x\text{座標}}{\underline{1-a}}$

よって、P, Q, Rのx座標は
それぞれ$0,\ 1-a,\ 1+a$

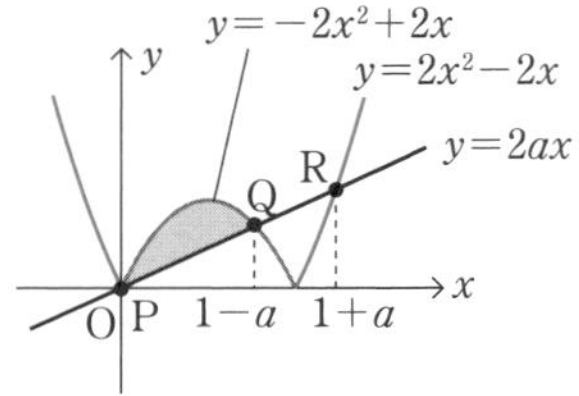

曲線Cおよび線分PQで囲まれた部分の面積は、

$$\int_0^{1-a}(\underset{\text{上側}}{\underline{-2x^2+2x}}-\underset{\text{下側}}{\underline{2ax}})dx$$

$$=\int_0^{1-a}\{-2x^2+(2-2a)x\}dx$$

$$=-2\int_0^{1-a}x\{x-(1-a)\}dx$$

$$=-2\left(-\frac{1}{6}\right)\{(1-a)-0\}^3$$

$$=\frac{1}{3}(1-a)^3$$

$$=\frac{1}{3}(1-3a+3a^2-a^3)$$

$$=-\frac{1}{3}a^3+a^2-a+\frac{1}{3}$$

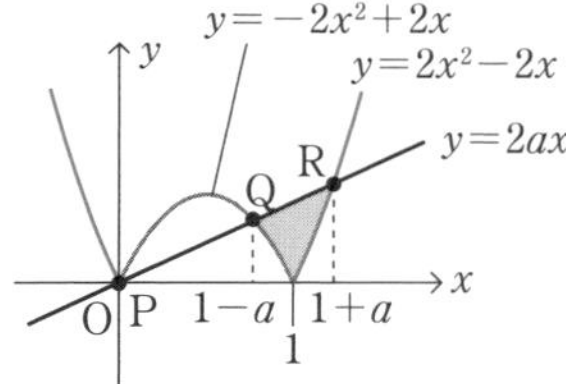

曲線Cおよび線分QRで囲まれた部分の面積は、

$$\int_{1-a}^{1}\{\underset{\text{上側}}{\underline{2ax}}-(\underset{\text{下側}}{\underline{-2x^2+2x}})\}dx$$

$$+\int_1^{1+a}\{\underset{\text{上側}}{\underline{2ax}}-(\underset{\text{下側}}{\underline{2x^2-2x}})\}dx$$

$$=\int_{1-a}^{1}\{2x^2+(2a-2)x\}dx$$

$$+\int_1^{1+a}\{-2x^2+(2a+2)x\}dx$$

$$=\left[\frac{2}{3}x^3+(a-1)x^2\right]_{1-a}^{1}$$

$$+\left[-\frac{2}{3}x^3+(a+1)x^2\right]_1^{1+a}$$

$$=\frac{2}{3}+a-1-\frac{2}{3}(1-a)^3$$
$$-(a-1)(1-a)^2-\frac{2}{3}(1+a)^3$$
$$+(a+1)^3+\frac{2}{3}-(a+1)$$

$$=\frac{2}{3}+a-1-\frac{2}{3}(1-a)^3+(1-a)^3$$
$$-\frac{2}{3}(1+a)^3+(1+a)^3+\frac{2}{3}-a-1$$

$$=\frac{4}{3}-2+\frac{1}{3}(1-a)^3+\frac{1}{3}(1+a)^3$$

$$=-\frac{2}{3}+\frac{1}{3}(1-3a+3a^2-a^3+1$$
$$+3a+3a^2+a^3)$$

$$=-\frac{2}{3}+\frac{1}{3}(2+6a^2)$$

$$=2a^2$$

これらが等しいので、

$$-\frac{1}{3}a^3+a^2-a+\frac{1}{3}=2a^2$$

$$-\frac{1}{3}a^3-a^2-a+\frac{1}{3}=0$$

両辺に×（－3）

$$a^3+3a^2+3a-1=0$$

$$(a^3+3a^2+3a+1)-2=0$$

$$(a+1)^3=2$$

$$a+1=\sqrt[3]{2}$$

$$\therefore a=\sqrt[3]{2}-1$$

あ～疲れた～～～。やっと解けた……。

おつかれさま、よく頑張りました。これ、解くのにどれくらいかかった？

えーと、40分くらい……。

聖マリの入試のこの年の数学は90分で大問が4つ。大問1が小問(1)(2)(3)まであるうちの、(3)が今回のこの問題だよ。

え、試験時間の約半分がこの問題で終了になっちゃうってこと……!?

ちなみに聖マリは2021年度から数学と英語合わせて150分になってるから気をつけて。

さ、気を取り直して。いいやり方があるから教えるよ。視野を広げて計算しやすくするんだ。

どういうことですか？

面積公式①は覚えているかい？

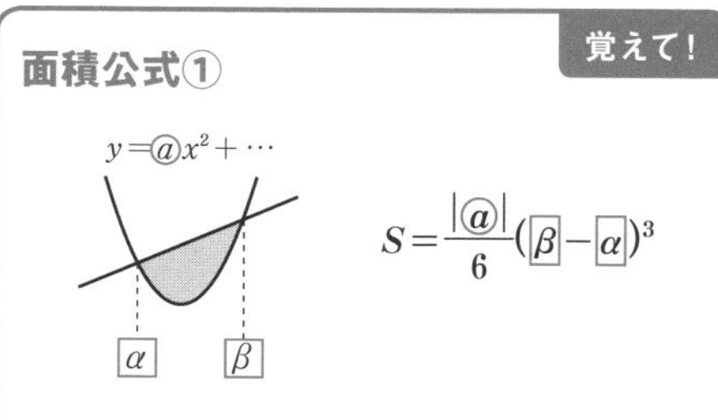

覚えて！
面積公式①
$y=$ⓐ$x^2+\cdots$
$S=\frac{|ⓐ|}{6}(\boxed{\beta}-\boxed{\alpha})^3$
α
β

グレー部分の面積Sは、放物線の方程式のx^2の係数aと直線との交点のx座標αとβですぐに求められたよね。この**面積公式①**を使って、次の問題を解いてみて。

例 $y=-2x^2$と$y=-x-1$で囲まれた図形の面積Sは□

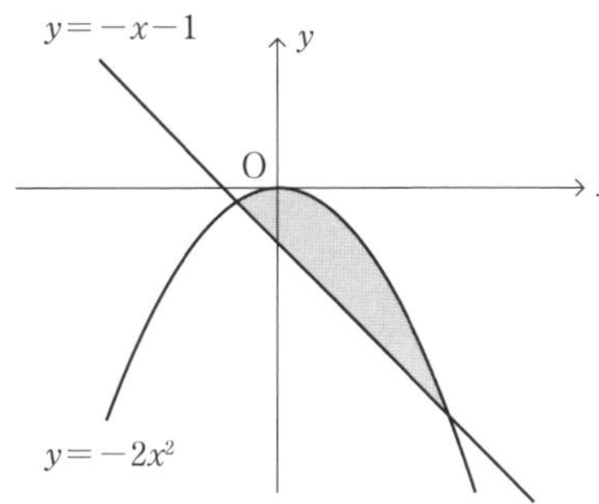

2式を連立して、

$-2x^2=-x-1$

$2x^2-x-1=0$

$\begin{matrix}1 & \times & -1 & \rightarrow & -2\\ 2 & & 1 & \rightarrow & 1\\ & & & & \overline{-1}\end{matrix}$

$(x-1)(2x+1)=0$

$\therefore x=-\dfrac{1}{2}, 1 \quad \cdots$★

面積公式①を使って求める面積Sは

$$S=\frac{|-2|}{6_3}\left\{1-\left(-\frac{1}{2}\right)\right\}^3$$

$$=\frac{1}{3}\left(\frac{3}{2}\right)^3$$

$$=\underline{\frac{9}{8}}$$

よ～し、できた！

うん、よくできてる！　あと頭に入れといてほしいのが、この**面積公式①**は記述試験の答案のときには書かないほうがいいよ。答えの確かめとして使ってほしい。

「$\dfrac{1}{6}$公式」→記述は使ってOK。

面積公式①→記述では使わない。

ってことですね。

じゃあ、今の問題が記述式の入試問題で出題されたとして、$\dfrac{1}{6}$公式を使って解く練習もしておこうっと。

（★からの続き）

よって求める面積Sは、

$$S=\int_{-\frac{1}{2}}^{1}\{\underbrace{-2x^2}_{\text{上側}}-\underbrace{(-x-1)}_{\text{下側}}\}dx$$

$$=\int_{-\frac{1}{2}}^{1}(-2x^2+x+1)dx$$

$$=-\int_{-\frac{1}{2}}^{1}(2x^2-x-1)dx$$

$$=-2\underline{\int_{-\frac{1}{2}}^{1}(x-1)\left(x+\frac{1}{2}\right)dx}$$

①$(x-1)\left(x+\dfrac{1}{2}\right)=0$の解$-\dfrac{1}{2}$と1が積分区間と一緒

②x^2の係数が1

$$=-2\underline{\left(-\frac{1}{6}\right)\left\{1-\left(-\frac{1}{2}\right)\right\}^3}$$

$$=\frac{1}{3}\left(\frac{3}{2}\right)^3$$

$$=\underline{\frac{9}{8}}$$

あれ⁉　でも、今回の聖マリの問題って、**面積公式①**を使って解くことができる問題なのかなあ……？

今回の図だと使えないと思うんですが……。

さあ、どうでしょう。とりあえず、P, Q, Rのx座標は立派に解けているからピカイチ解答では省略して、続きから解説していくね。

ピカイチ解答

次の2つの図のグレー部分の面積が等しい。

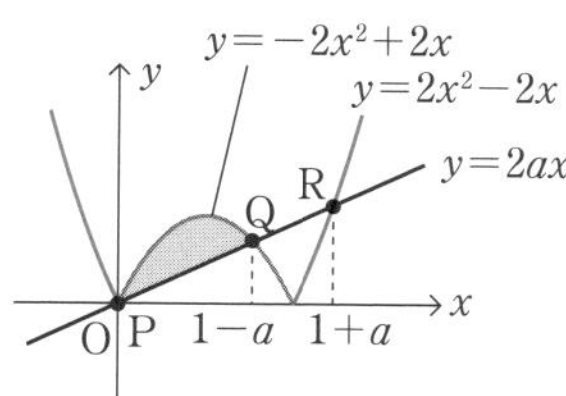

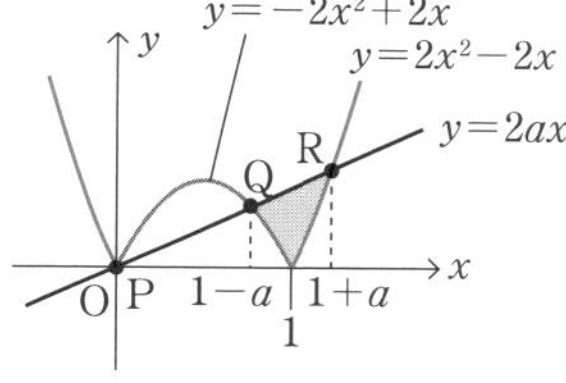

これらに、次の水色部分を加える。

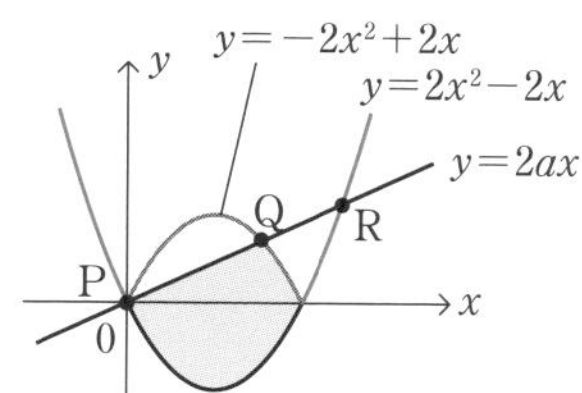

加えても面積は等しいので

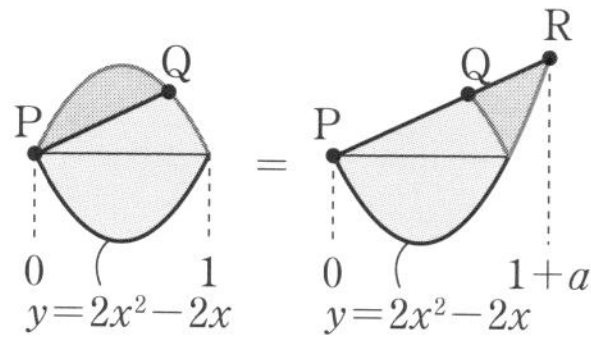

あ、**面積公式①**が使える形になった！

面積公式①を用いて、

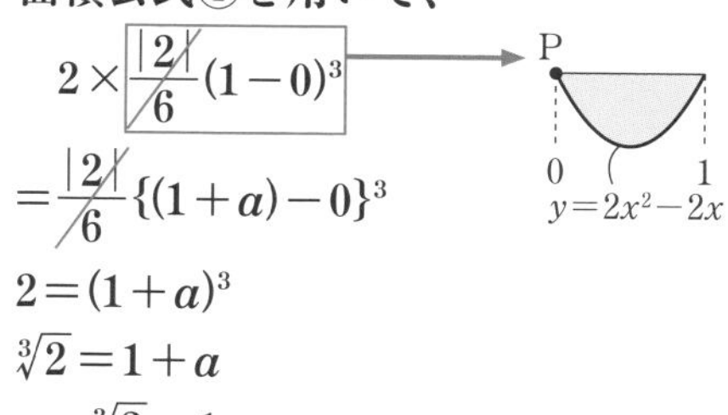

$$2\times\frac{|2|}{6}(1-0)^3$$

$$=\frac{|2|}{6}\{(1+a)-0\}^3$$

$$2=(1+a)^3$$

$$\sqrt[3]{2}=1+a$$

$$a=\sqrt[3]{2}-1$$

は、速っっっ！

水色部分を加えて考えるから「視野を広げて」って意味なんですね。

そう、つまり、**問題作成者がどういう解法を望んでいるのか、意図を読み取っていくこと。**これが入試なんだ。

POINT ● **面積公式①が使えるように、視野を広げて面積を求めよう！**

xy 平面上の2直線 $x-y+1=0$、$3x+y-5=0$ と曲線 $x^2+2x+4y+5=0$ で囲まれる領域の面積を求めよ。

2018 早稲田大

イマイチ解答

$x-y+1=0$ より

$y=x+1$ …①

$3x+y-5=0$ より

$y=-3x+5$ …②

$x^2+2x+4y+5=0$ より

$4y=-x^2-2x-5$

$y=-\frac{1}{4}x^2-\frac{1}{2}x-\frac{5}{4}$ …③

①, ②を連立して、

$x+1=-3x+5$

$4x=4$

$\therefore x=1$

①, ③を連立して、

$x+1=-\frac{1}{4}x^2-\frac{1}{2}x-\frac{5}{4}$

両辺に×4

$4x+4=-x^2-2x-5$

$x^2+6x+9=0$

$(x+3)^2=0$

$\therefore x=-3$

②, ③を連立して、

$-3x+5=-\frac{1}{4}x^2-\frac{1}{2}x-\frac{5}{4}$

両辺に×4

$-12x+20=-x^2-2x-5$

$x^2-10x+25=0$

$(x-5)^2=0$

$\therefore x=5$

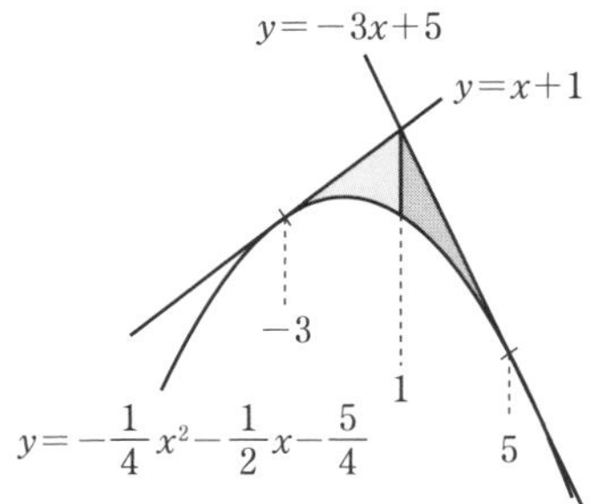

求める面積は、

$$\int_{-3}^{1}\Bigl\{\underbrace{(x+1)}_{\text{上側}}-\underbrace{\left(-\frac{1}{4}x^2-\frac{1}{2}x-\frac{5}{4}\right)}_{\text{下側}}\Bigr\}dx$$

$$+\int_{1}^{5}\Bigl\{\underbrace{(-3x+5)}_{\text{上側}}-\underbrace{\left(-\frac{1}{4}x^2-\frac{1}{2}x-\frac{5}{4}\right)}_{\text{下側}}\Bigr\}dx$$

$$=\int_{-3}^{1}\left(\frac{1}{4}x^2+\frac{3}{2}x+\frac{9}{4}\right)dx$$

$$+\int_{1}^{5}\left(\frac{1}{4}x^2-\frac{5}{2}x+\frac{25}{4}\right)dx$$

$$=\left[\frac{1}{12}x^3+\frac{3}{4}x^2+\frac{9}{4}x\right]_{-3}^{1}$$

$$+\left[\frac{1}{12}x^3-\frac{5}{4}x^2+\frac{25}{4}x\right]_{1}^{5}$$

$$=\frac{1}{12}\underbrace{(1+27)}_{28}+\frac{3}{4}\underbrace{(1-9)}_{-8}+\frac{9}{4}\underbrace{(1+3)}_{4}$$

$$+\frac{1}{12}\underbrace{(125-1)}_{124}-\frac{5}{4}\underbrace{(25-1)}_{24}$$

$$+\frac{25}{4}\underbrace{(5-1)}_{4}$$

$$=\frac{7}{3}-6+9+\frac{31}{3}-30+25$$

$$=\frac{38}{3}-2$$

$$=\frac{32}{3}$$

よく頑張りました、正解だよ！

やった〜！

そしたら、覚えてほしい面積公式がいくつかあるんだ。まず、185ページでも出てきたやつだけど。

面積公式① 覚えて！

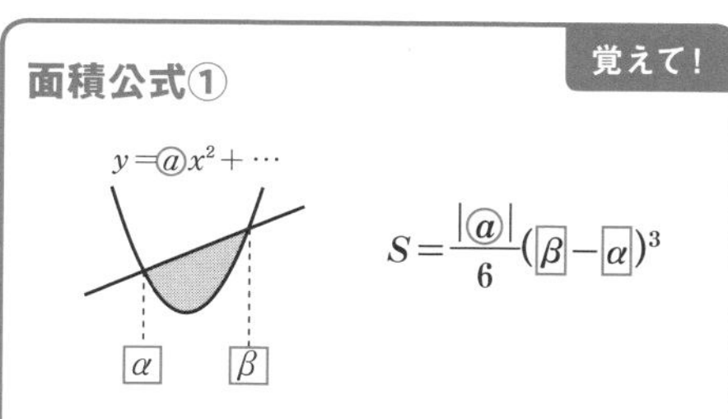

$$S=\frac{|a|}{6}(\beta-\alpha)^3$$

放物線と直線で囲まれた部分を求めるための公式。放物線の方程式のx^2の係数aと直線との交点のx座標αとβで、すぐに面積が求められるよ。

次は、**2本の放物線で囲まれた部分を求めるための公式。**

面積公式② 覚えて！

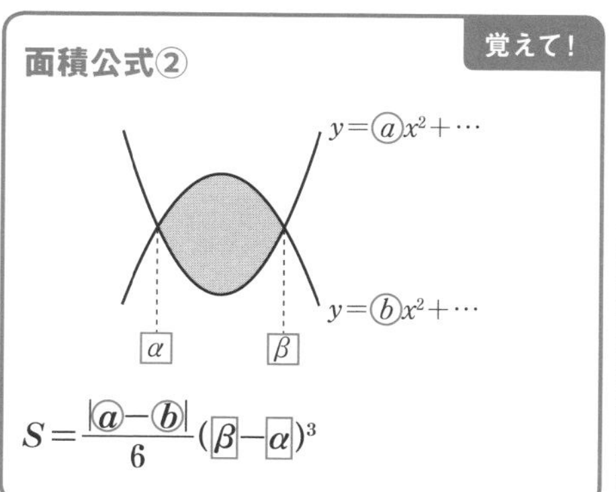

$$S=\frac{|a-b|}{6}(\beta-\alpha)^3$$

さらに、**1本の放物線と2本の接線で囲まれた部分の面積を求めるための公式。**

面積公式③ 覚えて！

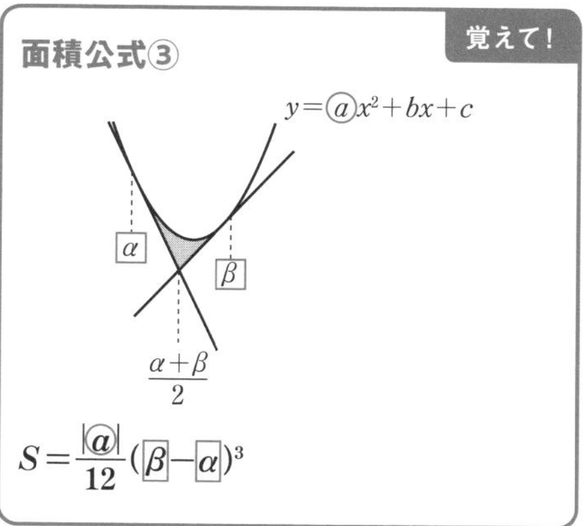

$$S=\frac{|a|}{12}(\beta-\alpha)^3$$

あ！　今回の問題で使うのはこれですね！

そうそう、そうだよ〜。

次が、**2本の放物線と1本の共通接線で囲まれた部分を求めるための方式**ね。

面積公式④ 覚えて！

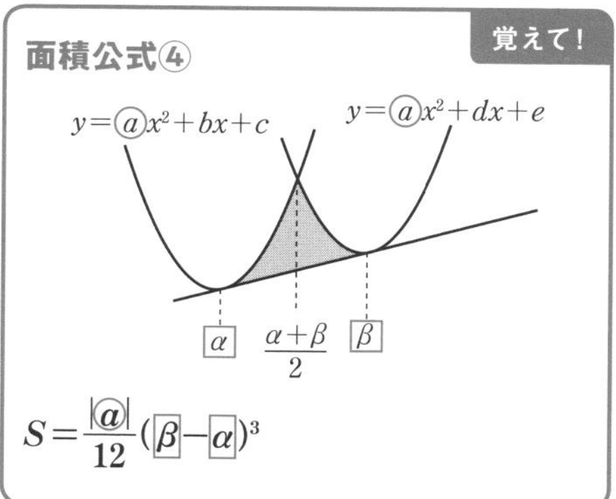

$$S=\frac{|a|}{12}(\beta-\alpha)^3$$

面積公式③と**面積公式④**は、同じ式なんですね。

そう、同じ式だから覚えやすいよね。

あと2つあって、まず、**3次関数と接線で囲まれた部分の面積を求めるため**

の公式。192ページの問題で使うよ。

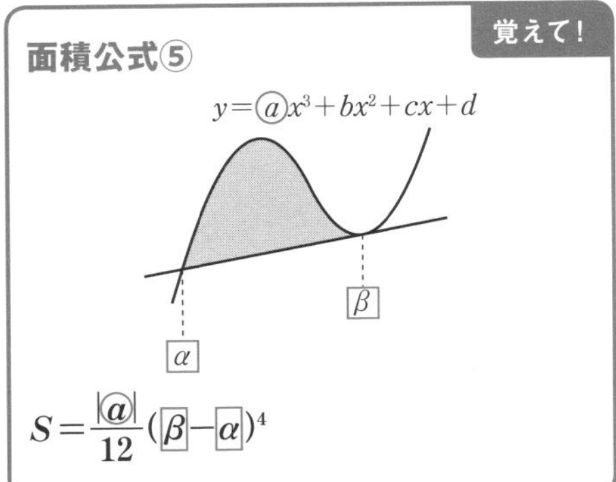

覚えて！
面積公式⑤
$y=ⓐx^3+bx^2+cx+d$
β
α
$S=\dfrac{|ⓐ|}{12}(\boxed{\beta}-\boxed{\alpha})^4$

最後が、**4次関数と接線で囲まれた部分の面積を求めるための公式**ね！

覚えて！

面積公式⑥

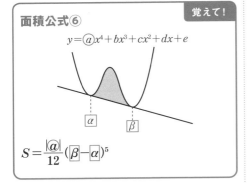

$y=ⓐx^4+bx^3+cx^2+dx+e$

α　β

$$S=\frac{|ⓐ|}{12}(\boxed{\beta}-\boxed{\alpha})^5$$

面積公式①～⑥まで、一気にきましたね。

一気にやったほうが関連性が見えて覚えやすいからね。

これらの面積公式はどんどん使っていいんだけど、**記述式で解答する場合、答案用紙には書かないほうがいいよ。** **面積公式①～⑥**は「答えの確かめ」あるいは「マークシート形式で答えのみ求めればよいとき」だけにとどめておこう。

記述形式の試験の場合は「答えの確かめで」メモ書きにしておいたほうがよいということですね。わかりました。

ピカイチ解答

$x-y+1=0$ より

$y=x+1$　…①

$3x+y-5=0$ より

$y=-3x+5$　…②

$x^2+2x+4y+5=0$ より

$4y=-x^2-2x-5$

$y=-\dfrac{1}{4}x^2-\dfrac{1}{2}x-\dfrac{5}{4}$　…③

①, ②を連立して、

$x+1=-3x+5$

$4x=4$

$\therefore x=1$

①, ③を連立して、

$x+1=-\dfrac{1}{4}x^2-\dfrac{1}{2}x-\dfrac{5}{4}$

両辺に×4

$4x+4=-x^2-2x-5$

$x^2+6x+9=0$

$(x+3)^2=0$

$\therefore x=-3$

②, ③を連立して、

$-3x+5=-\dfrac{1}{4}x^2-\dfrac{1}{2}x-\dfrac{5}{4}$

両辺に×4

$-12x+20=-x^2-2x-5$

$$x^2-10x+25=0$$
$$(x-5)^2=0$$
$$\therefore x=5$$

それじゃあ、答えをメモとして、**面積公式③**を使って求めておこうか。

$$S=\frac{\left|-\frac{1}{4}\right|}{12}\{5-(-3)\}^3$$
$$=\frac{8\cdot 8\cdot 8}{48}$$
$$=\frac{32}{3}$$

繰り返しになるけど、**これはあくまでメモや確かめの意味での答えね**。記述式の答案であれば、次のように答えてね。

求める面積は、

$$\int_{-3}^{1}\left\{\underbrace{(x+1)}_{上側}-\underbrace{\left(-\frac{1}{4}x^2-\frac{1}{2}x-\frac{5}{4}\right)}_{下側}\right\}dx$$
$$+\int_{1}^{5}\left\{\underbrace{(-3x+5)}_{上側}-\underbrace{\left(-\frac{1}{4}x^2-\frac{1}{2}x-\frac{5}{4}\right)}_{下側}\right\}dx$$

$$=\int_{-3}^{1}\left(\frac{1}{4}x^2+\frac{3}{2}x+\frac{9}{4}\right)dx$$
$$+\int_{1}^{5}\left(\frac{1}{4}x^2-\frac{5}{2}x+\frac{25}{4}\right)dx$$
$$=\frac{1}{4}\int_{-3}^{1}(x^2+6x+9)dx \quad \frac{1}{4}でくくる$$
$$+\frac{1}{4}\int_{1}^{5}(x^2-10x+25)dx$$

因数分解

$$=\frac{1}{4}\int_{-3}^{1}(x+3)^2dx+\frac{1}{4}\int_{1}^{5}(x-5)^2dx$$

数学で式整理は「因数分解」。それから積分！

$$\int(x+a)^n dx=\frac{1}{n+1}(x+a)^{n+1}$$

$$=\frac{1}{4}\left[\frac{1}{3}(x+3)^3\right]_{-3}^{1}+\frac{1}{4}\left[\frac{1}{3}(x-5)^3\right]_{1}^{5}$$
$$=\frac{32}{3}$$

$\frac{1}{4}x^2+\frac{2}{3}x+\frac{9}{4}$ を積分するのではなく、因数分解して $\frac{1}{4}(x+3)^2$ を積分するんですね。

そうだね。**「因数分解」してから「積分」する**のだということをお忘れなく。
「面積公式」は覚えるだけでなく、**図や求める部分に斜線を引いたときに「面積公式」で答えが出せることに気づくこと**も大切だよ。

POINT
- **面積公式①〜⑥を覚えて使いこなそう！**
- **作図したときに、すぐに反応できるようになろう！**

$y=x^3-x$ …① 上の点 P(2, 6) における接線を l とする。l と x 軸の交点は (□, 0) であり、l と曲線①との P 以外の共有点の x 座標は □ である。また、l と曲線①で囲まれる部分の面積は □ である。

2020 帝京大

イマイチ解答

$y=x^3-x$ …①
$y'=3x^2-1$
$x=2$ のとき $y'=11$

P(2, 6) における接線 l は、
$y-6=11(x-2)$
$y=11x-22+6$
$y=11x-16$

ここで $y=0$ とおく。
$11x-16=0$
$\therefore x=\frac{16}{11}$

よって l と x 軸との交点は $\left(\frac{16}{11}, 0\right)$

①と l を連立して、
$x^3-x=11x-16$
$x^3-12x+16=0$

組立除法

2	1	0	−12	16
		2	4	−16
	1	2	−8	0

$(x-2)(x^2+2x-8)=0$
$(x-2)(x+4)(x-2)=0$

よって、P 以外の共有点の x 座標は
-4

l と①で囲まれる部分の面積は、

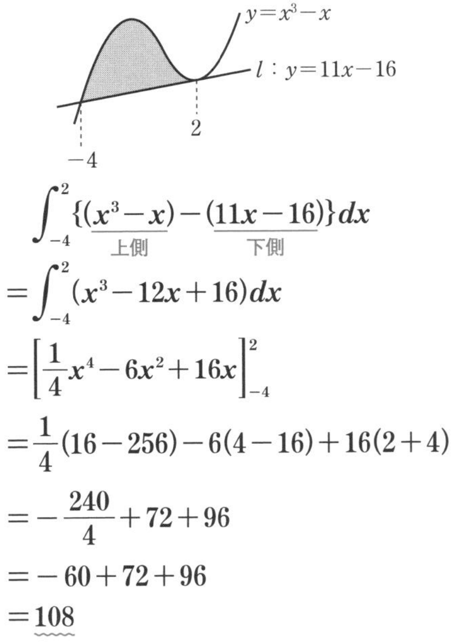

$$\int_{-4}^{2}\{(\underbrace{x^3-x}_{\text{上側}})-(\underbrace{11x-16}_{\text{下側}})\}dx$$
$$=\int_{-4}^{2}(x^3-12x+16)dx$$
$$=\left[\frac{1}{4}x^4-6x^2+16x\right]_{-4}^{2}$$
$$=\frac{1}{4}(16-256)-6(4-16)+16(2+4)$$
$$=-\frac{240}{4}+72+96$$
$$=-60+72+96$$
$$=108$$

うん、正解だよ！　ただ……2つ確認しよう。まず、組立除法は使わない！　そして、**面積公式**に気づいた？

え⁉

ピカイチ解答

$y=x^3-x$　…①

$y'=3x^2-1$

$x=2$ のとき $y'=11$ ← 接線の傾き

P(2, 6)における接線 l は、

$y-6=11(x-2)$

$y-$（y座標）＝傾き×（$x-x$座標）

$y=11x-22+6$

$y=11x-16$

ここで $y=0$ とおく。

$11x-16=0$

$\therefore x=\dfrac{16}{11}$

よって l と x 軸との交点は $\left(\dfrac{16}{11}, 0\right)$

①と l を連立して、

$x^3-x=11x-16$

$x^3-12x+⑯=0$

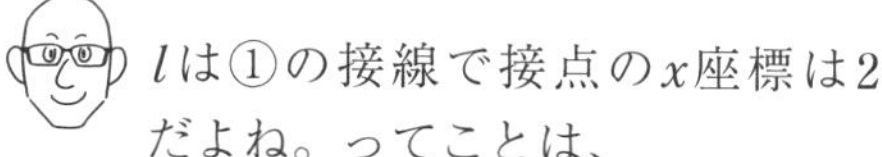

l は①の接線で接点の x 座標は2だよね。ってことは、$(x-2)^2(x+□)$ のように因数分解ができる。$(-2)^2\times□=⑯$ となる□は何か？　って考えるんだ。

$(x-2)^2(x+4)=0$

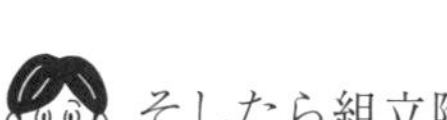

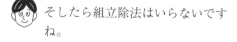

そしたら組立除法はいらないですね。

よってP以外の共有点の x 座標は

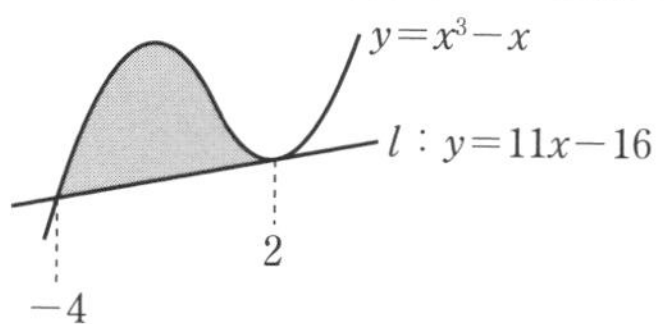

3次関数と接線で囲まれた部分の面積には「面積公式」があったよね。帝京大学のこの問題は記述式ではないから「面積公式」を使っちゃって大丈夫。

面積公式⑤　覚えて！

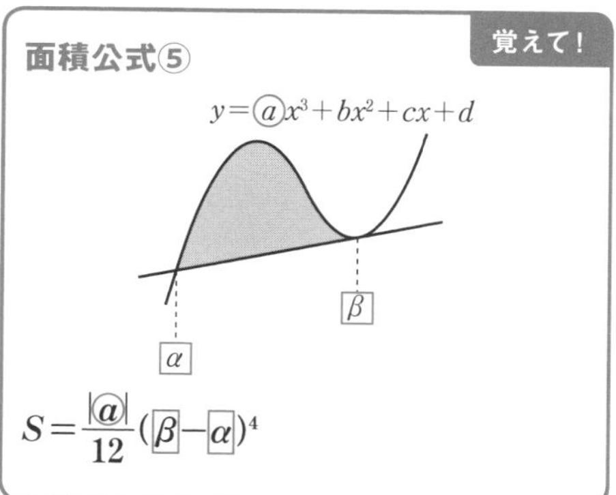

$S=\dfrac{|a|}{12}(\beta-\alpha)^4$

$S=\dfrac{|1|}{12}\{2-(-4)\}^4$

$=\dfrac{6\cdot6\cdot6\cdot6}{12}$（分母の12を2に、分子の6を3に約分）

$=108$

やっぱり面積公式、速い……！

POINT　●「3次関数と接線で囲まれた部分の面積」→面積公式、と反応できるように頭に叩き込もう！

0より大きく1より小さい既約分数で、分母が200であるものすべての和を求めよ。

2020 東京都市大

イマイチ解答

よぉーし、数列の問題も頑張るぞ！

0より大きく1より小さい既約分数で分母が200であるものは、

$$\frac{1}{200},\ \frac{3}{200},\ \frac{7}{200},\ \frac{9}{200}\cdots,\ \frac{199}{200}$$

$\frac{2}{200}$ や $\frac{5}{200}$ や $\frac{10}{200}$ は既約分数ではない（約分できる）からNG

これらの和を求める。
分子の1, 3, 7, 9…199は奇数から5の倍数を除いた数である。

奇数の和は、

$$1+3+\cdots+199=\frac{1}{2}(1+199)\cdot 100$$
$$=10000$$

5の倍数の和は、

$$5+10+\cdots+195=\frac{1}{2}(5+195)\cdot 39$$
$$=3900$$

よって求める和は、

$$\frac{10000-3900}{200}=\frac{6100}{200}$$
$$=\frac{61}{2}$$

気合十分だったけど、残念ながら失敗しちゃってるね。

あれ⁉　だって分母200に対して分子は1, 3, 7, 9で（奇数）から（5の倍数）を除いた数列ですよね。

本当にそうかな？　5の倍数、言ってみて。

5、10、15、20……　あー。10とか20は奇数じゃない！「(5の倍数）を除く」だと余計なものも除いてしまうことになってしまうんですね。

そうなんだよね。

1, 3, ⑤, 7, 9, 11, 13, ⑮, 17, 19, 21, 23, ㉕…
（⑤、⑮、㉕：これを除く）

除かなくちゃいけないのは5, 15, 25（奇数かつ5の倍数）ですね。

そういうこと！「(奇数）から（5の倍数）を除く」のではなく**「(奇数）から（奇数かつ5の倍数）を除く」**だね。

じゃあここで、念のため、**等差数列**の一般項と和の公式を確認しておこう。

覚えて！

等差数列

初項a_1，公差dの等差数列$\{a_n\}$について

$$a_n = \underset{\text{初項}}{\overline{a_1}} + (n-1)\underset{\text{公差}}{\overline{d}}$$

$$S_n = a_1 + a_2 + \cdots + a_n = \frac{1}{2}(\underset{\text{初項}}{\overline{a_1}} + \underset{\text{末項}}{\overline{a_n}})\underset{\text{項数}}{\overline{n}}$$

ただ、この「数列」という単元は**公式丸暗記だけでは入試問題は対応できないぞ。**まず、その数列の「特徴」をつかもう。**どういう数列なのか「特徴」をつかんでそれから式にまとめていくんだ。**

今回の問題も、

$$\frac{1}{200}, \frac{3}{200}, \frac{7}{200}, \frac{9}{200}, \frac{11}{200}\cdots$$

って書き出すことで、特徴がつかめる。

そして、

「$\frac{\text{奇数}}{200}$から$\frac{\text{奇数かつ5の倍数}}{200}$を除く」

という式が立つんですね。

そうそう、イイぞ！　やればできる!!　だからやるぞ!!

ピカイチ解答

0より大きく1より小さい既約分数で分母が200であるものは、

$$\frac{1}{200}, \frac{3}{200}, \frac{7}{200}, \frac{9}{200}\cdots, \frac{199}{200}$$

これらの和を求める。

$200 = 2^3 \times 5^2$なので、

分子の1, 3, 7, 9…199は

奇数から奇数でかつ5の倍数を除いた数である。

（奇数：1, 3, 5, 7, 9, 11…　奇数でかつ5の倍数：5, 15, 25…）

奇数の和は、

$$1+3+\cdots+199 = \frac{1}{2}(\underset{\text{初項}}{1}+\underset{\text{末項}}{199})\cdot\underset{\text{項数}}{100} = 10000$$

奇数でかつ5の倍数の和は、

$$5+15+\cdots+195 = \frac{1}{2}(\underset{\text{初項}}{5}+\underset{\text{末項}}{195})\cdot\underset{\text{項数}}{20} = 2000$$

よって求める和は、

$$\frac{10000-2000}{200} = \frac{8000}{200} = 40$$

POINT ● **いきなり公式を使わない。まずは書き出して「特徴」をつかめ！**

84

等比数列$\{a_n\}$の和について$\displaystyle\sum_{n=1}^{10} a_n=\sqrt{2}-1$, $\displaystyle\sum_{n=11}^{20} a_n=\sqrt{2}+1$が成り立つとき、$\dfrac{a_{11}}{a_1}=\square$であり、$\displaystyle\sum_{n=1}^{30} a_n=\square$である。

2018 名城大

イマイチ解答

$\{a_n\}$等比数列

$\displaystyle\sum_{n=1}^{10} a_n=\sqrt{2}-1$より

$$\frac{a_1(r^{10}-1)}{r-1}=\sqrt{2}-1 \quad \cdots ①$$

$\displaystyle\sum_{n=11}^{20} a_n=\sqrt{2}+1$より

$$\frac{a_{11}(r^{20}-1)}{r-1}=\sqrt{2}+1 \quad \cdots ②$$

あれ、①と②はどうやって連立するんでしたっけ……。

その前に、実は「等比数列の和の公式」が正しく使えていないところもあるよ。どこかわかるかな？

う〜ん、どこだろう……。

> **覚えて！**
>
> **等比数列**
>
> 初項a_1, 公比rの等比数列$\{a_n\}$について
>
> $a_n=a_1\cdot r^{n-1}$（a_1：初項、r：公比、$n-1$：項数−1）
>
> $$S_n=\begin{cases}\dfrac{a_1(r^{ⓝ}-1)}{r-1} & (r>1)\\[2mm] \dfrac{a_1(1-r^{ⓝ})}{1-r} & (r<1)\\[2mm] na_1 & (r=1)\end{cases}$$
>
> （ⓝ：項数）

$r>1$のときは$S_n=\dfrac{a_1(r^n-1)}{r-1}$を使い、$r<1$のときは$S_n=\dfrac{a_1(1-r^n)}{1-r}$を使うと計算しやすいよ。

ピカイチ解答

$\{a_n\}$等比数列

$\displaystyle\sum_{n=1}^{⑩} a_n=\sqrt{2}-1$より

$$\frac{a_1(r^{⑩}-10)}{r-1}=\sqrt{2}-1 \quad \cdots ①$$

（⑩：項数）

$\displaystyle\sum_{n=\boxed{11}}^{⑳} a_n=\sqrt{2}-1$より　$a_{\boxed{11}}$から$a_{⑳}$の10項ある

$$\frac{a_{11}(r^{⑩}-1)}{r-1}=\sqrt{2}+1 \quad \cdots ②$$

（⑩：項数）

あ、さっき間違えたのはここの項数のところか……！　Σの上部が20だからといって、それがそのまま項数というわけではないんですね。

そうだよ。

$$\sum_{n=11}^{20} a_n=a_{11}+a_{12}+\cdots+a_{20}$$

という意味だからね。

そして、もう1つのポイントは等比数列の連立はどうするのって話なんだけど、**「割って文字消去」**と覚えよう！　「代入法」で連立方程式が解けちゃうときもあるけど、汎用性に欠けるんだ。

逆数をとってかけ算にする

②÷①より

$$\frac{a_{11}(r^{10}-1)}{r-1}\cdot\frac{r-1}{a_1(r^{10}-1)}=\frac{\sqrt{2}+1}{\sqrt{2}-1}$$

割り算することで、$r^{10}-1$ と $r-1$ が消去できましたね！

$$\frac{a_{11}}{a_1}=\frac{\sqrt{2}+1}{\sqrt{2}-1}\cdot\frac{\sqrt{2}+1}{\sqrt{2}+1}$$
$$=2+2\sqrt{2}+1$$
$$=3+2\sqrt{2}$$

分子分母に $\frac{\sqrt{2}+1}{\sqrt{2}+1}$ をかけて有理化
$(a+b)(a-b)$
$=a^2-b^2$
$(\sqrt{2}+1)(\sqrt{2}-1)$
$=(\sqrt{2})^2-1^2$

$\frac{a_{11}}{a_1}=\frac{a_1\cdot r^{10}}{a_1}=r^{10}$ だよね。あとで出てくるよ。

そして、次に求めたいのが $\sum_{n=1}^{30}a_n$ で、公式を使えば $\sum_{n=1}^{30}a_n=\frac{a_1(r^{30}-1)}{r-1}$ となるけど、今回は初項 a_1 はわかってないよね。そこで、

$$\sum_{n=1}^{30}a_n=\underbrace{(a_1\sim a_{10}\text{の和})}_{\sum_{n=1}^{10}a_n}+\underbrace{(a_{11}\sim a_{20}\text{の和})}_{\sum_{n=11}^{20}a_n}+\underbrace{(a_{21}\sim a_{30}\text{の和})}_{\sum_{n=21}^{30}a_n}$$

と分解するんだ。

$$\sum_{n=1}^{30}a_n=\underbrace{\sum_{n=1}^{10}a_n+\sum_{n=11}^{20}a_n}_{\text{この2つは問題文にある}}+\sum_{n=21}^{30}a_n$$

ここで、

$$\sum_{n=21}^{30}a_n=a_{21}+a_{22}+\cdots+a_{30}$$
$$=a_{11}\cdot r^{10}+a_{12}\cdot r^{10}+\cdots+a_{20}\cdot r^{10}$$
$$=r^{10}(a_{11}+a_{12}+\cdots+a_{20})$$
$$=\frac{a_{11}}{a_1}\cdot\underbrace{\sum_{n=11}^{20}a_n}_{\text{問題文に書いてある}}$$

r^{10} でくくる

よって、

$$\sum_{n=1}^{30}a_n$$
$$=\sum_{n=1}^{10}a_n+\sum_{n=11}^{20}a_n+\boxed{\frac{a_{11}}{a_1}}\cdot\sum_{n=11}^{20}a_n$$
$$=\sqrt{2}-1+\sqrt{2}+1+\boxed{(3+2\sqrt{2})}(\sqrt{2}+1)$$
$$=2\sqrt{2}+3\sqrt{2}+3+4+2\sqrt{2}$$
$$=7+7\sqrt{2}$$

POINT ● 等比数列の連立方程式が出てきたら、「割って文字消去」！

$\alpha+\beta+\gamma=3$ を満たす3つの異なる実数 α, β, γ があり、α, β, γ がこの順で等差数列となり、β, γ, α がこの順で等比数列となる。このような α, β, γ を求めると、$(\alpha, \beta, \gamma)=$ □ である。

2020 南山大

イマイチ解答

$\alpha+\beta+\gamma=3$ …①

α, β, γ がこの順で等差数列なので公差を d とおくと、
$\alpha+d=\beta$ かつ $\beta+d=\gamma$ …②

β, γ, α がこの順で等比数列なので公比を r とおくと
$\beta r=\gamma$ かつ $\gamma r=\alpha$ …③

う～ん……なんか面倒です（笑）

公差 d、公比 r とおいたことによって、文字数が増えちゃったね。この連立方程式でも頑張ればもちろん解けるけど……。**等差中項・等比中項**は覚えてる？

たしか、3項だけの数列の話でしたよね。

そうそう。確認していこう。

> **等差中項・等比中項**　覚えて！
>
> a, b, c がこの順で等差数列のとき（真ん中の b を等差中項という）、
> $2b=a+c$
> 等差中項の2倍＝両側の和
>
> a, b, c がこの順で等比数列のとき（真ん中の b を等比中項という）、
> $b^2=ac$
> 等比中項の2乗＝両側の積

基本的には暗記するんだけど、導き出せるようにしておくことも大事だよ。

a, b, c がこの順で等差数列のとき、

$a \ b \ c$（$+d$ $+d$）だから $d=b-a=c-b$

ここを整理して $2b=a+c$

a, b, c がこの順で等比数列のとき、

$a \ b \ c$（$\times r$ $\times r$）だから $r=\dfrac{b}{a}=\dfrac{c}{b}$

ここを整理して $b^2=ac$

なるほど。簡単に求められますね。今回の問題は α, β, γ がこの順で等差数列、β, γ, α がこの順で等比数列だから、**等差中項・等比中項**が使えますね！

ピカイチ解答

$\alpha+\beta+\gamma=3$ …①

α, β, γ がこの順で等差数列なので、
$2\beta=\alpha+\gamma$ …②
等差中項の2倍＝両側の和

β, γ, α がこの順で等比数列なので、
$\gamma^2=\alpha\beta$ …③
等比中項の2乗＝両側の積

②を①に代入して、
$\beta+2\beta=3$
$3\beta=3$
$\therefore \beta=1$
両辺を÷3

②, ③に代入して、

$$\begin{cases}\alpha+\gamma=2 & \cdots②' \\ \gamma^2=\alpha & \cdots③'\end{cases}$$

③′を②′に代入して、

$\gamma^2+\gamma=2$

$\gamma^2+\gamma-2=0$

$(\gamma+2)(\gamma-1)=0$

$\gamma=-2, 1$

α, β, γは異なる実数より、$\gamma=-2$

問題文に「異なる実数α, β, γ」とある。$\gamma=1$だとβもγも1になってしまうからNGだね。

③′に代入して、

$\alpha=4$

$\therefore(\alpha, \beta, \gamma)=(4, 1, -2)$

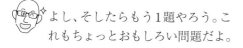

よし、そしたらもう1題やろう。これもちょっとおもしろい問題だよ。

例 異なる3つの数6, x, $2x-6$がある順序で等比数列になっている。このとき、xの値を求めよ。

「ある順序で……」ってちょっとちょっと！　困るなあ。

ね、そうだよね。どうするかというと等比中項（真ん中の項）が6になるか、xになるか、$2x-6$になるかで場合分けするんだ。

（i）等比中項が6となるとき

$6^2=x(2x-6)$

等比中項の2乗＝両側の積

$2x^2-6x-36=0$

$x^2-3x-18=0$

$(x-6)(x+3)=0$

$\therefore x=-3, 6$

6, x, $2x-6$は異なる数より

$x=-3$

$x=6$だと6, x, $2x-6$は6, 6, 6になってしまうのでNGね。

（ii）等比中項がxのとき

$x^2=6(2x-6)$

等比中項の2乗＝両側の積

$x^2-12x+36=0$

$(x-6)^2=0$

$x=6$となってしまい不適

（iii）等比中項が$2x-6$のとき

$(2x-6)^2=6x$

等比中項の2乗＝両側の積

$4x^2-24x+36=6x$

$4x^2-30x+36=0$

$2x^2-15x+18=0$

$$\begin{array}{ccccc} 1 & \times & -6 & \rightarrow & -12 \\ 2 & & -3 & \rightarrow & -3 \\ & & & & \hline -15 \end{array}$$

$(x-6)(2x-3)=0$

$x\neq 6$より $x=\dfrac{3}{2}$

（i）～（iii）より　$x=-3, \dfrac{3}{2}$

POINT ● 等差中項・等比中項の式を覚えよう！

nを5以上の自然数とし、n進法でMと表された数を$M_{(n)}$と表す。このとき、$\displaystyle\sum_{n=5}^{10} 104_{(n)}$は10進法で$\boxed{}$と表すことができる。

また、$\displaystyle\sum_{n=5}^{10} \frac{1_{(n)}}{401_{(n)}-104_{(n)}}$は10進法で$\dfrac{\boxed{}}{\boxed{}}$と表すことができる。

2018 東邦大

イマイチ解答

Σの計算ですね。頑張って解いてみます！

$$\sum_{n=5}^{10} 104_{(n)}$$
$$=\sum_{n=5}^{10}(n^2\times 1+4)$$
$$=\sum_{n=1}^{10}(n^2+4)-\sum_{n=1}^{4}(n^2+4)$$
$$=\sum_{n=1}^{10}n^2+\sum_{n=1}^{10}4-\sum_{n=1}^{4}n^2-\sum_{n=1}^{4}4$$
$$=\frac{1}{6}\cdot 10\cdot 11\cdot 21+40-\frac{1}{6}\cdot 4\cdot 5\cdot 9-16$$
$$=385+40-30-16$$
$$=379$$

そうだね。答えは合っているよ。Σの公式もしっかり覚えてるみたいでGoodだよ。
でも、計算の仕方があまりよくないなぁ。まず、これをやってみようか。

例 $\displaystyle\sum_{k=1}^{n}(k+1)^2$の計算をせよ。

$$\sum_{k=1}^{n}(k+1)^2$$
$$=\sum_{k=1}^{n}(k^2+2k+1)$$
$$=\sum_{k=1}^{n}k^2+2\sum_{k=1}^{n}k+\sum_{k=1}^{n}1$$
Σの公式
$$=\frac{1}{6}n(n+1)(2n+1)+2\cdot\frac{1}{2}n(n+1)+n$$

この後どうする？　展開しちゃダメだよ。共通因数（今回は$\frac{1}{6}n$）でくくろう。

分配法則
$$=\frac{1}{6}n\{(n+1)(2n+1)+6(n+1)+6\}$$
$$=\frac{1}{6}n(2n^2+3n+1+6n+6+6)$$
$$=\frac{1}{6}n(2n^2+9n+13)$$

なるほど、じゃあ私の答案の$\displaystyle\sum_{n=1}^{10}n^2$と$\displaystyle\sum_{n=1}^{4}n^2$も共通因数でくくったほうがよかったですね。

そういうこと！　じゃあ、Σを完璧にしたいから、意味と公式を確認しておこう。

覚えて！

Σの意味と公式

▼kに1, 2, … nを入れてその和

$$\sum_{k=1}^{n} \boldsymbol{k} = 1 + 2 + \cdots + n = \frac{1}{2}\boldsymbol{n(n+1)}$$

▼kに1, 2, … $n-1$を入れてその和

$$\sum_{k=1}^{n-1} \boldsymbol{k} = 1 + 2 + \cdots + (n-1) = \frac{1}{2}\boldsymbol{n(n-1)}$$

▼kに1, 2, … nを入れてその和

$$\sum_{k=1}^{n} \boldsymbol{k^2} = 1^2 + 2^2 + \cdots + n^2$$

$$= \frac{1}{6}\boldsymbol{n(n+1)(2n+1)}$$

▼kに1, 2, … $n-1$を入れてその和

$$\sum_{k=1}^{n-1} \boldsymbol{k^2} = 1^2 + 2^2 + \cdots + (n-1)^2$$

$$= \frac{1}{6}\boldsymbol{n(n-1)(2n-1)}$$

▼kに1, 2, … nを入れてその和

$$\sum_{k=1}^{n} \boldsymbol{k^3} = 1^3 + 2^3 + \cdots + n^3 = \left\{\frac{1}{2}\boldsymbol{n(n+1)}\right\}^2$$

▼kに1, 2, … $n-1$を入れてその和

$$\sum_{k=1}^{n-1} \boldsymbol{k^3} = 1^3 + 2^3 + \cdots + (n-1)^3$$

$$= \left\{\frac{1}{2}\boldsymbol{n(n-1)}\right\}^2$$

▼kに1, 2, … nを入れてその和　だけど、kがないからcをn個足す

$$\sum_{k=1}^{n} \boldsymbol{c} = c + \cdots + c = \boldsymbol{cn} \quad (c：定数)$$

▼kに1, 2, … $n-1$を入れてその和　だけど、kがないからcを$n-1$個足す

$$\sum_{k=1}^{n-1} \boldsymbol{c} = c + \cdots + c = \boldsymbol{c(n-1)} \quad (c：定数)$$

$\displaystyle\sum_{k=1}^{n}$ だけでなく、$\displaystyle\sum_{k=1}^{n-1}$ のほうも覚えよう。このあと、階差数列の問題が出てくるんだけど、そのときに使うよ。じゃあ、次はこの例題は解けるかな？

例 次の和を求めよ。

(1) $\displaystyle\sum_{k=1}^{n} \frac{1}{k(k+1)}$

(2) $\displaystyle\sum_{k=1}^{n} \frac{1}{k(k+1)(k+2)}$

覚えて！

分数のΣの計算

部分分数に分解する！

① $\dfrac{1}{\text{小}\cdot\text{大}} = \dfrac{1}{a}\left(\dfrac{1}{\text{小}} - \dfrac{1}{\text{大}}\right)$

② $\dfrac{1}{\text{小}\cdot\text{中}\cdot\text{大}} = \dfrac{1}{a}\left(\dfrac{1}{\text{小}\cdot\text{中}} - \dfrac{1}{\text{中}\cdot\text{大}}\right)$

aは定数で、通分して見つける！

①の小、大、②の小、中、大って何ですか？

実際の解法の中で見せていくね。

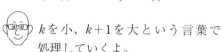

(1) $\dfrac{1}{\underset{\text{小}}{k}\underset{\text{大}}{(k+1)}} = \dfrac{1}{\boxed{a}}\left(\dfrac{1}{\underset{\text{小}}{k}} - \dfrac{1}{\underset{\text{大}}{k+1}}\right)$

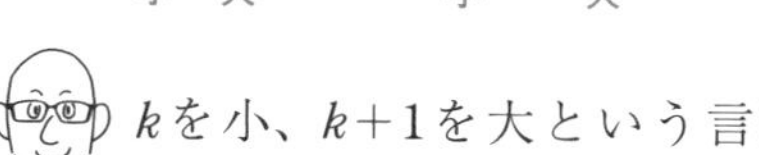

kを小、$k+1$を大という言葉で処理していくよ。

$\dfrac{1}{k} - \dfrac{1}{k+1}$ を通分すると、

$\dfrac{(\cancel{k}+1)-\cancel{k}}{k(k+1)} = \dfrac{\boxed{1}}{k(k+1)}$ となるから、

$a=\boxed{1}$になるよ。今回はたまたま$a=1$になっただけね。

$\dfrac{1}{k(k+1)} = \dfrac{1}{1}\cdot\left(\dfrac{1}{k} - \dfrac{1}{k+1}\right)$ ってことですね。

この変形を**「部分分数に分解する」**というんだ。

$$\sum_{k=1}^{n}\frac{1}{\underset{小}{k}\,\underset{大}{(k+1)}}$$

部分分数に分解

$$=\sum_{k=1}^{n}\left(\frac{1}{\underset{小}{k}}-\frac{1}{\underset{大}{k+1}}\right)$$

$$=\sum_{k=1}^{n}\frac{1}{k}-\sum_{k=1}^{n}\frac{1}{k+1}$$

kに1, 2, …nを入れてその和

$$=\left(\frac{1}{1}+\frac{1}{2}+\frac{1}{3}+\cdots+\frac{1}{n}\right)$$
$$-\left(\frac{1}{2}+\frac{1}{3}+\cdots+\frac{1}{n}+\frac{1}{n+1}\right)$$

同じ数字を縦にそろえて書くと、
引き算だから消える！

$$=1-\frac{1}{n+1}$$

$$=\frac{(n+1)-1}{n+1}$$

$$=\underline{\frac{n}{n+1}}$$

(2) $$\frac{1}{\underset{小}{k}\,\underset{中}{(k+1)}\,\underset{大}{(k+2)}}$$

$$=\frac{1}{ⓐ}\left\{\frac{1}{\underset{小}{k}\,\underset{中}{(k+1)}}-\frac{1}{\underset{中}{(k+1)}\,\underset{大}{(k+2)}}\right\}$$

aの値を見つける！

$$\frac{1}{k(k+1)}-\frac{1}{(k+1)(k+2)}$$

$$=\frac{(k+2)-k}{k(k+1)(k+2)}$$

$$=\frac{②}{k(k+1)(k+2)}$$ となるから

$$\frac{1}{k(k+1)(k+2)}$$

$$=\frac{1}{②}\left\{\frac{1}{k(k+1)}-\frac{1}{(k+1)(k+2)}\right\}$$

と分解できるんだよ。

たしかに、

$$\frac{1}{小・中・大}=\frac{1}{a}\left(\frac{1}{小・中}-\frac{1}{中・大}\right)$$

の形になってますね。

$$\sum_{k=1}^{n}\frac{1}{\underset{小}{k}\,\underset{中}{(k+1)}\,\underset{大}{(k+2)}}$$

部分分数に分解

$$=\frac{1}{2}\sum_{k=1}^{n}\left\{\frac{1}{\underset{小}{k}\,\underset{中}{(k+1)}}-\frac{1}{\underset{中}{(k+1)}\,\underset{大}{(k+2)}}\right\}$$

$$=\frac{1}{2}\left\{\sum_{k=1}^{n}\frac{1}{k(k+1)}-\sum_{k=1}^{n}\frac{1}{(k+1)(k+2)}\right\}$$

kに1,2,…nを入れてその和

$$=\frac{1}{2}\left\{\left(\frac{1}{1\cdot2}+\frac{1}{2\cdot3}+\frac{1}{3\cdot4}+\cdots+\frac{1}{n(n+1)}\right)\right.$$
$$\left.-\left(\frac{1}{2\cdot3}+\frac{1}{3\cdot4}+\cdots+\frac{1}{n(n+1)}+\frac{1}{(n+1)(n+2)}\right)\right\}$$

同じ数字を縦にそろえて書くと、
引き算だから消える！

$$=\frac{1}{2}\left\{\frac{1}{2}-\frac{1}{(n+1)(n+2)}\right\}$$

$$=\frac{1}{2}\cdot\frac{(n+1)(n+2)-2}{2(n+1)(n+2)}$$

$$=\frac{n^2+3n+2-2}{4(n+1)(n+2)}$$

$$=\underline{\frac{n(n+3)}{4(n+1)(n+2)}}$$

ピカイチ解答

$$\sum_{n=5}^{10} 104_{(n)}$$

（n^2　n^1　n^0）

$$=\sum_{n=5}^{10}(n^2\times1+4)$$

$n=5, 6, 7, 8, 9, 10$を入れてその和

$$=\sum_{n=1}^{10}(n^2+4)-\sum_{n=1}^{4}(n^2+4)$$

$n=1\sim10$を入れてその和　$n=1, 2, 3, 4$を入れてその和

$$=\sum_{n=1}^{10}n^2+\sum_{n=1}^{10}4-\sum_{n=1}^{4}n^2-\sum_{n=1}^{4}4$$

Σの公式

$$=\frac{1}{6}\cdot10\cdot11\cdot21+40-\frac{1}{6}\cdot4\cdot5\cdot9-16$$

$$=\frac{1}{6}\cdot10\cdot11\cdot21-\frac{1}{6}\cdot4\cdot5\cdot9+24$$

（3×7　10×2　3×3）

$$=\frac{1}{6}\cdot10\cdot3(11\cdot7-2\cdot3)+24$$

$\frac{1}{6}\cdot10\cdot3$でくくる

$$=5\cdot(77-6)+24$$

$$=355+24$$

$$=379$$

$$\sum_{n=5}^{10}\frac{1_{(n)}}{401_{(n)}-104_{(n)}}$$

$401_{(n)}$と$104_{(n)}$について

$1_{(n)}=n^0\times1=1$

$401_{(n)}=n^2\times4+n^0\times1$

$=4n^2+1$

$104_{(n)}=n^2\times1+n^0\times4$

$=n^2+4$

$$=\sum_{n=5}^{10}\frac{1}{4n^2+1-(n^2+4)}$$

$$=\sum_{n=5}^{10}\frac{1}{3n^2-3}$$

$3(n^2-1)=3(n+1)(n-1)$

$$=\frac{1}{3}\sum_{n=5}^{10}\frac{1}{(n+1)(n-1)}$$

（大　小）

$$\frac{1}{n-1}-\frac{1}{n+1}=\frac{(n+1)-(n-1)}{(n-1)(n+1)}=\frac{2}{(n-1)(n+1)}$$

となるから

$$\frac{1}{(n-1)(n+1)}=\frac{1}{2}\left(\frac{1}{n-1}-\frac{1}{n+1}\right)$$

$$=\frac{1}{3}\sum_{n=5}^{10}\frac{1}{2}\left(\frac{1}{n-1}-\frac{1}{n+1}\right)$$

$$=\frac{1}{6}\left(\sum_{n=5}^{10}\frac{1}{n-1}-\sum_{n=5}^{10}\frac{1}{n+1}\right)$$

$$=\frac{1}{6}\left\{\left(\frac{1}{4}+\frac{1}{5}+\frac{1}{6}+\frac{1}{7}+\frac{1}{8}+\frac{1}{9}\right)-\left(\frac{1}{6}+\frac{1}{7}+\frac{1}{8}+\frac{1}{9}+\frac{1}{10}+\frac{1}{11}\right)\right\}$$

同じ数字を縦にそろえて書くと、引き算だから消える！

$$=\frac{1}{6}\left(\frac{1}{4}+\frac{1}{5}-\frac{1}{10}-\frac{1}{11}\right)$$

$$=\frac{1}{6}\cdot\frac{54+44-22-20}{220}$$

$$=\frac{1}{6}\cdot\frac{57}{220}$$

（$57 \to 19$、$6 \to 2$）

$$=\frac{19}{440}$$

パッと見は部分分数に分解する問題だとはわからなくて、ただのn進法の問題だと思ってました……。でも、Σの練習もいっぱいできたので、自信がついてきたぞ！

POINT ● 分数のΣは、部分分数に分解する！

数列$\{a_n\}$を$\frac{1}{2}, \frac{1}{3}, \frac{2}{3}, \frac{1}{4}, \frac{2}{4}, \frac{3}{4}, \frac{1}{5}, \frac{2}{5}, \frac{3}{5}, \frac{4}{5}, \frac{1}{6}, \frac{2}{6}, \cdots$と定めるとき、$a_{220}$を求めよ。

2019 早稲田大

イマイチ解答

①|②|③|④| |$n-1$|n

$\frac{1}{2}, \left| \frac{1}{3}, \frac{2}{3}, \right| \frac{1}{4}, \frac{2}{4}, \frac{3}{4}, \left| \frac{1}{5}, \frac{2}{5}, \frac{3}{5}, \frac{4}{5}, \right| \frac{1}{6}, \cdots \left| \cdots \right| \cdots a_{220} \cdots$

a_{220}が第n群にあるとする。

第$n-1$群の末項は初項から数えて

$1+2+\cdots+(n-1)=\frac{1}{2}n(n-1)$番目

第n群の末項は初項から数えて

$1+2+\cdots+n=\frac{1}{2}n(n+1)$番目

よって$\frac{1}{2}n(n-1)<220 \leqq \frac{1}{2}n(n+1)$

$$n(n-1)<440 \leqq n(n+1)$$

$$\begin{cases} n^2-n-440<0 & \cdots① \\ n^2+n-440 \geqq 0 & \cdots② \end{cases}$$

①において解の公式より

$$n=\frac{1\pm\sqrt{1-4\cdot1\cdot(-440)}}{2}\cdots$$

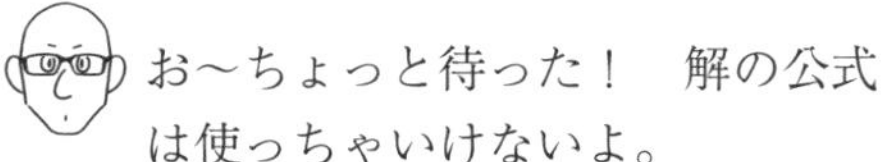

お〜ちょっと待った！　解の公式は使っちゃいけないよ。

え、だって2次不等式ですよね。

たしかにそうなんだけど……。ちょっといいかい？「数列」の中でも超頻出テーマの**「群数列」**の特徴を見ていこう。たとえば、次のような群数列があったとき……。

1	2 2	3 3 3	4 4 4 4	5 …
第1群	第2群	第3群	第4群	

第1群の末項は初項から数えて……？

1番目です。

そうだね。じゃあ第2群の末項は初項から数えて……？

1＋2番目です。

そうそう。これを「3番目」と言わないこと。じゃあ、第3群の末項は初項から数えて……？

1＋2＋3番目です。

そうそう。これを「6番目」と言わない。ようするに、**特徴をよく見て、式を立てる**というのがポイントだね。

第100群とか、第n群みたいな大きな群になっていったときに、同じようにできるようにしなくちゃいけないんですよね。

そう。それが「群数列」の問題を解く上でのコツになるよ。

ピカイチ解答

$\frac{1}{2}$, | $\frac{1}{3}$, $\frac{2}{3}$, | $\frac{1}{4}$, $\frac{2}{4}$, $\frac{3}{4}$, | $\frac{1}{5}$, $\frac{2}{5}$, $\frac{3}{5}$, $\frac{4}{5}$, | $\frac{1}{6}$, … | … | … a_{220} …

第1群 | 第2群 | 第3群 | 第4群 | | 第$n-1$群 | 第n群

a_{220} が第n群にあるとする。

話題になっている群の1つ前の群の末項が初項から数えて何番目か？　を求めていこう。

第$n-1$群の末項は初項から数えて、

$$1+2+\cdots+(n-1)=\frac{1}{2}n(n-1)\text{番目}$$

$$\sum_{k=1}^{n-1}k$$

第n群の末項は初項から数えて、

$$1+2+\cdots+n=\frac{1}{2}n(n+1)\text{番目}$$

$$\sum_{k=1}^{n}k$$

よって $\frac{1}{2}n(n-1)<220\leqq\frac{1}{2}n(n+1)$

a_{220} は $\frac{1}{2}n(n-1)$ 番目と $\frac{1}{2}n(n+1)$ 番目の間にあるという意味

…$a_{\frac{1}{2}n(n-1)}$	…a_{220}…$a_{\frac{1}{2}n(n+1)}$
第$n-1$群	第n群

$n(n-1)<440\leqq n(n+1)$

ここで2次不等式だからといって解の公式はNG。nは「自然数」だから、自分で数字をどんどん代入していこう！

$n=5$, $5\cdot4<440\leqq5\cdot6$ 全然ダメ
$n=10$, $10\cdot9<440\leqq10\cdot11$ 全然ダメ
$n=20$, $20\cdot19<440\leqq20\cdot21$ 惜しい
$n=21$, $21\cdot20<440\leqq21\cdot22$ OK

$n=21$ のとき
$21\cdot20=420<440$,
$21\cdot22=462>440$
よって $n=21$

話題になっている群の1つ前の群の末項が初項から数えて何番目か？　を求めていくから……。

第20群の末項は初項から数えて、

$$1+2+\cdots+20=\frac{1}{2}(1+20)\cdot20$$
$$=210\text{番目}$$

$220-210=10$ より
a_{220} は第21群の10番目。

よってその数は $\frac{10}{22}$

第21群の数が分母が22になるっていうのは、大丈夫かな？

第1群の数の分母は2
第2群の数の分母は3
第3群の数の分母は4……
と特徴をとらえていけば、
第21群の数の分母は22！

完璧だ！

POINT ● **群数列→話題になっている群の1つ前の群の末項が、初項から数えて何番目か？　を求めていこう！**

数列$\{a_n\}$ $(n=1, 2, 3, \cdots)$ は次の関係を満たしている。

$$\sum_{k=1}^{n}\frac{(k+1)(k+2)}{3^{k-1}}a_k=-\frac{1}{4}(2n+1)(2n+3)$$ a_n を n を用いて表せ。

2015 早稲田大

イマイチ解答

$$\sum_{k=1}^{n}\frac{(k+1)(k+2)}{3^{k-1}}a_k$$
$$=-\frac{1}{4}(2n+1)(2n+3) \quad \cdots①$$

$$\sum_{k=1}^{n-1}\frac{(k+1)(k+2)}{3^{k-1}}a_k$$
$$=-\frac{1}{4}(2n-1)(2n+1) \quad \cdots②$$

①－②より

$$\frac{(n+1)(n+2)}{3^{n-1}}a_n$$
$$=-\frac{1}{4}(2n+1)(2n+3)$$
$$-\left\{-\frac{1}{4}(2n-1)(2n+1)\right\}$$
$$=-\frac{1}{4}(2n+1)\{(2n+3)-(2n-1)\}$$
$$=-\frac{1}{4}(2n+1)\cdot 4$$
$$=-(2n+1)$$
$$\therefore a_n=\frac{-3^{n-1}(2n+1)}{(n+1)(n+2)}$$

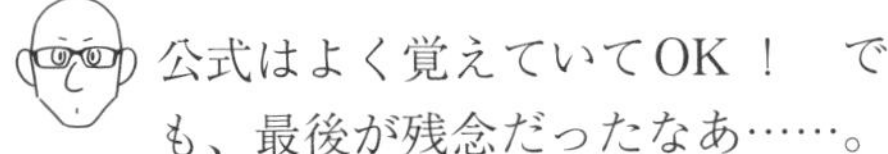

公式はよく覚えていてOK！　でも、最後が残念だったなあ……。

覚えて！

和 $S_n \to a_n$

$n \geqq 2$ のとき

$a_n=S_n-S_{n-1}$

※$n=1$のときに成り立つかチェックする！

公式の導き出し方、わかるかな？

えーと、えーと……。

S_nはa_1～a_nまでの和、S_{n-1}はa_1～a_{n-1}までの和だったよね。S_nからS_{n-1}を引いてみよう。

$$\begin{array}{rl} S_n= & a_1+a_2+\cdots+a_{n-1}+a_n \\ -)\ S_{n-1}= & a_1+a_2+\cdots+a_{n-1} \\ \hline S_n-S_{n-1}= & \qquad\qquad\qquad\qquad a_n \end{array}$$

あ、$a_n=S_n-S_{n-1}$が出てきましたね。

そうそう。そして$n=1$のとき、$a_1=S_1-S_0$でS_0なんて存在しないのでNG。**この公式が使えるのは$n \geqq 2$のときだけで、$n=1$のときに成り立つかどうかの確認が必要なんだよ。**

さっきの解法はそこの確認が抜けてたんですね……。

そのとーり！　その確認をピカイチ解答で見せていくね。

ピカイチ解答

$$\sum_{k=1}^{n}\frac{(k+1)(k+2)}{3^{k-1}}a_k$$

$$=-\frac{1}{4}(2n+1)(2n+3) \quad \cdots ①$$

$$\sum_{k=1}^{n-1}\frac{(k+1)(k+2)}{3^{k-1}}a_k$$

$$=-\frac{1}{4}(2n-1)(2n+1) \quad \cdots ②$$

$n \geqq 2$のとき①－②より、

これを忘れちゃダメ！

$$\frac{(n+1)(n+2)}{3^{n-1}}a_n$$

$$=-\frac{1}{4}(2n+1)(2n+3)$$

$$-\left\{-\frac{1}{4}(2n-1)(2n+1)\right\}$$

$-\frac{1}{4}(2n+1)$でくくる

$$=-\frac{1}{4}(2n+1)\{(2n+3)-(2n-1)\}$$

$$=-\frac{1}{4}(2n+1)\cdot 4$$

$$=-(2n+1)$$

$$\therefore a_n=\frac{-3^{n-1}(2n+1)}{(n+1)(n+2)}$$

これはあくまでも$n \geqq 2$のときだけの話。$n=1$のとき、成り立つかどうかわからないから、チェックが必要！

$n=1$のとき

$$a_1=\frac{-3^0\cdot 3}{2\cdot 3}=-\frac{1}{2}$$

①に$n=1$を代入して、

$$\frac{(1+1)\cdot(1+2)}{3^0}\cdot a_1=-\frac{1}{4}\cdot 3\cdot 5$$

$$6a_1=-\frac{15}{4}$$

$$\therefore a_1=\boxed{-\frac{5}{8}}$$

$-\frac{1}{2}$と$-\frac{5}{8}$で一致しない。ってことは$n=1$と$n \geqq 2$で分けて答えなきゃ、ですね。

では、初項a_1は$-\frac{1}{2}$と$-\frac{5}{8}$のどっちかわかるかな？

（与式）の①に$n=1$を代入した$-\frac{5}{8}$が初項ですよね。

その通り！

よって求める一般項a_nは、

$$a_n\begin{cases}-\dfrac{5}{8} & (n=1)\\[2mm] \dfrac{-3^{n-1}(2n+1)}{(n+1)(n+2)} & (n \geqq 2)\end{cases}$$

POINT
- **和から一般項を求められるようにしよう！**
- **$n=1$のときのチェックが必要！**

初項が $a_1=0.11$ で、$n \geqq 2$ のとき、$a_n=0.1\underbrace{22\cdots2}_{n-1\text{個}}1$ である数列 $\{a_n\}$ を考える。すなわち、$\{a_n\}$ を初項から順に並べると

0.11, 0.121, 0.1221, 0.12221, 0.122221, …

のようになる。この数列は $a_1=0.11$, $a_{n+1}=a_n+\dfrac{\square}{\square^{n+\square}}$ で定義されるので、一般項は $a_n=\dfrac{\square}{\square}\left(1-\dfrac{1}{\square}\right)$ で表される。

2019 金沢医科大

イマイチ解答

$$a_n=0.1\underbrace{22\cdots2}_{n-1\text{個}}1$$

先生、$a_{n+1}=a_n+\dfrac{\square}{\square^{n+\square}}$ って漸化式ですよね。どうすればいいんですか？

これはね、**「階差数列の一般項を求めよ」**ってことだよ。**$a_{n+1}-a_n$ は「階差数列の一般項」だよ。**

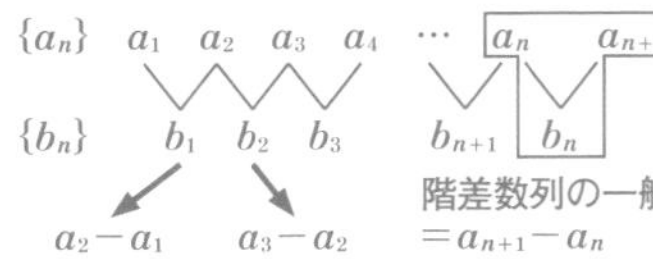

あ、本当だ。階差数列の一般項 $b_n=a_{n+1}-a_n$ になってる！

そして、この階差数列 $\{b_n\}$ を用いて a_2, a_3, a_4…を表していくと……。

$a_2=a_1+b_1$
$a_3=a_1+b_1+b_2$
$a_4=a_1+b_1+b_2+b_3$
⋮
$a_n=a_1+b_1+b_2+\cdots+b_{n-1}$
$\quad=a_1+\sum_{k=1}^{n-1}b_k$ ← これが公式

覚えて！

階差数列 $b_n \to a_n$

$n \geqq 2$ のとき

$$a_n=a_1+\sum_{k=1}^{n-1}b_k$$
$$=a_1+\sum_{k=1}^{n-1}(a_{k+1}-a_k)$$

※ $n=1$ のときに成り立つかチェックする！

a_1 は階差数列 $\{b_n\}$ を使っては表現できないよね。だから**この公式は n が2以上のときにしか使えないよ。**

だから、この公式で出てきた答えが $n=1$ のときに成り立っているかどうか、チェックが必要なんですね。

そーゆーことだ。やってみよう！

ピカイチ解答

$$a_n=0.1\underbrace{22\cdots2}_{n-1\text{個}}1$$

$\{a_n\}$の階差数列を$\{b_n\}$とする。

$$\begin{aligned}&a_1=0.11\\&\qquad\qquad b_1=0.011\\&a_2=0.121\\&\qquad\qquad b_2=0.0011\\&a_3=0.1221\\&\qquad\qquad b_3=0.00011\\&a_4=0.12221\end{aligned}$$

$\{b_n\}$は初項0.011，公比0.1の等比数列である。

$$b_n=0.011\times(0.1)^{n-1}$$

初項$b_1\times$(公比r)$^{n-1}$

$$=\frac{11}{1000}\times\left(\frac{1}{10}\right)^{n-1}$$

$$=\frac{11}{10^3}\times\frac{1}{10^{n-1}}$$

指数法則
$a^x\times a^y=a^{x+y}$

$$=\frac{11}{10^{n+2}}$$

$$\therefore a_{n+1}=a_n+\frac{11}{10^{n+2}}$$

$$a_{n+1}-a_n=\frac{11}{10^{n+2}}$$

→ これが$\{a_n\}$の階差数列の一般項を表す

よって、$n\geqq2$のとき

$$a_n=a_1+\sum_{k=1}^{n-1}\frac{11}{10^{k+2}}$$

$$\frac{11}{10^{k+2}}=\frac{11}{10^2}\cdot\frac{1}{10^k}=\frac{11}{100}\left(\frac{1}{10}\right)^k$$

$$=0.11+\frac{11}{100}\sum_{k=1}^{n-1}\left(\frac{1}{10}\right)^k$$

初項$\frac{1}{10}$，公比$\frac{1}{10}$，項数$n-1$の等比数列の和

$$=\frac{11}{100}+\frac{11}{100}\cdot\frac{\frac{1}{10}\left\{1-\left(\frac{1}{10}\right)^{n-1}\right\}}{1-\frac{1}{10}}$$

分配法則

$$=\frac{11}{100}+\frac{11}{100}\cdot\frac{1}{9}\left\{1-\left(\frac{1}{10}\right)^{n-1}\right\}$$

分母分子に×9

$$=\frac{99}{900}+\frac{11}{900}-\frac{11}{900}\left(\frac{1}{10}\right)^{n-1}$$

$10\cdot\left(\frac{1}{10}\right)^n$

$$=\frac{110}{900}-\frac{11}{90}\cdot\left(\frac{1}{10}\right)^n$$

$\frac{11}{90}$でくくる（因数分解）

$$=\frac{11}{90}\left\{1-\left(\frac{1}{10}\right)^n\right\}$$

$$=\frac{11}{90}\left(1-\frac{1}{10^n}\right)$$

これは$n=1$のときも成り立つ。

$n=1$のとき、

$$a_1=\frac{11}{90}\times\left(1-\frac{1}{10}\right)=\frac{11}{90}\cdot\frac{9}{10}=\frac{11}{100}$$

で問題文の$a_1=0.11$と一致するから、$n=1$のときも成り立ちますね。
後半の等比数列の和の公式の計算が大変でした。

そうだよね。ピカイチ解答の解法を自力で再現できるか、何度も何度も練習してね。諦めないで！

POINT ● **$a_{n+1}-a_n$は階差数列の一般項！**

数列$\{a_n\}$を$a_1=2$, $a_{n+1}=\dfrac{2a_n}{a_n+1}$ $(n=1,2,3,\cdots)$で定める。$b_n=\dfrac{1}{a_n}$とおくとき、b_{n+1}をb_nで表すと$b_{n+1}=\square$であり、$\{a_n\}$の一般項を求めると$a_n=\square$である。

2019 南山大

イマイチ解答

$a_1=2$

$a_{n+1}=\dfrac{2a_n}{a_n+1}$ …①

明らかに$a_n\neq0$なので両辺の逆数をとる。

$$\frac{1}{a_{n+1}}=\frac{a_n+1}{2a_n}$$

$$\frac{1}{a_{n+1}}=\frac{1}{2}\cdot\frac{1}{a_n}+\frac{1}{2} \quad \cdots②$$

$b_n=\dfrac{1}{a_n}$とおく。

$b_1=\dfrac{1}{a_1}=\dfrac{1}{2}$

②の式は、

$b_{n+1}=\dfrac{1}{2}b_n+\dfrac{1}{2}$

$$\begin{array}{rl} b_{n+1}= & \frac{1}{2}b_n+\frac{1}{2} \\ -)\quad x= & \frac{1}{2}x+\frac{1}{2} \\ \hline b_{n+1}-x= & \frac{1}{2}(b_n-x) \end{array}$$

$x=1$を代入して、

$b_{n+1}-1=\dfrac{1}{2}(b_n-1)$

$b_n=\dfrac{1}{2}\cdot\left(\dfrac{1}{2}\right)^{n-1}=\left(\dfrac{1}{2}\right)^n$

$\dfrac{1}{a_n}=\dfrac{1}{2^n}$

両辺の逆数をとって、$a_n=2^n$

漸化式、これで合ってるかなあ……。

逆数をとるってところは合ってるよ。「$b_{n+1}-1=\dfrac{1}{2}(b_n-1)$」までは正解だけど、そのあとが違うんだなあ。$\{b_n\}$は等比数列ではないよ。
漸化式、少し復習しておこう。

例 次の漸化式を解け。

(1) $a_1=5$
$a_{n+1}=a_n+3$ $(n=1,2,3,\cdots)$

$n=1,2,3,\cdots$を代入して書き出すと……。

a_1	a_2	a_3	$\cdots$	a_n	a_{n+1}
5	8	11	$\cdots$		

+3　+3　+3　+3

$\{a_n\}$は初項5、公差3の等差数列より、

$a_n=\underset{初項}{5}+(n-1)\cdot\underset{公差}{3}$
$=3n+2$

漸化式の基本パターン①　覚えて!

$a_{n+1}=a_n+\alpha$ $(n=1,2,3\cdots)$

公差αの等差数列

このくらいのレベルの漸化式の問題であれば、式を見た瞬間にすぐに解法が出てくるようにしよう！

$a_{n+1}=a_n+3$から「公差3の等差数列だ」ってすぐ反応できるようにすることが大切ですね。

(2) $a_1=2$

$a_{n+1}=5a_n$ $(n=1, 2, 3, \cdots)$

$n=1, 2, 3, \cdots$を代入して書き出すと……。

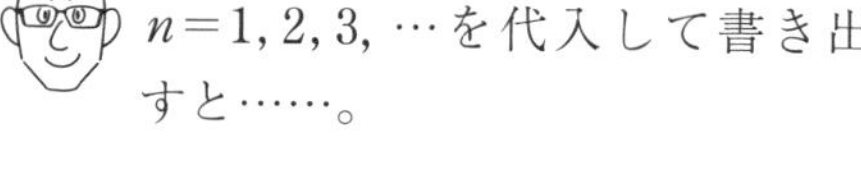

$\{a_n\}$は初項2、公比5の等比数列より、

$a_n=\underline{2\cdot 5^{n-1}}$

漸化式の基本パターン② 覚えて！

$\boldsymbol{a_{n+1}=\alpha a_n}$ $(n=1, 2, 3\cdots)$

公比αの等比数列

(3) $a_1=1$

$a_{n+1}=a_n+n^2$ $(n=1, 2, 3, \cdots)$

この漸化式は$a_{n+1}-a_n=n^2$と変形できるわけだけど、この**「$a_{n+1}-a_n$」は「階差数列の一般項」を表す**んだったよね。

階差数列$b_n \to a_n$ 覚えて！

$n \geqq 2$のとき

$$a_n=a_1+\sum_{k=1}^{n-1}\underline{(a_{k+1}-a_k)}$$

階差数列の一般項

※$n=1$のときに成り立つかチェックする！

$n \geqq 2$のとき

$$a_n=a_1+\underline{\sum_{k=1}^{n-1}k^2}$$

Σの公式

$$=1+\underline{\frac{1}{6}n(n-1)(2n-1)}$$

$$=1+\frac{1}{6}(2n^3-3n^2+n)$$

$$=\underline{\frac{1}{3}n^3-\frac{1}{2}n^2+\frac{1}{6}n+1}$$

これは$n=1$のときも成り立つ

漸化式の基本パターン③ 覚えて！

$\boldsymbol{a_{n+1}=a_n+(n\text{の式})}$ $(n=1, 2, 3\cdots)$

(nの式)が$\{a_n\}$の階差数列

(4) $a_1=3$

$a_{n+1}=3a_n-2$ $(n=1, 2, 3, \cdots)$

$a_{n+1}=\alpha a_n+\beta$の漸化式は**特性方程式$x=\alpha x+\beta$**の解を用いて$a_{n+1}-x=\alpha(a_n-x)$の形に持ち込むよ。

$$\begin{array}{rl} & a_{n+1}=3a_n-2 \\ -) & \quad x=3x-2 \\ \hline & a_{n+1}-x=3(a_n-x) \end{array}$$

$2x=2$

$\therefore x=1$

$x=1$を代入して、

$a_{n+1}-1=3(a_n-1)$

元の数列$\{a_n\}$のすべての項から1を引いた新しい数列$\{a_n-1\}$を考えよう。

$$
\begin{array}{cccccc}
\{a_n\} & a_1 & a_2 & \cdots & a_n & a_{n+1} \\
\downarrow -1 & \downarrow -1 & \downarrow -1 & & \downarrow -1 & \downarrow -1 \\
\{a_n-1\} & a_1-1 & a_2-1 & \cdots & a_n-1 & a_{n+1}-1
\end{array}
$$

$\{a_n-1\}$は初項a_1-1、公比3の等比数列なので、

$a_n-1=(a_1-1)\cdot 3^{n-1}$

$a_n=\underline{2\cdot 3^{n-1}+1}$

漸化式の基本パターン④ 覚えて！

$a_{n+1}=\alpha a_n+\beta\ (n=1, 2, 3\cdots)$

特性方程式を使って式変形する

ピカイチ解答

$a_1=2$

$a_{n+1}=\dfrac{2a_n}{a_n+1}$ …①

明らかに$a_n \fallingdotseq 0$なので両辺の逆数をとる。

$\dfrac{1}{a_{n+1}}=\boxed{\dfrac{a_n+1}{2a_n}}$ $\dfrac{a_n}{2a_n}+\dfrac{1}{2a_n}$

$\dfrac{1}{a_{n+1}}=\dfrac{1}{2}\cdot\dfrac{1}{a_n}+\dfrac{1}{2}$ …②

似ているかたまりを見つけたら、b_nとおく

$b_n=\dfrac{1}{a_n}$とおく。

b_nとおいたらすぐに初項b_1をチェック

$b_1=\dfrac{1}{a_1}=\dfrac{1}{2}$

②は、$b_{n+1}=\dfrac{1}{2}b_n+\dfrac{1}{2}$ ← 基本パターン④

$$b_{n+1}=\frac{1}{2}b_n+\frac{1}{2}$$

$$-)\quad x=\frac{1}{2}x+\frac{1}{2}$$ → $2x=x+1$, $x=1$

$$b_{n+1}-x=\frac{1}{2}(b_n-x)$$

$x=1$を代入

↑ここは答案用紙に書かなくてOK

$b_{n+1}-1=\dfrac{1}{2}(b_n-1)$

$\{b_n-1\}$は初項b_1-1、公比$\dfrac{1}{2}$の等比数列なので、

$$b_n-1=(b_1-1)\left(\frac{1}{2}\right)^{n-1}$$

$$b_n=\boxed{-\frac{1}{2}\cdot\left(\frac{1}{2}\right)^{n-1}}+1$$

$-\dfrac{1}{2^1\cdot 2^{n-1}}=-\dfrac{1}{2^n}$

↓元に戻す

$$\frac{1}{a_n}=\frac{-1+2^n}{2^n}$$

再び両辺の逆数をとって、

$$\therefore a_n=\frac{2^n}{2^n-1}$$

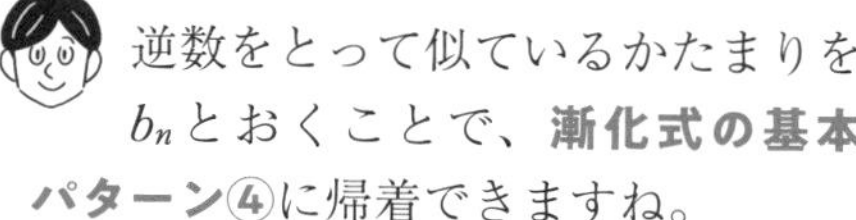

逆数をとって似ているかたまりをb_nとおくことで、**漸化式の基本パターン④**に帰着できますね。

そうだね。だから漸化式の問題は**漸化式の基本パターン①～④**をまずはしっかり身につけよう。そうすれば、ハイレベルの問題になっても、最初の式変形（両辺の逆数をとるとかね）を覚えていき、似ているかたまりをb_nとおけば、**漸化式の基本パターン①～④**のどれかになることが非常に多いんだ。
似ているかたまりを見つけてb_nとおく練習を、もう1題だけやっておこう。

例 次の漸化式を解け。

$$a_n=1$$

$$\frac{1}{a_{n+1}}=\frac{1}{a_n}+2^n \quad (n=1, 2, 3, \cdots)$$

さっそく、似ているかたまりが出てきましたね。

$$\frac{1}{a_{n+1}}=\frac{1}{a_n}+2^n \quad \cdots①$$

似ているかたまりを見つけたらb_nとおく

$b_n=\dfrac{1}{a_n}$とおく

b_nとおいたらすぐに初項b_1をチェック！

$$b_1=\frac{1}{a_1}=1$$

①は

$$b_{n+1}=b_n+2^n$$ ← 基本パターン③

→これが$\{b_n\}$の階差数列の一般項を表す

$n\geqq 2$のとき

$$b_n=b_1+\sum_{k=1}^{n-1}2^k$$

分配法則

$$=1+\frac{2(2^{n-1}-1)}{2-1}$$

$$=1+2^n-2$$

$$=\underline{2^n-1}$$

これは$n=1$のときも成り立つ。

POINT

- **漸化式の基本パターン①～④をマスターしよう！**
- **式を見た瞬間に漸化式の基本パターン①～④のどれかがわかるようになろう！**
- **漸化式の基本パターン①～④に帰着させるための処理の仕方を1つずつ覚えていこう！**

数列$\{a_n\}$について次の条件が与えられている。

$$a_{n+1}=6a_n-2^n\ (n=1, 2, 3, \cdots)$$

ただし、$a_1=\dfrac{13}{2}$とする。このとき、数列$\{a_n\}$の一般項は

$a_n=\square^n+\square^{n-\square}$である。

2019 明治大

イマイチ解答

$$\begin{array}{rl} & a_{n+1}=6a_n-2^n \\ -) & x=6x-2^n \\ \hline & a_{n+1}-x=6(a_n-x) \end{array}$$

あれ〜、まいったなあ。特性方程式$x=6x-2^n$が解けないですよ……。

うん、そうだね。なんで解けないんだい？

「2^n」というふうに、指数にnがあるからです。

そうだよね。だから2^n**が消えるように**、今回であれば、両辺を

①$6^{n+1}$で割る

②$2^{n+1}$で割る

をやってごらん！

$a_{n+1}=6a_n-2^n$の6と2ってことですね！

ピカイチ解答

$$a_1=\frac{13}{2}$$

$$a_{n+1}=6a_n-2^n$$

①両辺を6^{n+1}で割る

$$\frac{a_{n+1}}{6^{n+1}}=\frac{6}{6}\cdot\frac{a_n}{6^n}-\frac{1}{6}\cdot\frac{2^n}{6^n}\ (3^n)$$

似ているかたまりを見つけたら、b_nとおく！

$\dfrac{a_n}{6^n}=b_n$とおく

$$b_1=\frac{a_1}{6^1}=\frac{13}{12}$$

$$b_{n+1}=b_n-\frac{1}{6}\cdot\left(\frac{1}{3}\right)^n$$ ← 漸化式の基本パターン③

階差数列$b_n\to a_n$の公式

$n\geqq2$のとき

$$b_n=b_1+\sum_{k=1}^{n-1}\left(-\frac{1}{6}\right)\left(\frac{1}{3}\right)^k$$

$$=\frac{13}{12}-\frac{1}{6}\cdot\frac{\frac{1}{3}\left\{1-\left(\frac{1}{3}\right)^{n-1}\right\}}{1-\frac{1}{3}}\quad\left(\frac{2}{3}\right)$$

$$=\frac{13}{12}-\frac{1}{6}\cdot\frac{1}{2}\cdot\left\{1-\left(\frac{1}{3}\right)^{n-1}\right\}$$

$$=\frac{13}{12}-\frac{1}{12}+\frac{1}{12}\cdot\left(\frac{1}{3}\right)^{n-1}$$

$$\left(\frac{1}{3}\right)^{-1}\cdot\left(\frac{1}{3}\right)^n=3\cdot\left(\frac{1}{3}\right)^n$$

$$=1+\frac{1}{4}\cdot\left(\frac{1}{3}\right)^n$$

b_nを元に戻す

$$\frac{a_n}{6^n}=1+\frac{1}{4}\cdot\left(\frac{1}{3}\right)^n$$

両辺に×6^n

$$a_n=6^n+\frac{1}{4}\cdot\frac{6^n}{3^n}$$

$$=6^n+\frac{1}{4}\cdot 2^n$$

$$=6^n+2^{n-2}$$

②両辺を 2^{n+1} で割る

$$\frac{a_{n+1}}{2^{n+1}}=\frac{6}{2}\cdot\frac{a_n}{2^n}-\frac{1}{2}\cdot\frac{2^n}{2^n}$$

似ているかたまりを見つけたら、b_nとおく！

$\frac{a_n}{2^n}=b_n$とおく

$$b_1=\frac{a_1}{2^1}=\frac{13}{4}$$

$$b_{n+1}=3b_n-\frac{1}{2}$$

← 漸化式の基本パターン④

$$-)\ \ x=3x-\frac{1}{2}$$

→ $2x=6x-1$
$4x=1$
$x=\frac{1}{4}$

$$b_{n+1}-x=3(b_n-x)$$

$x=\frac{1}{4}$を代入して、

↑ここは答案用紙に書かなくてOK

$$b_{n+1}-\frac{1}{4}=3\left(b_n-\frac{1}{4}\right)$$

$\left\{b_n-\frac{1}{4}\right\}$は初項$b_1-\frac{1}{4}$、公比3の等比数列なので、

$$b_n-\frac{1}{4}=\left(b_1-\frac{1}{4}\right)\cdot 3^{n-1}$$

（$b_1=\frac{13}{4}$）

$$b_n=\left(\frac{13}{4}-\frac{1}{4}\right)\cdot 3^{n-1}+\frac{1}{4}$$

↓元に戻す

$$\frac{a_n}{2^n}=3^n+\frac{1}{4}$$

両辺に×2^n

$$\therefore a_n=3^n\cdot 2^n+\frac{1}{4}\cdot 2^n$$

$$=6^n+2^{n-2}$$

「6^{n+1}で割る」と**漸化式の基本パターン③**が出てきて、「②$2^{n+1}$で割る」と**漸化式の基本パターン④**が出てきました！

そうだね。帰着させるための最初の処理の仕方を覚えてね。

POINT ● $a_{n+1}=\alpha a_n+\beta^n$ **は両辺を「①α^{n+1}で割る」または「②β^{n+1}で割る」！**

数列$\{a_n\}$が、$\begin{cases} a_1=1 \\ a_n=\left(1-\dfrac{1}{n^2}\right)a_{n-1} \end{cases}$ $(n\geqq 2)$で定められているとする。このとき、$a_{100}=\square$である。

2018 帝京大

イマイチ解答

$a_1=1$

$a_n=\left(1-\dfrac{1}{n^2}\right)a_{n-1}\ (n\geqq 2)$

$n=2$を代入して、

$a_2=\left(1-\dfrac{1}{4}\right)a_1=\dfrac{3}{4}$

$n=3$を代入して、

$a_3=\left(1-\dfrac{1}{9}\right)a_2=\dfrac{2}{3}$

$n=4$を代入して、

$a_4=\left(1-\dfrac{1}{16}\right)a_3=\dfrac{5}{8}$

あ〜〜〜、これを100までやるなんて無理……。

だよね〜。この問題は地道に$a_2=\dfrac{3}{4}$, $a_3=\dfrac{2}{3}$, …とa_{100}まで代入しましょう、という問題ではないよ。

やっぱりそうですよね。このままだとa_{10}あたりを求めたあたりで絶対に飽きる。飽きてYouTube見ちゃう。

これはね、**一般項a_nを求めてからa_{100}を求めるんだ**。じゃあ、一般項a_nの求め方を解説していくよ。

ピカイチ解答

$a_1=1$

$a_n=\left(1-\dfrac{1}{n^2}\right)a_{n-1}\ (n\geqq 2)$

↓通分

$=\dfrac{n^2-1}{n^2}a_{n-1}$

$=\dfrac{(n+1)(n-1)}{n^2}a_{n-1}$

$a_n=\dfrac{(n+1)(n-1)}{n^2}a_{n-1}$ に$n\to n-1$を代入

$a_{n-1}=\dfrac{n(n-2)}{(n-1)^2}a_{n-2}$

$=\dfrac{(n+1)(n-1)}{n^2}\cdot\dfrac{n(n-2)}{(n^2-1)}a_{n-2}$

$=\dfrac{(n+1)(n-1)}{n^2}\cdot\dfrac{n(n-2)}{(n-1)^2}$ ← $n\geqq 3$

$\cdot\dfrac{(n-1)(n-3)}{(n-2)^2}a_{n-3}$ ← $n\geqq 4$

これをずーっと続けていくと……

$=\dfrac{(n+1)(n-1)}{n^2}$ （$n\cdot n$）

$\cdot\dfrac{n(n-2)}{(n-1)^2}\cdot\dfrac{(n-1)(n-3)}{(n-2)^2}$

$\cdots\cdots\dfrac{4\cdot 2}{3^2}\cdot\dfrac{3\cdot 1}{2^2}\cdot a_1$ （$2\cdot 2$）（1）

$=\dfrac{n+1}{n}\cdot\dfrac{1}{2}\cdot 1$ ← きれいに約分できる！

$=\dfrac{n+1}{2n}$

あとはnに100を代入してa_{100}を求めよう。

$a_{100}=\dfrac{101}{200}$

ちょっと一息

試験当日の過ごし方

試験当日に1番大事なことは、「自信をもって挑むこと」です。
1年間頑張った君たちは、試験当日に実力を発揮すればいいい。本番に限って実力以上の力を出そうとかは思っちゃダメです。スーパーサイヤ人にはなれません。

たとえば、スポーツや音楽会ではどうでしょう。試合や本番で練習通りにやることって、とても大切ですよね。仮に自信がなかったら、練習通りにヒットを打つことも、素敵な演奏を奏でることもできないのではないでしょうか。

受験も一緒です。実力通りのパフォーマンスが発揮できるように、自信をもちましょう！
まずは、今までの勉強してきた軌跡をたどってみてください。なかなか覚えられなかった英単語や公式を、今ではもう覚えていますよね。模試でなかなか結果が出てこなかった人も、ここまで頑張ることを続けてこれたのは立派です。
とくに現役生の人たちは人間関係にもいろいろ悩み、思うように勉強が進められないこともあったでしょう。それでも最後まで諦めなかったですよね。
こうやって、自分が頑張ったことを1つずつ思い返してみてください。それを自信に変えていくのです。

なお、入試直前は難しい問題に手をつけてはいけません。1番後悔するのは、解けたはずの問題が本番で出題されて、それが解けないこと。だから難しい問題に手をつけるのではなく、今までの「復習」そして「過去問ノート」のチェックです（過去問ノートについては61ページへ）。
「復習」とは、今まで使っていた問題集やノートを見て確認すること。手を動かして計算するのではなく、問題文を読んだあとに、解法の根拠となるものを指差しながら最初の一歩のところを言葉で言えるようにしておくこと。本書を使うのもおすすめです！
「過去問ノート」は、本番のよーいドンの直前まで、その大学の特徴を確認しておくために使います。「試験時間が△分で問題数が◇問あるから、1題にかけられる時間は○分。だからこのぐらいのリズム感で解かないといけないぞ」と思い出すために読み返しましょう。時間配分を間違えました、は本当にもったいないですからね。
過去問ノートには、学校や予備校でお世話になった先生から、メッセージを書いてもらうのもいいかもしれませんね。「先生のメッセージで緊張がとれて、すごく集中できました！」という話はよく聞きます。

こうやってやるべきことをやってしっかり準備をしたらあとは自信をもって！　目の前の問題に集中！　まだまだ伸びる！　試験中も伸びるよ！
最後まで諦めない君たちからの「第一志望校受かったよ、最後までやり切ったよ！」という報告を待っていますし、それまで私はエールを送り続けたいと思います。

POINT
● **nが十分に大きいと設定した上で、$a_{n-1}, a_{n-2}, \cdots$をつくり、a_1まで書き出す。そして約分！**

整数からなる数列$\{a_n\}$を次に示す漸化式によって定める。

$$a_1=1,\ a_2=2,\ a_{n+2}=5a_{n+1}-4a_n\ (n=1,2,3,\cdots)$$

このとき、$a_3=$□であり、$a_n=$□である。

2019 明治学院大

イマイチ解答

$a_1=1,\ a_2=2$
$a_{n+2}=5a_{n+1}-4a_n$

$n=1$を代入して、
$a_3=5a_2-4a_1$
$\quad=5\cdot2-4\cdot1$
$\quad=6$

$x^2=5x-4$
$x^2-5x+4=0$
$(x-1)(x-4)=0$
$\therefore x=1,4$

先生、このあと、どうするんでしたっけ……。

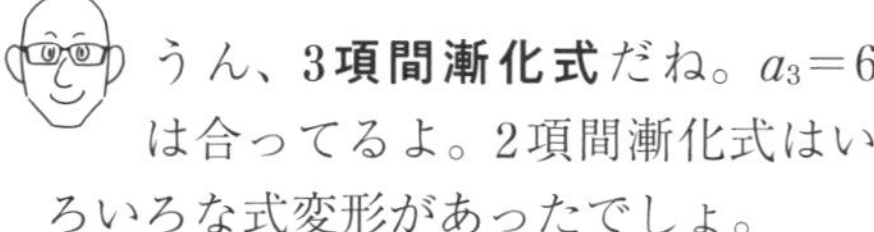

うん、**3項間漸化式**だね。$a_3=6$は合ってるよ。2項間漸化式はいろいろな式変形があったでしょ。

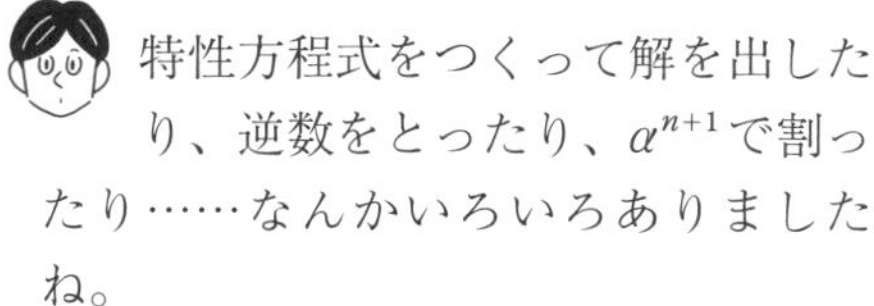

特性方程式をつくって解を出したり、逆数をとったり、α^{n+1}で割ったり……なんかいろいろありましたね。

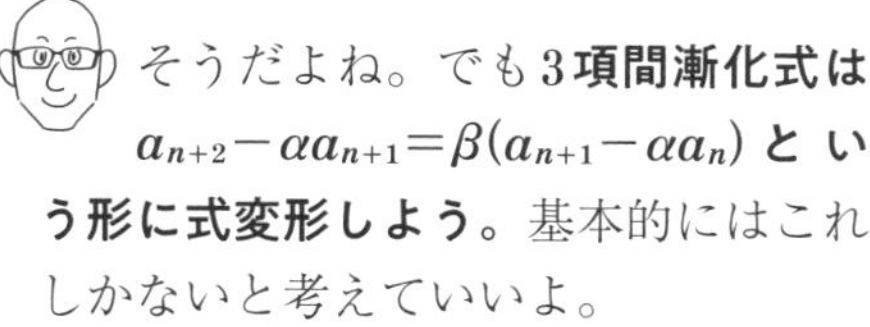

そうだよね。でも**3項間漸化式は$a_{n+2}-\alpha a_{n+1}=\beta(a_{n+1}-\alpha a_n)$という形に式変形しよう。**基本的にはこれしかないと考えていいよ。

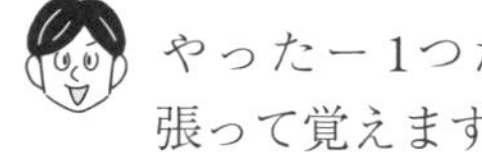

やったー1つだけ！　じゃあ頑張って覚えます！
$a_{n+2}-\alpha a_{n+1}=\beta(a_{n+1}-\alpha a_n)$ですね！

ピカイチ解答

$a_3=6$まではよかったから、その続きを解説していくね。

$a_{n+2}=5a_{n+1}-4a_n$のa_{n+2}にx^2、a_{n+1}にx、a_nに1を代入して特性方程式$x^2=5x-4$をつくろう。

$x^2=5x-4$ ← 特性方程式
$x^2-5x+4=0$
$(x-1)(x-4)=0$
$\therefore x=1,4$

この特性方程式の解の1と4が、$a_{n+2}-\alpha a_{n+1}=\beta(a_{n+1}-\alpha a_n)$　のαとβの値になるよ。
$(\alpha,\beta)=(1,4)$でもいいし、
$(\alpha,\beta)=(4,1)$でもOK。

両方やってみたいです。

いいね、やってみよう！

$(\alpha,\beta)=(1,4)$のパターン

$(\alpha,\beta)=(1,4)$のとき、
$a_{n+2}-a_{n+1}=4(a_{n+1}-a_n)$

$a_{n+1}-a_n=b_n$とおく
$b_1=a_2-a_1=2-1=1$
$b_{n+1}=4b_n$ ← 漸化式の基本パターン②　公比4の等比数列

$b_n=1\cdot4^{n-1}=4^{n-1}$
↓元に戻す
$a_{n+1}-a_n=4^{n-1}$ ← 漸化式の基本パターン③　$\{a_n\}$の階差数列の一般項

$n \geqq 2$のとき

$$a_n = 1 + \sum_{k=1}^{n-1} 4^{k-1}$$ 階差数列$b_n \to a_n$の公式

$$= 1 + \frac{1 \cdot (4^{n-1} - 1)}{4 - 1}$$ ← 等比数列の和の公式

$$= 1 + \frac{4^{n-1} - 1}{3}$$

$$= \frac{4^{n-1} + 2}{3}$$

$$= \frac{1}{3}(4^{n-1} + 2)$$

$n = 1$のときも成り立つ

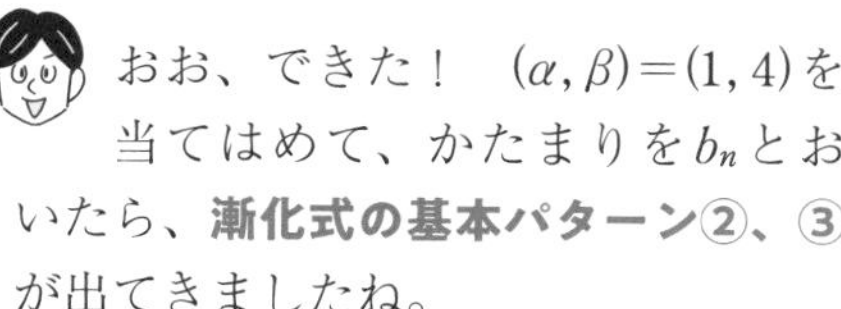

おお、できた！ $(\alpha, \beta) = (1, 4)$を当てはめて、かたまりをb_nとおいたら、**漸化式の基本パターン②、③**が出てきましたね。

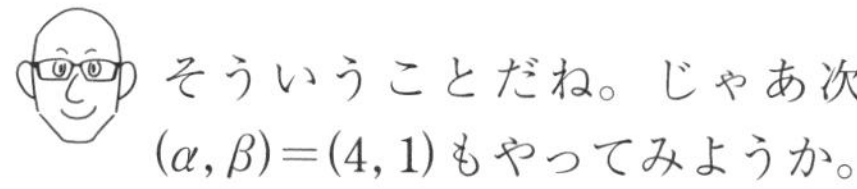

そういうことだね。じゃあ次、$(\alpha, \beta) = (4, 1)$もやってみようか。

$(\alpha, \beta) = (4, 1)$ のパターン

$(\alpha, \beta) = (4, 1)$のとき、

$$a_{n+2} - 4a_{n+1} = a_{n+1} - 4a_n$$

$a_{n+1} - 4a_n = b_n$とおく

$$b_1 = a_2 - 4a_1 = 2 - 4 = -2$$

$$b_{n+1} = b_n$$

$\{b_n\}$ $b_1, b_2, b_3, \cdots, b_n, b_{n+1}$

（b_1とb_2：一緒、b_2とb_3：一緒、b_nとb_{n+1}：一緒）

$b_1 = -2$だからb_2もb_3も$\cdots b_n$も-2だ。

$\{b_n\}$：$-2, -2, -2, \cdots, -2, -2$

ん!? 全部-2だ！

$$b_n = -2$$

↓ 元に戻す

$$a_{n+1} - 4a_n = -2$$

$$\begin{array}{rl} & a_{n+1} = 4a_n - 2 \\ -) & x = 4x - 2 \\ \hline & a_{n+1} - x = 4(a_n - x) \end{array}$$

← 漸化式の基本パターン④

→ $3x = 2$

$x = \frac{2}{3}$

$x = \frac{2}{3}$を代入して、

$$a_{n+1} - \frac{2}{3} = 4\left(a_n - \frac{2}{3}\right)$$

$\left\{a_n - \frac{2}{3}\right\}$は初項$a_1 - \frac{2}{3}$、公比4の等比数列なので、

$$a_n - \frac{2}{3} = \left(a_1 - \frac{2}{3}\right) \cdot 4^{n-1}$$

$$a_n = \frac{1}{3} \cdot 4^{n-1} + \frac{2}{3}$$

$$= \frac{1}{3}(4^{n-1} + 2)$$

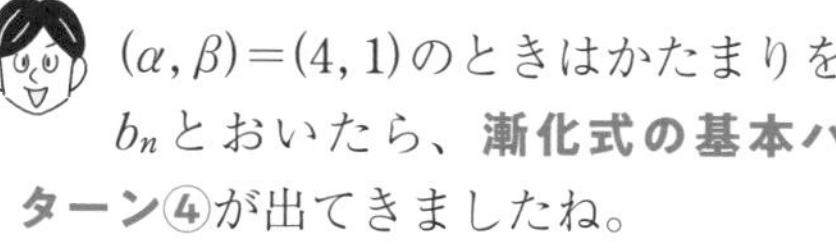

$(\alpha, \beta) = (4, 1)$のときはかたまりをb_nとおいたら、**漸化式の基本パターン④**が出てきましたね。

POINT ● **3項間漸化式は$a_{n+2} - \alpha a_{n+1} = \beta(a_{n+1} - \alpha a_n)$と式変形する！**

94

ベクトル$\vec{a}$, $\vec{b}$について、$|\vec{a}|=3$, $|\vec{b}|=1$, $|\vec{a}+3\vec{b}|=4$とする。このとき、$\vec{a}\cdot\vec{b}=-\frac{\square}{\square}$である。また、$|\vec{a}+t\vec{b}|$は実数$t=\frac{\square}{\square}$のとき、最小値$\frac{\square\sqrt{\square}}{\square}$をとる。

2020 駒澤大

イマイチ解答

$|\vec{a}+3\vec{b}|=4$の両辺を2乗して、

$$\underbrace{|\vec{a}|^2}_{3^2}+6\vec{a}\cdot\vec{b}+9\underbrace{|\vec{b}|^2}_{1^2}=16$$

$$9+6\vec{a}\cdot\vec{b}+9=16$$

$$6\vec{a}\cdot\vec{b}=-2$$

$$\therefore \vec{a}\cdot\vec{b}=-\frac{1}{3}$$

$$|\vec{a}+t\vec{b}|=\cdots$$

うーん、$|\vec{a}+t\vec{b}|$はどうするんでしたっけ？

ベクトルで大きさときたら2乗だよ。内積の定義から一気に全部確認していこうか。

内積の求め方は2通りありましたよね。

覚えて！

内積$\vec{a}\cdot\vec{b}$の求め方

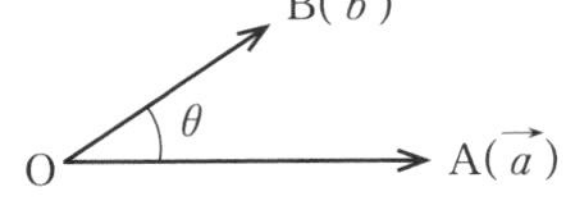

① $\vec{a}\cdot\vec{b}=|\vec{a}||\vec{b}|\cos\theta$

大きさ×大きさ×$\cos\theta$

② $\vec{a}=(x_1, y_1)$、$\vec{b}=(x_2, y_2)$

$\vec{a}\cdot\vec{b}=x_1x_2+y_1y_2$

x成分、y成分同士の積の和！

内積の問題を少し練習しておこう。

例 1辺の長さが2の正方形ABCDがある。

(1) $\overrightarrow{AB}\cdot\overrightarrow{AC}=\square$

(2) $\overrightarrow{AB}\cdot\overrightarrow{BD}=\square$

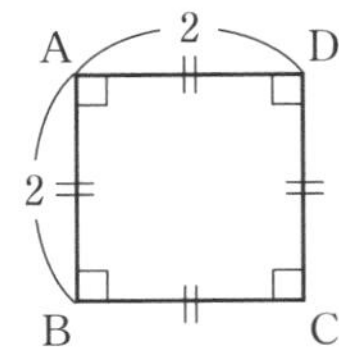

まず(1)。$\overrightarrow{AB}$と$\overrightarrow{AC}$のなす角は45°だね。

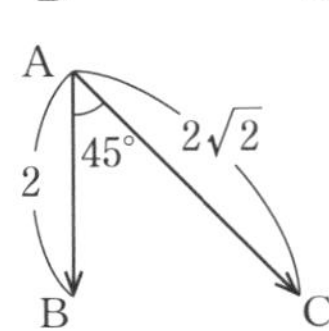

(1) $\overrightarrow{AB}\cdot\overrightarrow{AC}=|\overrightarrow{AB}||\overrightarrow{AC}|\cos 45°$ 内積の求め方①

$=2\cdot 2\sqrt{2}\cdot\frac{1}{\sqrt{2}}$

$=\underline{4}$

(2)は、$\overrightarrow{AB}$と$\overrightarrow{BD}$のなす角は45°ですね。

残念、45°ではないよ。始点をそろえてあげて！

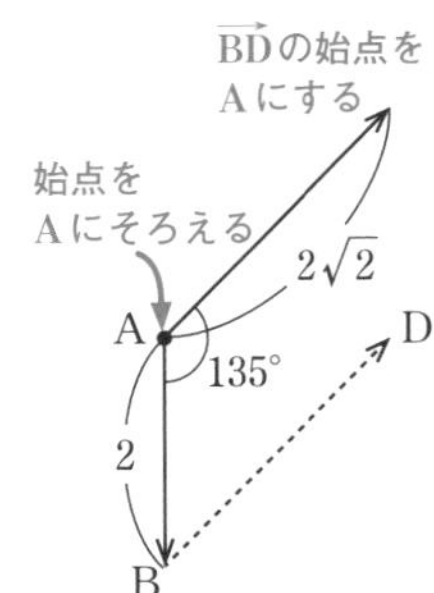

そしたら、なす角は135°ですね。

(2) $\overrightarrow{AB}\cdot\overrightarrow{BD}=|\overrightarrow{AB}||\overrightarrow{BD}|\cos 135°$

$=2\cdot 2\sqrt{2}\cdot\left(-\frac{1}{\sqrt{2}}\right)$ 内積の求め方①

$=\underline{-4}$

ベクトルの重要公式 覚えて!

① $\vec{a}\cdot\vec{a}=|\vec{a}|^2$

② $\vec{a}\perp\vec{b}$ のとき $\vec{a}\cdot\vec{b}=0$(直交条件)

③ $|\vec{a}+\vec{b}|^2=|\vec{a}|^2+2\vec{a}\cdot\vec{b}+|\vec{b}|^2$

なぜこれが成り立つのか、簡単に説明しておくね。

①について、内積の定義から、

$\vec{a}\cdot\vec{a}=|\vec{a}||\vec{a}|\boxed{\cos 0^\circ}^{1}=|\vec{a}|^2$

内積の求め方①

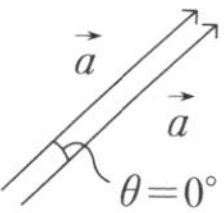

②について、$\vec{a}\perp\vec{b}$ のとき $\theta=90^\circ$ だから内積の定義から、

$\vec{a}\cdot\vec{b}=|\vec{a}||\vec{b}|\boxed{\cos 90^\circ}^{0}=0$

内積の求め方①

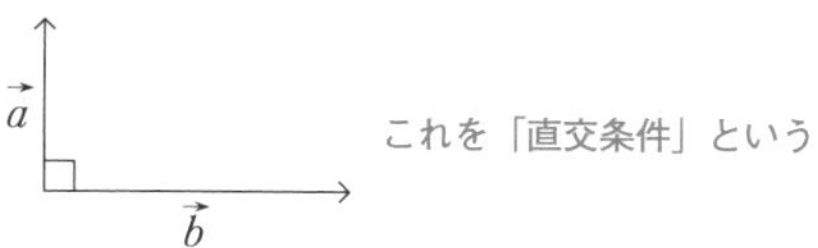

③について

$|\vec{a}+\vec{b}|^2=(\vec{a}+\vec{b})\cdot(\vec{a}+\vec{b})$

$=\vec{a}\cdot\vec{a}+\vec{a}\cdot\vec{b}+\vec{b}\cdot\vec{a}+\vec{b}\cdot\vec{b}$

①の $\vec{a}\cdot\vec{a}=|\vec{a}|^2$ より $|\vec{a}|^2$、$|\vec{b}|^2$

$=|\vec{a}|^2+2\vec{a}\cdot\vec{b}+|\vec{b}|^2$

今回の問題では③ $|\vec{a}+\vec{b}|^2=|\vec{a}|^2+2\vec{a}\cdot\vec{b}+|\vec{b}|^2$ を使えばよかったんですね。

ピカイチ解答

$|\vec{a}+3\vec{b}|=4$ の両辺を2乗して、

$|\vec{a}|^2+6\vec{a}\cdot\vec{b}+9|\vec{b}|^2=16$ ($|\vec{a}|^2$ は 3^2、$|\vec{b}|^2$ は 1^2)

$9+6\vec{a}\cdot\vec{b}+9=16$

$6\vec{a}\cdot\vec{b}=-2$

$\therefore \vec{a}\cdot\vec{b}=-\frac{1}{3}$

$|\vec{a}+t\vec{b}|$ の2乗は、

$|\vec{a}+t\vec{b}|^2=|\vec{a}|^2+2t\vec{a}\cdot\vec{b}+t^2|\vec{b}|^2$ ($|\vec{a}|^2$ は 3^2、$\vec{a}\cdot\vec{b}$ は $-\frac{1}{3}$、$|\vec{b}|^2$ は 1^2)

$=9-\frac{2}{3}t+t^2$

$=t^2\boxed{-\frac{2}{3}}t+9$

↓半分

$=\left(t\boxed{-\frac{1}{3}}\right)^2-\frac{1}{9}+9$

$=\left(t-\frac{1}{3}\right)^2+\frac{80}{9}$

(平方完成)

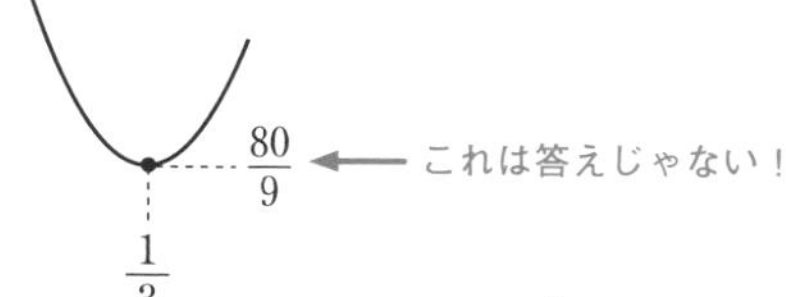

よって $|\vec{a}+t\vec{b}|$ は、

$t=\frac{1}{3}$ のとき、最小値 $\frac{4\sqrt{5}}{3}$

今回求めるのは $|\vec{a}+t\vec{b}|^2$ ではなく、$|\vec{a}+t\vec{b}|$ だっていうことに注意!

POINT ● **ベクトルで「大きさ」ときたら、2乗!**

95

ベクトル$\vec{a}$, $\vec{b}$, $\vec{c}$はどれも大きさが1で、$2\vec{a}+3\vec{b}+4\vec{c}=\vec{0}$を満たしている。このとき、$\vec{a}$と$\vec{b}$の内積$\vec{a}\cdot\vec{b}$は$\vec{a}\cdot\vec{b}=$□であり、$|\vec{a}+\vec{b}+t\vec{c}|$は$t=$□のとき、最小値□をとる。

2018 慶応大

イマイチ解答

$|\vec{a}|=|\vec{b}|=|\vec{c}|=1$

$2\vec{a}+3\vec{b}+4\vec{c}=\vec{0}$より、

$|2\vec{a}+3\vec{b}+4\vec{c}|^2=\vec{0}$

$4|\vec{a}|^2+9|\vec{b}|^2+16|\vec{c}|^2+12\vec{a}\cdot\vec{b}$
$+24\vec{b}\cdot\vec{c}+16\vec{c}\cdot\vec{a}=0$

$29+12\vec{a}\cdot\vec{b}+24\vec{b}\cdot\vec{c}+16\vec{c}\cdot\vec{a}=0$

大きさをとって2乗したんですけど……$\vec{a}\cdot\vec{b}$だけじゃなく、$\vec{b}\cdot\vec{c}$とか$\vec{c}\cdot\vec{a}$とか余計なものまで出てきちゃいました……。

そうだよね。$\vec{a}\cdot\vec{b}$の値を求めなさいって言われているけれど、$\vec{b}\cdot\vec{c}$、$\vec{c}\cdot\vec{a}$の値がわかっていないから求めることはできないね……。
そこで思い出してほしいのが、**ベクトルの重要公式**の③なんだ。

ベクトルの重要公式 覚えて!

①$\vec{a}\cdot\vec{a}=|\vec{a}|^2$

②$\vec{a}\perp\vec{b}$のとき$\vec{a}\cdot\vec{b}=0$(直交条件)

③$|\vec{a}+\vec{b}|^2=|\vec{a}|^2+2\vec{a}\cdot\vec{b}+|\vec{b}|^2$

内積$\vec{a}\cdot\vec{b}$を求めたいときに、和$\vec{a}+\vec{b}$の大きさを2乗するって覚えよう!

1つ、練習してみよう。

例 $|\vec{a}|=2$、$|\vec{b}|=3$、$|\vec{c}|=\sqrt{3}$、$\vec{a}+\vec{b}+\vec{c}=0$のとき、$\vec{b}\cdot\vec{c}=$□

内積$\vec{b}\cdot\vec{c}$を求めたいから、和$\vec{b}+\vec{c}$の大きさを2乗するんですね。

$\vec{a}+\vec{b}+\vec{c}=0$より

$\vec{b}+\vec{c}=-\vec{a}$

両辺の大きさをとり、2乗する。

$|\vec{b}+\vec{c}|^2=|-\vec{a}|^2$

$\underbrace{|\vec{b}|^2}_{3^2}+2\vec{b}\cdot\vec{c}+\underbrace{|\vec{c}|^2}_{(\sqrt{3})^2}=\underbrace{|\vec{a}|^2}_{2^2}$

$9+2\vec{b}\cdot\vec{c}+3=4$

$2\vec{b}\cdot\vec{c}=-8$

$\therefore\vec{b}\cdot\vec{c}=\underline{-4}$

そしたら今回の問題も、$2\vec{a}+3\vec{b}+4\vec{c}=\vec{0}$を$2\vec{a}+3\vec{b}=-4\vec{c}$としてから、大きさをとって2乗すればいいんですか?

そうそう、その通り! **「和を2乗して内積を出す」!**

ピカイチ解答

$|\vec{a}|=|\vec{b}|=|\vec{c}|=1$

$2\vec{a}+3\vec{b}+4\vec{c}=\vec{0}$ …①

①より、$2\vec{a}+3\vec{b}=-4\vec{c}$

$|2\vec{a}+3\vec{b}|=|-4\vec{c}|$

両辺を2乗して、

$4\underbrace{|\vec{a}|^2}_{1^2}+12\vec{a}\cdot\vec{b}+9\underbrace{|\vec{b}|^2}_{1^2}=16\underbrace{|\vec{c}|^2}_{1^2}$

$13+12\vec{a}\cdot\vec{b}=16$

$12\vec{a}\cdot\vec{b}=3$

$\therefore \vec{a}\cdot\vec{b}=\frac{1}{4}$

同様に$\vec{b}\cdot\vec{c}$と$\vec{c}\cdot\vec{a}$も求めておこう。

$|\vec{a}+\vec{b}+t\vec{c}|$を2乗したら、$\vec{a}\cdot\vec{b}$も$\vec{b}\cdot\vec{c}$も$\vec{c}\cdot\vec{a}$もすべての値が必要になりますもんね。

①より、$3\vec{b}+4\vec{c}=-2\vec{a}$

$|3\vec{b}+4\vec{c}|=|-2\vec{a}|$

両辺を2乗して、

$9\underbrace{|\vec{b}|^2}_{1^2}+24\vec{b}\cdot\vec{c}+16\underbrace{|\vec{c}|^2}_{1^2}=4\underbrace{|\vec{a}|^2}_{1^2}$

$25+24\vec{b}\cdot\vec{c}=4$

$24\vec{b}\cdot\vec{c}=-21$

$\therefore \vec{b}\cdot\vec{c}=-\frac{7}{8}$

①より、$2\vec{a}+4\vec{c}=-3\vec{b}$

$|2\vec{a}+4\vec{c}|=|-3\vec{b}|$

両辺を2乗して、

$4\underbrace{|\vec{a}|^2}_{1^2}+16\vec{a}\cdot\vec{c}+16\underbrace{|\vec{c}|^2}_{1^2}=9\underbrace{|\vec{b}|^2}_{1^2}$

$20+16\vec{a}\cdot\vec{c}=9$

$16\vec{a}\cdot\vec{c}=-11$

$\therefore \vec{a}\cdot\vec{c}=-\frac{11}{16}$

$|\vec{a}+\vec{b}+t\vec{c}|$の2乗は

$$|\vec{a}+\vec{b}+t\vec{c}|^2$$

$$=\underbrace{|\vec{a}|^2}_{1^2}+\underbrace{|\vec{b}|^2}_{1^2}+t^2\underbrace{|\vec{c}|^2}_{1^2}$$

$$+2\underbrace{\vec{a}\cdot\vec{b}}_{\frac{1}{4}}+2t\underbrace{\vec{b}\cdot\vec{c}}_{-\frac{7}{8}}+2t\underbrace{\vec{c}\cdot\vec{a}}_{-\frac{11}{16}}$$

$$=1+1+t^2+\frac{1}{2}-\frac{7}{4}t-\frac{11}{8}t$$

$$=t^2\boxed{-\frac{25}{8}}t+\frac{5}{2}$$

↓半分

$$=\left(t\boxed{-\frac{25}{16}}\right)^2-\frac{625}{256}+\frac{640}{256}$$

$$=\left(t-\frac{25}{16}\right)^2+\frac{15}{256}$$

（平方完成）

よって、$|\vec{a}+\vec{b}+t\vec{c}|$は、

$t=\frac{25}{16}$のとき最小値$\frac{\sqrt{15}}{16}$

POINT ● 内積$\vec{a}\cdot\vec{b}$を求めたい→$|\vec{a}+\vec{b}|$を2乗する！

96

△ABCの内部に3点D, E, Fがあり、$\overrightarrow{AE}=\frac{1}{2}\overrightarrow{AD}$, $\overrightarrow{BF}=\frac{1}{3}\overrightarrow{BE}$, $\overrightarrow{CD}=\frac{3}{5}\overrightarrow{CF}$ を満たしている。このとき、$\overrightarrow{BE}=\frac{\square}{\square}\overrightarrow{BA}+\frac{\square}{\square}\overrightarrow{BC}$ である。

2015 東邦大

イマイチ解答

$\overrightarrow{AE}=\frac{1}{2}\overrightarrow{AD}$ …①

$\overrightarrow{BF}=\frac{1}{3}\overrightarrow{BE}$ …②

$\overrightarrow{CD}=\frac{3}{5}\overrightarrow{CF}$ …③

①〜③の始点をAにそろえる。
②より、

$\overrightarrow{AF}-\overrightarrow{AB}=\frac{1}{3}(\overrightarrow{AE}-\overrightarrow{AB})$

$\overrightarrow{AF}-\overrightarrow{AB}=\frac{1}{3}\overrightarrow{AE}-\frac{1}{3}\overrightarrow{AB}$

$\overrightarrow{AF}=\frac{1}{3}\overrightarrow{AE}+\frac{2}{3}\overrightarrow{AB}$ …②′

③より、

$\overrightarrow{AD}-\overrightarrow{AC}=\frac{3}{5}(\overrightarrow{AF}-\overrightarrow{AC})$

$\overrightarrow{AD}-\overrightarrow{AC}=\frac{3}{5}\overrightarrow{AF}-\frac{3}{5}\overrightarrow{AC}$

$\overrightarrow{AD}=\frac{3}{5}\overrightarrow{AF}+\frac{2}{5}\overrightarrow{AC}$ …③′

ん〜何をすればいいのかわかんなくなってきました……(汗)

①、②、③すべて始点をAにそろえたんだね。「始点をそろえる」のはいいことなんだけど、問題文をよく読んで！　求めたいのは$\overrightarrow{BE}$だよね。

あ、ホントだ。

$\overrightarrow{BE}=\frac{\square}{\square}\overrightarrow{BA}+\frac{\square}{\square}\overrightarrow{BC}$という形だから、始点をBにしなくっちゃ！ですね。

そうそう。そうやって**問題文をよく読んで汲み取る練習**を大切にやっていこう。いつも始点をOやAで解いていたからといって、**入試問題でも同じように始点がOやAとは限らない**。問題作成者は始点をBにするかもしれない。
これはコミュニケーション能力が問われていると言ってもいいと思うんだ。相手の気持ちを感じとって受験生として何をすべきかを考える。こういった能力を数学を通して高めていってほしいなと思います。

は〜い。

ピカイチ解答

$$\overrightarrow{AE}=\frac{1}{2}\overrightarrow{AD} \quad \cdots①$$

$$\overrightarrow{BF}=\frac{1}{3}\overrightarrow{BE} \quad \cdots②$$

$$\overrightarrow{CD}=\frac{3}{5}\overrightarrow{CF} \quad \cdots③$$

①より、始点をBにそろえる。

分配法則

$$\overrightarrow{BE}-\overrightarrow{BA}=\frac{1}{2}(\overrightarrow{BD}-\overrightarrow{BA})$$

$$\overrightarrow{BE}-\overrightarrow{BA}=\frac{1}{2}\overrightarrow{BD}-\frac{1}{2}\overrightarrow{BA}$$

$$\overrightarrow{BE}=\frac{1}{2}\overrightarrow{BD}+\frac{1}{2}\overrightarrow{BA} \quad \cdots①'$$

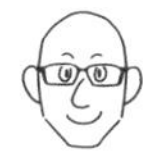

② の $\overrightarrow{BF}=\frac{1}{3}\overrightarrow{BE}$ は始点はBになっているから、そのままでOK。

③より始点をBにそろえる。

分配法則

$$\overrightarrow{BD}-\overrightarrow{BC}=\frac{3}{5}(\overrightarrow{BF}-\overrightarrow{BC})$$

$$\overrightarrow{BD}-\overrightarrow{BC}=\frac{3}{5}\overrightarrow{BF}-\frac{3}{5}\overrightarrow{BC}$$

$$\overrightarrow{BD}=\frac{3}{5}\overrightarrow{BF}+\frac{2}{5}\overrightarrow{BC} \quad \cdots③'$$

さあ、どうやって整理していけばいいかな？

$\overrightarrow{BE}$を$\overrightarrow{BA}$と$\overrightarrow{BC}$を使って表したい。①′の式は$\overrightarrow{BE}$主役の式になってイイ感じ。でも右辺に$\overrightarrow{BD}$がある。これはいらないなあ……。よし、じゃあそこに③′を代入してみます！

③′を①′に代入して、

分配法則

$$\overrightarrow{BE}=\frac{1}{2}\left(\frac{3}{5}\overrightarrow{BF}+\frac{2}{5}\overrightarrow{BC}\right)+\frac{1}{2}\overrightarrow{BA}$$

$$=\frac{3}{10}\overrightarrow{BF}+\frac{1}{5}\overrightarrow{BC}+\frac{1}{2}\overrightarrow{BA}$$

$\overrightarrow{BF}$がいらないな……。②を代入だ！

②を代入して、

$$\overrightarrow{BE}=\frac{3}{10}\cdot\frac{1}{3}\overrightarrow{BE}+\frac{1}{5}\overrightarrow{BC}+\frac{1}{2}\overrightarrow{BA}$$

$$\frac{9}{10}\overrightarrow{BE}=\frac{1}{5}\overrightarrow{BC}+\frac{1}{2}\overrightarrow{BA}$$

両辺に$\times\frac{10}{9}$

$$\overrightarrow{BE}=\frac{5}{9}\overrightarrow{BA}+\frac{2}{9}\overrightarrow{BC}$$

問題文に合わせていく形で上手にできたね。Goodだ！

POINT ● **問題文をよく読んで、始点を何にそろえるべきかを考える！**

$\triangle$ABCは$AB=4$, $AC=5$, $\overrightarrow{AB}\cdot\overrightarrow{AC}=5$を満たしている。$\triangle$ABCの外心をO、外接円をKとする。このとき、$\overrightarrow{AO}\cdot\overrightarrow{AB}=\square$である。また、$\overrightarrow{AO}$を$\overrightarrow{AB}$, $\overrightarrow{AC}$を用いて表すと$\overrightarrow{AO}=\frac{\square}{\square}\overrightarrow{AB}+\frac{\square}{\square}\overrightarrow{AC}$である。

2020 獨協医科大

イマイチ解答

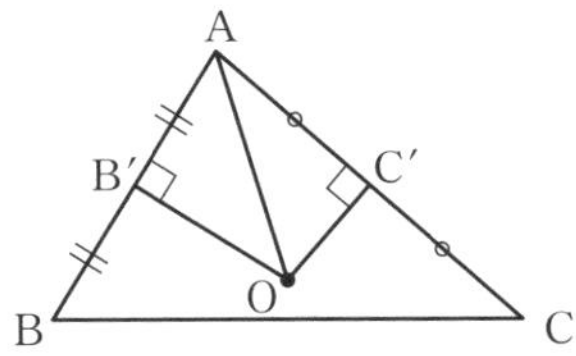

$|\overrightarrow{AB}|=4$, $|\overrightarrow{AC}|=5$, $\overrightarrow{AB}\cdot\overrightarrow{AC}=5$

OからABに垂線OB′, ACに垂線OC′を下ろす。Oは$\triangle$ABCの外心より、

各辺の垂直二等分線上にある

$$\overrightarrow{AB'}=\frac{1}{2}\overrightarrow{AB}$$

$$\overrightarrow{AC'}=\frac{1}{2}\overrightarrow{AC}$$

$\overrightarrow{OB'}\perp\overrightarrow{AB}$より$\overrightarrow{OB'}\cdot\overrightarrow{AB}=0$

直交条件

$$(\overrightarrow{AB'}-\overrightarrow{AO})\cdot\overrightarrow{AB}=0$$

分配法則

$$\left(\frac{1}{2}\overrightarrow{AB}-\overrightarrow{AO}\right)\cdot\overrightarrow{AB}=0$$

$$\frac{1}{2}\underbrace{|\overrightarrow{AB}|^2}_{4^2}-\overrightarrow{AO}\cdot\overrightarrow{AB}=0$$

$$\therefore \overrightarrow{AO}\cdot\overrightarrow{AB}=8$$

同様に$\overrightarrow{OC'}\perp\overrightarrow{AC}$より$\overrightarrow{OC'}\cdot\overrightarrow{AC}=0$

直交条件

$$(\overrightarrow{AC'}-\overrightarrow{AO})\cdot\overrightarrow{AC}=0$$

分配法則

$$\left(\frac{1}{2}\overrightarrow{AC}-\overrightarrow{AO}\right)\cdot\overrightarrow{AC}=0$$

$$\frac{1}{2}\cdot\underbrace{|\overrightarrow{AC}|^2}_{5^2}-\overrightarrow{AO}\cdot\overrightarrow{AC}=0$$

$$\therefore \overrightarrow{AO}\cdot\overrightarrow{AC}=\frac{25}{2}$$

ここで$\overrightarrow{AO}=s\overrightarrow{AB}+t\overrightarrow{AC}$とおく。

$(s, t$：実数$)$

$\overrightarrow{AO}\cdot\overrightarrow{AB}=8$より

分配法則

$$(s\overrightarrow{AB}+t\overrightarrow{AC})\cdot\overrightarrow{AB}=8$$

$$s\underbrace{|\overrightarrow{AB}|^2}_{4^2}+t\underbrace{\overrightarrow{AB}\cdot\overrightarrow{AC}}_{5}=8$$

$$16s+5t=8 \quad \cdots ①$$

また、$\overrightarrow{AO}\cdot\overrightarrow{AC}=\frac{25}{2}$より

分配法則

$$(s\overrightarrow{AB}+t\overrightarrow{AC})\cdot\overrightarrow{AC}=\frac{25}{2}$$

$$s\underbrace{\overrightarrow{AB}\cdot\overrightarrow{AC}}_{5}+t\underbrace{|\overrightarrow{AC}|^2}_{5^2}=\frac{25}{2}$$

$$5s+25t=\frac{25}{2}$$

$$2s+10t=5$$

$$2s=5-10t \quad \cdots ②$$

②を①に代入して、

分配法則

$$8(5-10t)+5t=8$$

$$40-80t+5t=8$$

$-75t=-32$

$\therefore t=\dfrac{32}{75}$

②に代入して、

$2s=5-\overset{2}{\cancel{10}}\cdot\dfrac{32}{\underset{15}{\cancel{75}}}$

$=5-\dfrac{64}{15}$

$=\dfrac{11}{15}$

$\therefore s=\dfrac{11}{30}$

よって、$\overrightarrow{AO}=\dfrac{11}{30}\overrightarrow{AB}+\dfrac{32}{75}\overrightarrow{AC}$

できました！　どうでしょうか？

素晴らしい！　正解だよ。よく頑張りました！

やった〜〜〜！
ってことは、もう次の問題にいっちゃいますか？

ん〜、ちょっと待って！　**「正射影」**って知ってるかい？

ん〜聞いたことはあるけど、よくわかんないです……。

じゃあ、教えるね。知っておくと便利なんだ。まず、内積の求め方はこうだったね。

覚えて！

内積 $\vec{a}\cdot\vec{b}$ の求め方

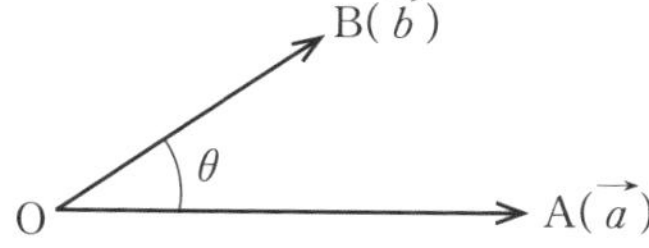

① $\vec{a}\cdot\vec{b}=|\vec{a}||\vec{b}|\cos\theta$
大きさ×大きさ×cos θ

② $\vec{a}=(x_1, y_1)$、$\vec{b}=(x_2, y_2)$
$\vec{a}\cdot\vec{b}=x_1x_2+y_1y_2$
x成分、y成分同士の積の和！

この図を使って、Bから垂線BHを下ろします。

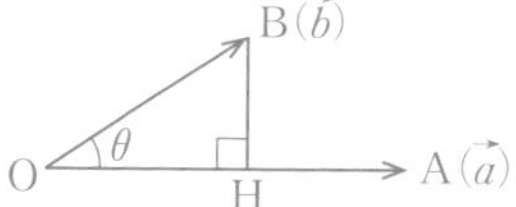

直角三角形OBHにおいて、cos(余弦)の定義より $\cos\theta=\dfrac{|\overrightarrow{OH}|}{|\overrightarrow{OB}|}$ だから $|\overrightarrow{OB}|\cos\theta=|\overrightarrow{OH}|$ なので、

$\vec{a}\cdot\vec{b}=|\vec{a}||\vec{b}|\cos\theta$

この $|\vec{b}|\cos\theta$ が $|\overrightarrow{OH}|$ だね。よって、$\vec{a}\cdot\vec{b}=|\vec{a}||\overrightarrow{OH}|$ となるよね。**この $\overrightarrow{OH}$ を「$\overrightarrow{OA}$ に対する $\overrightarrow{OB}$ の正射影」というんだ。**

ピカイチ解答

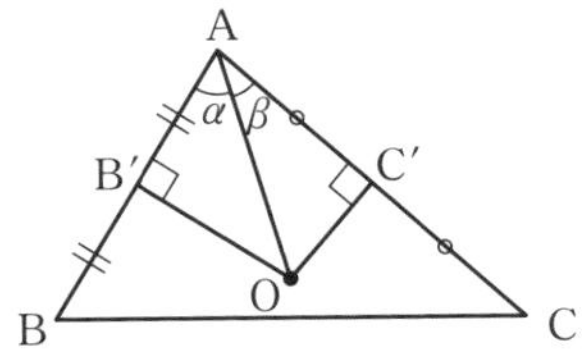

$|\overrightarrow{AB}|=4,\ |\overrightarrow{AC}|=5,\ \overrightarrow{AB}\cdot\overrightarrow{AC}=5$

OからABに垂線OB′, ACに垂線OC′を下ろす。

Oは△ABCの外心より（各辺の垂直二等分線上にある）

$\overrightarrow{AB'}=\dfrac{1}{2}\overrightarrow{AB}$

$\overrightarrow{AC'}=\dfrac{1}{2}\overrightarrow{AC}$

となる。

また、∠OAB$=\alpha$, ∠OAC$=\beta$とおく。

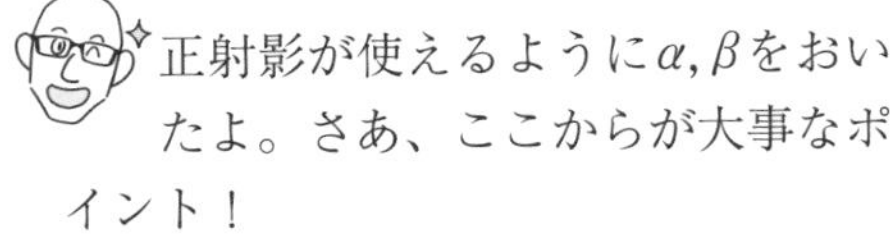

正射影が使えるようにα, βをおいたよ。さあ、ここからが大事なポイント！

このとき、

$\overrightarrow{AO}\cdot\overrightarrow{AB}=|\overrightarrow{AO}||\overrightarrow{AB}|\cos\alpha$

$=|\overrightarrow{AB}|\,|\overrightarrow{AO}|\cos\alpha$

$=|\overrightarrow{AB}|\,|\overrightarrow{AB'}|$ （正射影）

$=4\cdot 2$ （$\frac{1}{2}|\overrightarrow{AB}|=\frac{1}{2}\cdot 4=2$）

$=8$

cos（余弦）の定義より

$\cos\alpha=\dfrac{|\overrightarrow{AB'}|}{|\overrightarrow{AO}|}$ だから

$|\overrightarrow{AO}|\cos\alpha=|\overrightarrow{AB'}|$

同様に、

$\overrightarrow{AO}\cdot\overrightarrow{AC}=|\overrightarrow{AO}||\overrightarrow{AC}|\cos\beta$

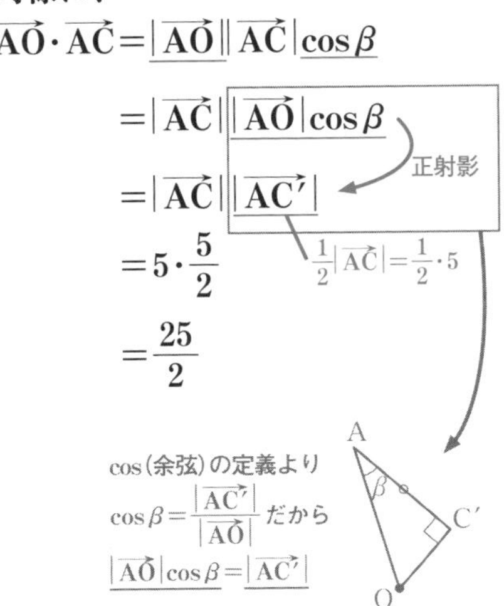

$=|\overrightarrow{AC}|\,|\overrightarrow{AO}|\cos\beta$

$=|\overrightarrow{AC}|\,|\overrightarrow{AC'}|$ （正射影）

$=5\cdot\dfrac{5}{2}$ （$\frac{1}{2}|\overrightarrow{AC}|=\frac{1}{2}\cdot 5$）

$=\dfrac{25}{2}$

cos（余弦）の定義より

$\cos\beta=\dfrac{|\overrightarrow{AC'}|}{|\overrightarrow{AO}|}$ だから

$|\overrightarrow{AO}|\cos\beta=|\overrightarrow{AC'}|$

ここで$\overrightarrow{AO}=s\overrightarrow{AB}+t\overrightarrow{AC}$とおく。

$(s, t$：実数$)$

$\overrightarrow{AO}\cdot\overrightarrow{AB}=8$より、

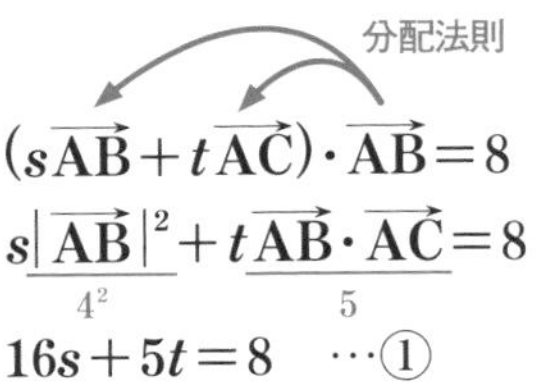

（分配法則）

$(s\overrightarrow{AB}+t\overrightarrow{AC})\cdot\overrightarrow{AB}=8$

$s|\overrightarrow{AB}|^2+t\overrightarrow{AB}\cdot\overrightarrow{AC}=8$ （4^2、5）

$16s+5t=8$ …①

また、$\overrightarrow{AO}\cdot\overrightarrow{AC}=\dfrac{25}{2}$より、

（分配法則）

$(s\overrightarrow{AB}+t\overrightarrow{AC})\cdot\overrightarrow{AC}=\dfrac{25}{2}$

$s\overrightarrow{AB}\cdot\overrightarrow{AC}+t|\overrightarrow{AC}|^2=\dfrac{25}{2}$ （5、5^2）

$5s+25t=\dfrac{25}{2}$ （両辺に$\times\frac{2}{5}$）

$2s+10t=5$

$2s=5-10t$ …②

②を①に代入して、

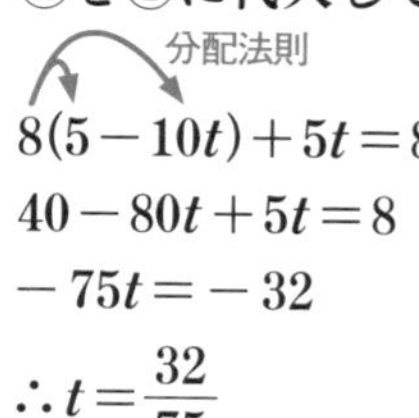

$$8(5-10t)+5t=8$$
$$40-80t+5t=8$$
$$-75t=-32$$
$$\therefore t=\frac{32}{75}$$

②に代入して、

$$2s=5-\overset{2}{\cancel{10}}\cdot\frac{32}{\underset{15}{\cancel{75}}}$$
$$=5-\frac{64}{15}$$
$$=\frac{11}{15}$$
$$\therefore s=\frac{11}{30}$$

よって、$\overrightarrow{AO}=\frac{11}{30}\overrightarrow{AB}+\frac{32}{75}\overrightarrow{AC}$

正射影、使えたらかっこいいですね。

そうだね。今回は外心の点を$\overrightarrow{AB}$, $\overrightarrow{AC}$で表す問題だったけど、入試問題では他にも正射影で解く問題は出題されているよ。だからしっかり練習してほしい！
さて、今回は外心が出てきたね。五心って知ってるかい？

外心、内心……、慢心……なんて(笑)

ハイハイ(笑)。じゃあ作図の仕方をまとめるよ。

五心の作図の仕方 覚えて！

外心
3辺の垂直二等分線の交点

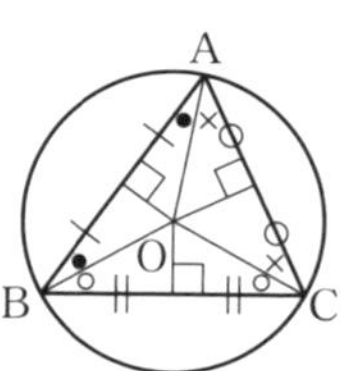

内心
3つの内角の二等分線の交点

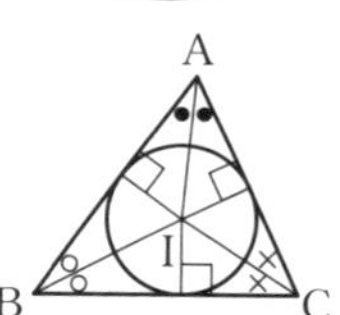

垂心
3つの頂点から対辺またはその延長線への垂線の交点

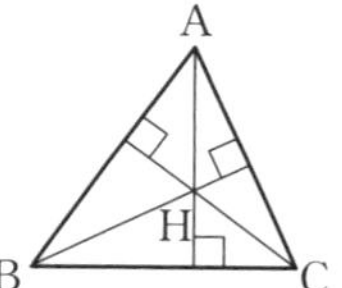

重心
3本の中線の交点

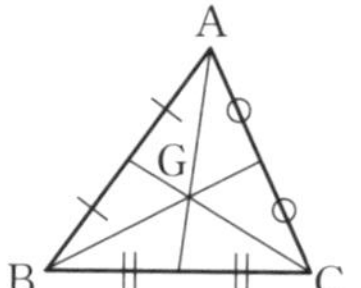

傍心
1つの内角の二等分線と他の2つの外角の二等分線の交点

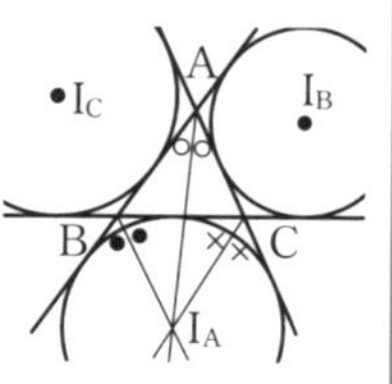

POINT ●正射影を使って外心の点を$\overrightarrow{AB}$, $\overrightarrow{AC}$で表せるようにしよう！

△OABにおいて、OA＝2, OB＝5, $\overrightarrow{OA}\cdot\overrightarrow{OB}=2$とする。△OABの垂心をHとするとき、△HABの面積は$\frac{\square\sqrt{\square}}{\square}$である。

2018 早稲田大

イマイチ解答

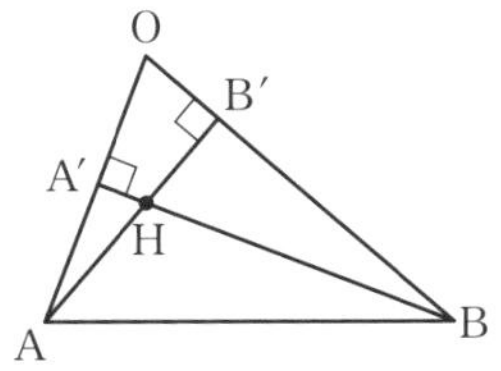

$|\overrightarrow{OA}|=2, |\overrightarrow{OB}|=5, \overrightarrow{OA}\cdot\overrightarrow{OB}=2$

Hは△OABの垂心より、
AからOBへ下ろした垂線AB′と
BからOAへ下ろした垂線BA′の
交点である。

$\overrightarrow{OH}=s\overrightarrow{OA}+t\overrightarrow{OB}$とおく。
$\overrightarrow{OA}\perp\overrightarrow{HA'}$より$\overrightarrow{OA}\cdot\overrightarrow{HA'}=0$
$\overrightarrow{OA}\cdot(\overrightarrow{OA'}-\overrightarrow{OH})=0$

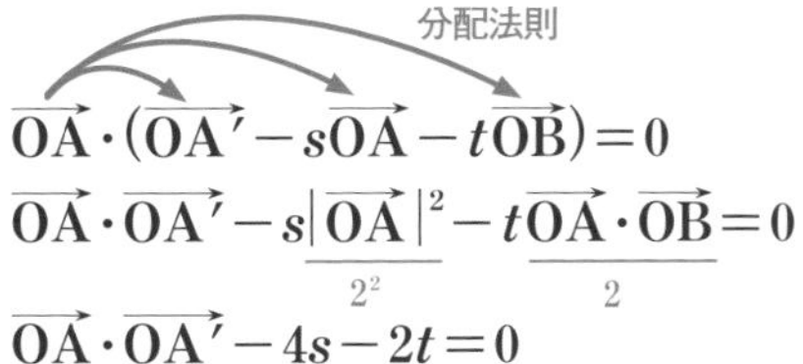

$\overrightarrow{OA}\cdot(\overrightarrow{OA'}-s\overrightarrow{OA}-t\overrightarrow{OB})=0$
$\overrightarrow{OA}\cdot\overrightarrow{OA'}-s\underline{|\overrightarrow{OA}|^2}_{2^2}-t\underline{\overrightarrow{OA}\cdot\overrightarrow{OB}}_{2}=0$
$\overrightarrow{OA}\cdot\overrightarrow{OA'}-4s-2t=0$

$\overrightarrow{OA}\cdot\overrightarrow{OA'}$の値は求められないですよね……。$|\overrightarrow{OA'}|$の値がいくつかわからないですから……。

そうだよね。じゃあどうしようか……。ここで困っている君たちにおすすめなのが、さっきも紹介した**「正射影」**なんだ。

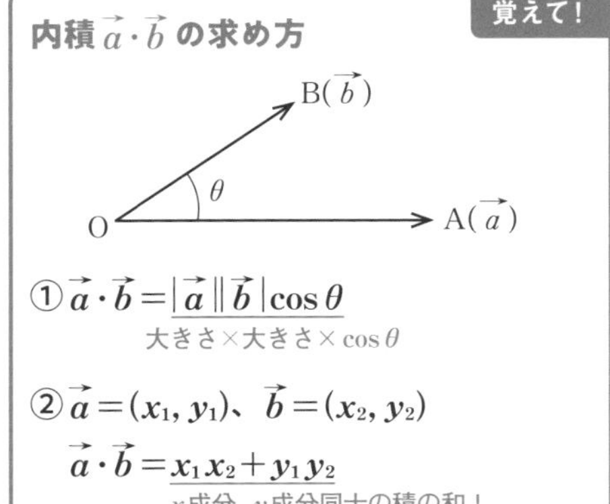

覚えて！
内積$\vec{a}\cdot\vec{b}$の求め方
B($\vec{b}$)
θ
O
A($\vec{a}$)
①$\vec{a}\cdot\vec{b}=|\vec{a}||\vec{b}|\cos\theta$
大きさ×大きさ×cos θ
②$\vec{a}=(x_1, y_1)$、$\vec{b}=(x_2, y_2)$
$\vec{a}\cdot\vec{b}=x_1x_2+y_1y_2$
x成分、y成分同士の積の和！

この図を使って、Bから垂線BHを下ろします。

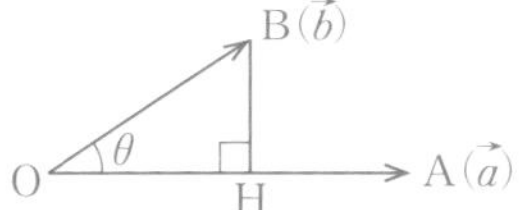

直角三角形OBHにおいて、cos(余弦)の定義より

$\cos\theta=\frac{|\overrightarrow{OH}|}{|\overrightarrow{OB}|}$だから$|\overrightarrow{OB}|\cos\theta=|\overrightarrow{OH}|$

なので、$\vec{a}\cdot\vec{b}=|\vec{a}|\underline{|\vec{b}|\cos\theta}$
この$|\vec{b}|\cos\theta$が$|\overrightarrow{OH}|$だね。よって、
$\vec{a}\cdot\vec{b}=|\vec{a}||\overrightarrow{OH}|$となるよね。**この$\overrightarrow{OH}$を「$\overrightarrow{OA}$に対する$\overrightarrow{OB}$の正射影」というんだ。**

で、次が3**点同一直線上**について！
これは本当に大事です。

3点同一直線上のベクトル 覚えて！

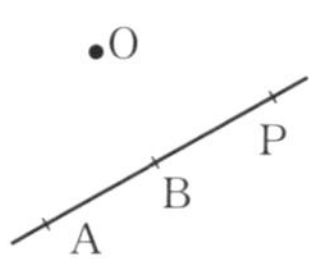

① $\overrightarrow{AP}=k\overrightarrow{AB}$（$k$：実数）

② $\overrightarrow{OP}=\overrightarrow{OA}+k\overrightarrow{AB}$

（直線のベクトル方程式）

③ $\overrightarrow{OP}=(1-t)\overrightarrow{OA}+t\overrightarrow{OB}$

（係数足して1の式）

④ $\overrightarrow{OP}=\alpha\overrightarrow{OA}+\beta\overrightarrow{OB}$　$\alpha+\beta=1$

まず①について。$\overrightarrow{AP}$は$\overrightarrow{AB}$の実数倍の形で書けるよ。たとえばこんな感じだ。

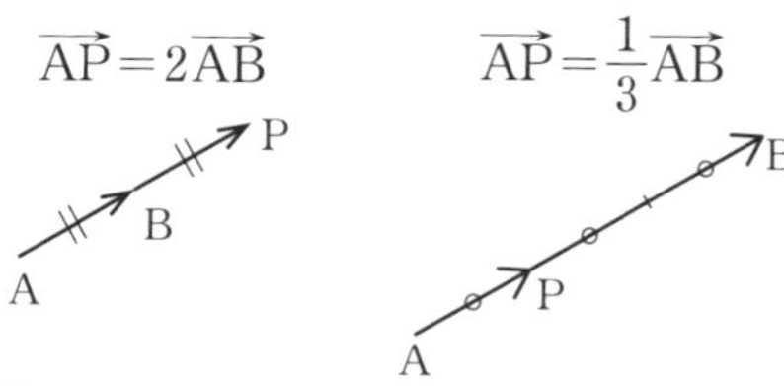

②は、① $\overrightarrow{AP}=k\overrightarrow{AB}$ の $\overrightarrow{AP}$ の始点をOにすると考えるよ。

$\overrightarrow{OP}-\overrightarrow{OA}=k\overrightarrow{AB}$

$\overrightarrow{OP}=\overrightarrow{OA}+k\overrightarrow{AB}$

$-\overrightarrow{OA}$を右辺に移項

点Aを通り方向ベクトル$\overrightarrow{AB}$の直線のベクトル方程式。

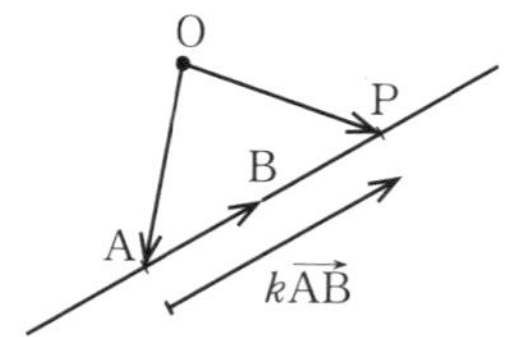

③は、② $\overrightarrow{OP}=\overrightarrow{OA}+k\overrightarrow{AB}$ の方向ベクトル$\overrightarrow{AB}$の始点をOにする。

$$\begin{aligned}\overrightarrow{OP}&=\overrightarrow{OA}+k(\overrightarrow{OB}-\overrightarrow{OA})\\&=\overrightarrow{OA}+k\overrightarrow{OB}-k\overrightarrow{OA}\\&=(1-k)\overrightarrow{OA}+k\overrightarrow{OB}\end{aligned}$$

kをtに変えて、

$\overrightarrow{OP}=(1-t)\overrightarrow{OA}+t\overrightarrow{OB}$

ほら、③の式が出てきたでしょ。この式の$\overrightarrow{OA}$の係数と$\overrightarrow{OB}$の係数は、足したらいくつになっているかな？

$1-t$とtは足して1ですね。「係数足して1」になっています。

そうだよね。だから、③ $OP=(1-t)OA+t\overrightarrow{OB}$ を「係数足して1の式」と呼ぶね。このことから、④ $\overrightarrow{OP}=\alpha\overrightarrow{OA}+\beta\overrightarrow{OB}$　$\alpha+\beta=1$ がつくれるんだ。

ベクトルの問題を解いているときに「3点同一直線上」という言葉はよく出てくるけれど、そこからこんなにベクトルの式（数学語）がつくれるんですね。

問題によってどれを使えばスマートに解法がつくれるか、練習していこう！

ピカイチ解答

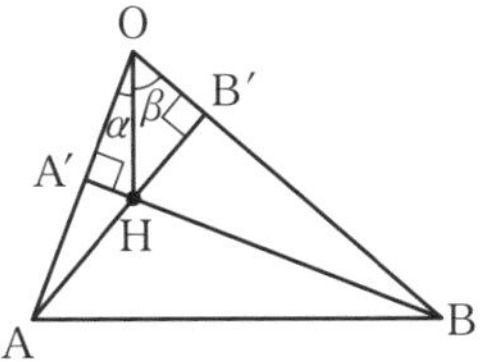

$|\overrightarrow{OA}|=2, |\overrightarrow{OB}|=5, \overrightarrow{OA}\cdot\overrightarrow{OB}=2$

Hは△OABの垂心より、

3つの頂点から対辺に下ろした3つの垂線の交点

AからOBへ下ろした垂線AB′とBからOAへ下ろした垂線BA′の交点である。
また、∠HOA＝α, ∠HOB＝βとおく。$\overrightarrow{OH}=s\overrightarrow{OA}+t\overrightarrow{OB}$とおく。
(s, t：実数)

まず、$\overrightarrow{OA}\cdot\overrightarrow{OH}$について考える。

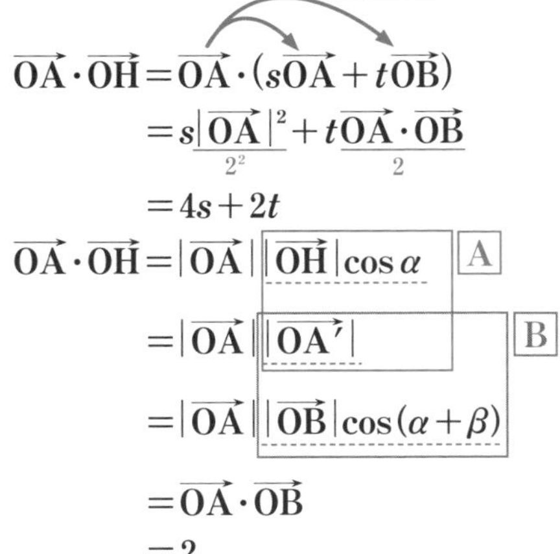

$$\overrightarrow{OA}\cdot\overrightarrow{OH}=\overrightarrow{OA}\cdot(s\overrightarrow{OA}+t\overrightarrow{OB})$$
$$=s\underbrace{|\overrightarrow{OA}|^2}_{2^2}+t\underbrace{\overrightarrow{OA}\cdot\overrightarrow{OB}}_{2}$$
$$=4s+2t$$
$$\overrightarrow{OA}\cdot\overrightarrow{OH}=|\overrightarrow{OA}||\overrightarrow{OH}|\cos\alpha \quad \boxed{A}$$
$$=|\overrightarrow{OA}||\overrightarrow{OA'}| \quad \boxed{B}$$
$$=|\overrightarrow{OA}||\overrightarrow{OB}|\cos(\alpha+\beta)$$
$$=\overrightarrow{OA}\cdot\overrightarrow{OB}$$
$$=2$$

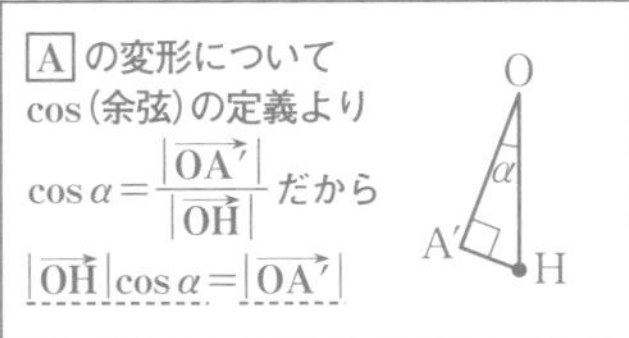

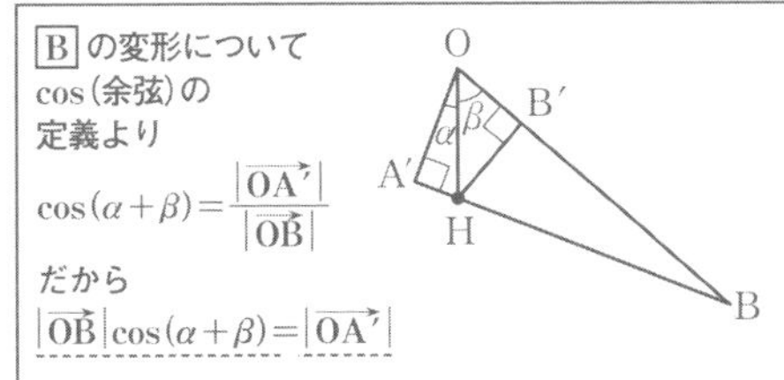

$$4s+2t=2$$
$$2s+t=1$$
$$t=1-2s \quad \cdots①$$

次に$\overrightarrow{OB}\cdot\overrightarrow{OH}$について考える。

分配法則

$$\overrightarrow{OB}\cdot\overrightarrow{OH}=\overrightarrow{OB}\cdot(s\overrightarrow{OA}+t\overrightarrow{OB})$$
$$=s\underbrace{\overrightarrow{OA}\cdot\overrightarrow{OB}}_{2}+t\underbrace{|\overrightarrow{OB}|^2}_{5^2}$$
$$=2s+25t$$
$$\overrightarrow{OB}\cdot\overrightarrow{OH}=|\overrightarrow{OB}||\overrightarrow{OH}|\cos\beta$$
$$=|\overrightarrow{OB}||\overrightarrow{OB'}|$$
$$=|\overrightarrow{OB}||\overrightarrow{OA}|\cos(\alpha+\beta)$$
$$=\overrightarrow{OA}\cdot\overrightarrow{OB}$$
$$=2$$
$$2s+25t=2 \quad \cdots②$$

①を②に代入して、

分配法則

$$2s+25(1-2s)=2$$
$$2s+25-50s=2$$
$$-48s=-23$$
$$\therefore s=\frac{23}{48}$$

①に代入して、

$$t=1-2\cdot\frac{23}{48}=\frac{1}{24}$$
（48 を約分して 24）

$$\therefore \overrightarrow{OH}=\frac{23}{48}\overrightarrow{OA}+\frac{1}{24}\overrightarrow{OB}$$

$\overrightarrow{\mathrm{OH}}$を$\overrightarrow{\mathrm{OA}}$と$\overrightarrow{\mathrm{OB}}$で表せたね。次は……直線OHとABとの交点をCとする。

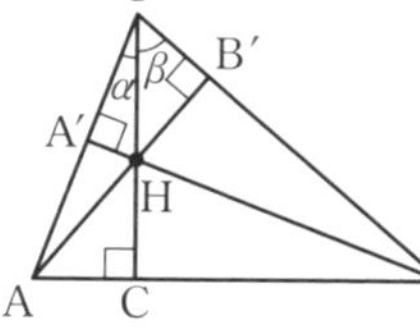

$\overrightarrow{\mathrm{OC}}$を$\overrightarrow{\mathrm{OA}}$と$\overrightarrow{\mathrm{OB}}$で表そうとしたとき、OH：HCがわかるはず。

そしたら、△OABと△HABの面積比がわかるので、△HABの面積が求められますね。

O, H, Cは同一直線上より、

$\overrightarrow{\mathrm{OC}}=k\overrightarrow{\mathrm{OH}}$とおく（$k$：実数）

$$\overrightarrow{\mathrm{OC}}=\frac{23}{48}k\overrightarrow{\mathrm{OA}}+\frac{1}{24}k\overrightarrow{\mathrm{OB}}$$

A, C, Bは同一直線上より、

$$\frac{23}{48}k+\frac{1}{24}k=1$$

両辺に×48

$$23k+2k=48$$

$$\therefore k=\frac{48}{25}$$

$$\left(\therefore \overrightarrow{\mathrm{OC}}=\frac{23}{25}\overrightarrow{\mathrm{OA}}+\frac{2}{25}\overrightarrow{\mathrm{OB}}\right)$$

よってOH：HC＝25：23となるので、

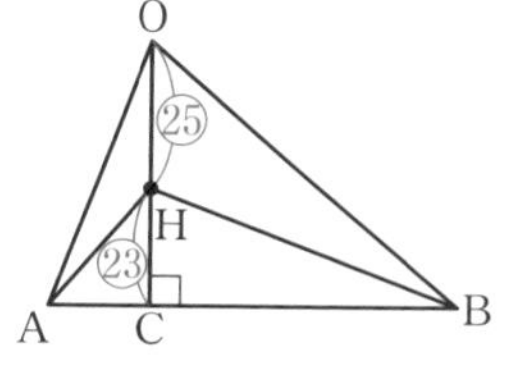

△HAB

$$=\triangle \mathrm{OAB}\times\frac{23}{48}$$

$$=\frac{1}{2}\sqrt{\underbrace{|\overrightarrow{\mathrm{OA}}|^2}_{2^2}\underbrace{|\overrightarrow{\mathrm{OB}}|^2}_{5^2}-\underbrace{(\overrightarrow{\mathrm{OA}}\cdot\overrightarrow{\mathrm{OB}})^2}_{2^2}}\times\frac{23}{48}$$

$$=\frac{1}{2}\sqrt{4\cdot 25-4}\times\frac{23}{48}$$

$$=\frac{1}{2}\underbrace{\sqrt{96}}_{4\sqrt{6}}\times\frac{23}{\cancel{48}_{12}}$$

$$=\frac{23}{24}\sqrt{6}$$

内積を使った三角形の面積公式は大丈夫かな？　一応載せておくね。

覚えて！

△OABの面積S

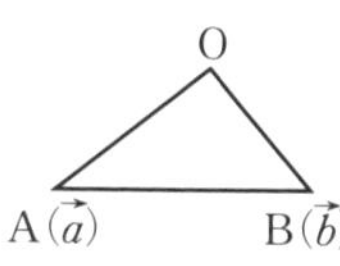

$\vec{a}=(x_1,\ y_1)$

$\vec{b}=(x_2,\ y_2)$

$$S=\frac{1}{2}\sqrt{|\vec{a}|^2|\vec{b}|^2-(\vec{a}\cdot\vec{b})^2}$$

$$S=\frac{1}{2}|x_1y_2-x_2y_1|$$

x_1y_1やx_2y_2ではないことに注意！

POINT

- **正射影を使って垂心の点を$\overrightarrow{\mathrm{AB}}$, $\overrightarrow{\mathrm{AC}}$で表せるようにしよう！**
- **3点が同一線上にあれば、「係数足して1」！**

空間内の2点A(0, 0, 1)とB$\left(\dfrac{1}{2}, \dfrac{1}{2}, \dfrac{1}{\sqrt{2}}\right)$を通る直線と$xy$平面との交点の座標は$\left(\dfrac{1}{\square}, \dfrac{1}{\square}, 0\right)$である。

2018 関西大

イマイチ解答

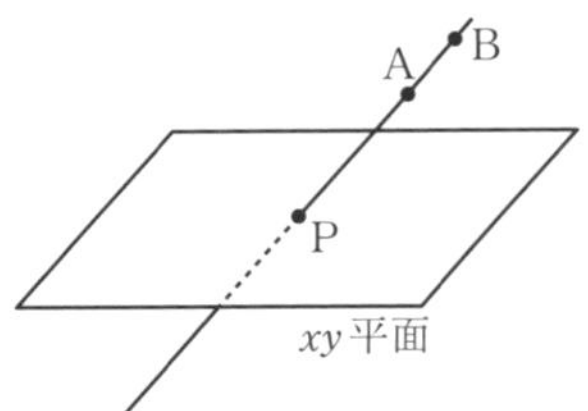

直線ABとxy平面の交点を
P$(a, b, 0)$とおく。
B, A, Pは同一直線上より
$\overrightarrow{BP}=k\overrightarrow{BA}$

$$\begin{pmatrix}a\\b\\0\end{pmatrix}-\begin{pmatrix}\frac{1}{2}\\\frac{1}{2}\\\frac{1}{\sqrt{2}}\end{pmatrix}=k\left\{\begin{pmatrix}0\\0\\1\end{pmatrix}-\begin{pmatrix}\frac{1}{2}\\\frac{1}{2}\\\frac{1}{\sqrt{2}}\end{pmatrix}\right\}$$

$$\begin{pmatrix}a-\frac{1}{2}\\b-\frac{1}{2}\\-\frac{1}{\sqrt{2}}\end{pmatrix}=k\begin{pmatrix}-\frac{1}{2}\\-\frac{1}{2}\\1-\frac{1}{\sqrt{2}}\end{pmatrix}$$

$$\begin{cases}a-\dfrac{1}{2}=-\dfrac{1}{2}k & \cdots① \\ b-\dfrac{1}{2}=-\dfrac{1}{2}k & \cdots② \\ -\dfrac{1}{\sqrt{2}}=\left(1-\dfrac{1}{\sqrt{2}}\right)k & \cdots③\end{cases}$$

①、②より　$a=b$　…④

③より

$$-\frac{1}{\sqrt{2}}=\frac{\sqrt{2}-1}{\sqrt{2}}k$$

両辺に×$\sqrt{2}$

$$-1=(\sqrt{2}-1)k$$

$$k=\frac{-1}{\sqrt{2}-1}\cdot\frac{\sqrt{2}+1}{\sqrt{2}+1}$$

$(a+b)(a-b)=a^2-b^2$を用いて有理化
$(\sqrt{2}+1)(\sqrt{2}-1)=(\sqrt{2})^2-1^2=1$

$$=-\sqrt{2}-1$$

①に代入して、

分配法則

$$a-\frac{1}{2}=-\frac{1}{2}(-\sqrt{2}-1)$$

$$a=\frac{\sqrt{2}}{2}+\frac{1}{2}+\frac{1}{2}$$

$$=\frac{2+\sqrt{2}}{2}$$

よって求める点Pの座標は、
$P\left(\dfrac{2+\sqrt{2}}{2}, \dfrac{2+\sqrt{2}}{2}, 0\right)$

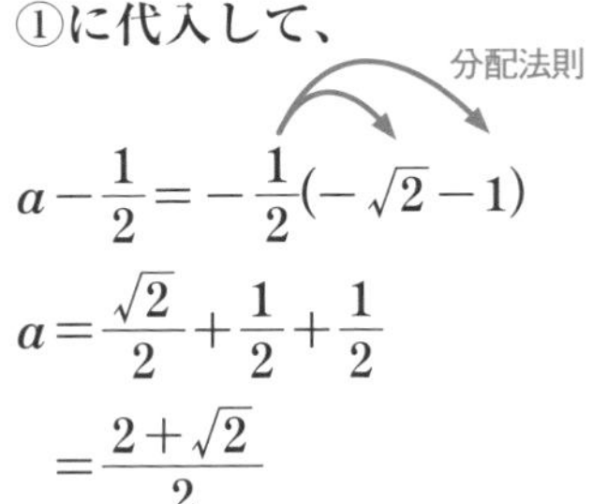

正解は正解だけど……aとbとkの3つの文字を使ったんだね。もう少し文字数を減らして解答をつくってみようか。

ピカイチ解答

3点同一線上のベクトルを、もう一度まとめるよ。

3点同一直線上のベクトル 覚えて!

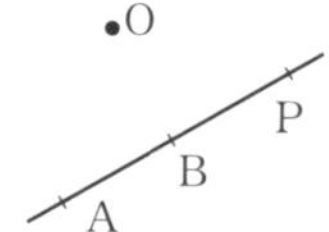

① $\overrightarrow{AP}=k\overrightarrow{AB}$ (k:実数)
② $\overrightarrow{OP}=\overrightarrow{OA}+k\overrightarrow{AB}$
③ $\overrightarrow{OP}=(1-t)\overrightarrow{OA}+t\overrightarrow{OB}$
④ $\overrightarrow{OP}=\alpha\overrightarrow{OA}+\beta\overrightarrow{OB}$　$\alpha+\beta=1$

今回はどれを使えばいいですか?

どれを使っても解けないというわけではないよ。でも問題文に**「A(0, 0, 1)とB$\left(\frac{1}{2}, \frac{1}{2}, \frac{1}{\sqrt{2}}\right)$を通る直線」**と書いてあるから**「直線のベクトル方式$\overrightarrow{OP}=\overrightarrow{OA}+k\overrightarrow{AB}$」を使う**、って自然な流れでいけるといいよね。

交点Pの座標を求めたいわけですから、$\overrightarrow{OP}$が主役になってる式を使いたいですよね。

A(0, 0, 1), B$\left(\frac{1}{2}, \frac{1}{2}, \frac{1}{\sqrt{2}}\right)$

直線AB上の点Pは
$\overrightarrow{OP}=\overrightarrow{OA}+k\overrightarrow{AB}$と表すことができる。

$$\overrightarrow{OP}=\begin{pmatrix}0\\0\\1\end{pmatrix}+k\left\{\begin{pmatrix}\frac{1}{2}\\\frac{1}{2}\\\frac{1}{\sqrt{2}}\end{pmatrix}-\begin{pmatrix}0\\0\\1\end{pmatrix}\right\}$$

$$=\begin{pmatrix}\frac{1}{2}k\\\frac{1}{2}k\\k\left(\frac{1}{\sqrt{2}}-1\right)+1\end{pmatrix}$$

xy平面上の点はz座標が0なので、
$k\left(\frac{1}{\sqrt{2}}-1\right)+1=0$のときを考える。

これは大丈夫かな? 下の図で確認してね。

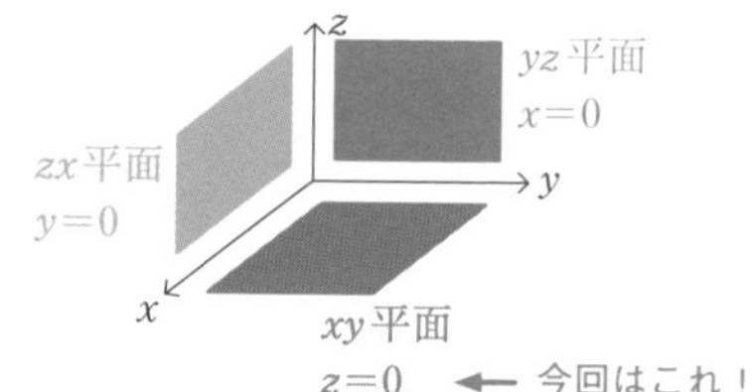

$$k\left(\frac{1-\sqrt{2}}{\sqrt{2}}\right)=-1$$

$$k=\frac{\sqrt{2}}{\sqrt{2}-1}\cdot\frac{\sqrt{2}+1}{\sqrt{2}+1}=2+\sqrt{2}$$

$(a+b)(a-b)=a^2-b^2$を用いて有理化
$(\sqrt{2}+1)(\sqrt{2}-1)=(\sqrt{2})^2-1^2=1$

よって求める点Pの座標は、
P$\left(\frac{2+\sqrt{2}}{2}, \frac{2+\sqrt{2}}{2}, 0\right)$

POINT ● **3点同一線上のベクトルの、どの式を使えばいいかを考えよう!**

100 四面体OABCで、$|\overrightarrow{OA}|=\sqrt{3}$, $|\overrightarrow{OB}|=2$, $|\overrightarrow{OC}|=\sqrt{5}$, $\overrightarrow{OA}\cdot\overrightarrow{OB}=2$, $\overrightarrow{OB}\cdot\overrightarrow{OC}=2$, $\overrightarrow{OA}\cdot\overrightarrow{OC}=1$ を満たすものがある。頂点Oから平面ABCに下ろした垂線と平面ABCとの交点をHとすると、

$\overrightarrow{OH}=\frac{\square}{\square}\overrightarrow{OA}+\frac{\square}{\square}\overrightarrow{OB}+\frac{\square}{\square}\overrightarrow{OC}$ である。

2020 明治大

イマイチ解答

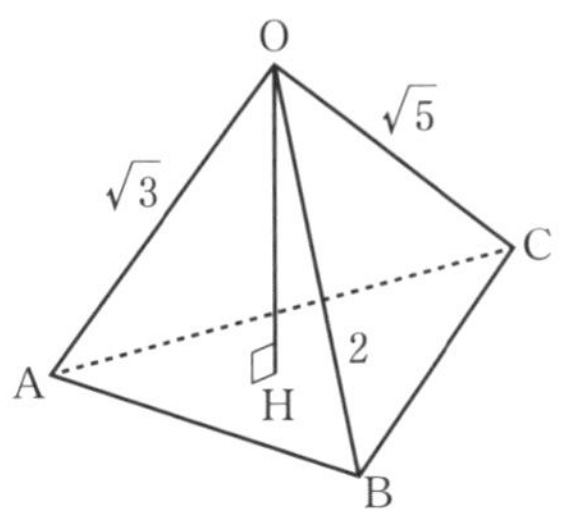

$\overrightarrow{OA}\cdot\overrightarrow{OB}=2$, $\overrightarrow{OB}\cdot\overrightarrow{OC}=2$,
$\overrightarrow{OA}\cdot\overrightarrow{OC}=1$

A, B, C, Hは同一平面上より、
$\overrightarrow{OH}=(1-s-t)\overrightarrow{OA}+s\overrightarrow{OB}+t\overrightarrow{OC}$ とおく。
$\overrightarrow{OH}\perp$平面ABCより、
$\overrightarrow{OH}\perp\overrightarrow{AB}$
$\overrightarrow{OH}\cdot\overrightarrow{AB}=0$

$$\{(1-s-t)\overrightarrow{OA}+s\overrightarrow{OB}+t\overrightarrow{OC}\}\cdot(\overrightarrow{OB}-\overrightarrow{OA})=0$$

$$(1-s-t)\underbrace{\overrightarrow{OA}\cdot\overrightarrow{OB}}_{2}-(1-s-t)\underbrace{|\overrightarrow{OA}|^2}_{(\sqrt{3})^2}+s\underbrace{|\overrightarrow{OB}|^2}_{2^2}-s\underbrace{\overrightarrow{OA}\cdot\overrightarrow{OB}}_{2}+t\underbrace{\overrightarrow{OB}\cdot\overrightarrow{OC}}_{2}-t\underbrace{\overrightarrow{OC}\cdot\overrightarrow{OA}}_{1}=0$$

$$2(1-s-t)-3(1-s-t)+4s-2s+2t-t=0$$

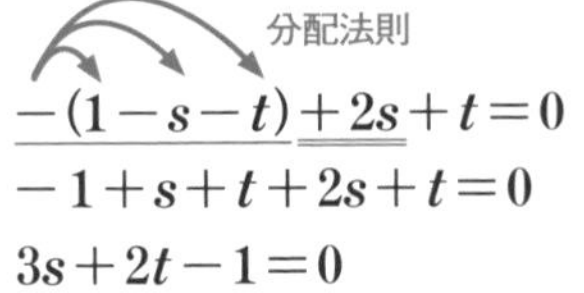

$$-(1-s-t)+2s+t=0$$
$$-1+s+t+2s+t=0$$
$$3s+2t-1=0$$

わからない文字が2つだから、式が2本ほしいんですけど、1本しかないです……（泣）

そうだね。じゃあまずは**4点同一平面上のベクトル**について確認しよう。式を4つつくるよ。

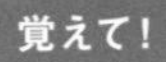

4点同一平面上のベクトル

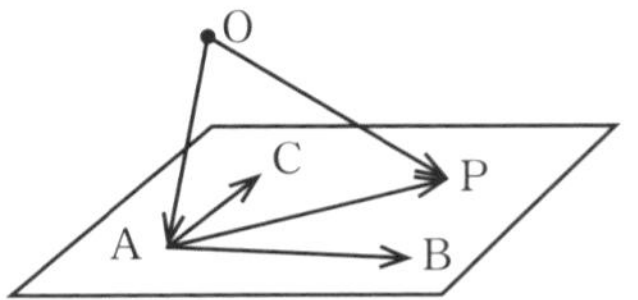

① $\overrightarrow{AP}=s\overrightarrow{AB}+t\overrightarrow{AC}$（$s, t$：実数）
② $\overrightarrow{OP}=\overrightarrow{OA}+s\overrightarrow{AB}+t\overrightarrow{AC}$
（平面のベクトル方程式）
③ $\overrightarrow{OP}=(1-s-t)\overrightarrow{OA}+s\overrightarrow{OB}+t\overrightarrow{OC}$
（係数足して1の式）
④ $\overrightarrow{OP}=\alpha\overrightarrow{OA}+\beta\overrightarrow{OB}+\gamma\overrightarrow{OC}$
$\alpha+\beta+\gamma=1$

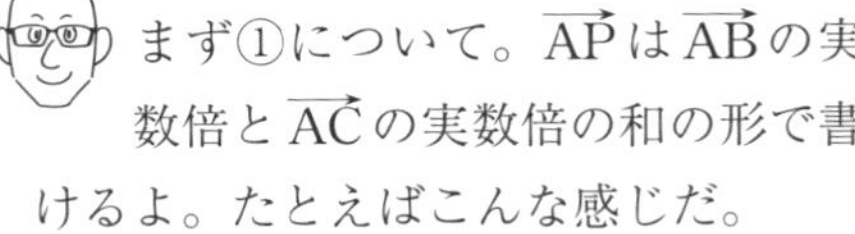

まず①について。$\overrightarrow{AP}$は$\overrightarrow{AB}$の実数倍と$\overrightarrow{AC}$の実数倍の和の形で書けるよ。たとえばこんな感じだ。

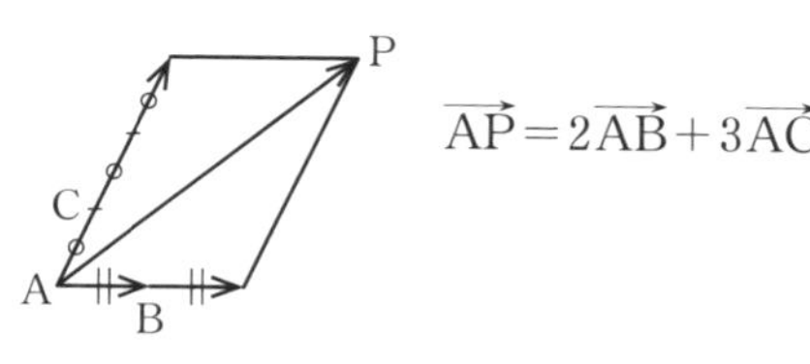

$\overrightarrow{AP}=2\overrightarrow{AB}+3\overrightarrow{AC}$

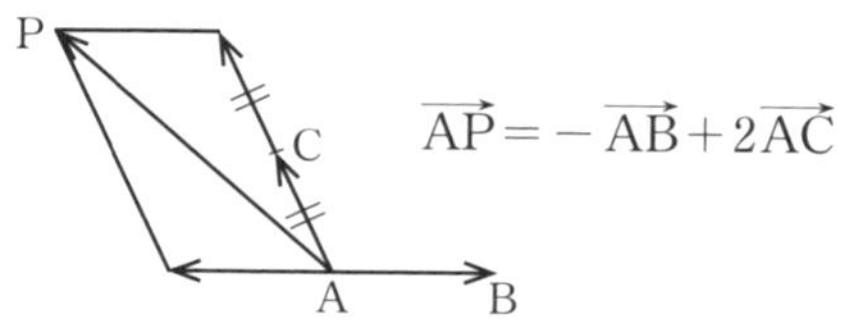

$\overrightarrow{AP}=-\overrightarrow{AB}+2\overrightarrow{AC}$

これは**UFOキャッチャーの原理**と一緒。UFOキャッチャーは、お金を入れたあと、普通はボタンをいくつ押す？

よくあるのは、**左右ボタンと前後ボタンの2つ**ですかね？

そうだよね。ベクトルも一緒で、どの点Pにも、2つのベクトル（$\overrightarrow{AB}$と$\overrightarrow{AC}$）で必ずたどり着くことができるよ。

②は、①$\overrightarrow{AP}=s\overrightarrow{AB}+t\overrightarrow{AC}$の$\overrightarrow{AP}$の始点をOにすると考えるよ。

$\overrightarrow{OP}-\overrightarrow{OA}=s\overrightarrow{AB}+t\overrightarrow{AC}$ （$-\overrightarrow{OA}$を右辺に移項）
$\overrightarrow{OP}=\overrightarrow{OA}+s\overrightarrow{AB}+t\overrightarrow{AC}$

点Pは点Aを通り$\overrightarrow{AB}$, $\overrightarrow{AC}$を含む平面上にある。

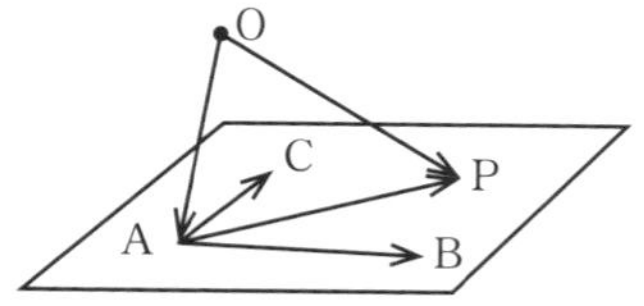

③は、②$\overrightarrow{OP}=\overrightarrow{OA}+s\overrightarrow{AB}+t\overrightarrow{AC}$の$\overrightarrow{AB}$と$\overrightarrow{AC}$の始点をOにする。

$$\begin{aligned}\overrightarrow{OP}&=\overrightarrow{OA}+s(\overrightarrow{OB}-\overrightarrow{OA})+t(\overrightarrow{OC}-\overrightarrow{OA})\\&=\overrightarrow{OA}+s\overrightarrow{OB}-s\overrightarrow{OA}+t\overrightarrow{OC}-t\overrightarrow{OA}\\&=(1-s-t)\overrightarrow{OA}+s\overrightarrow{OB}+t\overrightarrow{OC}\end{aligned}$$

これを「係数足して1」と読む

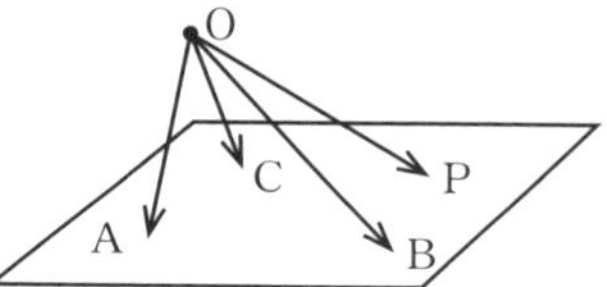

これら4点が同一平面上にあれば、「係数足して1」で表すことができるんですね。

③で「係数足して1」と考えるところから、④$\overrightarrow{OP}=\alpha\overrightarrow{OA}+\beta\overrightarrow{OB}+\gamma\overrightarrow{OC}$の$\alpha$と$\beta$と$\gamma$は足して1。だから$\alpha+\beta+\gamma=1$。

①〜④のどれも見たことのある式でしたけど、①の$\overrightarrow{AP}=s\overrightarrow{AB}+t\overrightarrow{AC}$から派生して出てくる式だったんですね。

そうだね。ちなみに、**これらを導き出す過程も入試問題で出題されているよ。**

覚えるだけじゃなく、導き出せるようにしないと……！

あともう1つ、これは知っているかな？

覚えて！

$\overrightarrow{\mathrm{OH}} \perp$ 平面 α

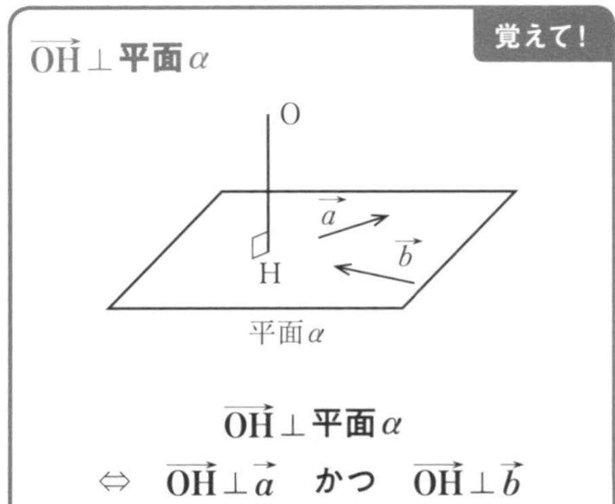

$$\overrightarrow{\mathrm{OH}} \perp \text{平面}\alpha$$
$$\Leftrightarrow \quad \overrightarrow{\mathrm{OH}} \perp \vec{a} \quad \text{かつ} \quad \overrightarrow{\mathrm{OH}} \perp \vec{b}$$

$\overrightarrow{\mathrm{OH}}$ と平面 α が垂直であることは、平面 α の中に含まれる2つのベクトルと垂直であることと同値なんだ。

2つのベクトルと垂直……!? **別に1つのベクトルでもいいんじゃないですか？** つまり、

$$\overrightarrow{\mathrm{OH}} \perp \text{平面}\alpha \quad \Leftrightarrow \quad \overrightarrow{\mathrm{OH}} \perp \vec{a}$$

じゃダメですか？

うん、それじゃダメなんだ。

$$\overrightarrow{\mathrm{OH}} \perp \text{平面}\alpha \quad \Rightarrow \quad \overrightarrow{\mathrm{OH}} \perp \vec{a}$$

は成り立つけど、

$$\overrightarrow{\mathrm{OH}} \perp \vec{a} \quad \Rightarrow \quad \overrightarrow{\mathrm{OH}} \perp \text{平面}\alpha$$

は常に成り立つとは限らないよね。

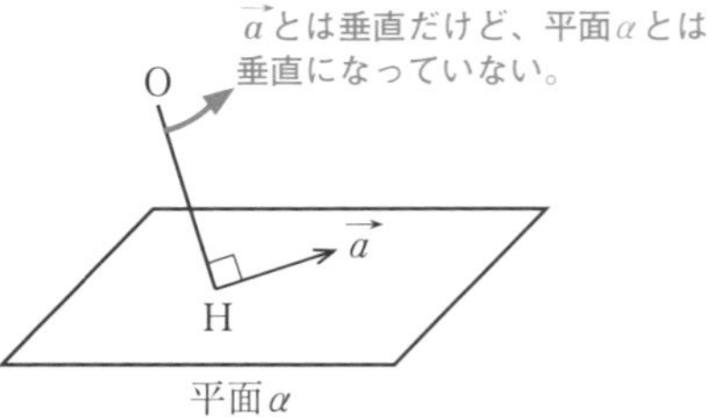

たしかに！ $\overrightarrow{\mathrm{OH}}$ が $\vec{a}$ と垂直でも、平面 α とは垂直ではないものがいっぱいありますね。

だよね。だから、**平面 α の中に含まれる2つのベクトル**と垂直であれば、必ず平面 α と垂直になるよ。

$\vec{a}$ と垂直かつ $\vec{b}$ と垂直であれば、平面 α と垂直になりますね。

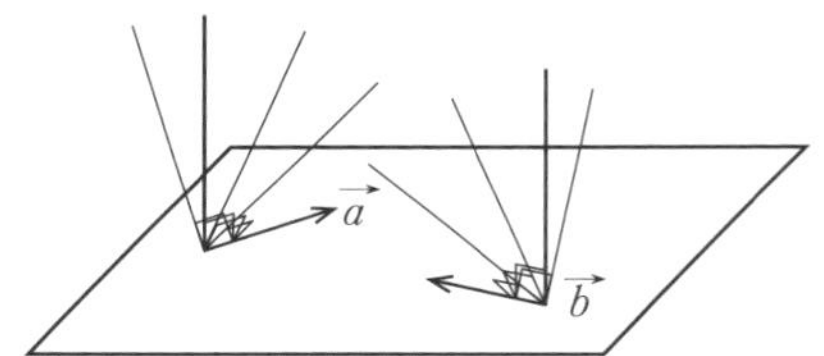

ってことで、「$\overrightarrow{\mathrm{OH}} \perp$ 平面 α ときたら、何と同値」なのかすぐ答えられるようにしよう！

$\overrightarrow{\mathrm{OH}} \perp$ 平面 α

$\Leftrightarrow \quad \overrightarrow{\mathrm{OH}} \perp \vec{a}$ かつ $\overrightarrow{\mathrm{OH}} \perp \vec{b}$

「平面 α の中に含まれる2つのベクトルと垂直であることと同値」ですね。

そうだね。すごく大事なことだからしっかり覚えてね。じゃあ、これを使って解答をつくっていくよ！

ピカイチ解答

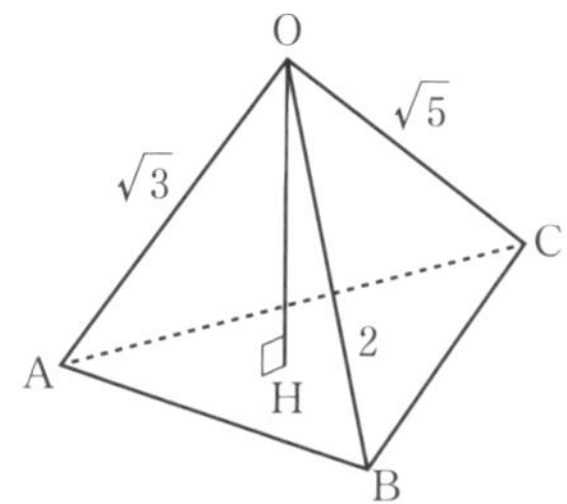

$\overrightarrow{OA}\cdot\overrightarrow{OB}=2,\ \overrightarrow{OB}\cdot\overrightarrow{OC}=2,$
$\overrightarrow{OA}\cdot\overrightarrow{OC}=1$

A, B, C, Hは同一平面上より、
$\overrightarrow{OH}=(1-s-t)\overrightarrow{OA}+s\overrightarrow{OB}+t\overrightarrow{OC}$ とおく。

まず、4点同一平面上にあるから、係数足して1。

$\overrightarrow{OH}\perp$ 平面ABCより、
$\overrightarrow{OH}\perp\overrightarrow{AB}$　かつ　$\overrightarrow{OH}\perp\overrightarrow{AC}$

$\overrightarrow{OH}\perp\overrightarrow{AB}$ より $\overrightarrow{OH}\cdot\overrightarrow{AB}=0$

$$\{(1-s-t)\overrightarrow{OA}+s\overrightarrow{OB}+t\overrightarrow{OC}\}\cdot(\overrightarrow{OB}-\overrightarrow{OA})=0$$

$$(1-s-t)\underbrace{\overrightarrow{OA}\cdot\overrightarrow{OB}}_{2}-(1-s-t)\underbrace{|\overrightarrow{OA}|^2}_{(\sqrt{3})^2}+s\underbrace{|\overrightarrow{OB}|^2}_{2^2}-s\underbrace{\overrightarrow{OA}\cdot\overrightarrow{OB}}_{2}+t\underbrace{\overrightarrow{OB}\cdot\overrightarrow{OC}}_{2}-t\underbrace{\overrightarrow{OC}\cdot\overrightarrow{OA}}_{1}=0$$

$$2(1-s-t)-3(1-s-t)+4s-2s+2t-t=0$$

分配法則

$$-(1-s-t)+2s+t=0$$
$$-1+s+t+2s+t=0$$
$$3s+2t-1=0\quad\cdots①$$

$\overrightarrow{OH}\perp\overrightarrow{AC}$ より $\overrightarrow{OH}\cdot\overrightarrow{AC}=0$

$$\{(1-s-t)\overrightarrow{OA}+s\overrightarrow{OB}+t\overrightarrow{OC}\}\cdot(\overrightarrow{OC}-\overrightarrow{OA})=0$$

$$(1-s-t)\underbrace{\overrightarrow{OA}\cdot\overrightarrow{OC}}_{1}-(1-s-t)\underbrace{|\overrightarrow{OA}|^2}_{(\sqrt{3})^2}+s\underbrace{\overrightarrow{OB}\cdot\overrightarrow{OC}}_{2}-s\underbrace{\overrightarrow{OA}\cdot\overrightarrow{OB}}_{2}+t\underbrace{|\overrightarrow{OC}|^2}_{(\sqrt{5})^2}-t\underbrace{\overrightarrow{OC}\cdot\overrightarrow{OA}}_{1}=0$$

$$(1-s-t)-3(1-s-t)+\cancel{2s}-\cancel{2s}+5t-t=0$$

$$-2(1-s-t)+4t=0$$

両辺を÷2

分配法則

$$-(1-s-t)+2t=0$$
$$-1+s+t+2t=0$$
$$s=-3t+1\quad\cdots②$$

②を①に代入して、

分配法則

$$3(-3t+1)+2t-1=0$$
$$-9t+3+2t-1=0$$
$$-7t=-2$$
$$\therefore t=\frac{2}{7}$$

②に代入して、

$$s=-\frac{6}{7}+1$$
$$=\frac{1}{7}$$

$$\overrightarrow{OH}=\frac{4}{7}\overrightarrow{OA}+\frac{1}{7}\overrightarrow{OB}+\frac{2}{7}\overrightarrow{OC}$$

POINT
- 「4点同一平面上」から、ベクトルの式を4本つくれるようになろう！
- $\overrightarrow{OH}\perp$ 平面αときたら、何と同値か答えられるようにしておこう！

101

空間において、方程式$x^2+y^2+z^2-2x-8y-4z-28=0$で表される曲面をCとする。このとき、Cは中心(□, □, □)、半径□の球面である。また、C上の点$(-5, 6, 5)$で接する平面と、z軸の交点の座標は$(0, 0, □)$である。

2016 東邦大

イマイチ解答

$x^2+y^2+z^2-2x-8y-4z-28=0$

$(x-1)^2-1+(y-4)^2-16+(z-2)^2-4-28=0$

$(x-1)^2+(y-4)^2+(z-2)^2=49$

よって、中心(1, 4, 2)、半径7の球

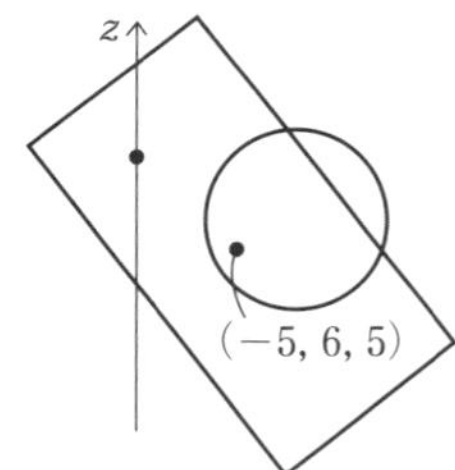

先生、このあとちょっと無理です……教えてください！

球の方程式から中心と半径を求めるところはとても上手にできているね！　中心(a, b, c)、半径rの球の方程式はこうなるよね。

球の方程式　覚えて！

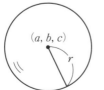

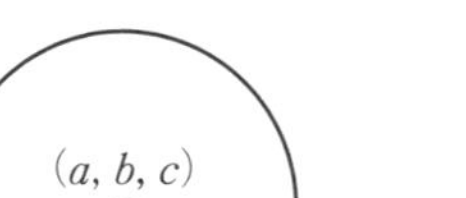

$$(x-a)^2+(y-b)^2+(z-c)^2=r^2$$

円の方程式$(x-a)^2+(y-b)^2=r^2$にz座標$(z-c)^2$が入るだけですね。

そういうことだね。そして、そして、次に円と直線の話だ。**円と直線が接するとき、必ず中心と接点を結んだ。**

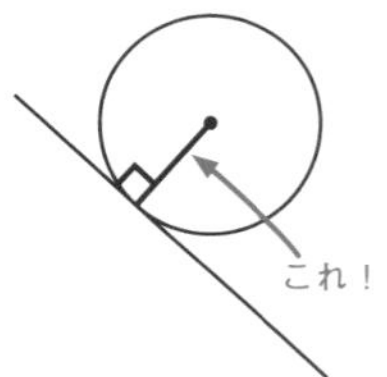

直角に交わりますよね。あ、円でなく球でも一緒ですね！

そう。**球と平面が接するとき、中心と接点を結びましょう。**

そしたら垂直だから、内積＝0だ!!

そーいうこと！

ピカイチ解答

$\underline{x^2}+\underline{y^2}+\underline{z^2}\underline{-2x}\underline{-8y}\underline{-4z}-28=0$

$\underline{(x-1)^2-1}+\underline{(y-4)^2-16}+\underline{(z-2)^2-4}-28=0$

$(x-1)^2+(y-4)^2+(z-2)^2=49$

よって、中心(1, 4, 2)、半径7の球

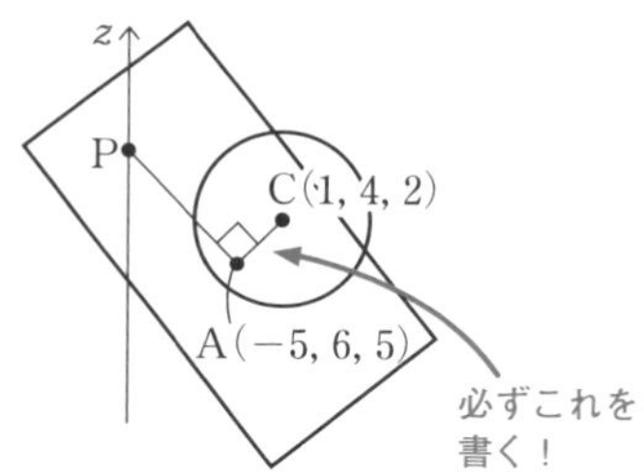

球の中心C(1, 4, 2)、A(−5, 6, 5)、Aで接する平面とz軸との交点をP(0, 0, z)とおく。

$$\overrightarrow{AC}=\begin{pmatrix}1\\4\\2\end{pmatrix}-\begin{pmatrix}-5\\6\\5\end{pmatrix}=\begin{pmatrix}6\\-2\\-3\end{pmatrix}$$

$$\overrightarrow{AP}=\begin{pmatrix}0\\0\\z\end{pmatrix}-\begin{pmatrix}-5\\6\\5\end{pmatrix}=\begin{pmatrix}5\\-6\\z-5\end{pmatrix}$$

$\overrightarrow{AC}\perp\overrightarrow{AP}$より、$\overrightarrow{AC}\cdot\overrightarrow{AP}=0$

直交条件

$30+12-3(z-5)=0$

両辺を÷3

$10+4-(z-5)=0$

$14=z-5$

$\therefore z=19$

よって求める点Pの座標は、

P(0, 0, 19)

うわ〜、簡単にできた！

これで、ハイレベルの101題、すべて終わりですね。先生、今までありがとうございました。いっぱい失敗したり、間違えたりしたけど、そのぶん達成感があります。

そうだね。ここまでよく頑張りました。人としての価値ってどれだけ成功したかよりも、失敗したとき、逆境に立たされたときに、どう向き合って自分の成長につなげていっているかで決まるものだと思うんだ。

数学は失敗する科目です。

これからも笑っちゃうぐらい、いっぱいの失敗をすると思うけど、「誤魔化さない」「逃げない」「諦めない」で1歩ずつ成長していってください。心より応援しています！

POINT

- 球の方程式を覚えよう！
- 「接する」ときたら、中心と接点を結んで垂直！

おわりに

ここまで101題の入試問題を勉強し終わった君たちへ、伝えたいことがあります。まずは、ここまで本当によく頑張りました。スタンダードレベルから始めた人たちは合計202題になりますね。公式のインプットと、例題や入試問題を通してアウトプット、このインとアウトを繰り返すことで受験数学はできるようになります。どちらかだけではいけません。本書の問題でまだ練習が足りてないなと感じるところは、必ずもう一度解き直すことをしてください。

今まで私が教えてきた生徒たちからは、「なかなか数学の問題集を自分一人で進めることができない。途中で挫折してしまう」という声をよく聞きました。そういった生徒たちに何かできることはないかと考えて、本書を執筆しました。イマイチ解答と同じ解法になってしまった人もいるでしょう。でもその経験こそ大事！　失敗してしまったときは恥ずかしいかもしれませんが、あとで振り返ったときに「失敗しといてよかった〜」となるはずです。数学は失敗という経験を踏まないと絶対に成長しません。最後まで諦めずに努力を続けていってほしいと思います。

最後に、個人的なことになりますが、私の今までの失敗（悔やんでいること）をここに記します。

私は高校2年生の冬に母親を亡くしました。癌です。闘病生活は約3年。入退院、通院を繰り返していました。

今でも覚えているのは、学校から帰ってきた私に、母が「明日病院に行かなくちゃいけないから、夕方に一緒に行ってくれない？」とよく聞いてきたことです。私はもうすぐ死ぬとは思っていなかったので、「部活あるから無理」とか「友達とファミレスで勉強するから無理」とか、適当な嘘をついて拒否していました。

母が亡くなったときに後悔したのは、そのことなのです。どういう結果になるのかわかっていれば、少しぐらいそばにいてあげたかった。一人で病院に行くのは寂しかっただろうなと思うと、申し訳ない気持ちと優しくしてあげられなかった悔しい気持ちでいっぱいになりました。

それから20年以上が経ち、私は今の家族や生徒たち、周りにいる大切な人たち……、その人たちに尽くしたいと強く思えるようになりました。母親にはしてあげられなかった分、その人たちを大事にしようという気持ちで日々過ごしています。母を亡くしたときには失敗や後悔と思いましたが、今になっては、それがあったから、いただいたお仕事を頑張れているのかなと思うこともあるのです。生徒たちにも真正面からぶつかっていけるのかなぁと感じることができるようになりました。

ここまで読んでくれた君たちは、数学や勉強面だけではなく、人間関係においても多くの失敗をしたことあると思うし、これからもしていくかもしれませんね。でも、そのことと逃げずにちゃんと向き合ってほしいのです。向き合ってよかったと思えるのは1カ月後かもしれないし、1年後かもしれないし、大人になったときかもしれませんね。それでも腐らずに笑って前に進んでほしい！　自分を小さく見積もるな！　ぜひ、人のために努力ができる、強い大人になってください。

この本が、大学入試を通して君たちが人間として成長できる一助になればこんなに嬉しいことはありません。なりたい自分に向かって、努力するあなたを心から応援しています！

最後に、本書の制作にあたり、ご協力いただいたかんき出版さん、DTPの株式会社フォレストさん、編集プロダクションの方々や力を貸してくれた学生諸君、そして今まで育てていただいた人生の師……、皆様に襟を正して心より感謝申し上げます。

【著者紹介】

宮崎　格久（みやざき・のりひさ）

◉——東京学芸大学附属高校、東京学芸大学教育学部出身。現在、大学受験の塾、予備校で教鞭を執る受験数学のプロ講師。

◉——「授業がわかりやすい」「解けなかった問題が解けるようになる」「受験勉強のモチベーションが上がる」と、生徒からの信頼は絶大。板書を写させないスタイル、授業中にすべてを理解させることで、他の講師と一線を画する。

◉——座右の銘は「守破離」。好きな言葉は「過去の事実を変えることはできないけれど、過去の意味を変えることはできる」。著書に『大学入試数学 落とせない必須101題 スタンダードレベル』（小社刊）がある。

大学入試数学 落とせない必須101題　ハイレベル

2023年7月3日　第1刷発行

著　者——宮崎　格久

発行者——齊藤　龍男

発行所——株式会社かんき出版

東京都千代田区麴町4-1-4 西脇ビル　〒102-0083

電話　営業部：03(3262)8011㈹　編集部：03(3262)8012㈹

FAX　03(3234)4421　振替　00100-2-62304

https://kanki-pub.co.jp/

印刷所——大日本印刷株式会社

ISBN978-4-7612-3097-5 C7041